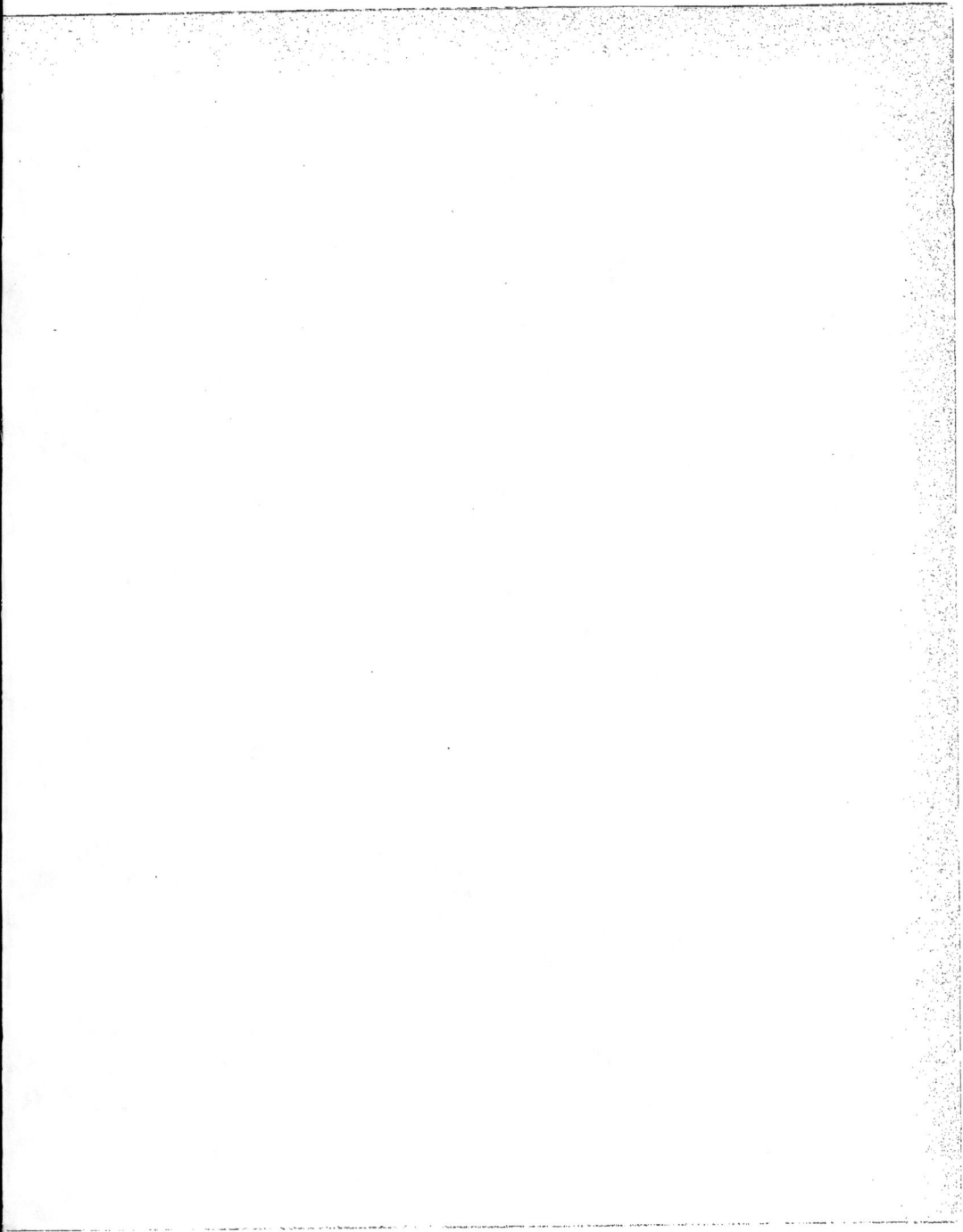

MANUEL

DES

CONSTRUCTIONS MÉTALLIQUES

ET MÉCANIQUES

OUVRAGE CONTENANT

LE RAPPEL DES FORMULES CLASSIQUES. — LES CONDITIONS D'ESSAI, DE RÉSISTANCE, DE RÉCEPTION
DES MÉTAUX ACTUELS ET DES ORGANES, TELS QUE :
CABLES MÉTALLIQUES — DE SUSPENSION — DE TRANSPORTS AÉRIENS — D'EXTRACTION — ET DE TRANSMISSIONS
CORDAGES — CHAINES — BARRES A ŒIL — RIVURES — COLONNES, ETC.
LA ROUTINE DES MÉTHODES GRAPHIQUES ET ANALYTIQUES
APPLIQUÉES AUX POUTRES DROITES DES PONTS, ETC., AUX CHARPENTES ET AUX ARCS

PAR

JACQUES BUCHETTI

INGÉNIEUR E. C. P. — ARTS ET MÉTIERS
MEMBRE DE LA SOCIÉTÉ DES INGÉNIEURS CIVILS

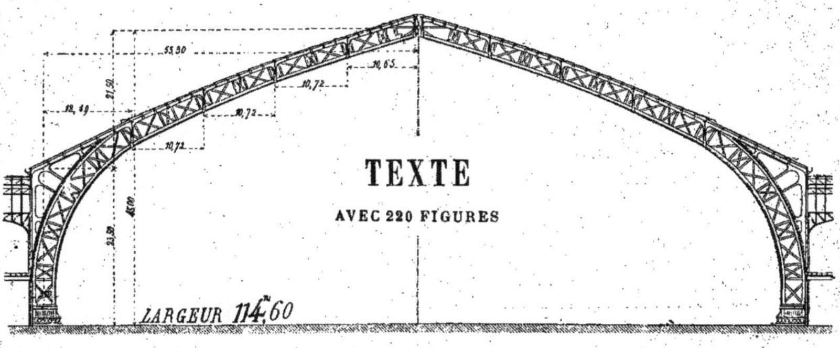

TEXTE

AVEC 220 FIGURES

PARIS
CHEZ L'AUTEUR
11, RUE GUY-PATIN, 11

1888

MANUEL

DES

CONSTRUCTIONS MÉTALLIQUES

ET MÉCANIQUES

27

ANGERS, IMPRIMERIE BURDIN ET Cie, 4, RUE GARNIER

MANUEL

DES

CONSTRUCTIONS MÉTALLIQUES

ET MÉCANIQUES

OUVRAGE CONTENANT

LE RAPPEL DES FORMULES CLASSIQUES. — LES CONDITIONS D'ESSAI, DE RÉSISTANCE, DE RÉCEPTION
DES MÉTAUX ACTUELS ET DES ORGANES, TELS QUE :
CABLES MÉTALLIQUES — DE SUSPENSION — DE TRANSPORTS AÉRIENS — D'EXTRACTION — ET DE TRANSMISSIONS
CORDAGES — CHAINES — BARRES A ŒIL — RIVURES — COLONNES, ETC.
LA ROUTINE DES MÉTHODES GRAPHIQUES ET ANALYTIQUES
APPLIQUÉES AUX POUTRES DROITES DES PONTS, ETC. AUX CHARPENTES ET AUX ARCS

PAR

JACQUES BUCHETTI

INGÉNIEUR E. C. P. — ARTS ET MÉTIERS
MEMBRE DE LA SOCIÉTÉ DES INGÉNIEURS CIVILS

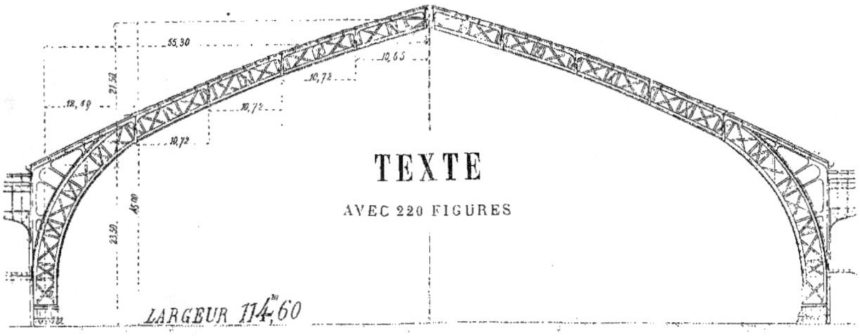

TEXTE

AVEC 220 FIGURES

PARIS
CHEZ L'AUTEUR
11, RUE GUY-PATIN, 11

1888

PRÉFACE

Ce manuel est destiné, dans notre pensée, à remplacer et surtout à compléter, pour le praticien, les traités presque tous exclusivement théoriques, de résistance des matériaux; de résistance appliquée ; etc., et ceux de graphostatique, souvent plus analytiques que graphiques.

Outre les données classiques, nous présentons ici un grand nombre de renseignements, de résultats d'expérience et de formules pratiques nouvelles, ainsi que de nombreux tableaux de calculs faits, provenant de notes rédigées de longue main pour notre usage personnel et pour la plupart inédits.

Nous nous sommes proposé surtout d'indiquer les RÉSULTATS de la théorie et d'en faire des applications. Quand il nous a paru intéressant de rappeler certaines théories fondamentales, telles que celles de la flexion, de la torsion, de la déformation et de la poussée d'un arc élastique, nous avons adopté les hypothèses simples qui suffisent en pratique.

En ce qui concerne les méthodes graphiques, nous les avons présentées sous la forme simple qui leur convient et dégagées des considérations savantes et des formules analytiques dont on les entoure souvent et dont le praticien n'a que faire. Elles seront ainsi facilement comprises par les dessinateurs de toutes les écoles, en attendant qu'elles soient enseignées dans nos écoles professionnelles comme elles le sont à l'étranger.

Le développement que prend chaque jour l'emploi du métal : fonte fer ou acier, dans les constructions de tous genres n'est plus à démontrer et nous dirons ailleurs, en parlant de la construction proprement dite des ponts et charpentes, quel a été leur énorme progression.

Ce développement est dû en majeure partie aux progrès ou mieux aux transformations incessantes de la métallurgie, l'un étant évidemment la conséquence de l'autre. Mais il est aussi résulté de ces transformations que les qualités résistantes des fers et aciers actuels varient dans de très grandes limites. Aussi, si l'ingénieur peut projeter et calculer les dimensions des ouvrages les plus hardis, il doit, à l'exécution, s'assurer par des essais que la qualité du métal fourni est bien celle prévue dans ses calculs. C'est ainsi que tous les grands établissements de construction ont, comme les usines métallurgiques, créé un laboratoire spécial des essais.

C'est donc aux deux termes résumés comme suit que se rapportent la majeure partie des questions traitées dans ce manuel.

1° *Conditions d'essais et de résistance des métaux et des organes.*

2° *Calcul des tensions dans un système quelconque, poutre ou ferme.*

La table des matières indique bien le plan de l'ouvrage et le détail des questions qui y sont traitées, mais nous désirons appeler l'attention des praticiens sur les points importants ou nouveaux.

Première Partie. — Au chapitre 1er, nous rappelons les formules générales de la résistance statique et de la résistance vive ; puis, en partant des considérations purement mécaniques qui y sont indiquées, nous établissons au n° 18 des formules empiriques, basées sur le coefficient d'élasticité, donnant le coefficient de résistance aux vibrations.

Enfin nous comparons ces formules aux formules allemandes déduites des essais de Wœhler.

Les chapitres II et IV ne présentent rien de particulier.

Actuellement pour appliquer les formules de la résistance statique, il nous reste à connaître le coefficient R. Mais s'il s'agit d'une résistance dynamique, il faut aussi connaître le coefficient d'allongement *i*. Un simple tableau des valeurs de R, comme en donnent de nombreux ouvrages, est donc absolument insuffisant.

Au chapitre V, nous indiquons la marche des essais pour déterminer ces coefficients R et *i*. Puis, au chapitre VI, nous donnons les valeurs de ces coefficients pour des métaux de diverses provenances.

La plupart des tableaux que nous donnons sont inédits pour la forme sinon par le fond, ainsi que les renseignements sur le cuivre et ses alliages, bronze et laiton.

Au chapitre III, nous avons résumé en quelques pages les principes de graphostatique pure qui nous suffisent par la suite et nous les appliquons immédiatement à la détermination des moments fléchissants dans les poutres simples. Puis, en considérant une surface de moments comme une surface de charge, comme l'a fait pour la première fois le professeur Mohr, de Hanovre, on en déduit la courbe de l'élastique ou fibre neutre et par suite, comme dans la méthode analytique, les moments sur les appuis et en tous points des poutres encastrées et continues.

Plus loin, à la troisième partie, chap. XI et XII nous appliquons les principes précédents de graphostatique à la détermination des tensions dans les systèmes triangulaires dits articulés et nous retrouverons au chap. XII, dans la méthode de Eddy pour le calcul graphique des arcs continus ou encastrés, une application nouvelle des considérations de Mohr.

L'ensemble des méthodes graphiques contenues dans les chap. III, XI, XII est donc plus complet que dans aucun des traités de graphostatique et nous appelons volontiers cet ensemble : La routine de la graphostatique.

Deuxième Partie, chap. VIII. — Quelques-uns des organes soumis à la traction : les câbles métalliques, les cordages, les chaînes, ont leur application à toutes les constructions sinon comme partie intégrante, du moins comme organes de manœuvre, de transmission à l'atelier ou de montage.

Les câbles métalliques sont l'objet d'une étude complète et nouvelle. Nous indiquons le calcul des sections des câbles de suspension pour *ponts* ou pour *transports aériens*, de traction pour *extractions* et pour les *transmissions télédynamiques*, dont nous étudions à fond les conditions d'établissement. Enfin nous avons calculé pour ces installations des tableaux qui dispenseront souvent le lecteur de tout calcul.

Sur les cordages en chanvre, nous donnons des renseignements inédits, notamment les conditions des essais de la marine.

L'étude des conditions de résistance des rivures et des récipients est également basée sur des essais récents, elle contient aussi plusieurs tableaux inédits.

Chap. IX. — Il n'existe aucune loi satisfaisante sur la résistance des pièces comprimées, on les calcule toujours approximativement. Il ressort de la comparaison graphique que nous faisons des lois et essais connus, que la formule théorique ou d'Euler adoptée par Hodgkinson ne satisfait, pour la fonte, que dans des limites très rapprochées du rapport $l : d$. Au delà et surtout pour les pièces en fer, cette loi doit être totalement abandonnée. Cependant plusieurs auteurs continuent à s'en servir faute sans doute d'une autre relation, mais les conclusions auxquelles elle peut conduire sont tout à fait incertaines.

Pour les colonnes ou pièces en fer, nous rapportons des essais récents faits en Amérique et de leur comparaison avec les formules de Love et de Rankine nous en déduisons des lois plus simples et plus exactes.

Le chap. X contient quelques tableaux inédits des valeurs de $I : v$ pour des poutres droites diversement composées.

Troisième Partie. — Nous avons déjà signalé les méthodes graphique appliquées ici, il nous reste à indiquer au chap. XI, la *méthode des moments* que nous appliquons aux fermes de charpente les plus usuelles.

Au chap. XII relatif au calcul des arcs, nous avons donné, parallèlement à la méthode graphique, la *méthode analytique*, mais réduite à sa plus simple expression et les applications que nous faisons des formules en indiquent assez l'usage en même temps qu'elles les justifient.

Tels sont les points principaux sur lesquels nous voulions appeler *l'attention* des praticiens. Il nous reste à solliciter leur *bienveillance* pour les omissions que nous avons pu faire, et enfin par-dessus tout leur *concours* pour réparer ces omissions, compléter ou rectifier ce que nous avons dit dans ce manuel.

ERRATA

Pages.	Au lieu de	Mettez
10. Dans les relations du n° 12.	F_r	$F \times r$
18. Formule Weyrauch.	$\frac{u - s}{u}$	$\frac{u - s}{s}$
33. N° 47, 2e travée.	$F'_1 = pl_1 (0,5 + k)$	$F'_1 = pl_1 (0,5 + K)$
34. 4e ligne	F^2	F_2
55. N° 71, dans les dernières égalités, ...	$y' = \mu$	$y' = \mu_1$
71. Demi-cercle, valeur de I.	$I = 0,11\, p^4$	$I = 0,11\, r^4$
80. La machine fig. 79 est du système Desgoffe et Ollivier, mécaniciens à Paris. .		
86. Au titre n° 101	TOLES	TÊTES
108. Dernière ligne.	pratiquées	pratiques
108. Avant-dernière ligne.	ne se représentent que	ne se représentent pas
119. Les chiffres des colonnes R_r et des 3 dernières, sont les charges de sécurité comptées au 1/10 de la rupture et non celles de rupture.		
144. Ligne 19	de 1/20 à 1/10	de 1/5 à 1/10
147. Dans le renvoi	$\cos = \frac{\sin \alpha}{\text{tang}\, \alpha}$	$\cos \alpha = \frac{\sin \alpha}{\text{tang}\, \alpha}$
170. Ligne 10	Ourdinage	Ourdissage
192. Dernière ligne	$K < 1,9$ et $K > 11,8$	$K > 1,9$ et $K < 11,8$
212. Deuxième ligne du renvoi	$= 1963 \frac{d^2}{l^2}$	$= 1963 \frac{d^4}{l^2}$
220. Tableau, colonnes 10	2250	2450
220. » »	2680	2380
220. » »	3013	2013

PREMIÈRE PARTIE

FORMULES GÉNÉRALES

CONDITIONS

D'ESSAI, DE RÉSISTANCE ET D'EMPLOI

DES

MÉTAUX, ETC.

MANUEL

DES

CONSTRUCTIONS MÉTALLIQUES ET MÉCANIQUES

CHAPITRE I

FORMULES GÉNÉRALES DE LA RÉSISTANCE

1. La résistance d'un corps est la somme des résistances de ses molécules qui fait équilibre aux forces extérieures.

La théorie suppose : 1° Que les corps sont parfaitement élastiques. Par conséquent, les formules et relations suivantes, auxquelles elle conduit, ne sont applicables qu'autant que cette élasticité n'est pas altérée (voir 13) ; 2° que, pendant les déformations, les molécules conservent dans chaque section leurs positions relatives. C'est ce que l'expérience justifie.

On distingue la résistance à la *traction* ou à la *compression*, à la *flexion*, au *cisaillement* (transversal ou longitudinal), à la *torsion*, enfin à deux de ces actions combinées.

Dans ces différents cas nous aurons à considérer la résistance :

1° Aux efforts ou charges statiques appliqués doucement (*résistance statique*) (2 à 12) ;

2° Aux efforts ou charges dynamiques (*résistance vive*) (13 à 20).

TRACTION. — COMPRESSION

2. Une tige fixée en A (fig. 1) est chargée uniformément et progressivement en B.

Soit : P la charge suivant l'axe,
S la section de la tige,
a l'allongement de la tige,
l sa longueur primitive.
R = P : S est la charge par unité de section,

Fig. 1.

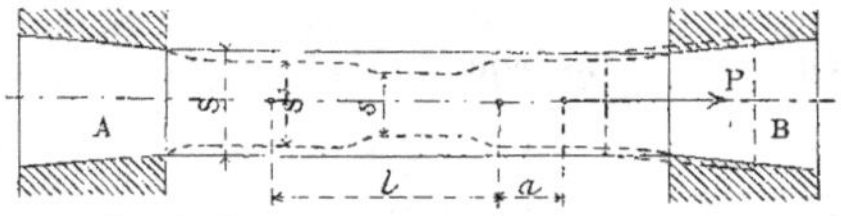

$i = a : l$ est l'allongement par unité de longueur.

Le rapport $\frac{R}{i} = \frac{P}{S}\frac{l}{a} = E$ s'appelle le *coefficient d'élasticité*. (*a*)

Pour $S = 1$ et $i = 1$, on a : $R = P = E$. Le coefficient E est donc aussi *la charge par unité de section capable d'allonger une tige d'une quantité a égale à sa longueur primitive l* (1).

Application de (a). — 1° Quel sera l'allongement total d'une tige de fer de 250 millim. de section et 30 mètres de longueur sous une charge $= 3500^k$? En admettant $E = 20000$ par millim. carré pour le fer, on a :

$$a = \frac{Pl}{SE} = \frac{3500 \times 30}{250 \times 20000} = 0^m,021.$$

2° Un tirant de 20 mètres de longueur, de section $S = 300$ millim. carrés, est tendu en place à la température de 25°. On demande quel sera son surcroît de tension ou de traction exercée sur ses attaches quand la température s'abaissera à — 10°, soit une variation de température $= 35°$?

Le coefficient de dilatation linéaire du fer étant $0^m,0000122$ pour 1°, le raccourcissement par mètre sera $i = 0,0000122 \times 35 = 0^m,000427$.

D'où

$$R = Ei = 20000 \times 0,000427 = 8^k,54 \text{ par millimètre carré.}$$

L'effort exercé sur les attaches sera $8,54 \times 300 = 2562^k$, ou, si les attaches cèdent, le raccourcissement total sera $a = 0,000427 \times 20 = 0^m,00854$.

Pour toute autre valeur de E, on trouvera de même l'une des quatre quantités P, *l*, *a*, S, quand on en connaîtra trois.

3. On tient compte du poids Q du corps. — C'est le cas des tiges de pompes de puits, des câbles de mines ou de ballons captifs. Soit δ le poids du mètre cube du corps et S sa section constante. On a, en considérant la section supérieure :

$$P + Q = P + Sl\delta = RS$$

D'où on tire :

$$P = S(R - l\delta) \qquad \text{et} \qquad S = \frac{P}{R - l\delta}. \qquad (b)$$

Ainsi la charge P devient nulle pour $l\delta = R$ ou $l = R : \delta$.

Ex : Soit, pour le fer, $R = 6000000^k$ par mètre carré, et $\delta = 7800^k$ par mètre cube.

La longueur limite de la tige sera $l = \frac{7800}{6000000} = 770$ mètres.

Pour diminuer le poids des tiges ou câbles, on les compose de tronçons cylindriques de sections décroissantes. On calcule la section S de chaque tronçon par la relation (*b*), dans laquelle l = la longueur du tronçon considéré, P la charge utile pour

(1) A moins d'indication contraire, les valeurs de E seront toujours rapportées au millimètre carré, c'est-à-dire que R sera exprimé en kilogrammes par millimètre carré et i en mètres.

le premier tronçon; pour les tronçons suivants, P comprend la charge utile plus le poids des tronçons précédents.

Mais le minimum de poids est obtenu par la section à décroissance continue. La section inférieure est toujours $S = P : R$, et la théorie donne pour la section S', à une hauteur l' :

$$S' = \frac{P}{R} \times 2{,}718^{\frac{\delta l'}{R}}.$$

Le poids total Q de la tige à section décroissante est

$$Q = P\left(2{,}718^{\frac{\delta l}{R}} - 1\right).$$

Nous appliquerons ces relations aux câbles de mines (chap. VIII).

FLEXION PLANE

4. Nous supposons la flexion assez petite pour que le moment Pl (fig. 2) puisse être considéré comme constant avant et après la flexion.

Soit *gg* un barreau prismatique composé de fibres parallèles, encastré en AB et sollicité par une force P parallèle à AB située dans le plan de symétrie du barreau et appliquée doucement.

Fig. 2.

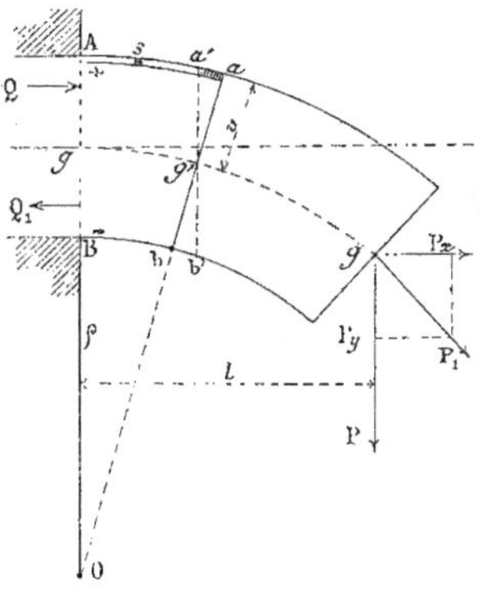

Considérons une portion très petite du corps $gg' = Aa'$. La section $a'b'$, très voisine de AB, et qui lui est parallèle, est venue, après la déformation, en *ab*, et son plan prolongé coupe celui de AB suivant l'*axe de courbure* projeté en *o*.

$go = g'o = \rho$ est le *rayon de courbure*.

Les fibres supérieures se sont allongées, celles inférieures se sont raccourcies, et si l'on admet que leur résistance R est la même à la tension et à la compression, ces déformations sont proportionnelles à la distance de chaque fibre à l'axe *gg*, ligne des centres de gravité ou des *fibres neutres*.

Considérons de suite une des fibres les plus fatiguées. La fibre de longueur $Aa' = gg'$, située à la distance *v* des fibres neutres, s'est allongée de aa', et puisque les triangles $aa'g'$ et $gg'o$ sont semblables, on a :

$$i = \frac{aa'}{gg'} = \frac{v}{\rho},$$

et, d'après ce que nous avons vu à l'extension, $R = Ei = E\,\frac{v}{\rho}$

Pour une fibre élémentaire de section s, le moment de sa résistance par rapport à l'axe en g' sera :

$$Rvs = \frac{E}{\rho} v^2 s.$$

La somme intégrale des moments de ces résistances élémentaires doit faire équilibre au moment des forces extérieures (Pl), que l'on désigne par μ. Donc, en désignant toujours par v la distance variable de chaque fibre élémentaire à l'axe g', on a :

$$\mu = \frac{E}{\rho} \int v^2 s = \frac{EI}{\rho} = \frac{RI}{v}.$$

$\int v^2 s = I$ s'appelle le moment d'inertie de la section par rapport à l'axe projeté en g'. On tire de (a) :

$$\rho = \frac{EI}{\mu} = \frac{Ev}{R}, \text{ rayon de courbure.} \qquad (b)$$

$$R = \frac{v}{I} \mu, \text{ charge maximum.} \qquad (c)$$

$$\frac{I}{v} = \frac{\mu}{R}, \text{ dimension de la section.} \qquad (d)$$

Telles sont les formules relatives à la flexion, et que nous appliquerons fréquemment.

5. Formules pratiques. — En nous reportant aux chapitres suivants pour les valeurs de $I : v$, de μ et de R, nous pourrons appliquer les relations précédentes.

Appliquons la relation (d), $I : v = \mu : R$, a une pièce posée sur 2 appuis.

Pièce sur 2 appuis portant une charge	P au milieu	p uniforme
On a (chap. II) : . . . . $\mu =$	$\frac{1}{4} Pl$	$\frac{1}{8} pl^2$
Pour section rectangulaire (chap. IV), $\frac{I}{v} = \frac{ab^2}{6}$; d'où $ab^2 =$	$\frac{1,5}{R} Pl$	$\frac{0,75}{R} pl^2$
Pour section circulaire (chap. IV), $\frac{I}{v} = \frac{\pi d^3}{32} = 0,1 d^3$; d'où $d^3 =$	$\frac{2,5}{R} Pl$	$\frac{1,25}{R} pl^2$

Pour R = 6 et une section	carrée. . . . . $b = a = c$	$c^3 =$	0,25 Pl	0,125 pl^2
	rectangulaire. $b = 1,5\,a$	$a^3 =$	0,111 Pl	0,055 pl^2
	circulaire	$d^3 =$	0,416 Pl	0,208 pl^2

Pour toute autre valeur de R, il suffira de multiplier les coefficients numériques précédents par $\frac{6}{R}$. Ainsi, pour le sapin, si $R = 0^k,6$, les coefficients précédents seront multipliés par 10. Pour de l'acier résistant par exemple à $R = 12^k$, ils seront multipliés par 0,5, et ainsi de suite. Si les dimensions c, a, ou d sont données, on en déduira de même les charges P ou p.

CISAILLEMENT OU GLISSEMENT

6. Transversal. — Une section droite quelconque du barreau *gg* (fig. 2), de surface S, subit encore un effet de cisaillement analogue à celui que produirait une cisaille (fig. 3), dû à *l'effort tranchant* F et égal à la somme des projections des charges sur la section considérée. Si R_{ci} est le coefficient de résistance au cisaillement (chap. VI), on doit avoir :

Fig. 3.

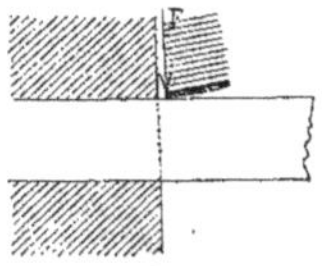

$$S = \frac{F}{R_{ci}}; \qquad \text{et dans la fig. 2.} \qquad S = \frac{P}{R_{ci}}.$$

7. Longitudinal. — Par suite de la flexion, la résultante Q (fig. 4) des fibres tendues est égale et opposée à la résultante Q_1 des fibres comprimées. Ces deux tensions opposées tendent à produire un glissement suivant l'axe neutre *gg*. Déterminons sa valeur pour les sections usuelles.

Fig. 4.

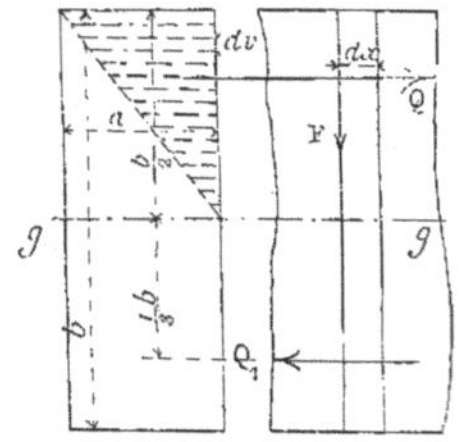

Section rectangulaire. Mettons dans la relation (*c*) (4) la valeur $\frac{I}{v} = \frac{ab^2}{6}$ (chap. IV) ;

on aura :

$$R = \frac{6\mu}{ab^2}.$$

Cette valeur de R décroît jusqu'à R = 0, correspondant à l'axe neutre. La résultante Q des résistances élémentaires $Radv$, variables dans chaque tranche, sera donc représentée par la surface d'un triangle ayant pour base *a* et pour hauteur $\frac{1}{2}b$ (fig. 4). On a alors :

$$Q = Ra \times \frac{1}{2}\,\frac{b}{2} = R\frac{ab}{4} = 1{,}5\,\frac{\mu}{b}$$

C'est l'effort total de glissement depuis l'origine de la pièce où $\mu = 0$ jusqu'à la section considérée où le moment est μ.

Pour un intervalle dx entre deux sections dans lequel l'effort tranchant F peut être considéré comme constant, la variation du moment est $d\mu = Fdx$, et par suite la variation de l'effort de glissement sera :

$$dQ = 1{,}5\,\frac{d\mu}{b} = 1{,}5\,\frac{Fdx}{b}$$

Si nous divisons cet effort par la surface ($a \times dx$), sur laquelle il s'exerce, et si R_g désigne la résistance ou glissement longitudinal par unité de section, on a :

$$R_g = \frac{dQ}{adx} = 1{,}5\,\frac{F}{ab} = 1{,}5\,R_{ci}.$$

En effet, F : ab n'est autre chose que R_{ci}. Suivant donc que l'on considère R_g ou R_{ci}, on a pour la section $S = ab$:

$$S = 1,5\frac{F}{R_g} \qquad \text{ou} \qquad S = \frac{F}{R_{ci}} \qquad (a)$$

Pour les corps à texture grenue, tels que les métaux, on a généralement $R_g = R_{ci}$; mais pour les corps fibreux, les bois, on a $R_g < R_{ci}$. C'est donc toujours par la première de ces relations (a) qu'il faut vérifier si la section S est suffisante.

Fig. 5.

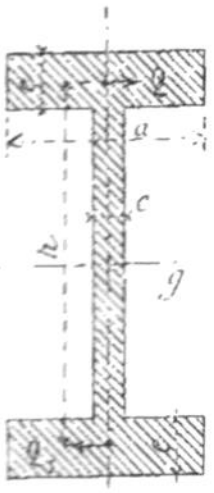

Section I (fig. 5). En négligeant l'âme, on a pour les tables (chap. IV) : $I : v = ach$;
d'où

$$\mu = Rach, \qquad Q = Rac = \frac{\mu}{h}, \qquad \text{et} \qquad dQ = \frac{F dx}{h}.$$

Divisant dQ par la surface ($e \times dx$), on a :

$$R_g = \frac{F}{eh}. \qquad (b)$$

Tandis que le cisaillement transversal est :

$$R_{ci} = \frac{F}{eh + 2\,ac}.$$

On a donc $R_{ci} < R_g$; d'où on conclut que c'est par la relation (b) qu'il faut vérifier si l'épaisseur e de l'âme est suffisante.

TORSION

8. Un barreau cylindrique (fig. 6), de rayon r_1 et de longueur l, est encastré en A et soumis en B à un couple $= Fr$ agissant dans le plan de la section droite du barreau.

Pendant la torsion, chaque section glisse sur sa voisine, et finalement la génératrice mb est devenue l'hélice mc.

Soit : R la résistance tangentielle par unité de section,

θ et $\theta°$ l'arc et l'angle de torsion pour $l = r_1 = 1$,

G le coefficient d'élasticité à la torsion ($= 0,4E$ environ).

...e déplacement superficiel par unité de longueur est

$$i_1 = bc : l = \text{tang}\,\alpha = b'c' = \theta r_1.$$

...a alors, comme pour la traction :

$$R = Gi_1 = G\theta r_1.$$

...istance d'une fibre de section élémentaire s est Rs. Son moment par rapport

$$= Rr_1 s = G\theta r_1^2 s$$

...t résistant de la section entière sera la somme intégrale de ces moments.

...libre au moment de torsion $F \times r$.

Donc, en désignant toujours par r_1 la distance variable de chaque fibre élémentaire à l'axe, on a :

$$Fr = G\theta \int r_1^2 s = G\theta I_1 = G \frac{bc}{l} \frac{I_1}{r_1} = R \frac{I_1}{r_1} \qquad (a)$$

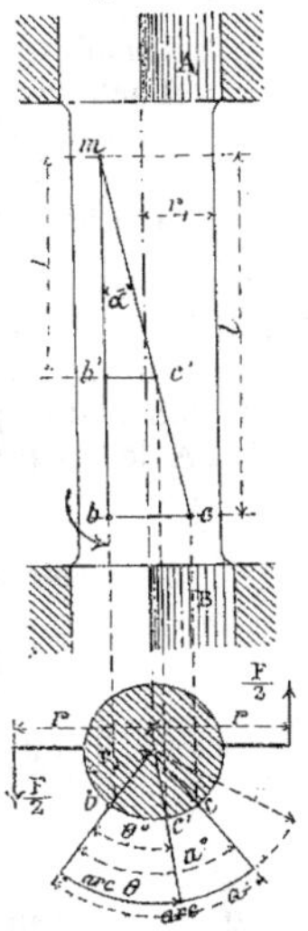

Fig. 6.

$\int r_1^2 s = I_1$ s'appelle le moment d'inertie polaire de la section du barreau.

Pour déterminer les dimensions d'une pièce, on tire de (a) :

$$(b) \qquad \frac{I_1}{r_1} = \frac{Fr}{R}, \qquad \text{ou} \qquad \frac{I_1}{r_1} = \frac{lFr}{bcG} \qquad (c)$$

La seconde relation (c) tient compte de la torsion ou déplacement superficiel que l'on s'impose. Ces deux relations concordent évidemment si l'on a

$$\frac{l}{bc} = \frac{G}{R} \qquad \text{ou} \qquad R = Gi_1.$$

Telles sont les relations relatives à la torsion ; elles sont analogues à celles obtenues pour la flexion et ne sont exactes que pour la section circulaire :

Si l'on a mesuré l'arc a à l'unité de rayon, on a :

$$bc = \text{arc}\, a \times r_1.$$

Si l'on se donne ou si l'on mesure l'angle de torsion totale $a°$ en degrés, on a :

$$\text{arc}\, a : 2\pi :: a° : 360° ; \qquad \text{d'où} \qquad \text{arc}\, a = a° \times \frac{2\pi}{360} = 0{,}01745\, a°.$$

9. Formules pratiques. — La théorie de la torsion n'étant exacte que pour la section circulaire, les relations précédentes ne s'appliquent qu'approximativement à la section carrée ou autre.

Nous donnons ici les valeurs de $I_1 : r_1$. Nous n'y reviendrons pas au chap. IV.

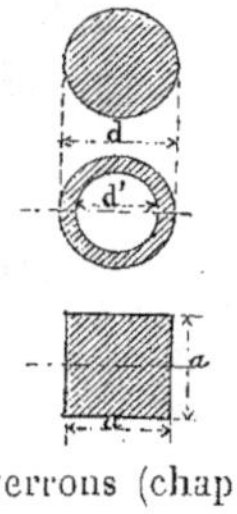

Valeurs de $\frac{I_1}{r_1}$:

$$\frac{I_1}{r_1} = \frac{\pi}{16} d^3 = 0{,}2\, d^3$$

$$d' = md, \quad \frac{I_1}{r_1} = 0{,}2\, d^3 (1 - m^3) \qquad \Bigg\} \; r_1 = \frac{d}{2}$$

$$\frac{I_1}{r_1} = \frac{a^3}{3\sqrt{2}} = 0{,}236\, a^3 \qquad r_1 = \frac{a\sqrt{2}}{2}$$

Nous verrons (chap. VI) que les valeurs de R sont sensiblement égales à celles relatives à la traction. Suivant la nature de l'application (18) et pour le fer forgé, R varie habituellement dans les limites ci-dessous :

Transmissions ordinaires sans choc,	$R = 5^{kg}$ à 4^{kg}
Premiers moteurs sans choc (roues ou turbines),	$= 4$ à $3,5$
Machines à vapeur,	$= 3,5$ à 3
Transmission de travail irrégulier (arbres forts),	$= 3$ à 2
Arbres de laminoirs, etc.	$= 2$ à $1,5$
Arbres de marteaux, etc. soumis aux chocs,	$= 1,5$ à 1

Pour des arbres en acier doux rompant à 40 où 50^{kg} et dont le coefficient d'élasticité $= 20$ à 25^{kg} (chap. VI), on multipliera les coefficients ci-dessus par 1,3 ou 1,6 ; pour la fonte, on les multipliera par 0,4 ou 0,5.

Le moment Fr peut encore s'exprimer en fonction du nombre N de chevaux ou du nombre A de kilogrammètres transmis à n tours par minute. On a :

$$A = 75\,N \times 60 = 4500\,N.$$

Le rayon r étant exprimé en millimètres, on a :

$$Fr = \frac{75\,N\,60}{2\pi n} \times 1000 = 716000\,\frac{N}{n} = 160\,\frac{A}{n}.$$

En substituant dans (b) les valeurs ci-dessus, pour section circulaire pleine, on a :

$$d^3 = \frac{Fr}{0,2\,R} = \frac{5}{R}\,Fr = \frac{3580000}{R}\,\frac{N}{n} = \frac{800}{R}\,\frac{A}{n}. \qquad (d)$$

Et si nous prenons $R = 4^k$ (arbres légers) et $R = 2^k$ (arbres forts), on aura :

$$\text{Arbres légers } d^3 = 1,25\,Fr = 895000\,\frac{N}{n} = 200\,\frac{A}{n}.$$

$$\text{Arbres forts } d^3 = 2,5\,Fr = 1790000\,\frac{N}{n} = 400\,\frac{A}{n}.$$

On obtiendrait facilement les relations analogues pour toute autre valeur de R, puisque les coefficients numériques sont proportionnels à R.

Au point de vue de la limite de torsion, en mettant dans (c)(8) la valeur de $\frac{I_1}{r_1}$ pour section circulaire, on a, en fonction de l'arc de torsion bc que l'on s'impose :

$$d^3 = \frac{Fr}{0,2\,G} \times \frac{l}{bc} \qquad (c)$$

On peut aussi se donner l'angle 0° à l'unité de longueur $l = 1$, soit $0^o = 0^o,25$.
Si l est exprimé comme r en millimètres, l'angle total de torsion a^o sera :

$$a^o = 0,25\,\frac{l}{1000} = 0,00025\,l.$$

D'où (8)

$$bc = \text{arc}\,a \times \frac{d}{2} = 0,01745 \times 0,00025\,l\,\frac{d}{2} = 0,00000218\,ld.$$

En substituant dans la valeur de d^3, puis multipliant les deux termes par d et prenant pour le fer $G = 8000$, on a, en millimètres :

$$d^4 = 286{,}7\ Fr = 205277000\ \frac{N}{n}$$

$$d = 4{,}12\sqrt[4]{Fr} = 120\sqrt[4]{\frac{N}{n}}\ .$$

On établirait aussi facilement les relations pour tout autre angle de torsion donné.

10. Traction ou compression combinée à la flexion. — C'est le cas d'une force oblique P_1 (fig. 2) ou P (fig. 7) que l'on peut décomposer en P_y, normale à la pièce et P_x normale à sa section droite S. On a alors en négligeant la courbure :

$$R = \frac{v}{I}\mu \pm \frac{P_x}{S}\ . \qquad (a)$$

En exprimant $v : I$ et S en fonction d'une des dimensions de la section, on calculerait cette dimension en fonction des charges et de R ; mais il est souvent plus simple de procéder par tâtonnement. On calcule d'abord la section S pour la plus forte des actions puis on l'augmente au jugé et on vérifie par (a) que R ne dépasse pas la limite convenable à la matière employée.

Fig. 7.

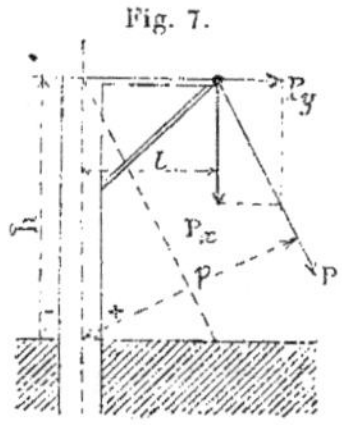

Dans la fig. 2, le signe + s'applique aux fibres tendues et $\mu = P_y l$; dans la fig. 7, le signe + s'applique aux fibres comprimées et $\mu = P_p = P_x l + P_y h$.

La relation (a) s'applique aux crochets (chap. VIII) et dans les fermes et les poutres aux arbalétriers et barres comprimées ou tendues supportant en outre des charges produisant un moment μ, elle s'applique aux piles ou palées, aux cheminées soumises à l'action du vent.

Si h est la hauteur du centre de pression, $\mu = P_y h$ et P_x comprend le poids propre de la construction plus la charge qu'elle supporte.

11. Pièces chargées par bout (fig. 8). — La théorie, basée sur les hypothèses indiquées ci-après, donne pour la charge de rupture P les relations suivantes :

1° Tige encastrée en A, libre en B	$P = \frac{\pi^2}{4}\frac{EI}{l^2} = 2{,}5\frac{EI}{l^2}\ .$
2° Tige posée en A, assujettie à rester sur la verticale en B.	$P = \pi^2\frac{EI}{l^2} = 10\frac{EI}{l^2}\ .$
3° Tige encastrée en A, assujettie à rester sur la verticale en B	$P = 2\pi^2\frac{EI}{l^2} = 20\frac{EI}{l^2}\ .$
4° Tige encastrée en A et en B.	$P = 2\pi^2\frac{EI}{l^2} = 40\frac{EI}{l^2}\ .$

I est le plus petit moment d'inertie de la section, celui de la section dont l'axe neutre est perpendiculaire au plan de flexion.

Fig. 8.

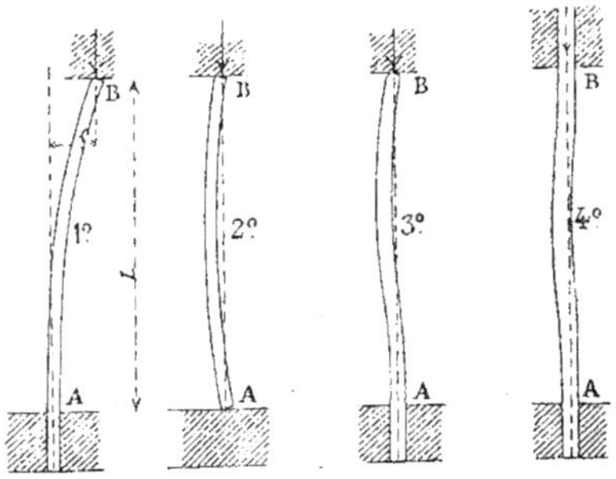

Dans ces relations, les dimensions de la section et la longueur l sont exprimées en centimètres.

Le coefficient E est aussi rapporté au centimètre carré.

Nous citons ces relations, purement théoriques, parce qu'elles sont données dans presque tous les traités de résistance comme applicables en pratique. Mais nous verrons (chap. IX) qu'elles ne s'accordent pas avec l'expérience, parce que les hypothèses sur lesquelles est basée cette théorie ne sont pas vraies en pratique. Elle admet :

1° Que le coefficient E est constant jusqu'à la rupture (ce qui n'est pas exact (13);
2° Que la rupture a lieu par flexion (ce qui n'est pas prouvé (chap. XI));
3° Que la tige est réduite à son axe (ce qui ne peut exister).

12. Flexion et torsion. — Ces efforts se produisent simultanément sur les arbres portant des volants poulies ou des roues dentées.

Appelons $R_,$ la charge due à la flexion et $R_{,,}$ celle due à la torsion. Il suffit, d'après Bélanger, que la résultante de ces charges, supposées à angle droit, ne dépasse pas la limite R qui convient à la matière employée. Soit donc pour un arbre rond

soumis à la flexion (5) : $R_, = \frac{v}{I}\mu = \frac{32}{\pi}\frac{\mu}{d^3} = 10\frac{\mu}{d^3}$;

soumis à la torsion (9) : $R_{,,} = \frac{r_1}{I}F_r = \frac{16}{\pi}\frac{F_r}{d^3} = 5\frac{F_r}{d^3}$,

dont la résultante est :

$$R = \sqrt{R_,^2 + R_{,,}^2} = \frac{5}{d^3}\sqrt{4\mu^2 + (F_r)^2}$$

et

$$d^3 = \frac{5}{R}\sqrt{4\mu^2 + (F_r)^2}$$

13. Représentation graphique de R : i = E. — Les valeurs de R et celles de i correspondantes ayant été mesurées successivement comme nous l'indiquons au chap. V, soit pour la traction, la flexion ou la torsion, voici comment on détermine la limite d'élasticité dans chaque cas.

Prenons, par exemple, les chiffres du tableau suivant, résultant des essais de traction du fer faits par Hodgkinson.

Charge par millim. carré. R	Allongements en millimètres par mètre. total i	permanent $i - i'$	élastique i'	Rapport de R aux allong. en mètres $R : i = E$	$R : i' = E'$
	m/m	m/m	m/m		
5^k,6	0,283	0,0025	0,281	19820	20000
11 ,25	0,57	0,0051	0,565	19710	19880
13 ,12	0,665	0,0068	0,659	19710	19920
15 ,0	0,76	0,010	0,75	19320	20000
16 ,87	0,873	0,033	0,84	19320	20000
24 ,0	4,3	3,07	1,23	5600	20000
30	17,9	16,5	1,37	1680	21830
35 ,6	34,9	32,8	2,11	1020	16960

Fig. 9.

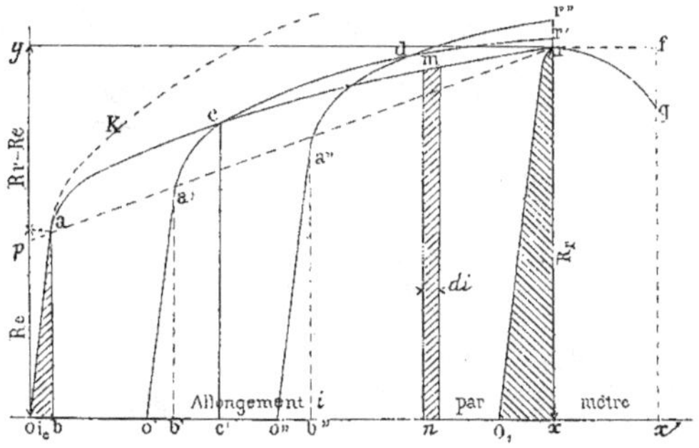

Si l'on porte les i en abscisses et les valeurs correspondantes de R en ordonnées, on obtient (fig. 9) une ligne de relation $o\,a\,c\,r$. La ligne $o\,a$ est presque droite tant que $R : i$ varie peu ; c'est la *période élastique*. $b\,a$ est la charge *limite d'élasticité*, que nous désignons par R_e. C'est à cette limite que nous rapporterons le coefficient de sécurité R.

Si, en un point de cette période élastique, on supprime la charge, la tige reprend sensiblement sa longueur primitive, puisque l'allongement permanent est très faible.

Mais à partir de a jusqu'à la rupture R_r, l'élasticité est altérée ; on est dans la *période de déformation*. Si, alors, en un point quelconque c, on supprime la charge, la tige se raccourcit de $c'\,o' = i'$, allongement élastique, et conserve un allongement permanent $= o\,o'$. On remarque, sur le tableau, que $R : i'$ varie peu jusqu'à $R = 30^k$.

Remarque. — A partir de la limite d'élasticité jusqu'à la rupture, la courbe ainsi tracée n'est pas exacte, parce que, par suite de l'allongement du barreau (fig. 1), sa section diminue ($S' < S$). La charge réelle par unité de section $P : S'$ est plus grande que

$R = P : S$. On obtiendrait alors une courbe $o a K$, et la résistance vive à la rupture indiquée ci-après serait sensiblement accrue (1).

14. Effet des charges successives. — Si, après avoir supprimé la charge en c on charge de nouveau, on obtient une nouvelle ligne $o' a' c d r'$; la limite d'élasticité devient $a' b'$, et les charges R sont supérieures aux précédentes. Enfin, si l'on décharge en d et recharge, on obtient la ligne $o'' a'' d r''$. Ainsi, sous des charges successives, le métal s'altère ; les déformations se superposent, R_e et R_r s'élèvent successivement (2), mais, par contre, comme nous le verrons ci-après, la *résistance vive de rupture* que possède le corps va constamment en décroissant.

Si nous observons, comme l'ont fait remarquer Hodgkinson et Wertheim, que, sous les plus petites charges il y a déjà une faible déformation, on comprendra que, par la répétition rapide des charges, les déformations se superposant, *la résistance vive élastique* indiquée ci-après aille aussi en diminuant.

RÉSISTANCE VIVE D'ÉLASTICITÉ, DE RUPTURE

15. Si la charge P agit sur la tige avec une vitesse acquise v, il y a choc, et l'équilibre ne peut exister qu'autant que le travail moléculaire résistant a absorbé le travail extérieur $= \frac{Pv^2}{2g} =$ la moitié de la force vive.

Pour un allongement élémentaire par unité de longueur $= di$ (fig. 9), le travail moléculaire, sur une tige de longueur l et de section s, est :

$$slR\, di = sl \times \text{surface } mn.$$

Le travail total, depuis $i = o$ jusqu'à $i = on$, est $slRi$.

Poncelet a appelé ce travail moléculaire résistant :

1° *Résistance vive élastique* pour $i_e = ob$, correspondant à la limite d'élasticité.

Sa valeur est :

$$T_e = sl \times \text{surface } ab.$$

2° *Résistance vive de rupture* pour $i_r = ox$, correspondant à la rupture.

Sa valeur est :

$$T_r = sl \times \text{surface } oarx.$$

Si les ordonnées représentent les efforts totaux $P = Rs$ et les abscisses les allongements totaux $= li$, les résistances vives seront exprimées par les surfaces mêmes de la fig. 9.

On voit que si l'élasticité a été altérée, la nouvelle résistance vive élastique $o' a' b'$ est plus grande que $o a b$; mais le corps ne possède plus qu'une résistance vive totale $= o'a'cr'x$ plus petite que $o a c r x$.

Enfin, si la déformation approche de la rupture, le corps ne possède plus, pour

(1) Nous reviendrons sur ce point au chap. V.

(2) Ces lois, dues à MM. Tresca, Rosset, etc., n'ont été vérifiées que pour le fer et l'acier.

résister à un nouveau choc, qu'une résistance vive = $o, r'' x$, presque égale à la résistance vive élastique en ce point.

On doit conclure de ce qui précède que, dans les constructions permanentes, soumises à des vibrations ou des chocs, le travail résistant des pièces ne doit pas dépasser la résistance vive élastique.

Les métaux à grand allongement offriront donc toujours le plus de garanties.

16. Conséquences de ce qui précède. — 1° Comparons, comme l'a fait M. Lebasteur, les deux fers ci-dessous, de même allongement total, en traçant (fig. 10) leurs courbes respectives *o a r* et *o a' r'*.

	Fer au bois Reschitza	Fer phosphoreux Ardennes
Charge limite d'élasticité par millimètre carré.	$10^{k},7$	30^{k}
— de rupture par millimètre carré	37 ,2	40
Allongement de rupture pour cent.	21 ,6	22

La résistance vive de rupture du fer phosphoreux, représentée par la surface *o a r x*, est bien la plus grande ; mais supposons que, par suite d'un défaut, d'une réduction de section, la résistance des deux fers soit réduite à une même valeur $a b = a' b'$: la résistance vive du fer phosphoreux sera *o a b* ; celle du fer au bois sera *o a' b'*. Ce dernier fer résistera donc mieux au choc que le premier.

2° Sur un barreau A B (fig. 11), de section S, dont la courbe *oar* est obtenue en prenant les charges totales P et les allongements totaux, faisons, sur une faible longueur, deux entailles, et soit *s* la section restante.

Fig. 10.

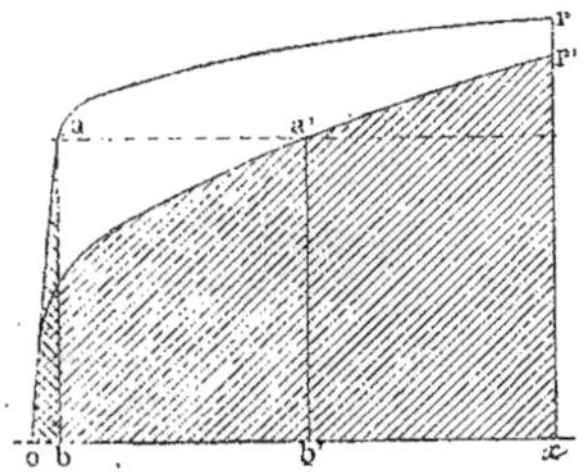

Fig. 11.

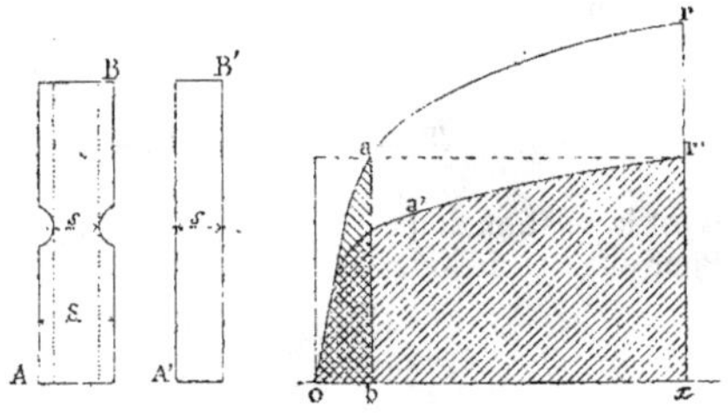

Prenons un second barreau A' B', de même matière et de même section *s*. Sa courbe *o a' r'* s'obtiendra en prenant des ordonnées proportionnelles au rapport des sections *s* : S.

Si l'on admet que pour ces deux barreaux de même section la rupture ait lieu sous la même charge (cette hypothèse n'est pas très exacte. Voir (chap. V) influence des entailles), on voit que, tandis que la résistance vive du premier est *o a b*, celle du second est *o a' r' x*.

Il y aurait donc intérêt à raboter le premier barreau pour le ramener à la section *s*, afin de lui permettre de s'allonger sous la charge comme le second.

Ces deux exemples font ressortir la supériorité des métaux à grand allongement initial et l'inconvénient des entailles ou changements brusques de section pour les constructions soumises à des chocs.

17. Expressions des résistances vives. — La résistance vive de rupture T_r peut s'obtenir en kilogrammètres en calculant la surface $o\,a\,c\,r\,x$ (fig. 12) par la méthode de Simpson ou comme suit :

Fig. 12.

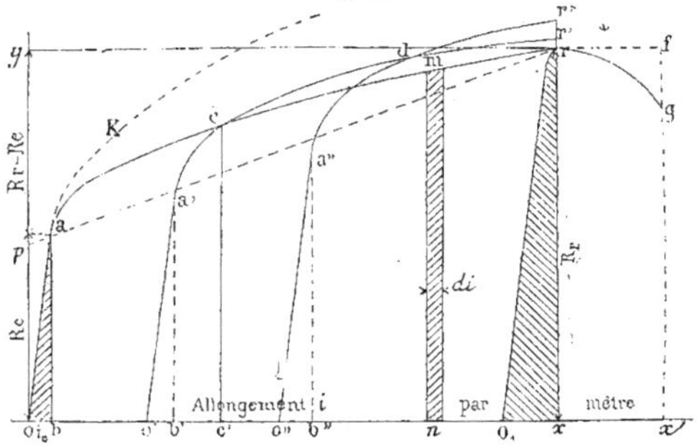

Menons la ligne $p\,r$ passant par a. La surface du triangle curviligne $a\,c\,r$ est sensiblement égale au 1/3 du triangle $p\,y\,r$; et $p\,a$ étant très petit, on a : $p\,y = Rr - Re$, $o\,x = i_r$ — allongement par mètre, correspondant à la rupture.

La surface $o\,a\,c\,r\,x = T_r$ sera donc, en négligeant $o\,a\,p$, très petit :

$$T_r = R_r \times i_r - \frac{2}{3}(R_r - R_e)\frac{i_r}{r} = \frac{i_r}{3}(2\,R_r - R_e).$$

C'est la relation donnée par M. Tournaire.

Pour une tige de longueur l et de section S, on aura :

$$T_r = \frac{1}{3}\,S l i_r\,(2\,R_r - R_e)$$

On voit que T_r est proportionnel à $l \times i_r$, allongement total à la rupture. Il est donc important de mesurer cet allongement.

La résistance vive élastique T_e, représentée par $o\,a\,b$, est :

$$T_e = S l R_e \frac{i_e}{2} = S l \frac{(R_e)^2}{2\,E}. \qquad (ob = i_e)$$

Le calcul donne aussi pour une pièce posée sur 2 appuis :

$$T_e = S l \frac{(R_e)^2}{18\,E};$$

et pour une pièce soumise à la torsion :

$$T_e = Sl\frac{(R_{ie})^2}{4\,G},$$

en appelant R_{ie} la résistance tangentielle, limite d'élasticité (chap. IV).

En résumé, la résistance statique et la résistance vive qu'opposent les corps aux forces extérieures, ou les dimensions qu'il faut leur donner pour résister à ces forces, pourront se calculer quand on connaîtra :

1° Les moments μ et les efforts tranchants F engendrés par les forces extérieures ;

2° Les moments d'inertie I, en fonction des dimensions des sections ;

3° Les coefficients E, G, les R et les i, pour chaque matière.

Nous déterminerons ces quantités dans les chapitres suivants.

18. Résistance aux vibrations. Valeurs du coefficient de sécurité R. — Si la charge, au lieu d'agir doucement, agit instantanément mais sans vitesse acquise, la théorie indique que, pour un même effort, la *déformation initiale* totale, soit à la traction, soit à la flexion ou à la torsion, c'est-à-dire l'allongement a (fig. 1), la flèche (fig. 2) ou l'arc bc (fig. 6), sera double de ce qu'elle serait pour une charge statique. Il se produira une série d'oscillations décroissantes, puis au repos on aura la même déformation que pour une charge statique.

Les expériences, déjà anciennes, de M. Henry James, dont parle M. Love (1), ont pleinement confirmé la théorie sur ce point.

Ces considérations et celles qui précèdent (14), relatives aux déformations et à la diminution croissante de la résistance vive sous l'effet de charges répétées, vont nous permettre de fixer la valeur du coefficient pratique R dans chaque cas.

1° *La charge agit progressivement* (charge statique). — Dans ce cas, le coefficient R ne devra pas dépasser R_e, pour éviter toute déformation permanente sensible ; il sera une fraction plus ou moins grande de R_e, suivant le degré de sécurité voulu, et suivant aussi que R_e et les efforts maxima seront plus ou moins exactement connus.

2° *La charge agit plus ou moins instantanément.* — C'est le cas d'une roue de véhicule passant sur une traverse de pont. Si l'instantanéité était absolue, la déformation étant double que précédemment, il faudrait pour éviter toute déformation permanente sensible ne pas dépasser $R = 0{,}5\ R_e$. Mais une charge n'est jamais instantanée, car il faudrait que le véhicule eût une vitesse infinie. R sera donc compris entre R_e et $0{,}5\ R_e$, suivant la vitesse d'action, mais sans atteindre cette dernière limite.

3° *La charge agissant toujours dans le même sens est intermittente.* — C'est le cas d'un train passant sur une traverse de pont, celui d'un essieu fixe, etc. Si, entre chaque action, les molécules ont le temps de reprendre leur position primitive, on retombe dans le cas précédent. Mais si ces actions sont rapides, les déformations élémentaires s'accumulent et accélèrent la rupture. En assimilant ce cas à celui où la vitesse est infinie, on ne devrait donc pas dépasser $R = 0{,}5\ R_e$.

4° *La charge agit alternativement suivant deux sens opposés.* — Si l'action est lente,

(1) *Mémoire sur la résistance des matériaux*, Société des Ingénieurs civils, 1851.

on retombe dans le premier cas, mais si elle se répète rapidement (essieux tournants de wagons), il doit se produire, comme précédemment, une altération moléculaire.

Pour chaque action, la déformation totale est double que précédemment ; il paraît donc logique de ne plus compter que sur $R = 0,25\ R_e$.

En définitive, les R maxima sont :	Charge statique	$R = R_e$	nombre proportionnel 4
	— intermittente	$R = 0,5\ R_e$	» 2
	— alternative	$R = 0,25\ R_e$	» 1

Quant à l'influence du temps entre chaque action, nous n'avons aucune donnée.

19. Formules empiriques que nous proposons. — En pratique, l'effet des charges répétées est atténué par l'inertie due au poids propre ou poids mort des pièces. Cet effet dépend donc du rapport entre la charge totale et le poids mort.

Le coefficient R, qui doit décroître à mesure que cet effet augmente, dépendra du rapport inverse.

Soit : Q le poids mort ou statique ;
P la surcharge intermittente, } $P + Q$ = la charge totale.

Nous écrirons pour la valeur de R la relation empirique suivante :

Charge intermittente $\quad R = 0,5\ R_e \left(1 + \dfrac{Q}{P + Q}\right)$

Nous voyons que pour $P = 0$, c'est-à-dire pour une charge statique $= Q$, nous aurons bien, comme précédemment, $R = R_e$.

Tandis que pour $Q = 0$, c'est-à-dire pour une charge intermittente P absolue, nous aurons encore, comme précédemment, $R = 0,5\ R_e$.

S'il s'agit d'un effort alternatif P dans un sens, P′ dans l'autre sens, on aura :

$P' - Q$ = effort total minimum dans un sens.

$P + Q$ = effort total maximum dans l'autre sens.

Nous écrivons pour R la relation empirique suivante :

Charge alternative $\quad R = 0,5\ R_e \left(1 - \dfrac{1}{2}\,\dfrac{P' - Q}{P + Q}\right)$

Nous voyons encore que pour $P' - Q = 0$, c'est-à-dire pour une charge P intermittente dans un seul sens, on retrouve, comme ci-dessus, $R = 0,5\ R_e$; tandis que pour $P' - Q = P + Q$, c'est-à-dire pour un effort total alternatif égal dans chaque sens, on a bien, comme précédemment, $R = 0,25\ R_e$.

En prenant $R_e = 1500^k$ par centimètre carré, chiffre habituel pour le fer ordinaire, les relations précédentes donnent les valeurs suivantes de R (1).

(1) La règle administrative qui fixe $R = 2/5\ R_e$, soit $R = 6\,k$ pour $R_e = 15\,k$ et pour toutes les pièces d'un pont, paraît donc un peu élevée, surtout pour les poutres de rive, puisqu'elle suppose une instantanéité absolue de chargement et ne tient aucun compte de l'inertie ou poids mort.

CHARGE MAXIMUM R, PAR CENTIM. CARRÉ, POUR DU FER A $R_e = 1500$ K.

$\frac{Q}{P+Q}$ ou $\frac{P-Q}{P+Q}$	=	0	0,25	0,5	0,75	1
Efforts intermittents :	R =	750k	930k	1100k	1300k	1500k
Efforts alternatifs :	R =	750	650	560	470	375

Ces charges sont des maxima qu'il ne faut pas dépasser pour ce fer; elles seront réduites de 1/5 à 1/3 suivant le degré de sécurité voulu dans chaque cas.

20. Lois de résistance. — Pour généraliser, on peut considérer un poids mort comme un effort minimum agissant toujours dans le même sens.

En résumant ce que nous avons dit (18-19), on peut énoncer les lois suivantes :

1° Lorsqu'une pièce subit une charge intermittente plus ou moins instantanée; sa résistance est moindre que si la charge est appliquée doucement.

2° La résistance d'une pièce est d'autant plus grande pour un même poids mort (effort minimum) que l'effort maximum est moindre.

3° Réciproquement, la résistance d'une pièce est d'autant plus grande pour un même effort maximum que le poids mort (effort minimum) est lui-même plus grand.

4° Dans le cas d'un effort alternatif constant ($P = P'$), la résistance est d'autant plus élevée que le poids mort (effort minimum) est plus grand, puisque l'effort effectif $P' - Q$ diminue à mesure que le poids mort augmente. C'est la même loi que 3°.

5° Si l'effort maximum reste au-dessous d'une certaine limite, il n'y aura jamais rupture, quel que soit le nombre des actions.

Cette loi 5° résulte de l'état actuel des constructions les plus anciennes. Des essais faits en Amérique sur des fils de fer du pont suspendu sur le Niagara ont établi que leurs conditions de résistance n'avaient pas été altérées après plusieurs années de service.

Le pont du Carrousel, construit en 1833, est aussi un exemple de la résistance aux vibrations.

21. Essais de Wöhler et formules allemandes. — M. Wöhler et, après lui, M. Spangenberg ont fait (de 1860 à 1870), avec l'appui du ministère prussien, des essais à la rupture en reproduisant les vibrations que subissent les essieux de wagons. L'appareil d'essai produisait environ 72 vibrations par minute.

On a déterminé pour des efforts statiques, intermittents et alternatifs, à la flexion ou à la traction, la *charge limite* sous laquelle la rupture ne se produisait pas.

On voit de suite combien ces essais doivent être longs ou incertains; aussi ceux qui ont été publiés sont-ils loin d'être complets.

Les *lois* que Wöhler a déduites de ses essais sont exactement celles que nous avons déduites précédemment des considérations mécaniques, en substituant aux mots *poids mort* ceux de *effort minimum*.

Nous ne rapporterons pas ici ces essais souvent publiés (1), nous voulons seulement signaler avec leurs notations les formules empiriques qui en ont été déduites, puis les comparer à celles que nous avons données (19).

Soit : t la charge statique limite ou de non-rupture par centimètre carré ;
u la charge intermittente limite ou de non-rupture ;
s la charge alternative limite ou de non-rupture ;
P la charge ou effort dans un sens $\geqq P'$;
P' la charge ou effort dans l'autre sens $\leqq P$;
1/3 le coefficient de sécurité pour tous les cas.

La formule de Launhardt, qui donne le coefficient de sécurité R par centimètre carré pour le cas d'une charge intermittente, est :

$$R = \frac{u}{3}\left(1 + \frac{t - u}{u} \frac{\text{minim. } P}{\text{maxim. } P}\right)$$

La formule de Weyrauch, qui donne le coefficient de sécurité pour le cas d'une charge alternative, est :

$$R = \frac{u}{3}\left(1 - \frac{u - s}{u} \frac{\text{maxim. } P'}{\text{maxim. } P}\right)$$

Quant aux valeurs de t, u, s, voici celles que nous trouvons indiquées dans l'ouvrage de Weyrauch (*Stabilité des constructions en fer et en acier*) :

Fer de la Société Phönix.	Flexion	$t = 4020$	$u = 2195$	$s = 1170$
	Traction	$t = 3290$	$u = 2340$	$s =$ indéterminé

Les auteurs allemands prennent pour ce fer les valeurs minima ci-dessus, soit qu'elles résultent de la traction ou de la flexion. On a alors :

$$\frac{t - u}{u} = \frac{3290 - 2190}{2190}\text{, soit } \frac{1}{2}\text{ ;} \qquad \frac{u - s}{s} = \frac{2190 - 1170}{2190}\text{, soit } \frac{1}{2}\text{.}$$

D'où, pour charge intermittente, $R = 700\left(1 + \frac{1}{2}\frac{\text{min. } P}{\text{max. } P}\right)$

— alternative, $R = 700\left(1 - \frac{1}{2}\frac{\text{max. } P'}{\text{max. } P}\right)$

$\frac{\text{min. } P}{\text{max. } P} = 1$ correspond à une charge statique = minim. P. . . . . . . R = 1050.

$\frac{\text{min. } P}{\text{max. } P} = \frac{\text{max. } P'}{\text{max. } P} = 0$ correspond à une charge intermittente absolue. R = 700.

$\frac{\text{max. } P'}{\text{max. } P} = 1$ correspond à une charge alternative constante . . . . . . R = 350

(1) Leur publication originale a été faite dans la *Zeitschrift für Bauwesen*, 1860-1863-1866-1870. Ce dernier article contient les résultats principaux et a été publié séparément sous le titre : *Die Festigkeitsversuche mit Eisen und Stahl.*

Ces charges de sécurité. — 1050, — 700, — 350, sont dans le rapport 3 — 2 — 1, tandis que les valeurs maxima de R que nous trouvons (19),

à savoir : 1500, — 750, — 375, sont dans le rapport 4 — 2 — 1.

Les charges de sécurité auxquelles elles conduisent, après réduction de 1/5, sont : 1200, — 600, — 300.

Ces charges de sécurité offrent donc plus de garantie que celles déduites des formules allemandes, surtout pour les cas de vibrations.

D'autres auteurs allemands, Müller, en 1873, Gerber, en 1874, Schäffer, Vinkler et Ritter, en 1877, ont donné des formules un peu différentes de celle de Launhardt pour calculer la charge de sécurité d'après les essais de Vöhler. Mais elles sont moins usitées et conduisent à peu près aux mêmes résultats.

Observations. — C'est donc d'après les coefficients de non-rupture t, u, s, un peu inférieurs à ceux de rupture, et en prenant un coefficient constant = 1/3, que les Allemands proposent de déterminer le coefficient de sécurité R.

Nous avons déjà remarqué combien était difficile et mal définie la détermination de ces coefficients de non-rupture, alors que celle de la limite d'élasticité R_e ou de rupture R_r est relativement simple.

Nous remarquerons aussi que les coefficients t, u, s, relatifs à la flexion, ont été calculés par la formule $R = \frac{v}{I} \mu$; or, cette formule n'est exacte que pour la période élastique, elle n'est qu'approximative pour la période de déformation. On ne devrait donc employer que les valeurs de t, u, s obtenues par traction, tandis que les auteurs précités prennent simultanément, comme nous l'avons vu, les valeurs obtenues par flexion ou par traction.

En résumé, nous pensons que les relations empiriques que nous avons données (19) pour calculer le maximum de R en fonction de la limite d'élasticité R_e doivent être préférées aux formules allemandes, comme offrant une base R_e plus certaine que celle de *non-rupture u*, et enfin parce qu'elles conduisent, même avec la faible réduction de 1/5, à des valeurs de R plus faibles pour les cas de vibrations.

CHAPITRE II

EFFETS DES CHARGES SUR LES PIÈCES DROITES

RÉSULTATS DE L'ANALYSE

Les effets des charges que nous avons à indiquer sont le moment μ et l'effort tranchant F que ces charges développent en chaque point d'une pièce.

La statique suffit à déterminer ces effets pour les pièces simples, c'est-à-dire posées sur deux appuis; mais pour les pièces encastrées et continues, il faut faire intervenir la théorie de l'élasticité. C'est aussi de cette théorie que l'on déduit l'expression des flèches de courbure.

Nous ne rappelons ici que les résultats de ces méthodes, et en les représentant graphiquement, nous simplifierons les calculs. Les relations qui suivent supposent que le plan de flexion reste constamment le même que celui des charges, c'est-à-dire que les pièces ne subissent aucune déformation transversale. Elles supposent aussi que le moment d'inertie I est constant sur toute leur longueur. Cette hypothèse, vraie pour les bois et les fers laminés, ne l'est plus pour les poutres composées dont la section est proportionnée au moment μ. En pratique il suffira de prendre la valeur moyenne de I.

P	désignera	une charge concentrée et p une charge par mètre courant.
F et μ	—	l'effort tranchant et le moment en un point quelconque M.
$F_0, F_1, F_2, \mu_0, \mu_1, \mu_2$		les valeurs de F et de μ sur les appuis successifs.
μ_m	—	le moment maximum correspondant à $F = o$ algébriquement.

PIÈCE SIMPLE OU POSÉE SUR DEUX APPUIS

22. Cas d'une charge P aux distances $l_1 = AC'$, $l_{11} = C'A_1$ (fig. 13).

Efforts tranchants. — Sur les appuis, ils sont égaux aux réactions; on a :

$$F_0 = P\frac{l_{11}}{l}, \text{ constant et positif de A en C'.}$$

$$F_1 = P - F_0 = -P\frac{l_1}{l}, \quad \text{» et négatif de } A_1 \text{ en C'.} \qquad (a).$$

Pour ne pas surcharger la figure, portons les longueurs qui représentent F_0 et F_1 au-dessus de AA_1. Les hachures verticales, limitées à la ligne $F_0\, f_0\, f_1\, F_1$, donneront les F en chaque point.

Moments. — En un point quelconque M, à la distance x de l'appui A, on a : $\mu = F_0 x$. C'est l'équation d'une droite. Donc, $\mu_0 = \mu_1 = 0$.

En C', point d'application de la charge, on a :

$$\mu = F_0 l_1 = F_1 l_{11} = P\,\frac{l_1\, l_{11}}{l} \qquad (b).$$

Si donc C'D' représente μ à une échelle quelconque, le moment, en chaque point, sera représenté à la même échelle par les ordonnées du triangle $AD'A_1$.

La flèche en C' est :

$$f = \frac{P l_{11}^3}{6\,EI} \qquad (c).$$

Fig. 13.

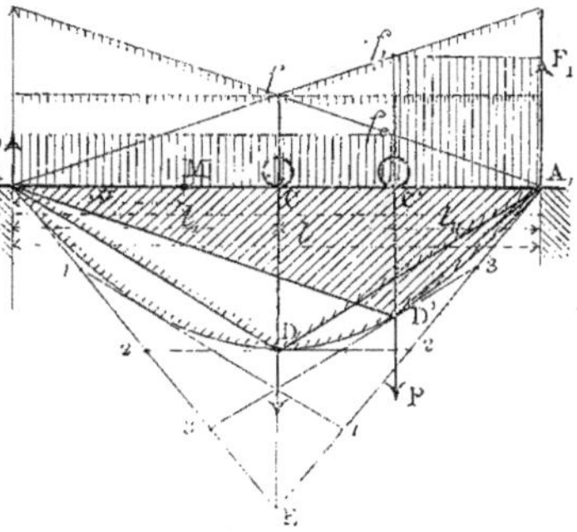

23. Cas où P est au milieu $C, l_1 = l_{11}$. — On a :

$$F_0 = F_1 = \frac{1}{2}\,P = Cf \qquad (a).$$

Au milieu C, où $F = F_0 - F_1 = 0$, le moment est maximum. On a :

$$\mu_m = CD = F_0\,\frac{l}{2} = P\,\frac{l}{4} \qquad (q).$$

En substituant à l_{11} dans (c) sa valeur $\frac{1}{2}\,l$, la flèche en C devient :

$$f = \frac{P l^3}{48\,EI} \qquad (c).$$

24. La charge P est mobile (même figure).

Efforts tranchants. — Quand P passe d'un appui à l'autre, F_0 et F_1 varient alternativement de $= 0$ à $= P$. Le lieu des points f_0 et f_1 est donc sur deux droites qui se coupent en f.

Moments. — En posant $l_{11} = l - l_1$, la relation (b) du (22) devient :

$$\mu = \frac{P}{l}\,(l l_1 - l_1^2).$$

μ varie donc comme l'ordonnée d'une parabole passant en A et A_1 et dont le paramètre $= \frac{l}{P}$. Le maximum correspondant à $l_1 = \frac{1}{2}\,l$ est, comme précédemment :

$$\mu = CD = P\,\frac{l}{4}.$$

25. Cas d'une charge uniforme p par mètre courant (fig. 14).

Efforts tranchants. — Sur les appuis, on a : $F_0 = F_l = \frac{1}{2} pl$.

En un point quelconque M, à la distance x de l'appui A, on a :

$$F = F_0 - px = p\left(\frac{l}{2} - x\right) \qquad (a).$$

Ces efforts sont donc limités par la droite $f_0 f'$ ou par les lignes $f_0 C f_l$, en ne tenant compte que de leur valeur absolue.

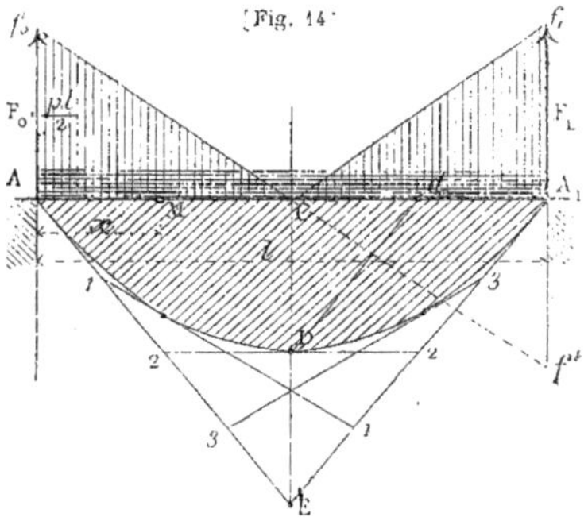

[Fig. 14]

Moments. — En un point quelconque M, on a :

$$\mu = F_0 x - px\frac{x}{2} = \frac{p}{2}(lx - x^2).$$

C'est l'ordonnée d'une parabole dont le paramètre $= \frac{2}{p}$, qui passe en A et A_1 où $\mu_0 = \mu_1 = o$. Le maximum correspond à $x = \frac{1}{2} l$ où $F = o$; il est :

$$\mu_m = CD = p\frac{l^2}{8} \qquad (q).$$

La flèche est :

$$f = \frac{5}{384}\frac{pl^4}{EI} \qquad (c).$$

26. Équivalence des charges P et p. En général on aura la charge uniforme p équivalente à une ou plusieurs charges isolées P donnant un moment maximum μ_m en posant :

$$p\frac{l^2}{8} = \mu_m. \qquad \text{D'où } p = 8\frac{\mu_m}{l_2}.$$

Dans les cas précédents, en égalant les μ_m ou les paramètres, on a :

$$\frac{pl^2}{8} = P\frac{l}{4} \qquad \text{ou} \qquad \frac{2}{p} = \frac{l}{P}. \qquad \text{D'où} \quad pl = 2P.$$

Ainsi une charge totale uniformément répartie $= pl$ est double de la charge P placée au milieu, et inversement.

L'équivalence de ces charges n'est constante que pour P mobile ; alors les deux paraboles des μ se superposent.

Quand P est fixe, l'égalité des moments ne subsiste plus pour les sections voisines du milieu, puisque pour P la surface des μ est celle d'un triangle, tandis que pour p cette surface des μ est celle d'un segment parabolique.

27. Cas d'une charge p **sur une longueur** $= 2b$ (fig. 15).

Efforts tranchants. — On a : $F_0 l = 2pb \times l_{\prime\prime}$ et $F_{\prime} l = 2pb \times l_{\prime}$.

Ces efforts F_0 et $F_{\prime}$ sont constants sur les longueurs respectives a, c.

En un point M de $(2b)$, on a :

Fig. 15.

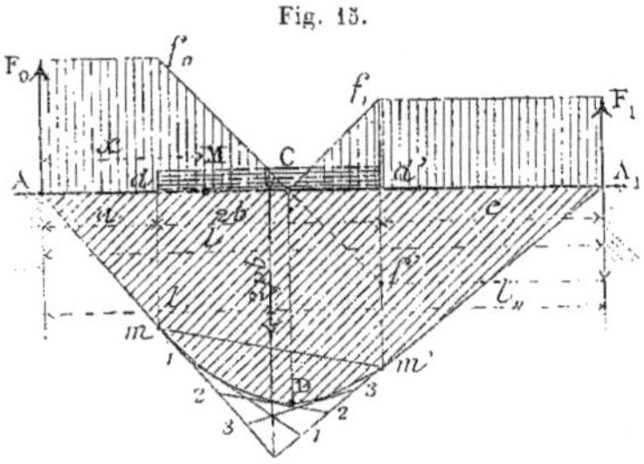

$$F = F_0 - p(x - a).$$

La ligne $f_0 f'$ ou la ligne brisée $f_0 C f'$ limite donc les F sur la longueur $(2b)$.

Moments. — Pour les parties non chargées a et c on a, au maximum :

à gauche, $\mu = dm = F_0 a$;

à droite, $\mu = d'm' = F_{\prime} c$.

En un point M de $(2b)$, on a :

$$\mu = F_0 x - \frac{1}{2} p (x - a)^2.$$

Les moments sont donc limités sur les longueurs a et c par deux droites et sur la longueur $(2b)$ par une parabole tangente à ces droites.

Le maximum CD correspondant au sommet de la courbe est situé sur la verticale du point C, pour lequel $F = o$ algébriquement.

Ce maximum croît avec $(2b)$ jusqu'à $2b = l$. On retombe alors sur le (25).

Si la charge $2pb$ est mobile, le parabole des μ passe par l'un des appuis pour $a = o$ ou $c = o$. On tracerait facilement les lignes mixtes des μ pour des positions successives de la charge, et la courbe enveloppante donnerait les maxima des μ.

La plus grande valeur de μ a lieu pour $a = c$.

28. Tracé de la parabole (fig. 14). — De tous les tracés qu'indique la géométrie, nous choisirons celui qui utilise les tangentes extrêmes.

Connaissant deux points A, $A_{\prime}$ de la courbe et sa flèche CD sur le milieu de $AA_{\prime}$, on prendra $CE = 2CD$; les lignes AE et $A_{\prime}E$ sont les tangentes extrêmes. Si maintenant on divise ces lignes en un même nombre de parties égales et qu'on joigne les points 1-1, 2-2, 3-3,... ces lignes sont des tangentes à la parabole, et les points de tangence sont les milieux des côtés du polygone ainsi formé. Cette construction s'applique aussi à deux tangentes quelconques. Il résulte de ce tracé que le point d étant le milieu de AC, dD est parallèle à $A_{\prime}E$. On peut ainsi tracer les tangentes extrêmes quand les dimensions de l'épure ne permettent pas de tracer le point E. Et puisque le point 1 est le milieu de A — 2, la ligne 1 — 1 coupe aussi la ligne 2 — D en son milieu. On pourra mener ainsi autant de tangentes qu'on voudra.

Cette construction reste la même quand (fig. 23) les points donnés, A, a, de la parabole ne sont pas de niveau. On peut donc considérer la parabole comme engendrée par une droite 2-2 s'appuyant constamment sur les tangentes extrêmes et dont la projection horizontale reste égale à $\frac{1}{2}\, l$. Il s'ensuit que (fig. 23) la tangente au sommet, $mn = \frac{1}{2}\, l$ est parallèle à $AA_{\prime}$. On peut donc la tracer à priori pour déterminer le sommet D, en menant de o, milieu de $AA_{\prime}$, la ligne om parallèle à AE, puis mn parallèle à $AA_{\prime}$

29. Deux charges P égales et symétriques (fig. 16). — Dans tous les cas de *charges multiples*, les effets des charges s'ajoutent entre eux. On peut donc ajouter les valeurs précédentes des F et des μ ou les ordonnées des polygones qui les représentent (1).

Fig. 16.

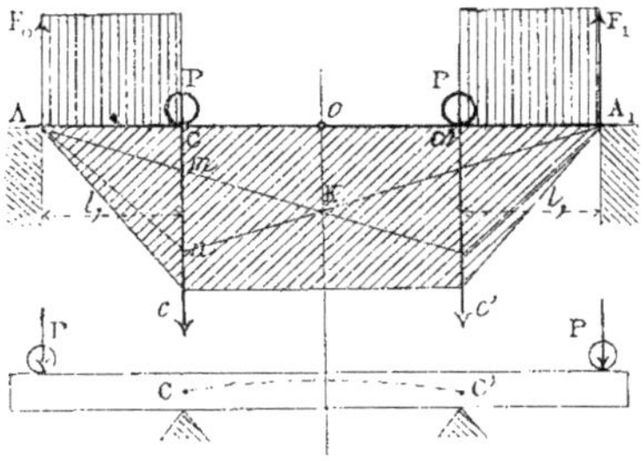

Dans le cas actuel on a :

$F_0 = F_1 = P$ entre C et C', $F = F_0 - P = 0$.

Le moment en C et C' est $\mu = Pl_1$.

Ce moment, représenté par $Cc = C'c' = Cm + Cn = 2KO$, est constant de C en C'. Si donc la section de la pièce est aussi constante, le rayon de courbure (2)

$$\rho = \frac{EI}{\mu}$$

sera constant ; la courbe entre C et C' sera un arc de cercle.

Cas particulier. — Les valeurs des F et des μ ainsi que la courbure sont les mêmes que précédemment si les appuis sont transportés en C et C' et les charges en A et A_1.

30. Une charge P au milieu et une charge p (fig. 17). — C'est la réunion des (23 et 25). Sur les appuis on a :

Fig. 17.

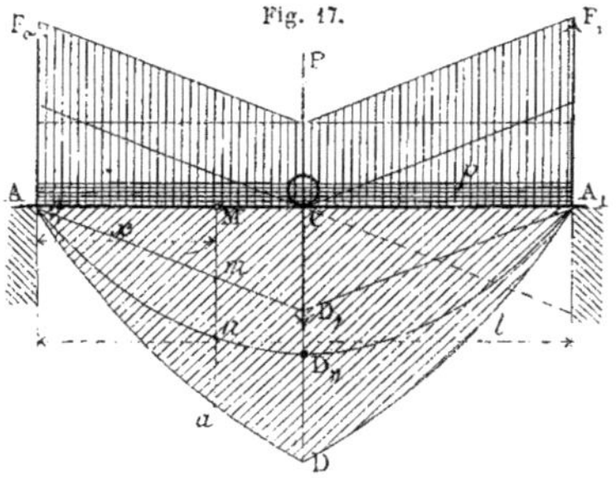

$$F_0 = F_1 = \frac{P}{2} + \frac{pl}{2}.$$

Le moment en un point M, représenté par $Ma = Mm + Mn$, est :

$$\mu = F_0 x - \frac{px^2}{2}.$$

Le moment maximum en C, représenté par $CD = CD_1 + CD_{11}$, est :

$$\mu_m = \frac{Pl}{4} + \frac{pl^2}{8} = \frac{l}{4}\left(P + \frac{pl}{2}\right).$$

La courbe des μ est formée de deux arcs de parabole. La flèche est :

$$f = \frac{l^3}{48\,EI}\left(P + \frac{5}{8}pl\right).$$

Ainsi, comme nous le savons déjà, au point de vue du moment μ_m, la charge uniforme équivaut à une charge $= 1/2\,pl$ placée au milieu ; mais au point de vue de la flexion, la charge uniforme équivaut à une charge $= 5/8\,pl$ placée au milieu.

(1) *La Graphostatique* (chap. III) nous fournira une solution rapide pour un nombre quelconque de charges.

31. Deux charges P symétriques et une charge p (fig. 18). — C'est la réunion des n°s 29 et 25.

$$F_0 = F_1 = P + \frac{pl}{2}.$$

Le moment en C et C' est :

$$\mu = Pl_1 + \frac{p}{2}(ll_1 - l_1^2).$$

Le moment maximum en O est :

$$\mu_m = Pl_1 + p\frac{l^2}{8}.$$

La courbe des μ est formée de 3 arcs de parabole. L'arc cDc' n'est autre que l'arc aD_ib abaissé de $D_iD = 2 \times OK$.

Fig. 18.

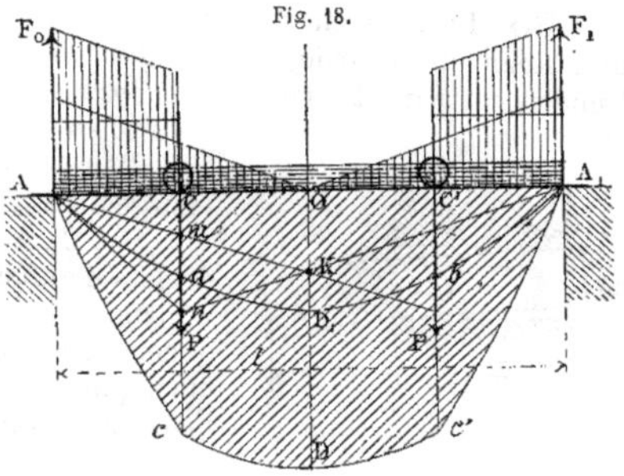

32. Cas d'une charge continue progressive (Aiguille de barrage) (fig. 19). — Les données se lisent sur la figure. a est la largeur de l'aiguille, que l'on se donne, et b est la dimension à déterminer. Le poids de 1 mc d'eau = 1000^k.

Fig. 19.

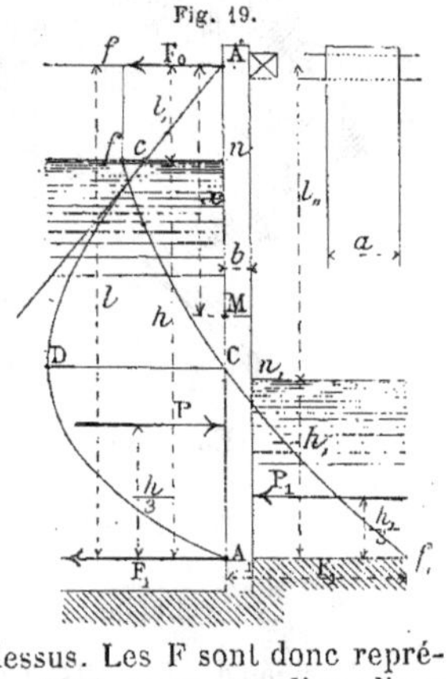

La poussée d'amont $P = \frac{1000\, ah^2}{2} = 500\, ah^2$.

id. d'aval $P_1 = 500\, ah_1^2$.

Leurs points d'application sont en $\frac{h}{3}$ et $\frac{h_1}{3}$.

Les réactions des appuis sont donc :

En A, $F_0 l = P\frac{h}{3} - P_1\frac{h_1}{3}$; d'où $F_0 = 166\frac{a}{l}(h^3 - h_1^3)$.

En A_1, $F_1 + F_0 = P - P_1$; d'où $F_1 = 500a(h^2 - h_1^2) - F_0$.

On aura maintenant, en tout point M à la distance x de A :

Efforts tranchants
- de A au niveau n : $F = F_0$.
- de n en n_1 : $F = F_0 - 500\, a\, (x - l_1)^2$.
- de n_1 en A_1 : $F = F_0 - 500\, a\left[(x - l_1)^2 - (x - l_{11})^2\right]$.

Pour $x = l$, cette dernière relation donne $- F_1$ ci-dessus. Les F sont donc représentés par les ordonnées comprises entre AA_1 et la ligne $ffCf_1$, composée d'une ligne droite et de deux arcs de parabole.

Moments
- de A en n : $\mu = F_0 x$. En n, $\mu = F_0 l_1 = nc$.
- de n en n_1 : $\mu = F_0 x - 166\, a\, (x - l_1)^3$.
- de n_1 en A_1 : $\mu = F_0 x - 166\, a\left[(x - l_1)^3 - (x - l_{11})^3\right]$.

Le maximum de μ, représenté par CD, correspond à $x = AC$ ou $F = 0$.

Les μ sont donc représentés par les ordonnées comprises entre A_1A et la ligne $AcDA_1$, composée d'une partie droite et deux arcs de parabole.

PIÈCE ENCASTRÉE PAR UN BOUT ET LIBRE DE L'AUTRE

33. Le bout encastré est soumis à une réaction Q (fig. 20) ou à une réaction uniformément répartie (fig. 21) dont la résultante est Q. Dans tous les cas, l'encastrement est parfait quand on a $Qq = \mu$, le moment des forces extérieures en A. La charge en A est Q + l'effort tranchant en A.

Fig. 20.

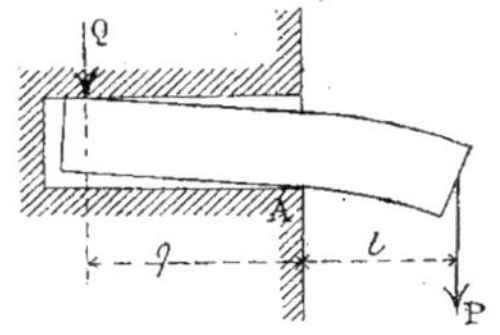

Dans le cas de la fig. 20, on a $\mu = Pl = Qq$, et la charge en A est P + Q.

Si q diminue, Q augmente et l'encastrement parfait devient d'autant plus difficile à réaliser que les matériaux résistent moins à l'écrasement ; il ne faut alors compter que sur une partie du bénéfice de cet encastrement. C'est ainsi que pour des pièces de fer scellées dans un mur en maçonnerie on ne compte jamais sur l'encastrement.

34. Cas d'une charge P à l'extrémité de la pièce (fig. 21).

Fig. 21.

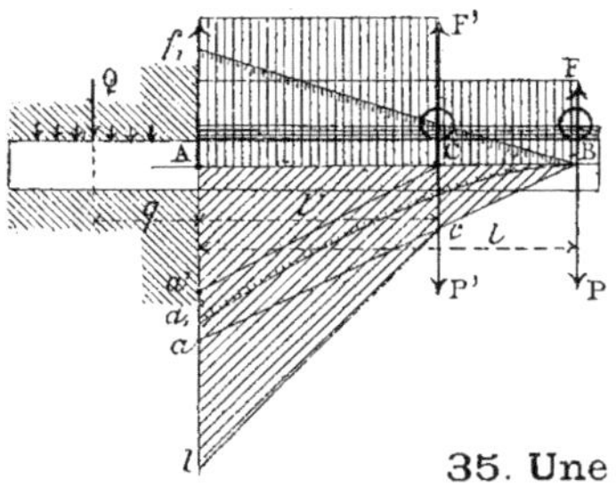

Ce cas se déduit du (22) en considérant la pièce posée sur 2 appuis comme encastrée en son milieu; il suffit de remplacer

$$\frac{l}{2} \text{ par } l \qquad \text{et } \frac{P}{2} \text{ par } P_1 \text{ ; on a :}$$

$$F = P, \qquad \mu_m = Pl, \qquad f = \frac{Pl^3}{3\,EI}.$$

La ligne des F est parallèle à AB, celle des μ est Ba.

35. Une charge p par mètre courant (fig. 21).

En un point à la distance x de B, on a : $F = px$, $\qquad \mu = p\,\dfrac{x^2}{2}$.

A l'encastrement en A, $\quad x = l, \qquad F = pl, \qquad \mu_m = p\,\dfrac{l^2}{2}$.

La flèche du point B est $\qquad f = \dfrac{pl^4}{8\,EI}$.

La ligne des F est Bf_1, celle des μ est la parabole Ba_1.

36. Charges multiples. — Il suffit, comme précédemment, d'ajouter les effets de chaque charge prise séparément.

Pour les deux charges ci-dessus, le moment à l'encastrement est :

$$\mu_m = Pl + p\,\frac{l^2}{2}.$$

La courbe des μ s'obtiendrait en ajoutant les ordonnées de Ba à celles de la parabole B$a_{,}$.

La même figure donne la représentation graphique dans le cas de deux charges P et P'.

L'effort tranchant en A est $P + P'$, et si l'on porte $Aa' = P'l'$ en ad, Bcd est la ligne des μ.

Les ordonnées de cette ligne, jointes à celles de la parabole, donneraient les μ pour le cas des trois charges $P + P' + p$, et on aurait de même la ligne des efforts tranchants.

PIÈCE ENCASTRÉE PAR UN BOUT, SUR APPUI DE L'AUTRE

37. Cas d'une charge P (fig. 22). — La théorie de l'élasticité donne pour les *efforts tranchants :*

Fig .22.

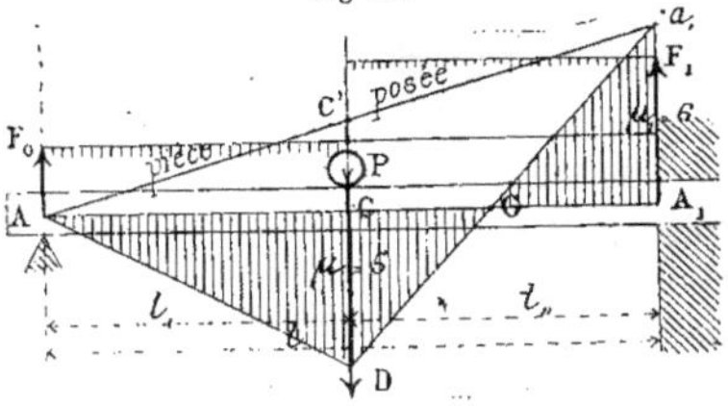

$$\left.\begin{array}{ll} \text{en A,} & F_0 = P\,\dfrac{l_{11}^2\,(3\,l - l_{11})}{2\,l^3}. \\ \text{en } A_1, & F_1 = F_0 - P. \end{array}\right\} (a)$$

Pour les moments on a :

$$\left.\begin{array}{ll} \text{en A,} & \mu_0 = o\,; \\ \text{en C,} & \mu = F_0 l_1\,; \\ \text{en } A_1, & \mu_1 = P l_{11} - F_0 l. \end{array}\right\} (b)$$

Si donc CD représente μ et A_1a_1 représente μ_1, les moments sont donnés, en chaque point, par les ordonnées limitées aux lignes AD et D$a_{,}$.

Si nous menons A$a_{,}$, nous aurons :

$$C'D = C'C + \mu = \mu_1 \frac{l_1}{l} + \mu = P\,\frac{l_{11} l_1}{l}.$$

C'est le moment de la pièce posée sur 2 appuis (22).

38. Cas où P est au milieu, $l_{I} = l_{II} = \frac{1}{2}\,l$. — Substituant dans ($a$), on a :

$$F_0 = \frac{5}{16}\,P \qquad \text{et } F_1 = \frac{11}{16}\,P.$$

$$\text{En C,} \quad \mu = \frac{5}{32}\,Pl\,; \qquad \text{en } A_1, \quad \mu_1 = \frac{6}{32}\,Pl \qquad \text{et } C'D = \frac{1}{4}\,Pl.$$

$$\text{Donc } A_1G : GC :: \mu_1 : \mu :: 6 : 5\,; \qquad \text{d'où } A_1G = \frac{3}{11}\,l.$$

39. Cas d'une charge p **par mètre** (fig. 23). — La théorie donne :

Efforts tranchants, $F_0 = \frac{3}{8}\,pl = 0{,}375\,pl$ (positif).

$F_1 = pl - F_0 = \frac{5}{8}\,pl = 0{,}625\,pl$ (négatif).

En un point à la distance x de A, on a : $F = F_0 - px$.

Ces efforts sont donc représentés par l'oblique F_0f_1 ou par F_0CF_1.

Moments. — En un point quelconque, à la distance x de A, on a :

$$\mu = F_0x - p\frac{x^2}{2} = \frac{px}{2}\left(\frac{3}{4}l - x\right) \qquad (a)$$

Fig. 23.

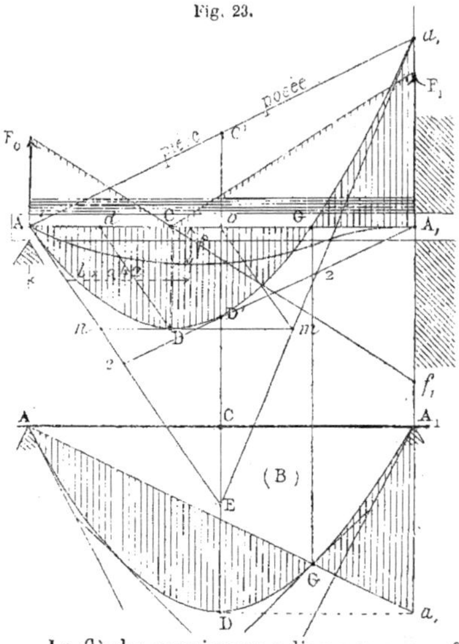

La courbe des μ est donc une parabole. En A, pour $x = 0$, et en G pour $x = 3/4\ l$, on a $\mu = 0$. G est donc le point d'inflexion de l'élastique.

Le sommet de la courbe ou maximum positif de μ est sur la verticale du point C pour lequel $F = 0$ et $x = AC = 3/8\ l$. Cette valeur de x, mise dans (a), donne :

$$\mu = CD = \frac{9}{128}pl^2 = 0{,}07036\,pl^2.$$

Le moment est maximum en A_1 pour $x = l$; on a alors :

$$\mu_m = A_1a_1 = \frac{pl^2}{8}.$$

Ce moment est précisément égal à celui de la poutre posée sur 2 appuis $= C'D'$. Si donc on prend $C'E = \frac{1}{4}pl^2$, on aura les tangentes extrêmes, et la ligne 2 — 2, tangente en D', passera en A_1 et sera parallèle à Aa_1.

La flèche maximum a lieu pour $x = 0{,}4215\ l$; elle est :

$$f = \frac{pl^3}{384\ EI},$$

soit cinq fois moindre que pour la pièce posée sur 2 appuis (22).

Il suit de ce qui précède que, pour passer de la pièce posée, dont la parabole des μ est ADA_1 (B), à la pièce encastrée, il suffit de prendre $A_1a_1 = CD$ et de mener Aa_1. Les μ sont alors donnés par les surfaces hachurées.

Cas particulier. — Ces résultats restent les mêmes si l'appui A est remplacé par un effort $= F_0$ agissant de bas en haut.

PIÈCE ENCASTRÉE A CHAQUE BOUT

40. Une charge unique P en un point quelconque (fig. 24).

Efforts tranchants : $F_1 = P \frac{l_{\prime\prime}^2 (3l - 2l_{\prime\prime})}{l^3}$ $\quad F_2 = P - F_1$ $\quad (a)$

Moments : $\mu_1 = P \left(\frac{l_\prime l_{\prime\prime}}{l^2}\right) l_{\prime\prime} = A_1a_1$ $\quad \mu_2 = P \frac{(l_1 l_{\prime\prime})}{l^2} l_\prime = A_2a_2$ $\quad (b)$

id. en C, on a : $\mu = 2\mu_1 \frac{l_1}{l} = CD'$ $\quad (b')$

Menons $a_1D'a_2$, et les moments sont représentés par les surfaces hachurées.

On tire de (b) : 1° $\mu_1 + \mu_2 = P\frac{l_\prime l_{\prime\prime}}{l} = C'D$, valeur du moment de la pièce simplement posée ; 2° $\mu_1 : \mu_2 :: l_{\prime\prime} : l_\prime$.

Fig. 24.

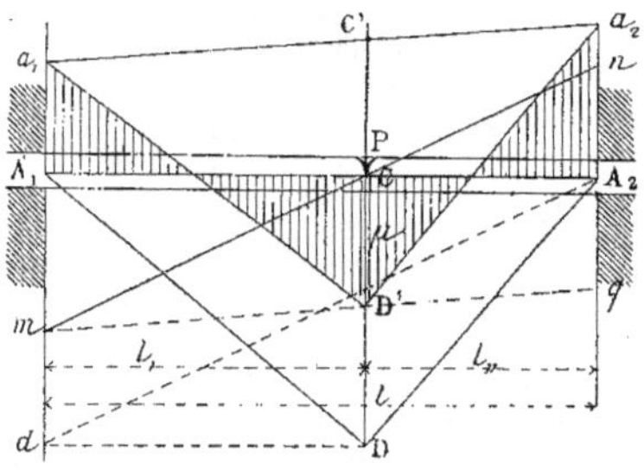

De ces relations résulte le tracé suivant pour passer de la pièce simplement posée à la pièce encastrée.

Portons $A_1d = CD = P\frac{l_\prime l_{\prime\prime}}{l}$, moment de la pièce posée (22) ; menons par C la ligne mn parallèle à dA_2. Les triangles rectangles semblables A_1dA_2, A_1mC, A_2nC donnent :

$A_1m = CD \frac{l_1}{l} = \mu_2$, que l'on porte en A_2a_2 ;

$A_2n = CD \frac{l_{\prime\prime}}{l} = \mu_1$, que l'on porte en A_1a_1.

Si nous portons $A_2q = \mu_1$, mq est parallèle à a_1a_2 et détermine D'. On a, en effet : $CD' = nq\frac{l_1}{l} = 2\mu_1\frac{l_1}{l}$ et $C'D' = \mu_1 + \mu_2 = CD$, moment de la poutre simple.

P est au milieu (fig. 25). — $l_\prime = l_{\prime\prime} = \frac{1}{2}l$. — On tire de (a) et (b) : $F_1 = F_2 = \frac{1}{2}P$ et $\mu_1 = \mu_2 = \mu = \frac{1}{8}Pl = A_1a_1 = A_2a_2 = CD$.

Fig. 25.

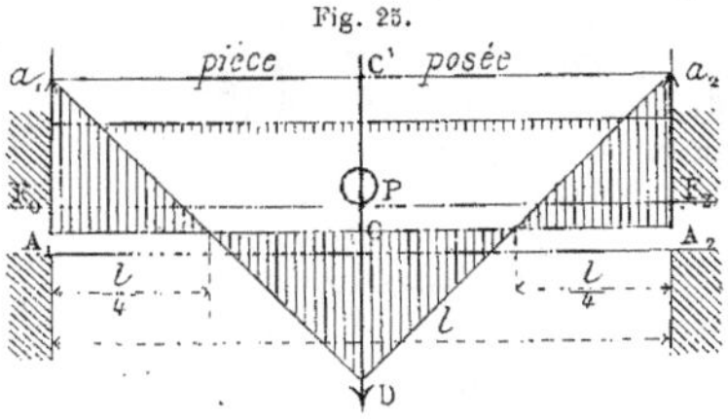

Les points d'inflexion sont évidemment à 0,25 l des appuis.

Pour la pièce posée on aurait :

$$\mu = \frac{1}{4}Pl = \mu_\prime + \mu = C'D.$$

Donc C'C = CD. L'encastrement double la résistance de la pièce.

La flèche pour la pièce encastrée est 4 fois moindre que pour la pièce posée.

$$f = \frac{P}{24\,EI}\left(\frac{l}{2}\right)^3$$

41. Une charge p par mètre (fig. 26). — On a : $F_1 = F_2 = \frac{1}{2} pl$.

Moments : $\mu_1 = \mu_2 = \frac{pl^2}{12} = A_1a_1 = A_2a_2$; en C, $\mu = \frac{\mu_1}{2} = \frac{pl^2}{24} = CD$.

La courbe des μ est donc une parabole et les points d'inflexion où $\mu = 0$ sont à 0,211 l des appuis.

Pour la pièce posée on avait : $\mu = \frac{pl^2}{8}$, moment égal à $\mu_1 + \mu = C'D$.

Donc, la parabole des μ est la même dans les deux cas, et il suffit, pour passer de la pièce posée à la pièce encastrée, de mener A_1A_2 parallèle à a_1a_2 en prenant $C'C = \frac{2}{3} C'D = 2\,CD$.

Fig. 26.

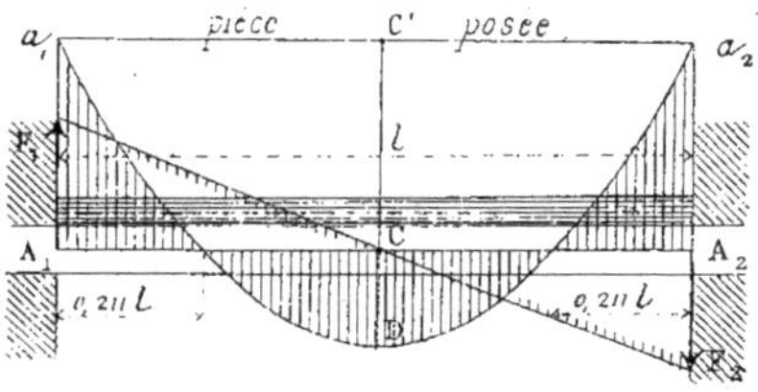

La résistance de la pièce posée est celle de la pièce concentrée comme 1 : 1,5.

Équivalence des charges pl et P au milieu.

On a :

$$\frac{1}{12} pl^2 = \frac{1}{8} Pl; \text{ d'où } pl = 1,5\ P.$$

POUTRES CONTINUES

42. — Chaque travée d'une poutre continue est une pièce encastrée obliquement.

D'après ce qui précède, il suffit pour déterminer les moments en tous les points de connaître les *moments sur appuis*.

En effet, si dans les figures suivantes on représente ces moments par des ordonnées Aa_1, A_2a_2, nous savons qu'il suffit de tracer par rapport à Aa_1, a_1a_2, etc., les lignes des moments comme si la travée était simplement posée sur deux appuis pour avoir entre ces lignes et celle des appuis AA_1, A_1A_1, etc, les moments de la pièce encastrée ou de la travée de la poutre continue.

Dans le cas d'une charge uniforme p, on aura toujours dans l'axe de la travée : $C'D' = \frac{1}{8} pl_2$ et $C'E = \frac{1}{4} pl_2$.

Pour une même charge p dans chaque travée, la parabole sera la même ; il suffira d'en tracer un gabarit et de l'appliquer en chaque travée, en le faisant passer par les points a_1, a_2, son axe restant vertical et passant en C où $F = 0$.

Nous considérons la poutre à *section constante* sur *appuis de niveau*.

43. Charge uniforme p, p_1 dans chaque travée.

Moments sur appuis. — Nous nous bornerons à appliquer la relation de Clapeyron dite des 3 moments, soit μ_0, μ_1, μ_2 les moments sur les 3 premiers appuis A, A_1, A_2 formant les travées l, l_1, lesquelles reçoivent les charges uniformes respectives p, p_1.

La relation entre ces 3 moments est :

$$\mu_0\, l + 2\,\mu_1\,(l + l_1) + \mu_2\, l_1 = \frac{1}{4}\,(pl^3 + p_1 l_1^3) \qquad (a)$$

On aurait une 2e relation semblable entre les moments μ_1, μ_2, μ_3, en augmentant les indices d'une unité, et ainsi de suite, jusqu'au dernier appui de la travée l_n, sur lequel le moment est μ_n.

La résolutions de ces équations, en observant que sur les appuis extrêmes $\mu_0 = \mu_n = o$, donne les valeurs des moments sur appuis.

Nous donnerons ces moments pour poutres à 2, 3 et 4 travées ; mais pour un plus grand nombre de travées nous préférerons la méthode graphique (chap. III).

Efforts tranchants. — On les déduit des moments sur appuis.

μ_1 et μ_2 étant les moments dans la travée l, portant la charge p_1, on a :

sur l'appui de gauche, $\quad F_1 = \frac{1}{2} p_1 l_1 + \frac{\mu_1 - \mu_2}{l_1}$

sur l'appui de droite, $\quad F_2 = F_1 - p_1 l_1 \qquad (b).$

Ces efforts tranchants sont représentés dans les différentes travées par des droites coupant la ligne des appuis en un point où $F = 0$, correspondant au maximum de μ, et où passe l'axe vertical de la parabole. Si la charge p est la même dans toutes les travées, ces droites seront toutes parallèles entre elles.

44. Une charge concentrée P, P_1, **dans chaque travée** (fig. 27).

Moments sur appuis. — La théorie donne entre les moments sur 3 appuis consécutifs des travées l, l_1 la relation :

$$\mu_0 l + 2\mu_1 (l + l_1) + \mu_2 l_1 = Pl' \frac{(l^2 - l''^2)}{l} + P_1 l_1' \frac{(l_1^2 - l_1''^2)}{l_1} \qquad (a)$$

On aurait une 2e relation semblable entre les moments μ_1, μ_2, μ_3, en augmentant les indices d'une unité, et ainsi de suite.

La résolution de ces équations, en observant que sur les appuis extrêmes $\mu_0 = \mu_n = 0$, donne les moments sur les appuis intermédiaires.

Efforts tranchants. — On les déduit des moments sur appuis.

Soit μ_1, μ_2 ces moments dans une travée l, portant une charge P_1.

On a : sur l'appui de gauche, $\quad F_1 = P_1 \frac{l_1''}{l_1} + \frac{\mu_1 - \mu_2}{l_1}.$

id. de droite, $\quad F_2 = F_1 - P_1. \qquad b)$

Le cas d'une charge concentrée unique par travée est très rare en pratique : aussi n'en ferons-nous l'application qu'à la poutre à deux travées.

45. Poutre à deux travées avec charges P, P_1 (fig. 27).

Moments sur appuis. — On a : $\mu_0 = \mu_2 = 0$. On tire alors de (a — 44) :

$$\mu_1 = Pl' \frac{(l^2 - l''^2)}{2(l + l_1) l} \times P_1 l'_1 \frac{(l_1^2 - l'_1{}^2)}{2(l \times l_1) l_1}.$$

Connaissant μ_1, et puisque $\mu_0 = \mu_2 = 0$, on tire de (b-44) :

Efforts tranchants | 1re travée $F_0 l = Pl'' - \mu_1 . . . . F_1 = F_0 - P.$
| 2e id. $F_1' l_1 = P_1 l_1' \times \mu_1 . . F_2 = F_1' - P_1.$

Le moment en C est $\mu = F_0 l'$; et en C_1, $\mu = F_2 l_1'$.

Les moments en un point quelconque sont donc donnés par les ordonnées des surfaces hachurées.

Fig. 27.

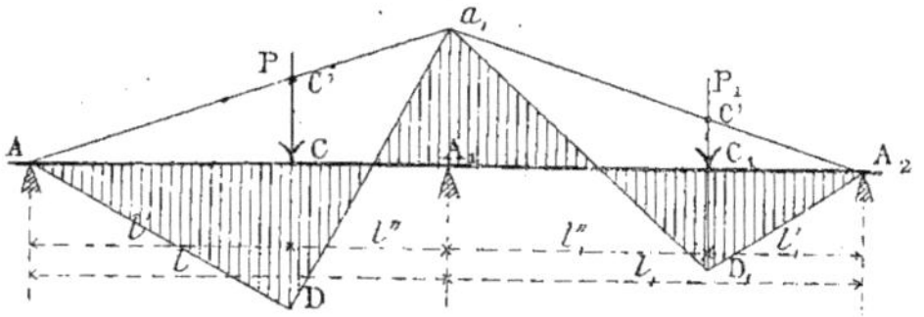

Si on mène Aa_1 et a_1A_2, les ordonnées C'D, C'D, représentent le moment que produirait chaque charge dans sa travée si cette travée était indépendante de sa voisine (22). On a :

1re travée $C'D = P \frac{l' l''}{l}$ 2e travée $C'D_1 = P_1 \frac{l'_1 l''_1}{l}$

Cas particulier. — Si tout est symétrique, $P = P_1$ $l = l_1$ et $l'' = l_1''$, la poutre peut être considérée comme encastrée en A_1, et on retombe dans le cas (37).

46. Poutres à deux travées et charges uniformes (fig. 28). — Soit p la charge par mètre dans la travée l, et p_1 dans la travée l_1.

En faisant $\mu_0 = \mu_2 = 0$ dans (a-43), on en déduit :

$$\mu_1 = \frac{pl^3 + p_1 l_1^3}{8(l + l_1)}, \text{ représenté par } A_1 a_1 \qquad (a).$$

Fig. 28.

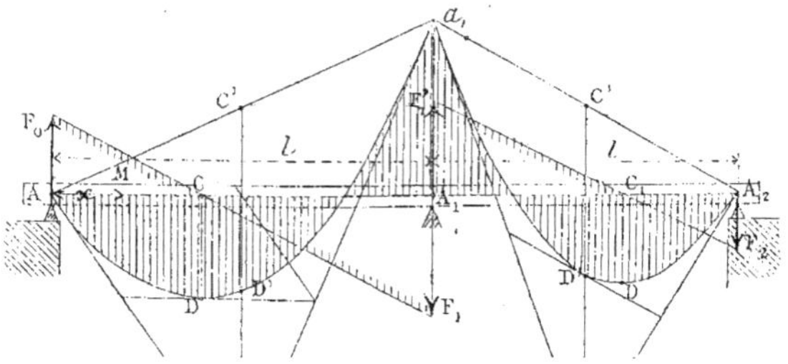

Efforts tranchants. — Connaissant μ_1 et $\mu_0 = \mu_2 = 0$, on tire de (b-43) :

1re travée $F_0 = \frac{1}{2} pl - \frac{\mu_1}{l}$ $F_1 = F_0 - pl$

2e travée $F_1' = \frac{1}{2} p_1 l_1 + \frac{\mu_1}{l_1}$ $F_2 = F_1' - p_1 l_1$, (b)

Le moment μ, en un point quelconque M à la distance x d'un appui de gauche, serait (25) :

$$1^{re} \text{ travée} \quad \mu = F_0 x - p\frac{x^2}{2}. \qquad 2^e \text{ travée} \quad \mu = F'_1 x - p_1 \frac{x^2}{2};$$

mais habituellement il suffira de tracer directement les paraboles.

Si on mène A_{a_1} et $a_1 A_2$ et si on prend sur le milieu de l $C'D' = \frac{1}{8} pl^2$ et sur le milieu de l_1 $C'D' = \frac{1}{8} p_1 l_1^2$, les points D' appartiennent à la parabole que l'on trace comme (28).

La charge totale sur l'appui A_1 est $F_1 + F_1'$.

Cas particulier. — Si $p_1 = p$ et $l_1 = l$, la pièce peut être considérée comme encastrée en A_1, et on retrouve les relations du (39) :

$$\mu_1 = \frac{1}{8} pl^2 = A_1 a_1; \qquad \mu = 0,07\, pl^2 = CD.$$

$$F_0 = F_2 = 0,375\, pl \quad \text{et} \quad F_1 = F'_1 = 0,625\, pl.$$

La charge sur l'appui A_1 est alors $F_1 + F_1' = 1,25\, pl$.

47. Solution générale pour $p_1 = p$. — La relation (a-46) devient alors

$$\mu_1 = \frac{p(l^3 + l_1^3)}{8(l + l_1)} \qquad (a)$$

Pour généraliser, posons $l = nl_1$. La relation (a) et celles (b-46) donnent :

$$\mu_1 = pl_1^2 \left(0,125 \frac{n^3+1}{n+1}\right) = pl_1^2 \times K$$

$$1^{re} \text{ travée} \begin{cases} F_0 = pl_1 \left(\frac{n}{2} - \frac{0,125}{n} \times \frac{n^3+1}{n+1}\right) = pl_1 \times K' \\ F_1 = \dots\dots\dots\dots\dots\dots \ pl_1 (n - K') \end{cases}$$

$$2^e \text{ travée} \begin{cases} F_1' = pl_1 (0,5 + k) = pl_1 \times K'' \\ F_2 = \dots\dots\dots\dots\dots\dots \ pl_1 (1 - K'') \end{cases}$$

Nous avons calculé dans le tableau suivant les multiplicateurs de pl_1 pour quelques valeurs de n.

POUTRE SUR 3 APPUIS OU 2 TRAVÉES											
$l : l_1 = n =$	1	1,25	1,5	1,75	2	2,25	2,386	2,5	2,75	3	
$\mu_1 = pl_1^2 \times$	0,125	0,164	0,218	0,289	0,375	0,476	0,5	0,593	0,726	0,875	K
en A $F_0 = pl_1 \times$	0,375	0,494	0,603	0,712	0,812	0,914	1	1,013	1,111	1,2	K'
en A_1 $F_1 = pl_1 \times$	0,625	0,756	0,895	1,038	1,088	1,336	1,386	1.487	1,649	1,8	n—K'
en A_1 $F_1' = pl_1 \times$	0,625	0,664	0,718	0,789	0,875	0,976	1	1,093	1,226	1,375	K''
en A_2 $F_2 = pl_1 \times$	0,375	0,336	0,281	0,211	0,125	0,024	0	—0,093	—0,226	—0,375	1—K''
Charge totale $= pl_1 \times$	2	2,25	2,5	2,75	3	3,25	3,386	3,5	3.75	4	n + 1

Pour $l = 2,386\, l_1$, $F_2 = 0$, comme si l'appui A_2 n'existait pas; au delà, F_2 devient négatif et agit de bas en haut.

Application. — Soit $l = 3$ m., $l_1 = 2$ m.; d'où $n = 1,5$, soit aussi $p = 1000^{kg}$.

Le tableau donne : $\mu_1 = 0,218 \times 1000 \times 4 = 8720$ *mèt. kg.*

$F_0 = 0,605 \times 2000 = 12100$ $\qquad$ $F_1 = 0,895 \times 2,000 = 17900^k$

$F^2 = 0,281 \times 2000 = \ \ 5620$ $\qquad$ $F' = 0,718 \times 2000 = 14360$

Sur la pile A_1, la charge totale est $\qquad$ $F_1 + F_1'$ . . . . . $= 32260$

48. Poutre à trois travées (fig. 29).

Fig. 29.

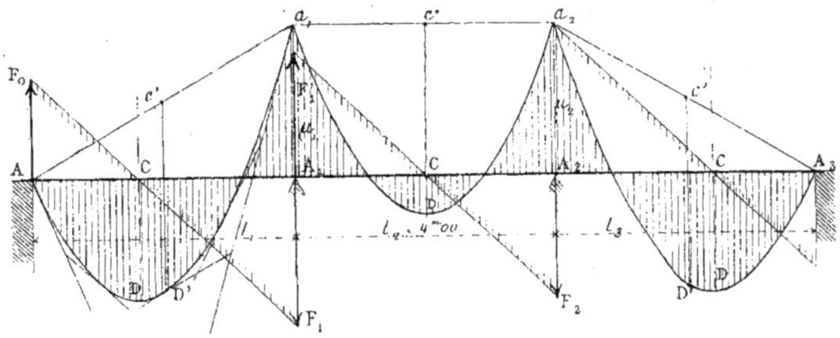

1° Les travées l_1, l_2, l_3 sont inégales; les charges uniformes sont p_1, p_2, p_3. En écrivant les relations (a-43) et y faisant $\mu_0 = \mu_3 = 0$, on a :

$$\mu_1 = \frac{2\, p_1\, l_1^3\, (l_2 + l_3) + p_2\, l_2^3\, (l_2 + 2\, l_1) - p_3\, l_3^3\, l_2}{4\, [4\, (l_1 + l_2)\, (l_2 + l_3) - l_2^2]}.$$

$$\mu_2 = \frac{2\, p_3\, l_3^3\, (l_1 + l_2) + p_2\, l_2^3\, (l_2 + 2\, l_1) - p_1\, l_1^3\, l_2}{4\, [4\, (l_1 + l_2)\, (l_2 + l_3) - l_2^2]}.$$

2° Les travées extrêmes sont égales, $\qquad l_3 = l_1$. On a alors :

$$\mu_1 = \frac{2\, p_1\, (l_2\, l_1^3 + l_1^4) + p_2\, (l_2^4 + 2\, l_1\, l_2^3) - p_3\, l_2\, l_1^3}{4\, (4\, l_1^2 + 8\, l_1 l_2 + 3\, l_2^2)}.$$

$$\mu_2 = \frac{2\, p_3\, (l_2\, l_1^3 + l_1^4) + p_2\, (l_2^4 + 2\, l_1\, l_2^3) - p_1\, l_2\, l_1^3}{4\, (4\, l_1^2 + 8\, l_1\, l_2 + 3\, l_2^2)}.$$

3° Les trois travées sont égales à l. Ces relations se réduisent à :

$$\mu_1 = (4\, p_1 + 3\, p_2 - p_3)\, \frac{l^2}{60}.$$

$$\mu_2 = (4\, p_3 + 3\, p_2 - p_1)\, \frac{l^2}{60}.$$

4° Les travées sont égales à l et les charges égales à p. On a :

$$\mu_1 = \mu_2 = 0,1\, pl^2.$$

Les efforts tranchants se calculent ici, comme pour tous les cas suivants, en appliquant les relations générales (*b*-43). On a :

1re travée. . . . . $F_0 = \frac{1}{2} p_1 l_1 - \frac{\mu_1}{l_1}$ et $F_1 = F_0 - p_1 l_1$.

2e — . . . . . $F_1' = \frac{1}{2} p_2 l_2 + \frac{\mu_1 - \mu_2}{l_2}$ et $F_2 = F_1' - p_2 l_2$.

3e — . . . . . $F_2' = \frac{1}{2} p_3 l_3 + \frac{\mu_2}{l_3}$ et $F_3 = F_2' - p_3 l_3$.

On pourrait maintenant calculer μ en un point quelconque, mais si on se contente de tracer la parabole qui les représente, on portera μ_1 en $A_1 a_1$ et μ_2 en $A_2 a_2$ à une échelle quelconque, puis joignant Aa_1 et $a_1 a_2$ et $a_2 A_3$ on portera à la même échelle,

au milieu de la 1re travée, $C'D' = \frac{1}{8} p_1 l_1^2$.

— 2e — $C'D = \frac{1}{8} p_2 l_2^2$.

— 3e — $C'D' = \frac{1}{8} p_3 l_3^2$.

Le point de concours des tangentes extrêmes se trouve à des distances $= 2\,C'D'$; et on achèverait le tracé des paraboles comme (28).

Application. — Les trois travées ont 4 m. et $p = 1000^{kg}$, d'où $pl = 4000$.

Moments. — Nous aurons sur les appuis : $\mu_1 = \mu_2 = 0{,}1\,pl^2 = 1600$ m. k., soit, à l'échelle de $1^{mm},5$ pour 100 m. k., $A_1 a_1 = A_2 a_2 = 24$ millim. Menons les cordes Aa_1, $a_1 a_2$, $a_2 A_3$; portons sur les axes des travées les quantités $C'D' = 1/8\,pl^2 = 2000$, soit, à l'échelle ci-dessus, $C'D' = 30$ millim. Les points D' appartiennent à la parabole des μ, et les tangentes en ces points sont parallèles aux cordes et égales à la moitié de leur longueur. Le point de concours des tangentes extrêmes serait à une distance $C'E = 60$ millim.

Efforts tranchants. — On a : $F_0 = F_3 = \frac{1}{2} pl - \frac{\mu_1}{l} = 0{,}4\,pl = 1600.$

1re et 3e travée. . . . . . $F_1 = F_2' = F_0 - pl = 0{,}6\,pl = -2400.$

2e id. . . . $F_1' = -F_2 = \frac{1}{2} pl + \frac{\mu_1 - \mu_2}{l} = 0{,}5\,pl = 2000.$

Les obliques des F déterminent les points C où $F = 0$, points correspondant aux sommets D des courbes et que nous savons tracer graphiquement (28).

49. Poutres à quatre travées (fig. 30). — Le cas général conduit à des relations compliquées ; on le résoudra mieux par la méthode graphique (chap. III).

1° Les travées extrêmes sont égales, $l_1 = l_4$; les intermédiaires aussi, $l_2 = l_3$; les charges dans chaque travée sont : p_1, p_2, p_3, p_4. On a alors :

$$\mu_1 = \frac{p_1 l_1^3 (8\,l_1 + 7\,l_2) + p_2\,l_2^3 (6\,l_1 + 5\,l_2) + p_4 (l_1^3 l_2) - p_3 l_2^3 (2\,l_1 + l_2)}{8\,(l_1 + l_2)\,(8\,l_1 + 6\,l_2)}.$$

$$\mu_2 = \frac{(p_2 + p_3)\,l_2^2\,(2\,l_1 + l_2) - (p_1 + p_4)\,l_1^3}{8\,(4\,l_1 + 3\,l_2)} \qquad (b).$$

$$\mu_3 = \frac{(8\,l_1 + 7\,l_2)\,l_1^3\,p_4 + (6\,l_1 + 5\,l_2)\,l_2^3 p_3 + l_1^3 l_2 p_1 - (2\,l_1 + l_2)\,l_2^3 p_2}{8\,(l_1 + l_2)\,(8\,l_1 + 6\,l_2)}$$

2° Si toutes les travées sont égales à l, on a :

$$\mu_1 = (15\,p + 11\,p_1 + p_3 - 3\,p_2)\;\frac{l^2}{224}.$$

$$\mu_2 = 3\,(p_1 + p_2) - (p + p_3)\,\frac{l^2}{56}.$$

$$\mu_3 = (15\,p_3 + 11\,p_2 + p - 3\,p_1)\;\frac{l^2}{224}.$$

3° Enfin si, de plus, les charges sont toutes égales à p, on a :

$$\mu_1 = \mu_3 = 0{,}107\,pl^2 \quad \text{et} \quad \mu_2 = 0{,}0714\,pl^2 \qquad (d).$$

Les efforts tranchants se calculent comme précédemment d'après (b — 43).

Fig. 30.

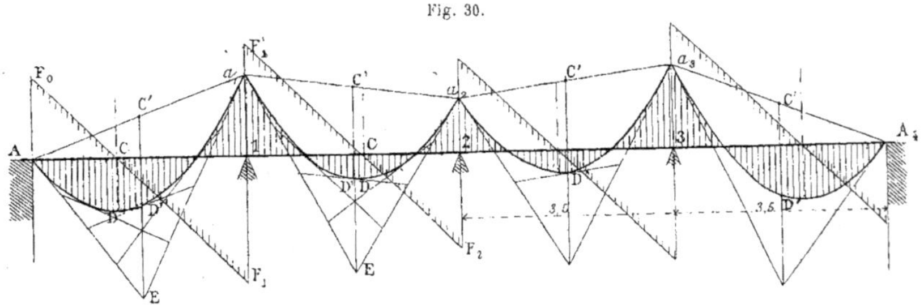

Application. — La charge $p = 1000^{kg}$ par mètre ; toutes les travées ont $l = 3^m,5$. On trouve :

$\mu_1 = \mu_3 = 0{,}107 \times 1000 \times \overline{3{,}5}^2 = 1347\ m.\ k.$ $\mu_2 = 0{,}0714 \times 1000 \times \overline{3{,}5}^2 = 875\ m.\ k.$

que nous portons sur les appuis à l'échelle de 1 millim. pour 100 mètres-kilog.

Menons les cordes Aa_1, a_1a_2, a_2a_3, a_3A_4, et sur les axes des travées portons $C'E = 2\ C'D = 1/4\ pl^2 = 3060$, soit à l'échelle indiquée $C'E = 30^{mm},6$, nous aurons les tangentes extrêmes et par suite les paraboles des μ.

Efforts tranchants :
- 1re et 2e travée, $F_0 = 1750 - \dfrac{1347}{3{,}5} = 1365$ $\qquad F_1 = 1365 - 3500 = -2135.$
- 2e et 3e id., $F_1' = 1750 + \dfrac{472}{3{,}5} = 1885$ $\qquad F_2 = 1885 - 3500 = -1615.$

50. Conditions d'égalité des moments (1). — Dans les poutres continues à travées égales supportant une même charge uniforme, les moments sur piles sont inégaux et toujours supérieurs aux moments entre piles dans une même travée.

On peut obtenir l'égalité de ces moments en faisant :

1° Les travées extrêmes plus petites que les intermédiaires;

2° En abaissant les piles au-dessous de l'horizontale des culées.

La première condition est la seule que l'on mette en pratique.

Fig. 31.

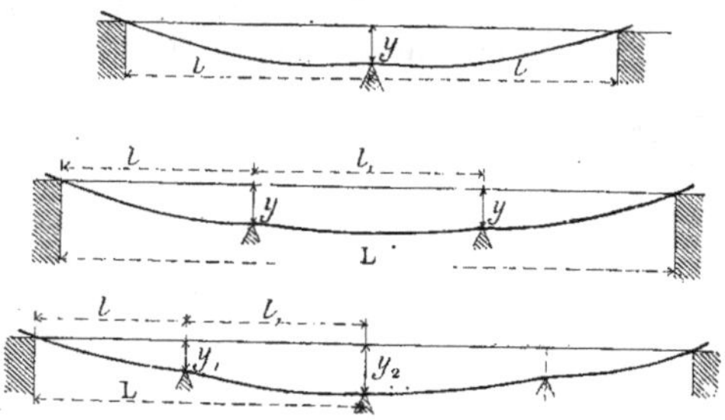

Cas de deux travées égales (fig. 31). — Il suffit d'abaisser l'appui B de la quantité

$$y = \frac{0,013\,pl^4}{EI}.$$

Nous rappelons que pour des poutres assemblées, $E = 16 \times 10^8$ et I est le moment d'inertie moyen.

On a alors :

$$\mu_1 = \mu = 0,0858\,pl^2, \qquad \text{au lieu de} \quad \left|\begin{array}{l} \mu_1 = 0,125\,pl^2. \\ \mu = 0,07\,pl^2. \end{array}\right.$$

Cas de trois travées. — Les travées extrêmes l, sont égales. Posons $L = 2l + l_1$. Il faut faire $l = 0,85\,l_1 = 0,315$ L et $l_1 = 1,173\,l = 0,3695$ L.

L'abaissement des piles doit être

$$y = \frac{0,024}{EI}\,p\left(\frac{L}{3}\right)^4.$$

On a alors :

$$\mu_1 = \mu = 0,0768\,p\left(\frac{L}{3}\right)^2, \quad \text{au lieu de } \mu_1 = 0,1\,p\left(\frac{L}{3}\right)^2.$$

Cas de quatre travées. — Les travées extrêmes l sont égales; celles du milieu l_1 sont égales. Posons $L = l + l_1$. On trouve encore dans ce cas :

$$l = 0,85\,l_1 = 0,46\text{ L} \qquad \text{et} \qquad l_1 = 1,173\,l = 0,54\text{ L}.$$

L'abaissement des piles doit être

$$y_1 = \frac{0,117}{EI}\,p\left(\frac{L}{2}\right)^4 \qquad \text{et} \qquad y_2 = \frac{0,052}{EI}\,p\left(\frac{L}{2}\right)^4.$$

---

(1) On trouvera les développements théoriques sur ce sujet dans Winkler (Construction de ponts) et Contamin (Résistance appliquée).

On a alors :

$$\mu_1 = \mu_2 = 0,073\, p \left(\frac{L}{2}\right)^2, \qquad \text{au lieu de} \qquad \begin{cases} \mu_1 = 0,107\, p \left(\frac{L}{2}\right)^2. \\ \mu_2 = 0,0714\, p \left(\frac{L}{2}\right)^2. \end{cases}$$

Ces conditions d'égalité du moment présentent quelque intérêt pour des poutres à section constante, mais elles n'offrent que peu d'économie dans les poutres assemblées, puisque le moment égal est tantôt supérieur, tantôt inférieur à ceux de la poutre de niveau.

CHAPITRE III

EFFETS DES CHARGES VERTICALES SUR LES PIÈCES DROITES

MÉTHODES GRAPHIQUES

Ces méthodes se divisent en deux catégories : 1° celles qui, correspondant à la statique pure, s'appliquent aux pièces droites posées sur deux appuis et aux systèmes formés de triangles, tels que les treillis, les fermes de charpentes, etc. ; 2° celles qui, correspondant à la théorie de la déformation de la fibre neutre, s'appliquent aux pièces encastrées ou continues et aux arcs.

Nous résumons ici le calcul graphique des pièces sur deux appuis et celui des pièces encastrées ou continues, qui constituent les cas les plus fréquents, et pour lesquelles nous avons précédemment résumé les formules (1).

PRINCIPES DE STATIQUE GRAPHIQUE

51. Triangle des forces (fig. 32). — Une force agissant en un point donné est déterminée quand on connaît sa direction et son intensité représentée par une longueur.

Un point M soumis à l'action de deux forces P_1, P_2 se meut comme s'il n'était soumis qu'à leur résultante R, déterminée en grandeur et direction par la diagonale du parallélogramme construit sur ces forces. Pour que M soit en équilibre, il suffit d'y appliquer une troisième force R_1 égale et opposée à la résultante R.

Fig. 32.

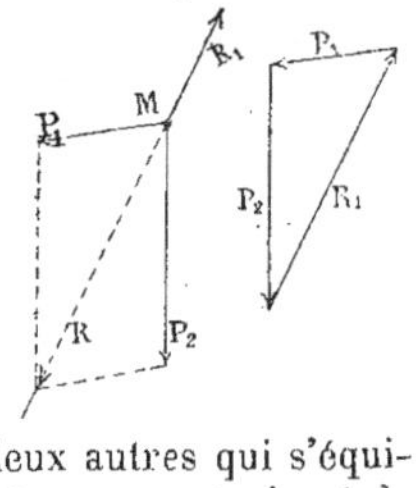

Or, les trois forces P_1, P_2, R_1, placées les unes à la suite des autres, suivant leur direction propre, forment un triangle. Donc, *quand trois forces agissant sur un même point se font équilibre, elles peuvent former un triangle.*

Corollaire. — Connaissant une force et la direction des deux autres qui s'équilibrent en M, l'intensité de ces deux dernières sera déterminée en construisant le triangle des forces.

(1) Nous indiquerons le calcul graphique des treillis, des fermes de charpente et des arcs, chap. XI et XII.

52. Polygone des forces (fig. 33). — Soit un nombre quelconque de forces P_1, P_2, P_3, P_4 agissant sur un point M.

En composant P_1 et P_2, on a R_1 égale et opposée à leur résultante.
id. R_1 et P_3, on a R_2 id. id. id.

Fig. 33.

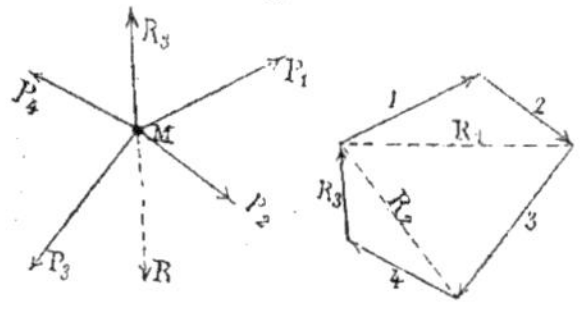

Et ainsi de suite, on formera une série de triangles juxtaposés, ayant les $R_1, R_2, \ldots$ pour côtés communs et dont les forces $P_1, P_2, \ldots$ formeront un polygone ; le dernier triangle donnera R_3 égale et opposée à R_2, la résultante de toutes les forces.

Donc, *quand plusieurs forces agissant sur un même point se font équilibre, elles peuvent former un polygone fermé, dit polygone des forces.*

53. Polygone funiculaire. — Considérons (fig. 34) les forces $P_1, P_2, \ldots$ agissant en divers points A, B, C, D, E, F d'un corps, ou mieux d'un polygone déformable appelé polygone funiculaire. Soit $t_1, t_2, t_3, \ldots$ les tensions de ses côtés. Pour que le système soit en équilibre, il faut qu'il y ait équilibre en chaque sommet. Si la force P_1 agissant en A est connue, la construction du parallélogramme donnera la valeur de t_1 et t_6, dont les directions sont données. Au sommet B, t_1 et P_2 détermineront t_2, et ainsi de suite. Tous les triangles ainsi formés, ayant une des tensions t pour côté commun, peuvent se juxtaposer (fig. 35) ; on obtient en définitive un polygone fermé dont les *côtés* représentent, en grandeur et direction, les forces P_1, P_2, $P_3 \ldots$, tandis que les *rayons* concourant au *pôle* O représentent, en grandeur et direction, les tensions t_1, t_2, $t_3 \ldots$, des côtés du polygone.

Fig. 34.

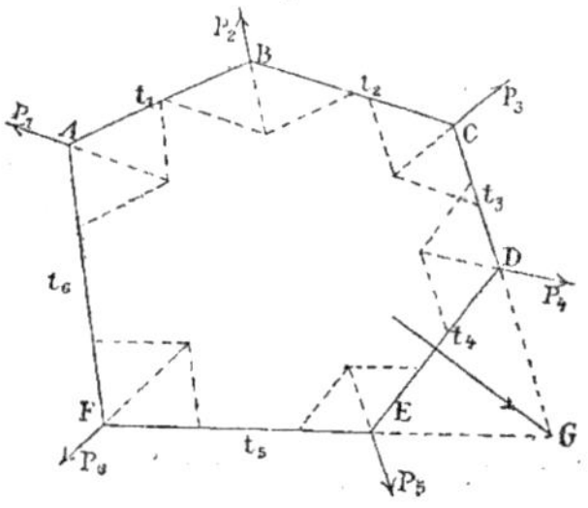

Fig. 35.

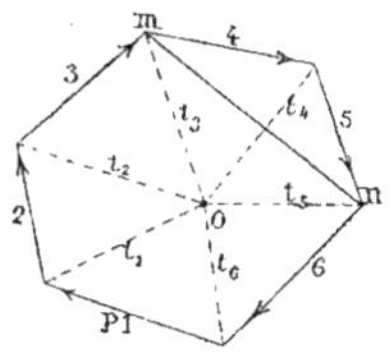

Si les côtés AB, BC, etc., n'étaient pas donnés, on voit qu'il suffirait de prendre un pôle O quelconque et de mener les rayons aux sommets du polygone des forces : ces rayons détermineraient le polygone funiculaire et les tensions de ses côtés. Puisque le pôle O est arbitraire, il y a donc une infinité de polygones funiculaires qui peuvent satisfaire à la condition d'équilibre.

Ainsi se trouve démontré le théorème suivant :

Lorsque dans un polygone funiculaire plusieurs forces $P_1, P_2, P_3, \ldots$ *se font équilibre, le polygone des forces est fermé, et les tensions des côtés du polygone funiculaire sont représentées en grandeur et en direction par les rayons menés d'un pôle* O *quelconque aux sommets du polygone des forces.*

Un polygone funiculaire étant en équilibre, une portion quelconque de ce polygone est aussi en équilibre ; donc, les tensions t_3 et t_4, par exemple, auront une résultante égale et opposée à celle des forces P_4, P_5. Cette résultante passe par le point de jonction G des directions t_3, t_5 ; elle est donnée en grandeur et direction par la diagonale *mn* qui, dans le polygone des forces, forme le triangle avec t_3, t_5 et avec P_4, P_5.

Pour simplifier, nous appellerons ce polygone le *funiculaire.*

54. Cas de forces parallèles. — Il faut, pour l'équilibre, que les forces aient deux directions et que la résultante, suivant une direction, soit égale et opposée à la résultante dans l'autre direction.

Le polygone des forces devient une ligne droite.

Pour qu'il y ait équilibre en chaque sommet du polygone funiculaire, il faut que *les composantes des tensions funiculaires normales aux forces extérieures soient constantes.*

Fig. 36.

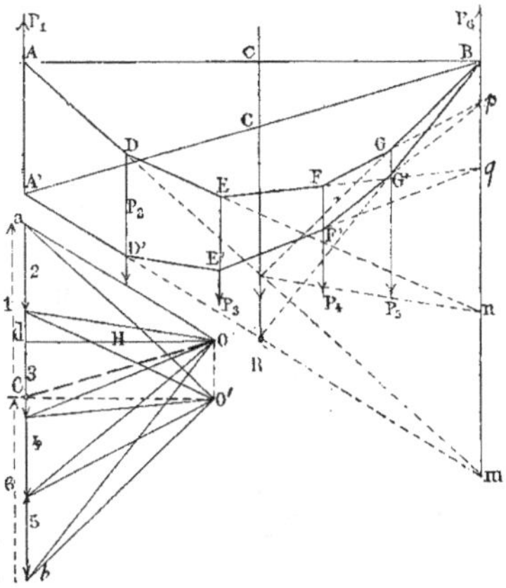

Si les forces considérées $P_1, P_2, \ldots P_6$ (fig. 36) sont verticales et se font équilibre, le polygone des forces est :

$$ab = P_1 + P_6 = P_2 + P_3 + P_4 + P_5.$$

Si nous prenons un pôle *o*, la tension normale aux forces, qui est constante, est la *tension horizontale* donnée par la *distance polaire* $od = H$, perpendiculaire sur *ab*, tandis que les rayons menés du pôle *o* aux extrémités des forces déterminent les tensions et la direction des côtés du polygone funiculaire A'D'E'F'G'B.

A'D' est parallèle à *ao*.... et G'B parallèle à *bo*.

Le rayon *oc* (tracé en éléments), déterminé par les forces 1 et 6, détermine le côté A'B ou *ligne de fermeture* du polygone.

D'après le paragraphe précédent, la résultante verticale $= ab$ des charges 2, 3, 4, 5, passe en R, point de rencontre des côtés extrêmes du funiculaire.

55. Déplacement du funiculaire. — Si l'on veut rétablir le funiculaire de façon que A'B soit horizontale, il suffit de prendre un nouveau pôle *o'* sur la perpendiculaire à *ab* élevée en *c*, tel que $co' = H$; les rayons menés de *o'* déterminent le funiculaire ayant sa ligne de fermeture AB horizontale.

Si, dans le rétablissement du funiculaire, on conserve le point B, par exemple, et si on se donne le point A, on obtiendra le même résultat en prolongeant les côtés du premier funiculaire jusqu'à la verticale du point B en *m*, *n*, *p*, *q*; puis, en joignant A*m*, on détermine AD ; D*n* détermine DE, et ainsi de suite.

POUTRE SIMPLE OU SUR DEUX APPUIS

56. Cas de plusieurs charges P (fig. 37). — Pour appliquer ce qui précède, il suffit de substituer à la poutre un polygone funiculaire.

Réaction des appuis. — Formons le polygone rectiligne des charges *ab* = 1, 2, 3, 4 ; menons les rayons au pôle *o* quelconque, puis partons d'un point quelconque A sur la verticale d'un appui ; formons le funiculaire A*m*A'. Menons AA', *ligne de fermeture*, et le rayon parallèle *oc*.

Le point *c* divise *ab* en deux forces : $ac = F_0$ et $cb = F_1$ qui, prises en sens contraire des charges, ferment le polygone des forces. Ce sont les réactions cherchées.

Les triangles *aco* et CDA, *cbo* et CDA', semblables, comme ayant les côtés parallèles, donnent :

$$\left.\begin{array}{l} F_0 : co :: CD : AC \\ F_1 : co :: CD : CA' \end{array}\right\} \quad F_0 : F_1 :: AC : CA'.$$

C'est aussi ce qu'indique la statique.

Efforts tranchants. — Si maintenant nous reportons l'axe neutre de la poutre en *ce*, les efforts tranchants, constants dans l'intervalle des charges et égaux à F_0, $F_0 - 1$, $F_0 - (1 + 2)$, etc., seront déterminés par les parallèles menées des sommets du polygone des charges sur les directions de ces charges. On obtient ainsi, pour les efforts tranchants positifs ou négatifs, les surfaces hachurées au-dessus ou au-dessous de *ce*.

Fig. 37.

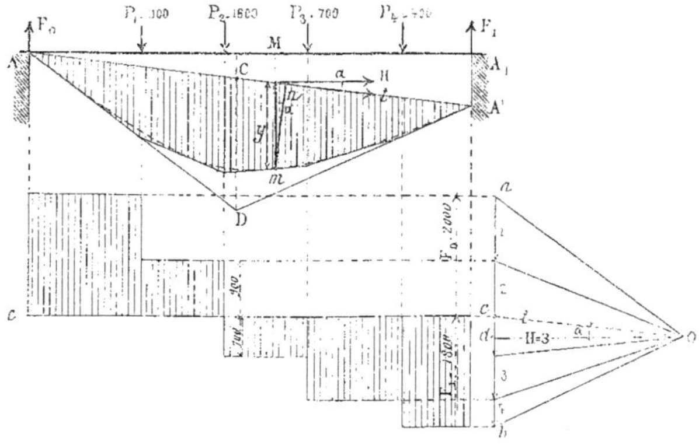

Moments. — Les ordonnées du polygone funiculaire sont proportionnelles au moment μ *en chaque point.*

En effet, soit y l'ordonnée en une section quelconque M*m*. Menons *mn* perpendiculaire sur AA'; la tension t, suivant AA', est représentée par oc, tandis que la tension horizontale constante est : $H = oc \times \cos \alpha = t \times \cos \alpha$.

Puisque le funiculaire est en équilibre, les moments de ces deux tensions par rapport à un même point m sont égaux, on a :

$$\mu = t \times mn = t \times y \cos \alpha = H \times y \qquad \text{ou} \qquad y = \frac{\mu}{H};$$

et si on a fait $H = 1$, on a simplement : $\mu = y$.

57. Échelle des moments. — Soit : $1 : n$ l'échelle des longueurs, unité = 1 mètre.
$1 : n'$ l'échelle des charges, unité = 1 tonne = 1000 kilog., représentée par 1 mèt.
$1 : nn'$ sera l'échelle de l'unité des μ, 1 ton. mét. ou 1000 kg. mét.

Une ordonnée y du funiculaire représentera μ à l'échelle $\frac{1}{nn'H}$, la distance polaire H étant prise sur l'épure en vraie grandeur.

Exemple : $\frac{1}{n} = \frac{1}{100}$, unité 1 mètre = 1000 m/m.
$\frac{1}{n'} = \frac{1}{200}$, unité 1 tonne = 1000 k.,
$H = 0^m,03$, mesurée sur l'épure.

L'échelle des μ sera : $\frac{1}{100 \times 200 \times 0,03} = \frac{1}{600}$ tonnes mét.

C'est-à-dire qu'une ordonnée de 1 mètre représentera 600 ton. mèt., ou que chaque millimètre d'ordonnée représentera 600 kilog. $\times$ mètres.

Mais cette distance polaire H peut être exprimée indifféremment

en mètres, à l'échelle $\frac{1}{n}$, soit $\frac{H}{n}$ sur l'épure ; alors l'échelle des μ est $\frac{1}{n'H}$;

en tonnes. ..... id. $\frac{1}{n'}$, soit $\frac{H}{n'}$ id................ id............. $\frac{1}{nH}$.

Telles sont les trois expressions de l'échelle des μ, suivant que la distance polaire H est mesurée sur l'épure, qu'elle est exprimée en mètres ou en tonnes.

Remarque. — Quel que soit le mode de distribution ou de superposition des charges, la marche à suivre pour déterminer les μ et les F reste absolument la même ; néanmoins, pour mieux fixer les esprits, nous allons en faire l'application pour diverses hypothèses sur les charges et à quelques cas particuliers.

58. Charges continues quelconques (fig. 38). — Élevons en autant de points qu'on voudra des ordonnées proportionnelles à la charge, par unité de longueur en ces points, et réunissons leurs sommets par une ligne continue ; nous aurons la *surface de charge* proportionnelle à la charge totale.

Pour appliquer ce qui précède, divisons cette surface en tranches, et considérons le poids qu'elles représentent comme concentré au centre de gravité de chaque tranche.

On trace alors le polygone des forces et le funiculaire.

Fig. 38.

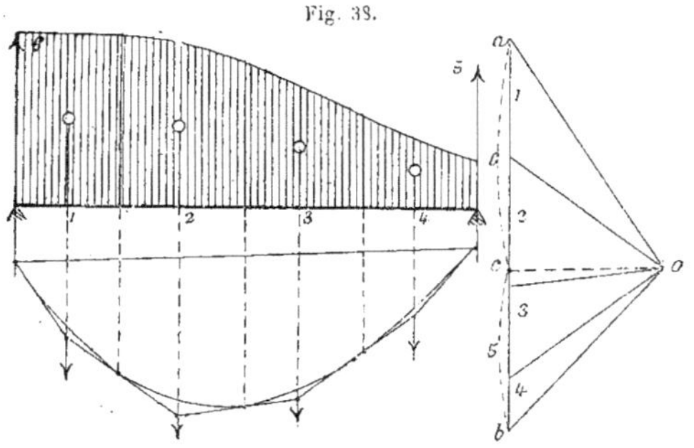

Le funiculaire réel, correspondant à un nombre infini de tranches, est la courbe tangente aux côtés du funiculaire précédent, et les points de tangence correspondent aux lignes de division des tranches.

On aurait de même les efforts tranchants réels en réunissant par une courbe continue ceux que donnent les charges de chaque tranche déterminés comme précédemment (56).

58. Charge continue uniforme. — La surface de charge est alors un rectangle auquel on peut substituer des charges égales et également espacées ou proportionnelles à la largeur des tranches.

On trouverait, comme en statique (fig. 39), que le funiculaire est alors une parabole à axe vertical, et que les efforts tranchants sont représentés par la droite f_0f'.

Fig. 39.

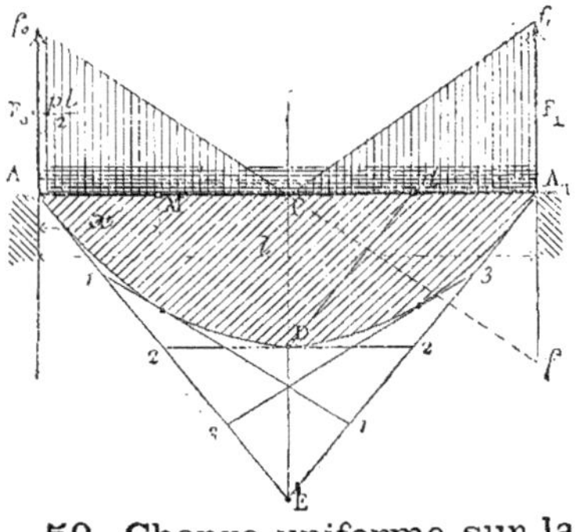

Fig. 40.

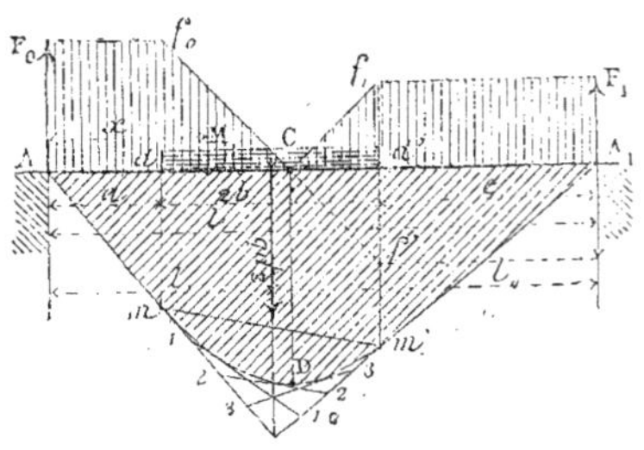

59. Charge uniforme sur la longueur $2b$. — Ce cas n'offre plus rien de particulier. On trouverait, comme en statique (fig. 40), que sur la longueur $2b$ le funiculaire est un arc de parabole dont les tangentes extrêmes se prolongent jusqu'aux verticales des appuis ; les efforts tranchants sont représentés sur cette même longueur $2b$ par f_0f' et sont constants sur les longueurs a et c.

60. Charges indirectes. — Influence des poutrelles (fig. 41). — On appelle charges indirectes celles qui se transmettent aux poutres par l'intermédiaire de poutrelles. Considérons :

1° Une charge isolée P. — Le sommet du funiculaire correspondant à cette charge est *d*.

Il est clair que l'équilibre général n'est pas changé par la présence des deux poutrelles; P est remplacée par ses composantes P_1, P_2, sur chaque poutrelle, et la modification du funiculaire consiste à réunir les points *a*, *b*, déterminés par les verticales des poutrelles.

Fig. 41.

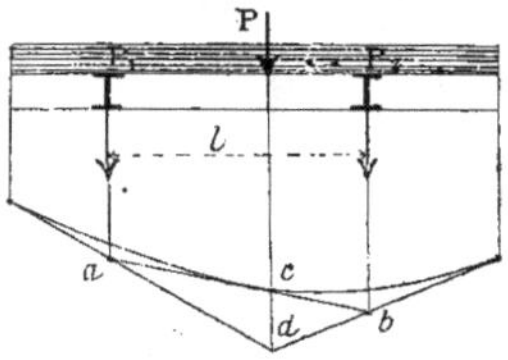

Dans ce cas, les poutrelles ont pour effet de diminuer les μ et les F au point d'action de la charge P. Mais aux points d'application des poutrelles, les μ et les F sont ceux que donne le funiculaire.

2° Une charge continue *p* par mètre. — La charge sur chaque poutrelle est *pl*.

On repasse alors, par le fait des poutrelles, de la courbe funiculaire enveloppée au polygone funiculaire enveloppant.

Dans ce cas, les poutrelles ont pour effet d'accroître un peu les μ et les F aux points d'action des poutrelles.

Dans tous les cas, les variations des μ et des F sont d'autant moindres que les poutrelles sont plus rapprochées ; aussi, le plus souvent, on n'en tient pas compte en pratique.

61. Une surcharge uniforme *p* mobile et poids mort uniforme *q* (fig. 42). — C'est à peu près le cas d'un train dont tous les essieux sont également chargés. La méthode précédente reste constante quelle que soit la superposition des charges.

Supposons d'abord la charge mobile recouvrant entièrement la portée AA_1, et divisons la portée *l* ou les charges en 4 parties égales : I, II, III, IV; formons le polygone rectiligne des surcharges $ab = I + II + III + IV$.

Les rayons menés du pôle *o*, pris au milieu de *ab*, déterminent les tangentes extrêmes à la parabole A d'_2 A_1.

Nous avons pris le poids mort *q* égal à la moitié de la surcharge *p*. Son polygone rectiligne sera donc $c_1\,c_3$, et les rayons c_1o, c_3o détermineront les tangentes extrêmes de la parabole A d_2 A_1.

Enfin, si nous ajoutons les charges *p* et *q*, les rayons *a'o*, *b'o* détermineront les tangentes extrêmes de la parabole A D_2 A_1. On a aussi :

$$CD_2 = Cd_2 + Cd'_2 = \frac{1}{8}(p + q)\,l^2.$$

Surcharge mobile seule. — *Moments.* — La surcharge se déplaçant à gauche se réduit à I, II, III; si donc on mène d'_3 3 parallèle à c_3o, on aura la tangente en d'_3; la ligne de fermeture devient A 3 et détermine la nouvelle surface des μ.

Si la charge se réduit à I, II, la tangente d'_2 2 détermine la ligne de fermeture A 2.

Enfin, pour la surcharge I, la tangente d'_1 1 détermine A 1.

Efforts tranchants. — Pour la surcharge totale, les F sont donnés (fig. B) par la ligne 4 4. Si nous menons du pôle *o* des rayons 0 3, 0 2, 0 1 parallèles aux lignes de fermeture, ils détermineront sur le polygone rectiligne $a\,b$ des segments égaux aux efforts tranchants. Ainsi, pour les surcharges I, II, III, ces efforts, ou les réactions sur les appuis, sont $a\,3$, et $3\,b$, que nous portons (fig. 42 — B) en A 3 et A_1 3 ; la ligne pointillée 3 3 3 limite les efforts tranchants en tous points (nous avons retourné la fig. B pour rapprocher les figures). Pour les surcharges I, II, les réactions a 2 et 2 b déterminent la ligne 2 2 2 (B).

Fig. 42.

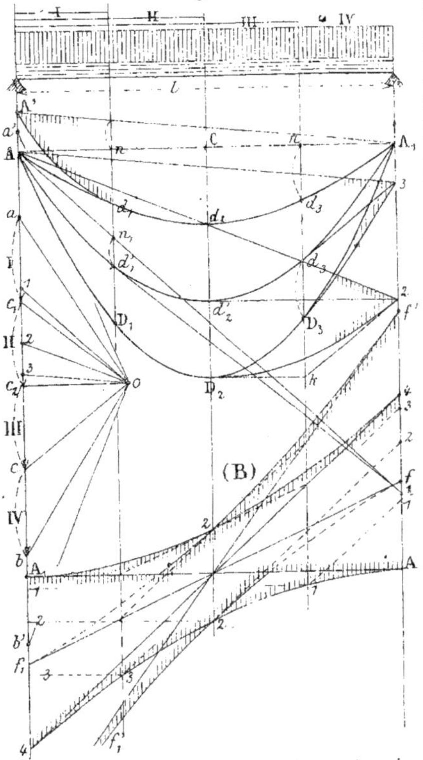

Enfin, la surcharge I donne les réactions a 1 et 1 b ; d'où la ligne 1 1 1 en (B). Finalement, le lieu des F négatifs est sur la parabole A 1 2 3 4, et pour le cas où la surcharge se déplacerait dans le sens opposé, on obtiendrait une courbe semblable A_1 2 4 pour les F positifs.

SURCHARGE MOBILE ET POIDS MORT. *Moments.* — Pour la travée entière surchargée, la surface des μ est AD_2A_1A. Considérons la surcharge réduite à I, II. Le polygone des charges est $a'c_1 + c_2c_1$. Nous menons donc $D_2\,k$ parallèle à oc_2, (k étant sur la verticale du centre de gravité de la moitié du poids mort) ; puis $k\,2$ parallèle à oc_3. L'arc $D_2\,2$ n'est autre que $d_2\,A_1$ rapporté au-dessous de d'_1 2.

Pour la surcharge I, II, III, on obtiendrait de même la courbe D_3 3 en ajoutant à d'_3 3 les ordonnées de $d_3\,A_1$.

Pour la surcharge réduite à I, on procéderait de même ; mais il est plus simple de porter $n_1\,d_1'$ au-dessus de n : on obtient ainsi une nouvelle ligne de fermeture $A'A_1$, parallèle à A 3, et la courbe des μ est $A'\,d_1\,d_2\,d_3\,A_1$.

Efforts tranchants. — Ils se composent évidemment de ceux dus à la surcharge p, plus ceux dus au poids mort q.

Ces derniers sont représentés par la ligne droite $f\,f_1$. En ajoutant donc les ordonnées de cette ligne à ceux de la parabole A_1 2 4, on obtient une nouvelle parabole f_1 2 f' qui limite les F positifs, et sa symétrique $f\,2\,f_1'$ qui limite les F négatifs. Tout est donc déterminé.

62. Charges isolées mobiles (fig. 43). — Nous supposons que les intervalles entre les charges restent constants ; c'est le cas des essieux d'un chariot ou d'un train.

Soit, pour généraliser, les charges P_I, P_{II}, P_{III}, P_{IV}. Traçons le polygone rectiligne $a\ b$, les rayons et le funiculaire. La ligne de fermeture est 4 4.

Il est clair que, tant que les charges, en se déplaçant, restent comprises entre les appuis, le funiculaire reste le même ; mais sa ligne de fermeture se déplace en offrant une projection horizontale constamment égale à l.

Fig. 43.

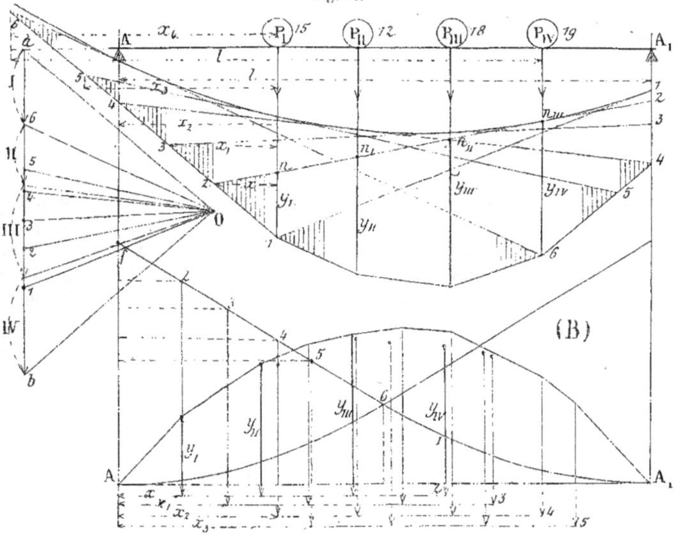

Au lieu de déplacer les charges, déplaçons la poutre ; supposons qu'elle glisse à droite jusqu'à ce que A coïncide avec P_I : la ligne de fermeture 1 1 prolongée aura ses extrémités sur les côtés extrêmes du funiculaire. Maintenant faisons rétrograder la poutre de façon que la distance de A à P_I devienne successivement x, x_1, x_2, x_3, x_4, cette dernière correspondant à l'instant où P_{IV} coïncide avec A_1. On aura les lignes de fermeture 2 2, 3 3, 4 4, 5 5, 6 6. Ces lignes, dont les extrémités ont glissé sur deux directrices rectilignes et dont la projection horizontale est constante, déterminent une enveloppée parabolique (28).

Si le déplacement continue, l'extrémité de la ligne 6 6 glissera sur un autre côté du funiculaire ; la nouvelle enveloppée sera une autre parabole.

Moments. — Les ordonnées comprises entre le funiculaire et chaque ligne de fermeture donnent μ en chaque point et pour chaque position des charges.

On voit que, pour chaque intervalle des charges, μ devient maximum en chaque sommet du funiculaire ; et le maximum absolu de μ se trouve en menant au funiculaire une tangente parallèle à la ligne de fermeture.

Enfin, pour avoir la courbe des μ maxima, il suffit de superposer les surfaces des μ (fig. B) en portant les ordonnées correspondantes aux sommets du funiculaire sur la base AA_1, aux distances x, x_1, x_2, x_3 de A. Nous avons figuré en traits apparents les ordonnées y, y_I, y_{II}, y_{III}, y_{IV}, correspondant à la position x.

En continuant ainsi on obtient la ligne enveloppe ; et, si les charges sont susceptibles de se mouvoir dans l'ordre inverse, il faudra tracer cette ligne enveloppe en la retournant pour avoir les μ maxima en tous points.

Efforts tranchants. — En menant du pôle o les rayons 01, 02, 03..., 06 parallèles à chaque ligne de fermeture, on détermine sur $a\ b$ les efforts tranchants ou réactions des appuis, et si nous les portons fig. B, nous obtenons finalement la ligne f 6 A_1 pour les F positifs, et pour la marche inverse des charges, la ligne semblable A 6 f' pour les F négatifs.

On tiendrait compte, comme précédemment, du poids mort.

63. Charge continue non uniforme. — Aiguille de barrage (fig. 44).

1° L'aiguille repose en A_2 et A et ne reçoit que la poussée d'amont. — Les hauteurs sont à l'échelle de 1/50 ou 2 cm par 1 mètre. La pression par unité de surface, nulle en A, croît avec la hauteur d'eau; elle est représentée, en chaque point, par les ordonnées de la ligne mn telle que $mq = 1000\ h = 3000$ k à l'échelle de 1/50, ou 2 cm pour 1000 kg. La pression par mètre de largeur sur une hauteur donnée est égale à la pression moyenne $\times$ cette hauteur; pour la hauteur h, $P = 1000\ \frac{h}{2}\ h = 500\ h^2$; son point d'application est à 1/3 h.

Fig. 44.

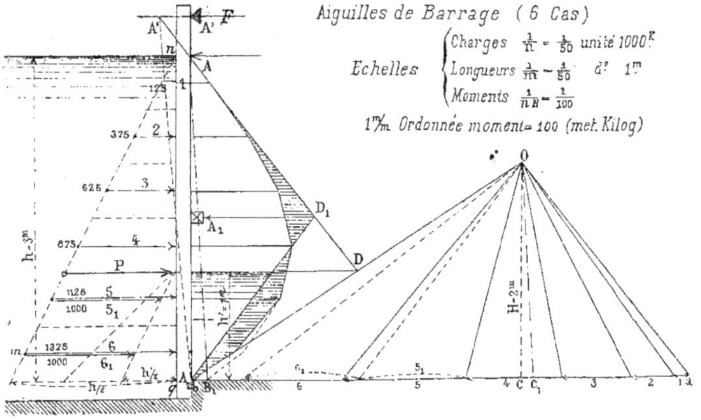

Si (58) nous divisons la surface de charge $n\,m\,q$ en 6 tranches de $0^m,5$, nous aurons, par mètre de largeur, les charges indiquées de 1 à 6.

Formons le polygone ab de ces charges, et, puisque la résultante P passe au $1/3\ h$, prenons le pôle o sur la verticale menée en c, telle que $ac = 1/3\ ab$, avec une distance polaire $H = 2$ m., par ex. Si maintenant nous menons les rayons et si nous formons le funiculaire correspondant en partant de b au niveau de A_2, le dernier côté passera en A, et la résultante en D à $1/3\ h$. Le funiculaire réel sera la courbe tangente aux côtés du précédent (nous ne l'avons pas tracée pour ne pas surcharger la figure). Chaque millim. d'ordonnée comprise entre AA_2 et le funiculaire représente un moment μ à l'échelle $\frac{1}{50 \times 2} = \frac{1}{100}$, c'est-à-dire que 1 mèt. = 100 ton.-mètr., ou 1 millim. = 100 kg-mèt.

Pour les efforts tranchants, on a : $F_2 = bc = 3000$ k. et $F_0 = ac = 1500$ k. On tracerait la courbe de F en faisant les différences $F_0 - 1$, $F_0 - (1+2)$.... $F_2 = 1500 - 4500 = -3000$ k.

2° L'aiguille reçoit en plus une charge d'eau $h' = 1$ m. en aval. — Les pressions 5 et 6 deviennent $5_, = 6_, = 1000$ kg. Les rayons et côtés du funiculaire sont tracés en pointillé ; la ligne de fermeture est AB, et le rayon parallèle $oc_,$.

On trouve : $F_0 = ac_, = 1400$ k, $F_2 = c_,b_, = 2600$ k.

3° Le point d'appui A est porté en A'. — Les funiculaires sont les mêmes, et, en prolongeant le dernier côté jusqu'à l'horizontale de A', la ligne de fermeture du 1er cas est $A'A_2$, et le rayon parallèle mené du pôle o déterminerait F_0 et F_2.

Dans le 2e cas, la ligne de fermeture serait A'B, etc., etc. (Nous ne l'avons pas tracée pour ne point surcharger la figure.)

4° L'aiguille s'appuie en A_1. — Les funiculaires restent les mêmes, et, puisque le côté extrême du polygone rencontre l'horizontale de cet appui en D_1, la ligne de fermeture est D_1A_2 ; les moments se réduisent, pour le 1er cas, aux horizontales menées dans la surface hachurée.

5°-6° Pour les 2e et 3e cas, la ligne de fermeture serait $D_,B_,$ et modifierait la surface des μ.

Quant aux efforts tranchants, on les déterminerait facilement en calculant d'abord ceux qui se produisent sur les appuis.

64. Poutre encastrée par un bout (fig. 45).

C'est un cas particulier de la poutre simple qui peut être considérée comme encastrée en son milieu.

1° Charges isolées. — Formons le polygone rectiligne ab des charges 1, 2, 3, 4. La réaction à l'encastrement, égale à la somme des charges et de sens opposé, ferme ce polygone. Pour obtenir le funiculaire avec une ligne de fermeture horizontale, nous prenons le pôle o sur l'horizontale menée de a et, de plus, dans le prolongement de AB.

Fig. 45.

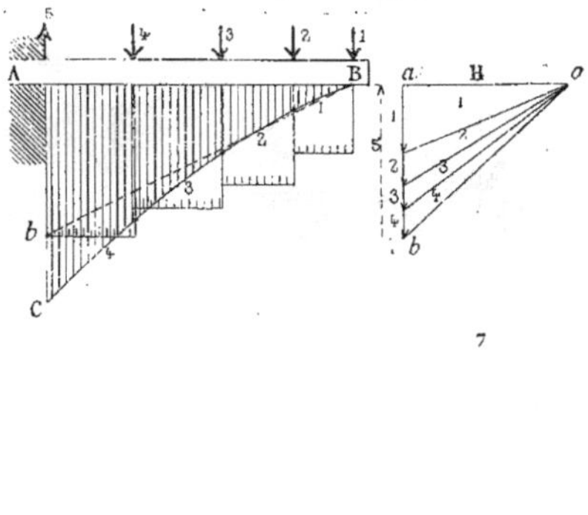

Moments. — Menons les rayons 1, 2, 3, 4; puis, en partant de B, traçons les côtés du funiculaire BC parallèles à ces rayons. Les moments sont donnés par les ordonnées de la surface hachurée.

Efforts tranchants. — Ils s'obtiennent en menant de chaque point de *a b* des horizontales sur les directions des charges.

2° Charge uniforme. — Dans ce cas, le funiculaire devient une parabole, et les efforts tranchants sont représentés par une ligne droite B*b* si $ab = pl$.

La superposition des charges isolées et d'une charge uniforme n'offrirait aucune difficulté; il suffirait de former le polygone rectiligne de ces charges successives, de mener les rayons au pôle *o* et d'en déduire le funiculaire.

Ce funiculaire aurait ses ordonnées égales à la somme des ordonnées respectives des funiculaires précédents.

65. Poutre sur 2 appuis AB et porte-à-faux A*m* (fig. 46).

Supposons 2 charges de *m* en A et 3 charges de A en B égales à 1200 kg. Formons le polygone *a b* de ces 5 charges et menons les rayons à un pôle O quelconque (la distance polaire étant H = 4 m), puis traçons le funiculaire *m n p q r s* B'. Les côtés extrêmes prolongés se rencontrent en A_1', point de passage de la résultante des charges (elle correspond évidemment ici à la charge du milieu). Les points A', B' situés sur les verticales des appuis, déterminent la ligne de fermeture du funiculaire, et les μ sont donnés par les ordonnées comprises entre le funiculaire et les lignes *m* A'B' (hachures verticales) à l'échelle indiquée. Le rayon *oc* parallèle à A'B' détermine les réactions des appuis, soit en B, $bc = 900$ k; en A, $ac = 5100$ k $= F_0$.

Connaissant F_0 on en déduirait les F en chaque point comme au (56).

Si l'on veut ramener les lignes de fermeture dans la position horizontale, il suffit (54) de prendre, à la même distance polaire H = 4 *m*, pour la partie A*m*, le

Fig. 46.

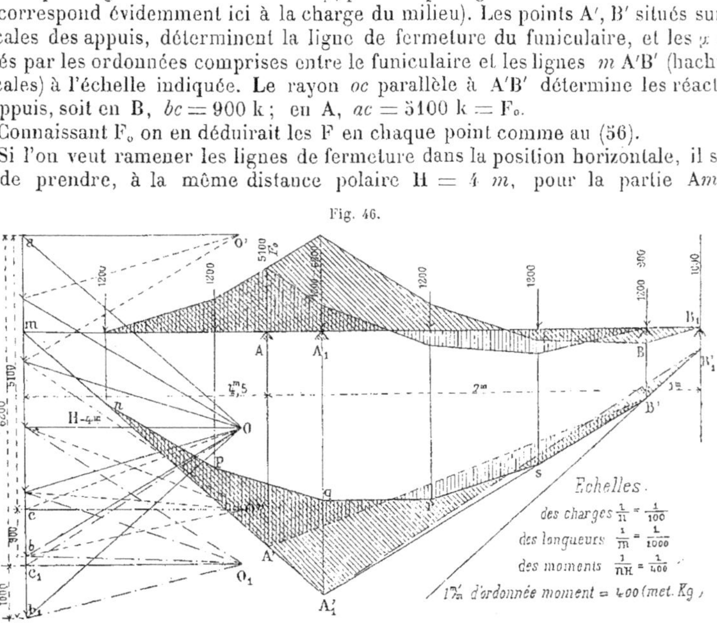

pôle O′ sur la perpendiculaire du point *a*, et pour la partie AB le pôle O″ sur la perpendiculaire du point *c*. Les nouveaux rayons déterminent le funiculaire *m d e f* B, et les μ sont donnés par les ordonnées ou hachures verticales.

66. Cas où la pièce se déplace. — Supposons qu'elle avance à gauche, les appuis venant en A_1, B_1 (c'est le cas du lancement d'un pont). Nous admettons que la poutre à droite de B_1 repose sur le sol et ne produit aucun moment en ce point B_1.

Une charge nouvelle agit en B; si nous la portons en bb_1 sur le polygone des forces, le rayon ob_1 déterminera le côté $B'B_1'$ du funiculaire. La nouvelle ligne de fermeture A_1B_1' détermine les μ (hachures obliques), et le rayon parallèle oc_1 détermine les nouveaux efforts tranchants. En A_1, $ac_1 = 6200$ k; en B_1, $b_1c_1 = 1000$ k.

On tracera, comme précédemment, le funiculaire rectifié *m d′ e′ f′* B_1 (hachures obliques) en prenant le pôle O_1 sur la vertiale de c_1.

POUTRES ENCASTRÉES, CONTINUES

Nous avons vu (chap. II) que le funiculaire des charges données, qu'on appelle *premier polygone funiculaire*, est le même pour les poutres simples ou encastrées, et que dans ces dernières la ligne qui sépare les μ positifs des négatifs est déterminée par les *moments sur appuis*. Ce sont donc ces moments qu'il s'agit de déterminer graphiquement.

Dans la théorie de l'élasticité, on fait ici intervenir l'équation de la courbe que prend la fibre neutre, dite *élastique*, et, de la condition que doivent remplir les tangentes à cette courbe sur les appuis, on en déduit les moments sur appuis.

De même en graphostatique, si on parvient à tracer les tangentes à l'élastique sur les appuis, on en déduira les moments (1).

67. Représentation graphique de l'élastique. — L'équation différentielle de l'élastique, rapportée à l'axe neutre avant la déformation, est analogue à celle d'une courbe funiculaire correspondant à une charge *p* par mètre de longueur horizontale et à une tension horizontale ou distance polaire H. On a, en effet (2) :

$$\frac{d^2 y}{dx^2} = \frac{\mu}{EI} = \frac{p}{H}.$$

(1) La méthode que nous indiquons est due au professeur Mohr, de Hanovre; elle a été publiée en France, pour la première fois, croyons-nous, dans le Traité de construction des ponts, du Dr E. Winckler, traduit par M. d'Espine. (E. Lacroix, éditeur.)

C'est la méthode contenue dans cet ouvrage que nous résumons ici, en complétant quelques points de la traduction, notamment en ce qui concerne les échelles.

On peut consulter, sur cette question, les ouvrages suivants : 1° Mémoire de M. Bertrand de Fontvioland, *Société des ingénieurs civils*, 1886; 2° *Statique graphique*, de M. Maurice Lévy (2e édition); 3° La *Statique graphique*, de MM. Breslau-Seyrig, 2e partie; 4° Notice sur la statique graphique, par M. Guillaume. *Annales des ponts et chaussées*, 1886.

(2) Cette relation est démontrée dans tous les traités de mécanique et de résistance.

Donc *l'élastique est une courbe funiculaire dont la charge* (*variable*) *par mètre de longueur est représentée par* μ, *et la tension horizontale ou distance polaire par* EI.

Fig. 47.

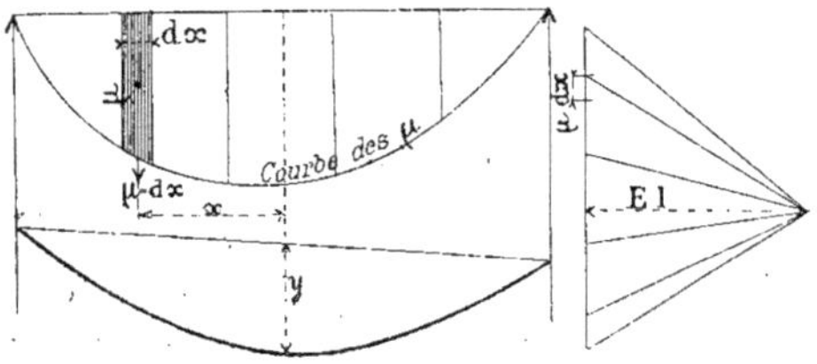

Si alors, comme M. Mohr l'a fait le premier, on considère une *surface de moments* comme une *surface de charge*, le funiculaire correspondant à ces charges fictives, qu'on appelle *second polygone funiculaire*, celui des charges réelles étant le 1er funiculaire, aura ses côtés tangents à l'élastique.

En divisant cette surface des moments en tranches de longueur dx assez petite pour qu'on puisse considérer μ comme constant sur cette longueur, la charge, ou surface d'une tranche, sera : $\mu\, dx$, et si x est la distance de cette charge, ou du centre de gravité de la surface à une ordonnée Y de l'élastique, la valeur de cette ordonnée est de la forme :

$$Y = \Sigma \frac{\mu\, dx\, x}{EI}.$$

6. Échelle de l'élastique. — Voyons à quelle échelle une ordonnée y, sur l'épure du 2e funiculaire, représentera les ordonnées Y de l'élastique.

Soit : $\frac{1}{n}$ l'échelle de réduction des longueurs ;

$\frac{1}{m}$ celle des $\mu\, dx$ ou de μ, charge fictive par mètre (échelle déterminée (57)) ;

$\frac{1}{n''}$ l'échelle de la 2e distance polaire EI.

Une ordonnée y de l'épure représentera Y ci-dessus à l'échelle.

$$\frac{1}{K} = \frac{y}{Y} = \frac{1}{\frac{mn}{n''}} = \frac{n''}{m.n}.$$

Si $n'' = n$, l'échelle de l'élastique est égale à celle des μ.......... $1 : K = 1 : m$.
Si $n'' = m$, id. id. est égale à celle des longueurs, $1 : K = 1 : n$.

Mais alors les flèches d'une pièce étant généralement faibles par rapport à sa longueur, le tracé de l'élastique se confond presque avec une ligne droite.

Si donc on veut avoir les flèches à l'échelle 1 : K, il faudra faire $n'' = mn : K$. Enfin, pour $K = 1$, on aura $n'' = mn$; alors les ordonnées du 2e funiculaire représenteront les flèches en vraie grandeur.

Exemple : Pour $n = 200$, $m = 1.000.000.000$, on a : $n'' = 200 \times 10^9$.

Si on prend, pour construction en tôle, $E = 16 \times 10^9$, la 2e distance polaire sera :

$$H = \frac{EI}{n''} = \frac{16}{200} I = 0,08 \times I,$$

I étant le moment d'inertie moyen de la poutre.

Le 2e funiculaire tracé avec cette distance polaire aura ses ordonnées égales aux flèches réelles.

69. Le second polygone funiculaire (fig. 48).

Pour déterminer les moments sur appuis il suffit de connaître les tangentes principales, et notamment les *tangentes sur appuis.*

Considérons une poutre encastrée obliquement à ses extrémités en A_1, A_2 sous des angles donnés, ou travée de poutre continue portant des charges P quelconques qui engendrent à ses extrémités les moments μ_1, μ_2, inconnus.

Construisons le premier funiculaire A D D D B comme si la poutre était simplement posée sur deux appuis. Sa surface, dite *surface simple des moments*, pourra toujours être remplacée par un rectangle $= \mu_n l$ (μ_n étant le moment moyen), que nous considérons comme une charge positive agissant en G, centre de gravité de la surface simple des moments.

Fig. 48.

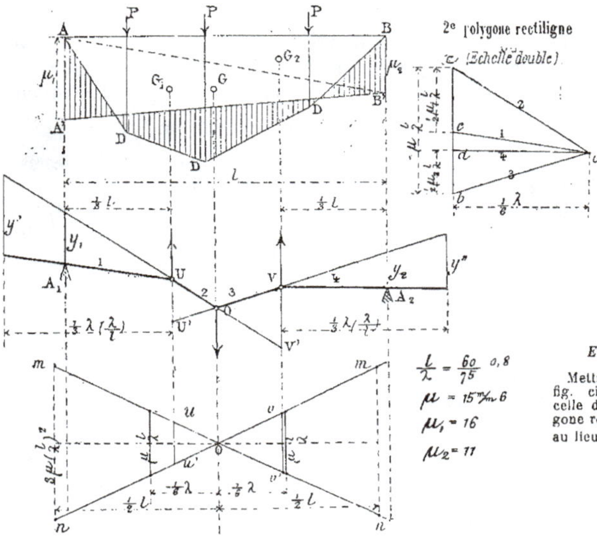

Errata.

Mettre sur la fig. ci-contre et celle du 2e polygone rectiligne μ_n au lieu de μ.

Les moments μ_1, μ_2 engendrent le long de la poutre des moments décroissants, représentés par les ordonnées des triangles ayant pour surfaces : $1/2\ \mu_1\ l$ et $1/2\ \mu_2\ l$, surfaces que nous considérons comme des charges négatives agissant à leur centre de gravité G_1, G_2, lesquels sont toujours situés sur les verticales, dites *trisectrices,* parce qu'elles divisent la travée l en 3 parties égales.

Les trois charges fictives qui serviraient à construire le 2e polygone rectiligne *c a b d* (si les 2 dernières étaient connues), sont donc :

$$\mu_n l, \quad \frac{1}{2}\mu_1 l, \quad \text{et } \frac{1}{2}\mu_2 l, \text{ la 2e distance polaire étant EI.}$$

On en déduirait le *second funiculaire* à 4 côtés A_1UOVA_2.

Si, dans le cas général de plusieurs travées inégales, on rapporte ces quantités à une base commune λ, on a alors :

$$\mu_n \frac{l}{\lambda}, \qquad \frac{1}{2}\mu_1 \frac{l}{\lambda}, \qquad \frac{1}{2}\mu_2 \frac{l}{\lambda} \qquad \text{et} \frac{EI}{\lambda}.$$

l étant la longueur de la travée considérée, λ sera quelconque.

Si les travées extrêmes d'une poutre sont égales à l_1, celles intermédiaires étant égales à l, ou si toutes les travées sont égales à l, on fera $\lambda = l$. Dans ce dernier cas, les quantités ci-dessus se réduisent à :

$$\mu, \qquad \frac{1}{2}\mu_1, \qquad \frac{1}{2}\mu \qquad \text{et} \frac{EI}{l}.$$

Quant à la 2e distance polaire, nous la prendrons $= 1/6\ \lambda$; il en résultera, comme nous le verrons, une grande simplicité.

Supposons connues les tangentes sur appuis A_1U, VA_2. Voici comment on trace les 2 autres côtés du 2e funiculaire : on portera la longueur $\mu \frac{l}{\lambda}$, qui représente la charge totale (l étant la longueur de la travée considérée) sur deux verticales menées aux distances $1/6\ \lambda$ de chaque côté de O, pris sur la verticale de G, puis on mène les *diagonales*, qui, prolongées, donnent mn, mn, sur les verticales menées à $1/2\ l$ de o.

Si maintenant on prend sur les trisectrices $UU' = uu'$ et $VV' = vv'$, les lignes $U'V$ et $V'U$ doivent se couper en O. OU et OV sont les 2e et 3e côtés du 2e funiculaire.

Ces côtés prolongés déterminent les moments μ_1, μ_2, comme nous le verrons (71).

70. — Échelle actuelle de l'élastique. — Nous avons divisé $\mu\ l$, ou, ce qui est la même chose, $\Sigma\mu\, dx$ ainsi que EI par λ ce qui ne change pas la valeur des ordonnées de l'élastique. On a alors (67) :

$$Y = \Sigma \frac{\mu\, dx . x}{\lambda \left(\frac{EI}{\lambda}\right)}.$$

Et puisque les longueurs x et λ sont à la même échelle, $1 : n$, on a :

$$\frac{1}{K} = \frac{n''}{m}, \qquad \frac{1}{n''} \text{ étant ici l'échelle de } \left(\frac{EI}{\lambda}\right).$$

Mais EI : λ est représenté par $\lambda : 6$. On a donc :

$$\frac{1}{n''} \times \frac{EI}{\lambda} = \frac{\lambda}{6}; \qquad \text{d'où} \qquad n'' = \frac{6\,EI}{\lambda^2} \qquad \text{et} \qquad \frac{1}{K} = \frac{6\,EI}{m\lambda^2}.$$

Telle est l'échelle des ordonnées de l'élastique ou du 2e funiculaire dans la poutre continue, $1 : m$ étant l'échelle des moments, définie (57).

C'est aussi à cette échelle 1 : K que seront représentées les différences de niveau des appuis, puisque une dénivellation n'est autre chose qu'une déformation de l'élastique, qui est toujours représentée par le 2e funiculaire.

Si l'on se donne 1 : K, on en déduit pour l'échelle des moments :

$$\frac{1}{m} = \frac{\lambda^2}{6\,\mathrm{K\,EI}}.$$

71. Valeur des moments sur appuis. — Si nous prolongeons les côtés OU et OV, *les longueurs* y_1, y_2, *interceptées sur les verticales des appuis, sont proportionnelles aux moments sur appuis.*

En effet, traçons le 2e polygone rectiligne (échelle double) $ab = \mu_n \frac{l}{\lambda}$.

Si nous menons avec une distance polaire $1/6\,\lambda$ les rayons 1, 2, 3, 4, parallèles aux 4 côtés A_1U, UO, OV, VA_2 du 2e funiculaire, on aura :

$$ac = \frac{1}{2}\mu_1\frac{l}{\lambda} \qquad \text{et } bd = \frac{1}{2}\mu_2\frac{l}{\lambda}.$$

On voit facilement les triangles semblables qui donnent :

$$y_1 : \frac{1}{2}\mu_1\frac{l}{\lambda} :: \frac{1}{3}l : \frac{1}{6}\lambda. \qquad \text{Donc,} \quad y_1 = \mu_1\left(\frac{l}{\lambda}\right)^2.$$

$$y_2 : \frac{1}{2}\mu_2\frac{l}{\lambda} :: \frac{1}{3}l : \frac{1}{6}\lambda. \qquad \text{Donc,} \quad y_2 = \mu_2\left(\frac{l}{\lambda}\right)^2.$$

Si, à des distances de U et de V égales à $1/3\,\lambda\left(\frac{\lambda}{l}\right)$ (au lieu de $1/3\,l$), on mène les verticales y', y'', on trouve : $y' = \mu_1$ et $y'' = \mu_2$.

Enfin si l'on a fait $\lambda = l$, on aura : $y_1 = \mu_1$ et $y_2 = \mu_2$.

Donc, *quand toutes les travées ou seulement les travées intermédiaires sont égales à* $l = \lambda$, *les ordonnées sur appuis sont égales aux moments sur ces appuis.*

72. Lignes diagonales. — Au lieu de porter $\mu_n \frac{l}{\lambda}$ à la distance $\frac{\lambda}{6}$, il est plus exact de déterminer la distance mn de ces diagonales sur les verticales situées aux distances $1/2\,l$ du centre de gravité de la surface simple des μ. On a par les triangles semblables :

$$mn : \mu_n\frac{l}{\lambda} :: \frac{1}{2}l : \frac{1}{6}\lambda. \qquad \text{D'où} \quad mn = 3\,\mu_n\left(\frac{l}{\lambda}\right)^2.$$

Quelle que soit donc la disposition des charges, $m\,n$ sera connu quand on aura déterminé μ_n, moment moyen, et la verticale passant par le centre de gravité G de la surface simple des moments.

Cas d'une charge uniforme p (fig. 50). — Dans ce cas, G est au milieu de l; la surface simple des moments est limitée par une parabole dont la flèche $CD = 1/8\,pl^2$.

La géométrie donne pour la surface simple :

$$\mu_n l = \frac{2}{3}\frac{1}{8} pl^2 l. \qquad \text{D'où} \quad \mu_n = \frac{1}{12} pl^2 \qquad \text{et} \quad mn = \frac{1}{4} pl^2 \left(\frac{l}{\lambda}\right)^2.$$

Pour $\lambda = l$, on voit que $m\,n$ = deux fois la flèche de la parabole = CE.

Cas d'une charge P (fig. 49). — La surface simple des moments est le triangle ADB ; $\mu_n = 1/2$ CD ; le centre de gravité G est tel que, m étant le milieu de AB, $m\mathrm{G} = 1/3\, m\mathrm{D}$.

Fig. 49.

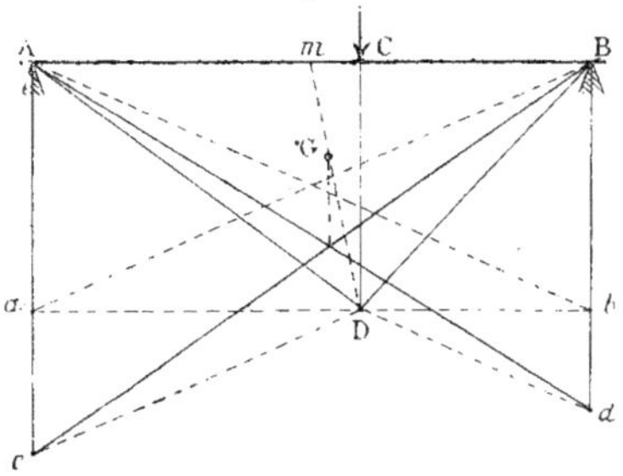

Les diagonales se traceraient comme précédemment en portant aux distances $1/2\ l$ de la verticale de G les hauteurs $m\,n = 1{,}5\ \mathrm{CD}\left(\frac{l}{\lambda}\right)^2$.

Pour $\lambda = l$, on opérerait comme suit :

Par le sommet D, on mène ab parallèle à AB, puis Dd et Dc parallèles à Ba et Ab. Ad et Bc sont les diagonales cherchées; leur point de croisement se trouve sur la verticale de G.

Si P est au milieu de AB, $\quad$ Ac = Bd = $3\,\mu_n = 1{,}5$ CD.

73. Moments en tous points. — Les moments sur appuis μ_1 et μ_2 étant déterminés, comme nous l'avons vu (71), si l'on porte (fig. 48) $\mathrm{AA}' = y_1 = \mu_1$ et $\mathrm{BB}' = y_2 = \mu_2$, la ligne de fermeture A'B' divisera la surface simple des moments en moments positifs et moments négatifs, représentés par les ordonnées des surfaces hachurées.

On rétablirait facilement le polygone des μ par rapport à une ligne de fermeture horizontale, comme nous le faisons ci-après.

Cas d'une charge uniforme (fig. 50). — Supposons déterminés les moments sur appuis et prenons l'horizontale des appuis A, A_1 pour ligne de fermeture; portons $\mathrm{A}a = \mu_1$, $\mathrm{A}_1\, a_1 = \mu_2$ et joignons a_1, a_2. Nous savons que le premier funiculaire, ou la surface simple des μ, relatif à la poutre simple, doit être tracé par rapport à cette ligne $a\,a_1$. Dans le cas présent, ce polygone est une parabole dont la flèche, prise dans l'axe de la travée, est : CD = 1/2 CE = $1/8\,pl^2$. On la tracera donc directement ou en construisant le polygone des charges, et les ordonnées des surfaces hachurées représenteront les μ en chaque point.

74. Efforts tranchants. — Le funiculaire étant tracé, on déterminera graphiquement les F en remontant au 1er polygone des charges. Si (fig. 50) ab représente la charge totale dans une travée quelconque, on mènera par a et b des parallèles aux côtés extrêmes du funiculaire ; on déterminera ainsi le pôle o et la distance polaire H. Si alors on mène le rayon parallèle à la ligne de fermeture, on aura, pour les efforts tranchants, ou réactions sur les appuis : $ac = \mathrm{F}_0$ et $cb = \mathrm{F}_1$, à l'échelle de ab. On en déduirait les F, en tous points, d'après la disposition des charges (56).

Cas d'une charge uniforme (fig. 50). — Nous avons appliqué ici ce qui précède et déterminé F_0 et F_1 sur le polygone des charges.

Fig. 50.

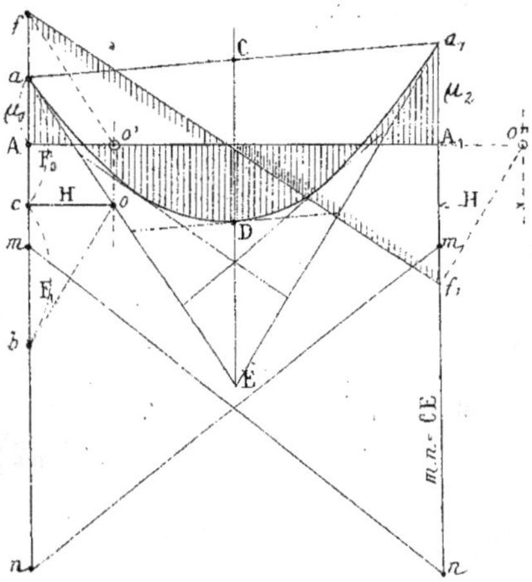

Si, en général, on prend pour unité de moment $p\lambda^2$ représenté par une longueur $= m$, et pour unité de charge $p\lambda$, représenté par une longueur $= n$, la distance polaire H aura pour valeur :

$$H = \frac{n}{m} \lambda.$$

Ainsi, pour $\lambda = l$, si l'on prend $n = ab = CD = 1/8\, pl^2 = 1/8\, m$, on a : $H = 1/8\, l$.

Cette distance polaire H étant déterminée, on opère comme suit :

On porte le pôle o sur la ligne de fermeture (horizontale ou oblique), à droite de A et de A_1 et à une distance horizontale H de ces points, puis on mène par o' et o'' des parallèles aux tangentes extrêmes du funiculaire; elles déterminent sur les verticales des appuis les efforts tranchants F_0 et F_1. La ligne ff_1 est le lieu des F en tous points.

75. Poutre encastrée à chaque bout. — Appliquons ce qui précède.

Si les angles d'encastrement sont les mêmes aux deux extrémités (que la poutre soit oblique ou horizontale), les rayons co, do (fig. 48) se confondent, et, puisque $\lambda = l$, on a : $1/2\, \mu_1 + 1/2\, \mu_2 = \mu_n$ (moment moyen).

On en conclut que *les surfaces des moments situées de chaque côté de la ligne de fermeture dans le premier funiculaire sont égales entre elles.*

Si, de plus, les charges sont symétriques, on a : $\mu_1 + \mu_2 = 2\mu_n$ ou $\mu_1 = \mu_2 = \mu_n$.

Il devient facile de passer de la pièce posée à la pièce encastrée.

Une charge P au milieu (fig. 51). — a_1Da_2 étant la surface simple des moments, la ligne de fermeture A_1A_2 est parallèle à a_1a_2 et passe en C, milieu de C'D.

Fig. 51.

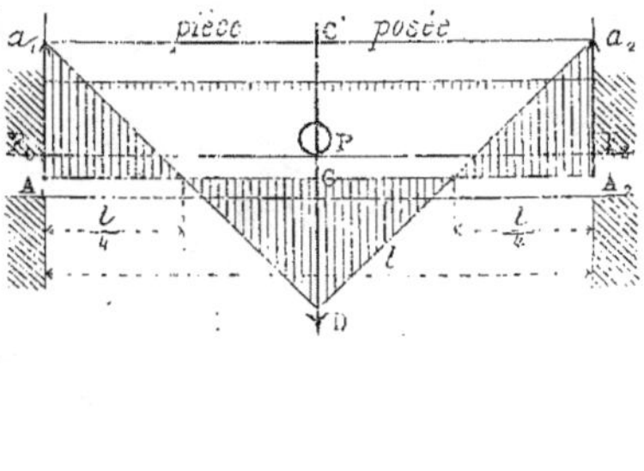

Fig. 52.

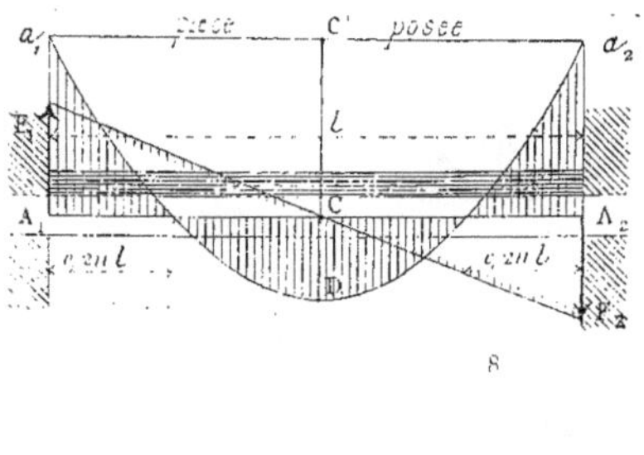

UNE CHARGE UNIFORME p (fig. 52). — La surface simple des moments est un segment parabolique a_1Da_2 dont la flèche $C'D = 1/8\,pl^2$.

Le moment moyen $\mu_m = 2/3\ C'D = 1/12\,pl^2 = \mu_1 = \mu_2$; la ligne de fermeture A_1A_2, parallèle à a_1a_2, passe en C, tel que $C'C = 2\ CD$.

Fig. 53.

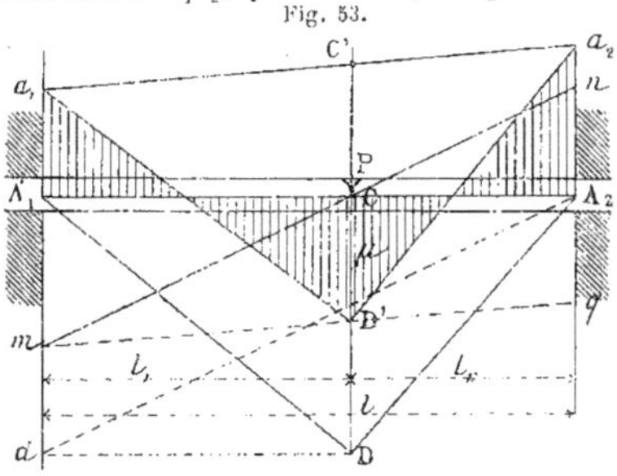

UNE CHARGE P QUELCONQUE (fig. 53). A_1DA_2 étant la surface simple, on a : $\mu_1 + \mu_2 = 2\,\mu_m = CD$; mais $\mu_1 : \mu_2 :: l'' : l'$ On en déduit le tracé donné (40).

On prend $A_1d = CD$, puis, par C, on mène une parallèle à A_2d ; on a alors $A_1m = \mu_2$, que l'on porte en A_2a_2, et $A_2n = \mu_1$, que l'on porte en A_1a_1. On mène a_1a_2 et on prend $C'D' = CD$. Les surfaces hachurées donnent les moments.

On arriverait au même résultat en traçant le 2e funiculaire comme suit :

Soit (fig. 54) A_1DA_2 la surface simple des moments dus à P (poutre horizontale).

Traçons les tangentes horizontales A_1U, A_2V, limitées aux trisectrices ; traçons les diagonales A_1d, A_2c (72) ; prenons maintenant $UU' = uu'$ et $VV' = vv'$. Les lignes U'V et V'U doivent se couper en O sur la verticale de o, et leurs prolongements déterminent sur les appuis les moments $\mu_1 = A_1a_1$ et $\mu_2 = A_2a_2$. Joignons a_1a_2 et prenons $C'D' = CD$. Les lignes $a_1D'a_2$ et A_1A_2 déterminent les μ (surfaces hachurées).

Fig. 54.

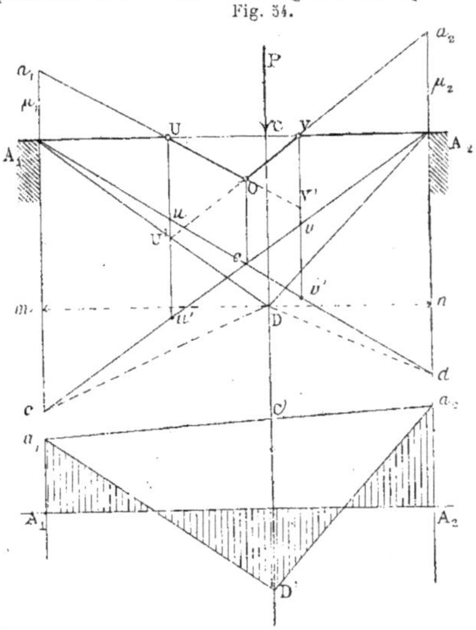

Fig. 55.

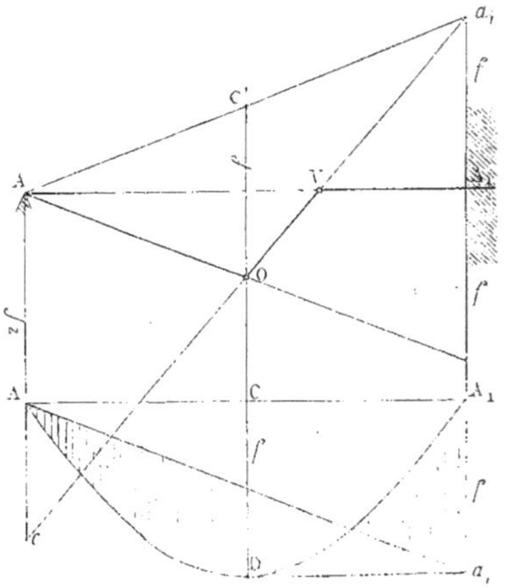

76. Poutre encastrée en A_1 reposant en A (fig. 55). — La tangente à l'encastrement A_1V est horizontale, et puisque en A $\mu = 0$, le point U précédent se confondra avec A.

Il suffit donc de prendre Ac = la distance des diagonales sur la verticale de A (72); la ligne cV déterminera le 2e côté OV du 2e funiculaire, et OA sera le 1er côté.

Le côté OV prolongé donne : $\mu_1 = A_1a_1 = 1/2\ Ac$.

Charge uniforme p. — Alors $Ac = mn = 2f = 1/4\ pl^2$ (72), et, par suite, $\mu_1 = 1/8\ pl^2$, moment égal à celui de la pièce posée. Si donc ADA_1 est la surface simple des moments, il suffit de prendre $A_1a_1 = CD$ et de mener Aa_1 pour avoir les moments en tous points (surfaces hachurées).

Complément de méthode pour la poutre continue.

Pour compléter la méthode graphique relative à la poutre continue, nous devons établir d'autres propriétés du 2e funiculaire.

Il est clair que, par suite de la continuité de la poutre, les tangentes sur piles sont communes à deux travées contiguës.

77. Travée non chargée (fig. 56). — Le 2e funiculaire n'aura que 3 côtés.

Si les tangentes sur piles AU, A_1V sont connues, UV sera le 3e côté compris entre les trisectrices; en le prolongeant, on détermine sur les verticales des appuis des longueurs Aa, A_1a_1, égales ou proportionnelles aux moments sur ces appuis.

Le point K, où ce 3e côté coupe la ligne des appuis, est évidemment le point d'inflexion, celui pour lequel $\mu = 0$.

Fig. 56.

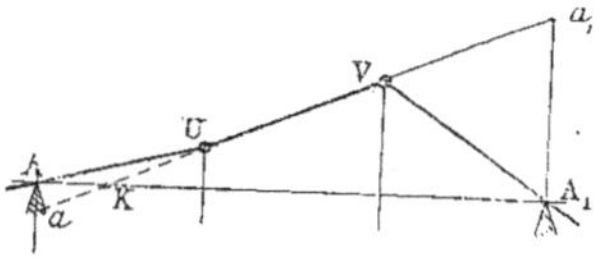

78. Deux travées non chargées (fig. 57). — Nous supposons le 2e funiculaire déterminé par les moments sur les appuis. Ces moments engendrent des surfaces de charge triangulaires dont les centres de gravité ou lignes d'action sont sur les trisectrices (69).

Fig. 57.

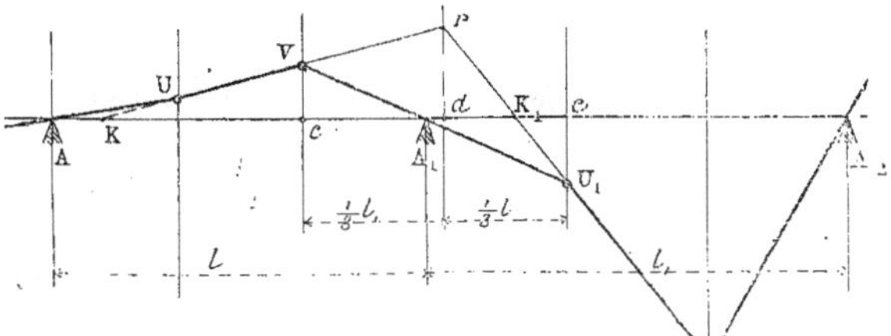

Nous allons voir que le côté UV étant connu dans une travée, il détermine le côté U_1V_1 de l'autre travée.

Ces deux côtés prolongés se rencontrent en r, point de passage de la résultante des charges qui agissent aux deux sommets voisins. $1/2\,\mu_1 l$ en V, et $1/2\,\mu_1 l_1$ en U_1.

Cette résultante verticale partage donc $ce = 1/3\,(l + l_1)$ en parties inversement proportionnelles à ces charges ou à l et l_1. On aura donc :

$$cd = 1/3\,l_1, \text{ et } de = 1/3\,l. \text{ D'où } cd : de :: l_1 : l.$$

Cette verticale passant par r s'appelle la *contre-verticale sur pile* (1).

Si $l = l_1$, cette ligne passe par l'appui A_1.

Les points d'inflexion K, K_1, ou $\mu = o$, donnent encore :

$$\left.\begin{array}{ll} & Kc : Kd :: Vc : rd \\ & K_1e : K_1d :: U_1e : rd \\ \text{mais} & U_1e : Vc :: A_1e : A_1c :: l_1 : l \end{array}\right\} \quad \text{D'où} \quad \frac{Kc}{Kd}\,l_1 = \frac{K_1e}{K_1d}\,l.$$

Il suit de là que le point K détermine K_1. Alors, si, pour des charges variables dans les autres travées, le point K d'une travée non chargée ne varie pas, le côté UV des divers polygones tournant autour de K, le point K_1 ne variera pas non plus, et le côté U_1V_1 tournera autour de ce point K_1. Ces points s'appellent *points fixes*.

Ces relations sont encore vraies pour toutes les lignes passant par A_1 et ayant même projection horizontale KK_1.

Donc, *si* K *se déplace suivant une verticale*, K_1 *se déplacera aussi suivant une verticale.*

79. Tracé des points fixes (fig. 58). — Ce qui précède permet de les déterminer en prenant pour premier point d'inflexion celui des appuis extrêmes où $\mu = o$.

Fig. 58.

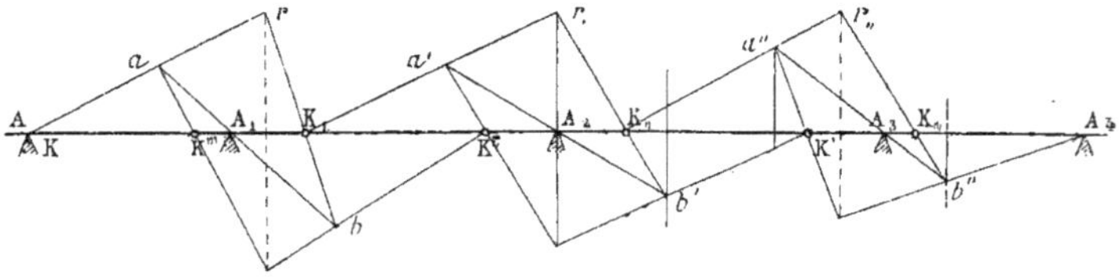

Menons par A une ligne quelconque rencontrant la trisectrice en a et la contre-verticale en r; menons aA_1 jusqu'à la trisectrice en b, puis joignons rb, qui coupe A_1A_2 en K_1, qui est un point fixe.

En partant de ce point, on mène K_1r_1, puis de a' sur la trisectrice on mène $a'A_2b'$, et enfin r_1b' donne K_{11}, et ainsi de suite.

En partant de A_4, on procède de même, et l'on obtient les points K′, K″, K‴.

(1) Nous préférons cette appellation, donnée par le traducteur de Winkler, à celles de *Verticale auxiliaire* ou *antiverticale*, créées par de récents auteurs.

Si les travées sont symétriques, les points fixes le sont aussi, et cette seconde construction est inutile.

S'il y a encastrement en A, le point fixe K est reporté au tiers de la travée sur la ligne des appuis et la construction des points fixes s'opère de même.

80. Plusieurs travées non chargées (fig. 59). — Ces points fixes étant connus, dès que l'on connaîtra un moment sur pile μ_1, on en déduira les moments sur les autres piles des travées non chargées ; il suffira de joindre r_1 K' pour avoir μ_2, puis r_2 K'' pour avoir μ_3, et ainsi de suite.

Fig. 59.

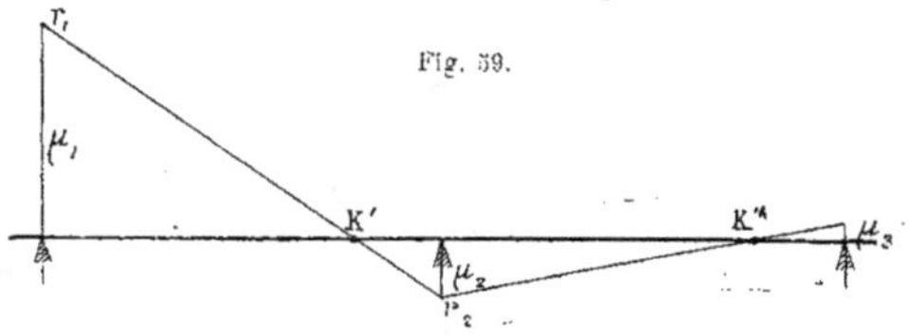

81. Une travée chargée (fig. 60). — On prouverait, comme précédemment, que les côtés UV, OU_1 prolongés se rencontrent en r sur la contre-verticale de l'appui A_1. De même OV_1 et $U_{II} V_{II}$ se rencontrent en r' sur la contre-verticale de A_2 ; et si les appuis sont en ligne droite, il résulte de la construction précédente des points fixes que K_1 et K' sont les points fixes correspondants à K et K_{II}. Donc, *lorsque les appuis sont sur une même droite, les côtés* OU_1, OV_1 *du 2e funiculaire passent par les points fixes* K_1, K'.

Fig 60.

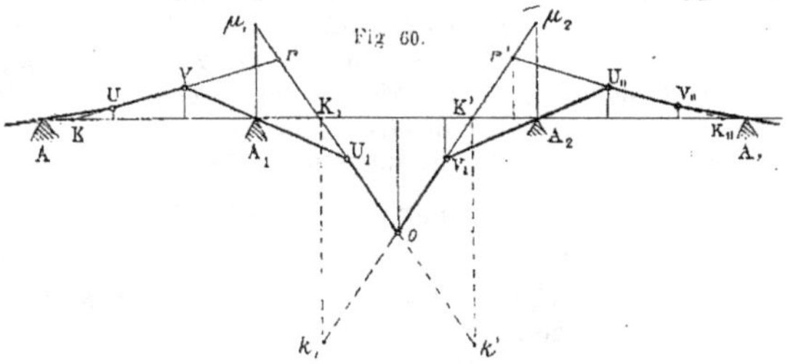

Il sera donc facile, pour une position connue des points fixes et une surcharge donnée, de construire le 2e funiculaire, en prenant les longueurs $K_1 k_1$ et $K'k'$ égales aux longueurs interceptées par les diagonales sur ces verticales prolongées.

Les lignes $k'K_1$ et $k_1 K'$ prolongées donnent aussi, comme nous le savons, les moments sur les appuis A_1, A_2.

82. Deux travées inégales chargées (fig. 61). — On établirait encore, comme précédemment (78), que les côtés OV et O_1V_1 se rencontrent en r sur la contre-verticale de l'appui A_1.

Menons par A_1 une droite k_1A_1e. On trouverait, comme au (78), que

$$\frac{k_1 c}{k_1 d} l_1 = \frac{k_{II} e}{k_{II} d} l.$$

Donc, si k_1 est sur la verticale du point fixe K_1, $k_{\prime\prime}$ est aussi sur la verticale de K''. Il en résulte que *les points d'intersection* $k_1, k_{\prime\prime}$ *des verticales des points fixes avec les côtés* OV, O_1U_1 *contigus à l'appui* A_1 *se trouvent sur une même droite qui passe en* A_1.

Fig. 61.

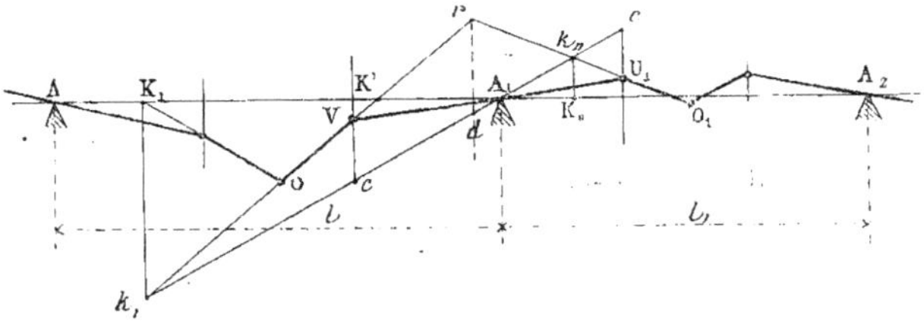

3. Poutre à quatre travées. Charges uniformes (Pl. I).

Nous pouvons maintenant résumer la méthode graphique en l'appliquant à quelques cas usuels. Pour la poutre sur cinq appuis, nous ferons une application numérique.

Les travées extrêmes $l_1 = 32$ m. portent une charge $p_1 = 2000$ kg, et les travées intermédiaires $l = 40$ m. portent une charge $p = 1250$ kg. — $l_1 = 0{,}8\,l$.

1° Traçons (fig. A) les trisectrices, les contre-verticales et les points fixes (79), qui, par suite de la symétrie des travées, sont aussi symétriques.

2° Traçons (fig. B) les diagonales (72). Pour les travées extrêmes l_1, en faisant

$$\lambda = l = 40, \text{ on a : } mn = \frac{1}{4} p_1 l_1^2 \left(\frac{l_1}{l}\right)^2 = 0{,}25 \times 0{,}64\, p_1 l_1^2 = 0{,}16\, p_1 l_1^2,$$

et pour les travées intermédiaires l, on a : $mn = 0{,}25\, pl^2$.
(Si $p = p_1$, on aurait (1e et 4e travées) : $mn = 0{,}16 \times 0{,}64\, pl^2 = 0{,}1024\, pl^2$).

Ce qui donne :

1re et 4e travées, $mn = 0{,}16 \times 2000 \times \overline{32}^2 = 377680$, à l'échelle $\frac{1}{10000}$, soit 32 mm.

2e et 3e — , $mn = 0{,}25 \times 1250 \times \overline{40}^2 = 500000$, — id. — 50 mm.

3° Portons (fig. C) $Ak = mn$ correspondant, et menons kA_1k_1. k_1 est sur la verticale du point fixe K_1. Prenons $k_1 i_1 = m'n'$ correspondant, et menons $i_1 A_2 k_{\prime\prime}$. $k_{\prime\prime}$ est sur la verticale du point fixe $K_{\prime\prime}$. Enfin, prenons $k_{\prime\prime} i_{\prime\prime} = m'n'$ correspondant, et menons $i_{\prime\prime} A_3 k_{\prime\prime\prime}$. $k_{\prime\prime\prime}$ est sur la verticale du point fixe $K_{\prime\prime\prime}$.

Les mêmes constructions, en partant de $A_{\prime\prime}$, déterminent k', k'', k'''.

Moments. — Si maintenant nous menons kk''' et $j_1 k_1$, ces lignes doivent se rencontrer en r sur la contre-verticale et on a : $A_1 a_1 = \mu_1 = 20500$ mèt. kilog.

L'ordonnée y, portée à la distance de V, égale à

$$x = \frac{1}{3} \lambda \frac{\lambda}{l} = \frac{1}{3}\, 40 \left(\frac{40}{32}\right) = 16\ {}^{m}/_{m},65$$

est aussi égale à μ_1.

Comme 1re vérification, les points V et U_1, sur les trisectrices, doivent se trouver sur une même droite passant par A_1. La 2e vérification consiste à compléter le 2e funiculaire. On prend $k'''j = m'n'$ correspondant; Aj doit rencontrer kV en o sur la verticale du centre de gravité de la surface simple des moments, et, dans le cas d'une charge p, au milieu de la travée.

Continuons le tracé. Menons $i_1 k''$ et $j_{''} k_{''}$. Ces lignes doivent se rencontrer sur la verticale de A_2, qui se confond avec la contre-verticale $A_2 a_2 = \mu_2 = 150000$. Les points V_1, $U_{''}$ doivent se trouver sur la droite passant par A_2. On continuerait de même ce tracé pour déterminer μ_3; ici $\mu_3 = \mu_1$.

Enfin, si l'on porte (fig. D) ces trois moments sur les appuis et si l'on mène Aa_1, $a_1 a_2$, etc., il suffira de porter, 1re travée, $C'E = 1/4 p_1 l_1^2 = 514000$, soit, à l'échelle ci-dessus, 51 $^m/_m$,4; et $C_1'E_1 = 1/4 pl^2 = 500000$, soit, à l'échelle ci-dessus, 50 mm. Nous aurons ainsi les tangentes extrêmes, et, par suite, les paraboles des μ.

Pour toute autre charge, on tracerait les diagonales correspondantes et l'on en déduirait par le même tracé les moments sur appuis.

Efforts tranchants. — Nous les déterminerons comme au (74).

Prenons l'unité de moments :

$$p\lambda^2 = 1250 \times 1600 = 2\,000\,000, \text{ soit, à l'échelle } \frac{1}{10\,000}, \qquad m = 200 \text{ mm}.$$

Prenons l'unité de charge :

$$p\lambda = 1250 \times 40 = 50\,000, \qquad \text{soit, à l'échelle } \frac{1}{1000}, \qquad n = 50 \text{ mm}.$$

La distance polaire sera :
$$H = \frac{n}{m}\lambda = \frac{50}{200} \times 40 = 10 \text{ millim}.$$

Si nous portons cette distance H sur la ligne de fermeture à droite de chaque appui, et si, des pôles o ainsi déterminés, nous menons des parallèles aux tangentes extrêmes dans chaque travée, nous aurons les efforts tranchants sur piles.

4. Poutre à deux travées. Charges concentrées (fig. 62).

Soit une poutre transversale de pont, route, supportée en trois points également distants et portant une charge P au milieu de la 1re travée et une charge P_1 au 1/3 de la 2e. Ces charges peuvent être produites par les roues d'un véhicule et occuper toute autre position.

1° Traçons les trisectrices, les points fixes et leurs verticales. Les travées étant égales, les points fixes K'' et K_1 sont symétriques, et les points K et K' sont sur les appuis A_1 et A_2; les contre-verticales passent par l'appui du milieu A_1.

2° Traçons les surfaces simples des moments pour chaque charge.

CD représente, à une échelle donnée, $P \frac{l}{4}$, et C_1D_1 représente, à la même échelle,

$$P_1 \frac{l_1 l_{''}}{l}, \text{ expression dans laquelle } l_1 = \frac{1}{3} l \text{ et } l_{''} = \frac{2}{3} l.$$

3° Traçons les lignes diagonales (72). Il nous suffit ici de déterminer Ad, que nous portons en Ak (B), et $A_2 d_1$, que nous portons en $A_2 k'$.

4° Enfin, menons (B) kA_1 jusqu'en k_1 sur la verticale du point fixe K_1.
et $k'A_1$ id. k'' id. id. id. id. K''

Fig. 62.

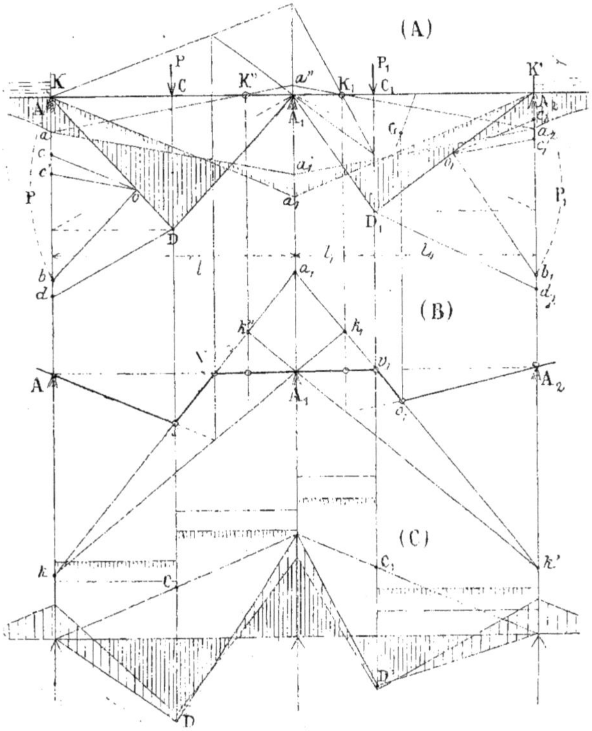

Calcul graphique d'une poutre à 2 travées charges concentrées.

Moments. — Menons maintenant kk'' et $k'k_1$. Ces deux lignes doivent se croiser en a_1 sur la verticale de A_1, et l'ordonnée A_1a_1 représente μ_1 à l'échelle de CD.

Les points V et U_1 sur les trisectrices doivent se trouver sur une même ligne droite passant par A_1 (82), c'est ma 2e vérification du tracé.

Si nous portons ce moment μ_1 en A_1a_1 (fig. A), les lignes de fermeture Aa_1, a_1A_2, déterminent avec les triangles des surfaces simples des moments, les moments réels, positifs et négatifs, sur la poutre continue.

Cas particulier. — La même poutre se prolonge en porte-à-faux hors des appuis portant des trottoirs. Soit p la charge par mètre sur ces trottoirs et l leur largeur. Les moments seront représentés par une parabole (35). Les moments en A et A_2 sont : $1/2\,pl^2 = Aa = A_2a_2$. Ces moments engendrent sur l'appui A_1 un moment de sens opposé, déterminé en menant aK'' ou a_2K_1 (80). Le moment négatif en A_1 est donc égal à $2 \times A_1a''$. En portant cette quantité en $a_1a'_1$, les lignes de fermeture aa_1' et $a_1'a_2$ déterminent les nouveaux moments en chaque point de la poutre (surfaces hachurées en partie seulement sur la figure). — Il sera facile de tracer les surfaces des moments en ramenant à l'horizontale les lignes de fermeture (fig. C).

Efforts tranchants. — On les détermine graphiquement (74) en remontant au polygone des charges. Prenons $= Ab = P$; menons bo parallèle à DA_1 ; puis, par le pôle o ainsi déterminé, menons les rayons oc, oc' parallèles aux lignes de fermeture Aa_1 et aa'_1. On a, pour le 1er cas, $Ac = F_0$ et $cb = F_1$; et, dans le 2e cas, $Ac' = F_0$ et $c'b = F_1$. En opérant de même pour la charge P_1 de la deuxième travée, on obtient, pour les deux cas, les F'_1 en A_1 et F_2 en A_2. Ces efforts tranchants, pris en valeur absolue et portés fig. C, sont représentés par les horizontales ; celles se rapportant au cas des trottoirs sont en partie hachurées.

La charge sur les appuis A et A_2 sera F_0 et F_2, plus la charge due aux trottoirs.

La charge sur l'appui milieu A_1 sera $F_1 + F_1'$.

85. Cas général (Pl. II). — Une poutre encastrée en A repose sur 3 appuis, A_1, A_2, A_3, inégalement espacés et situés à des niveaux différents ; elle se termine en A_3 ou se prolonge en porte-à-faux au delà de A.

La travée l reçoit une charge uniforme p par mètre ; celle l_1 reçoit des charges concentrées P, P, P ; celle l_{II} reçoit une charge unique P, et nous savons tracer les surfaces simples des moments.

Quant à la portion de poutre en porte-à-faux, quelle que soit la répartition des charges qu'elle reçoit, nous savons déterminer le moment qu'elles engendrent sur l'appui A_3, soit A_3a_3 ce moment.

Comme on le voit, ce cas réunit tous ceux qui se présentent généralement.

Diagonales. — Prenons $\lambda = 50$. Pour la 1re travée, on a : $mn = 2f\left(\frac{60}{50}\right)^2 = 2{,}88f$; pour la 2e travée, $\lambda = l_1$, on a : $mn = 3\,\mu_m$, que nous portons aux distances $\frac{1}{2}\,l_1$ de la verticale passant par le centre de gravité de la surface simple des moments. Pour la 3e travée, $mn = 1{,}5\ \mathrm{CD}\left(\frac{4}{5}\right)^2 = 0{,}96\ \mathrm{CD}$, que nous portons aux distances $1/2\ l_{II}$ de la verticale du centre de gravité G.

Nous avons vu (70) que l'échelle des dénivellations dépend de celles des moments, et réciproquement. On a, en prenant $\lambda = 50$:

$$\frac{1}{K} = \frac{1}{m}\,\frac{6\,EI}{\lambda^2} \qquad \text{ou} \qquad \frac{1}{m} = \frac{1}{K}\,\frac{\lambda^2}{6\,EI}.$$

Mais le moment d'inertie I est inconnu, puisque le but de ce chapitre est précisément de déterminer les moments μ pour en calculer les valeurs de I et par suite déterminer les dimensions de la poutre.

Il faut donc faire une première épure en prenant, comme précédemment, les appuis de niveau, et en déduire les valeurs de I. Puis on prendra la valeur moyenne de I et l'on calculera $\frac{1}{K}$ si on se donne $\frac{1}{m}$ avec $\lambda = 50$, et vice versa. Nous pourrons alors tracer sur l'épure les appuis A_1, A_2 (fig. C) et les premiers polygones ou surfaces simples des moments (fig. B).

Points fixes. — Traçons (fig. A) les contre-verticales, les trisectrices et les points fixes. Puisqu'il y a encastrement en A, le 1er point fixe K est déterminé par la trisectrice. Nous avons rapporté ces lignes et celles des points fixes sur la ligne XX et fig. C; celles des points fixes sont prolongées pour couper les diagonales en $m'n'$.

Ces tracés préliminaires étant faits, traçons le 2e funiculaire.

Prenons $Uk = m'n'$ correspondant; menons kA_1 jusqu'en k_1 sur la verticale de K_1.

Prenons $k_1 i_1 = m'n'$ correspondant; menons $i_1 A_2$ jusqu'en $k_{\prime\prime}$ sur la verticale de $K_{\prime\prime}$. Opérons de même en partant de A_3. Nous aurons les lignes $k_3 k'$ passant par A_2, $g_1 k''$ passant par A_1.

Moments. — Maintenant, joignons k et k'', j_1 et k_1. Ces lignes, prolongées, doivent se couper sur la contre-verticale et $A_1 a_1 = \mu_1 = y$, puisque $l = \lambda$. De même $i_1 k'$ et $k_3 k_{\prime\prime}$ prolongées se coupent sur la contre-verticale et $A_2 a_2 = \mu_2 = y_1$. Enfin, en prenant $k'' j = m'n'$ correspondant et menant j U prolongé jusqu'en a, nous aurons $Aa =$ le moment à l'encastrement. Nous savons quelles sont les autres vérifications que nous donne le tracé complet du 2e funiculaire.

Si nous portons ces moments sur appuis dans la fig. B, nous aurons les lignes de fermeture a, a_1, a_2, A_3 et, par suite, les moments en chaque point (surfaces hachurées).

S'il existe des charges au delà de A_3, elles engendrent sur cet appui un moment $= A_3 a_3$ qui, à son tour, engendre (80) sur les autres appuis des moments alternativement négatifs et positifs. En définitive, les lignes de fermeture sont : $a' a_1'$, $a_2' a_3 \ldots$

Les efforts tranchants se détermineraient facilement en remontant au 1er funiculaire. Comme précédemment, nous ne les avons pas tracés pour ne pas surcharger la figure.

86. Poutre à trois travées inégales (Pl. III). — Charge uniforme p sur toute la poutre.

Traçons (A) les trisectrices, les contre-verticales et les points fixes. Nous ne tracerons pas en entier le 2e funiculaire, mais seulement les lignes nécessaires pour déterminer les moments sur appuis. C'est ainsi que nous n'avons besoin que des points fixes K_1 et $K_{\prime\prime}$.

Traçons les lignes diagonales Pour la travée du milieu, en faisant $\lambda = l = 60$ m., on a : $A_1 n_1 = A_2 n_1 = \frac{1}{4} p \times \overline{60}^2 = 900\,p$; pour les travées extrêmes, $l_1 = 50$ m., on a : $A\,n\,A_3 n = \frac{1}{4} p\, l_1^2 \left(\frac{l_1}{l}\right)^2 = \frac{p}{4} \times 2500 \left(\frac{5}{6}\right)^2 = 430\,p$.

Actuellement prenons (B) $Ak = A_3 k_3 = A\,n$; menons (lignes pleines) $k\,A_1\,k_1$ et $k_3 A_2 k''$. Les points $k_1 k''$ sont déterminés par les verticales des points fixes. Si maintenant nous prenons $k_1 i_1 = k'' j_1 = m'n'$ (longueur interceptée par les diagonales), et si nous menons $i_1 k''$ jusqu'en a_2 et $j_1 k_1$ jusqu'en a_1, nous aurons : $A_1 a_1 = \mu_1$ et $A_2 a_2 = \mu_2$.

Portons (fig. C) les valeurs de μ_1 et μ_2 sur les appuis, et prenons, pour la travée du milieu, $C'D = 1/8\, pl^2 = 1/8\, p \times 3600 = 450\, p$; pour les travées extrêmes, $C'D = 1/8\, pl_1^2 = 1/8\, p \times 250 = 31{,}25\, p$.

En menant les tangentes extrêmes ($C'E = 2\, C'D$), on déterminera les paraboles des moments (traits pleins et surfaces hachurées).

87. Dénivellation des appuis. — Les différences de niveau des appuis sont représentées à la même échelle que les ordonnées de l'élastique, soit (70) à l'échelle

$$\frac{1}{K} = \frac{6\,EI}{m\,\lambda^2}.$$

Supposons que, par suite de dilatation des piles métalliques, de tassements ou d'erreur, etc., l'appui A_1 soit relevé de $0^m,03$ et l'appui A_2 abaissé de $0^m,04$; le moment d'inertie moyen de la poutre est 0,01, l'échelle des moments est $\frac{1}{m} = \frac{1}{1.300.000}$

Nous aurons, pour l'échelle des ordonnées de l'élastique ou des dénivellations :

$$\frac{1}{K} = \frac{6\,EI}{m\,\lambda^2} = \frac{6 \times 16 \times 10^9 \times 0{,}01}{1.300.000 \times 3600} = \frac{96}{468} = 0{,}2.$$

Traçons donc sur l'épure (fig. B) A_1' relevé de $0{,}03 \times 0{,}2 = 6$ millim. et A'_2 abaissé de $0{,}04 \times 0{,}2 = 8$ millim. Maintenant, faisons par rapport à ces appuis exactement le même tracé (lignes pointillées) que précédemment, et nous aurons μ_1' et μ_2' pour les moments sur appuis. Ces moments, rapportés fig. C, donnent les paraboles (lignes pointillées).

On voit avec quelle simplicité la méthode graphique permet de se rendre compte des effets d'une dénivellation des appuis.

CHAPITRE IV

MOMENTS D'INERTIE. — ÉGALE RESISTANCE

MOMENTS D'INERTIE

88. Axe neutre. — Le moment d'inertie I que l'on considère dans la flexion est pris par rapport à l'*axe neutre* passant par le centre de gravité de la section et perpendiculaire au plan de flexion. Cet axe est la trace sur la section du plan des fibres neutres.

Fig. 63.

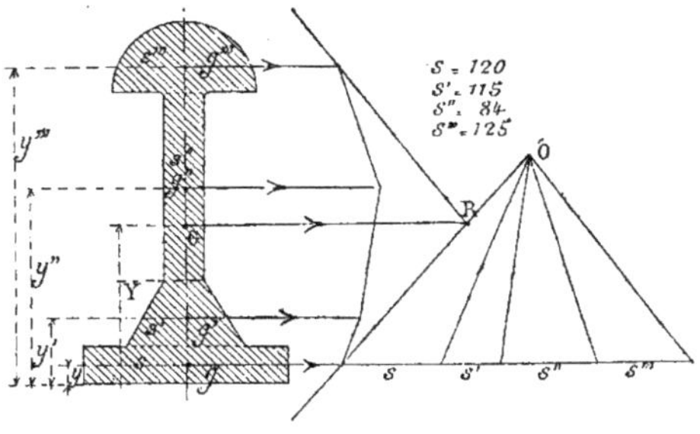

Pour les sections ayant deux axes de symétrie, cet axe neutre est, suivant le sens de la flexion, l'un des axes de symétrie.

Pour les sections usuelles non symétriques par rapport à l'axe neutre, nous donnons (90) (fig. 64) les distances v, v'.

Enfin, pour toute section (fig. 63) composée des surfaces élémentaires précédentes et ayant son axe de symétrie dans le plan de flexion, on détermine l'axe neutre comme suit.

Méthode des moments. — On mesure les distances y, y', y'',... des centres de gravité des surfaces élémentaires s, s', s'',... à un axe quelconque, mais perpendiculaire au plan de flexion ou à l'axe de symétrie. La surface totale de la section étant $S = s + s' + s''...$, et Y étant la distance cherchée de son centre de gravité à l'axe quelconque, on a : $SY = sy + s'y' + s''y''...$; d'où on tire la valeur de Y qui détermine la position de l'axe neutre.

Méthode graphique. — On considère les surfaces s, s', s''.... comme des forces parallèles entre elles et perpendiculaires au plan de flexion. On forme le polygone rectiligne de ces forces en prenant des longueurs proportionnelles aux surfaces s, s', s''... On mène les rayons au pôle O et l'on trace le funiculaire correspondant. Le prolongement des côtés extrêmes du funiculaire détermine le point R de la résultante parallèle aux forces et, par suite, le centre de gravité G et l'axe neutre.

Méthode expérimentale. — Elle consiste à découper la section que l'on considère dans une feuille de carton ou de métal d'épaisseur régulière, puis à la mettre en équilibre sur un couteau placé perpendiculairement au plan de flexion : la trace du couteau est l'axe neutre.

Ou bien on suspend cette section à un fil dont la direction soit perpendiculaire au plan de flexion ou à l'axe de symétrie : la trace du fil prolongé est l'axe neutre.

En répétant, pour chaque méthode, l'opération indiquée par rapport à un axe perpendiculaire au premier, on déterminerait, au point d'intersection des deux axes trouvés, le centre de gravité d'une surface quelconque n'ayant pas d'axe de symétrie.

89. Moments d'inertie des sections symétriques (fig. 64) — Pour la section rectangulaire, a étant la dimension parallèle à l'axe neutre et b la dimension perpendiculaire, le calcul donne :

$$I = \frac{a\,b^3}{12}, \quad v = \frac{b}{2}, \quad \frac{I}{v} = \frac{a\,b^2}{6}.$$

Pour la section carrée, $a = b$, $I = 1/12\ a^4$ et $I : v = 1/6\ a^3$.

Pour les sections présentant des évidements semblables à la section pleine, également symétriques par rapport au même axe neutre, et dont les dimensions homologues à a, b, sont : a', b' ; a'', b'' ; $a'''b'''$, ... il est bien évident que la valeur de I relative à une section évidée se composera de celle de la section pleine moins celles des parties évidées. On aura en général : $I = ab^3 - (a'b'^3 + a''b''^3 + a'''b'''^3 ...)$.

On peut donc écrire de suite les valeurs de $I : v$ pour des sections composées de surfaces rectangulaires pleines ou évidées mais symétriques par rapport à l'axe neutre, comme celles de la fig. 64, ou pour toute autre section.

Pour la section circulaire, le calcul donne :

$$I = \frac{\pi}{64} d^4, \quad v = \frac{d}{2}, \quad \frac{I}{v} = \frac{\pi}{32} d^3 \quad \text{ou approximativement} \quad \frac{I}{v} = 0{,}1\ d^3.$$

Pour la section elliptique il suffit de remplacer dans ces relations d^4 par ab^3 et d^3 par ab^2. La fig. 64 et son tableau donnent aussi les valeurs de $I : v$ pour sections polygonales.

Les observations ci-dessus relatives aux sections évidées s'appliquent aux sections circulaires, elliptiques et polygonales évidées et permettent d'écrire la valeur de $I : v$.

Enfin les valeurs de $I : v$ des sections simples précédentes permettent d'écrire facilement celles des sections composées, comme les deux dernières de la fig. 65.

Moments d'inertie des sections symétriques. (89)

Fig. 64.

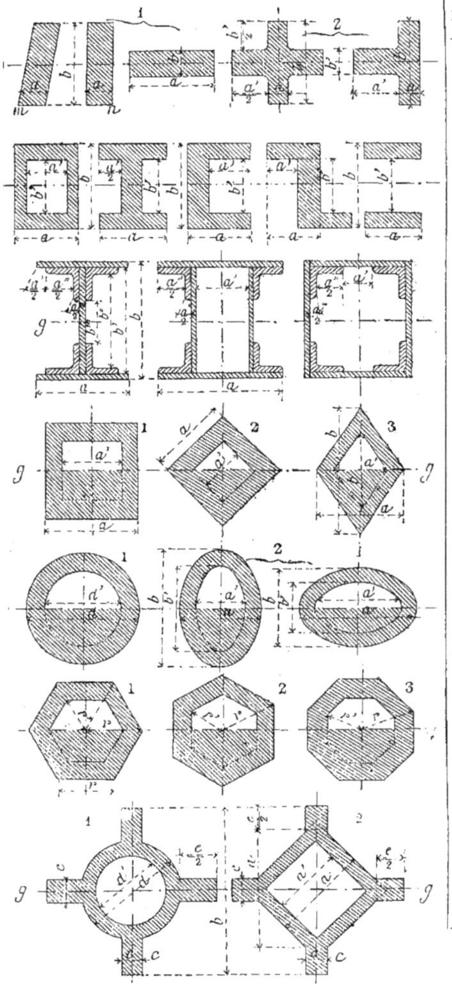

Nos	Valeurs de I : v		Section
1	$\frac{I}{v} = \frac{ab^2}{6}$	$v = \frac{b}{2}$	$a \times b$
2	$= \frac{ab^2 - a'b'^2}{6}$		
	$\frac{I}{v} = \frac{ab^3 - a'b'^3}{6\,b}$		$ab - a'b'$
	$a = a',\ \frac{I}{v} = \frac{a\,(b^3 - b'^3)}{6\,b}$		
	$\frac{I}{v} = \frac{ab^3 - a'b'^3 - a''b''^3 - a'''b'''^3}{6\,b}$		id.
	pleine	évidée	pleine
1	$\frac{I}{v} = \frac{a^3}{6}$	$\frac{I}{v} = \frac{a^4 - a'^4}{6\,a}$	a^2
2	$= 0{,}118\ a^3$	$= 0{,}118\ \frac{a^4 - a'^4}{a}$	a^2
3	$= \frac{ab^2}{2}$	$= \frac{ab^3 - a'b'^3}{12\,b}$	$0{,}5\ ab$
1	$\frac{I}{v} = \frac{\pi}{32} d^3 = 0{,}1\,d^3$	$\frac{I}{v} = \frac{\pi}{32}\,\frac{d^4 - d'^4}{d}$	$0{,}785\ d^2$
2	$\frac{I}{v} = \frac{\pi}{32} ab^2$	$\frac{I}{v} = \frac{\pi}{32}\,\frac{ab^3 - a'b'^3}{b}$	$0{,}785\ ab$
1	$\frac{I}{v} = 0{,}625\ r^3$	$\frac{I}{v} = 0{,}625\ \frac{r^4 - r'^4}{r}$	$2{,}6\ r^2$
2	$= 0{,}541\ r^3$	$\frac{I}{v} = 0{,}541\ \frac{r^4 - r'^4}{r}$	$2{,}6\ r^2$
3	$= 0{,}677\ r^3$	$\frac{I}{v} = 0{,}677\ \frac{r^4 - r'^4}{r}$	$2{,}828\ r^2$
1	$\frac{I}{v} = \frac{\pi}{32}\,\frac{d^4 - d'^4}{d} + \frac{cc^2}{6} + \frac{c\,(b^2 - d^2)}{6}$		
2	$= 0{,}118\ \frac{a^4 - a'^4}{a} + \frac{cc^2}{6} + \frac{c\,(b^2 - d^2)}{6}$		

90. Moments d'inertie des sections non symétriques (fig. 64). — Connaissant, pour une section de surface S, le moment d'inertie I par rapport à l'axe passant par son centre de gravité, son moment d'inertie I_k, par rapport à un axe parallèle au premier et éloigné de K, est : $I_k = I + SK^2$. (*a*)

Ainsi, le moment d'inertie d'un rectangle, par rapport à un côté *mn* (fig. 65), sera :

$$I_k = \frac{a\,b^3}{12} + a\,b \times \frac{b^2}{4} = \frac{a\,b^3}{3}.$$

Cette valeur permet d'écrire les moments d'inertie du tableau ci-dessous. Nous y avons joint les valeurs de I et de I : *v* pour le triangle, le trapèze, le demi-cercle et le segment parabolique.

Fig. 65.

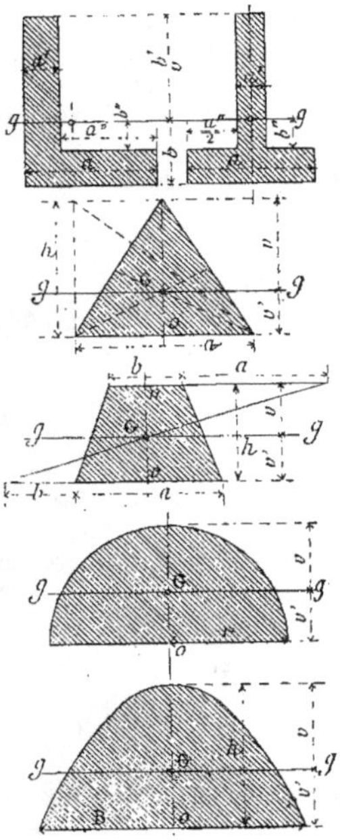

	Valeur de I	I : *v* ou I : *v'*	Section
$v = b'$ $v' = b$	$I = \frac{ab^3 + a'b'^3 - a''b''^3}{3}$	$\frac{I}{v} = \frac{I}{b'}$ $\frac{I}{v'} = \frac{I}{b}$	$ab + a'b' - a''b''$
$v = 0{,}666\,h$ $v' = 0{,}333\,h$	$I = \frac{a\,h^3}{36}$	$\frac{I}{v} = \frac{a\,h^2}{24}$ $\frac{I}{v'} = \frac{a\,h^2}{12}$	$\frac{1}{2}\,a\,h$
$v = \frac{h}{3}\,\frac{2a + b}{a + b}$ $v' = \frac{h}{3}\,\frac{a + 2b}{a + b}$	$I = \frac{b^2 + 4ab + a_2}{36\,(a + b)}\,h^3$	I : *v* I : *v'*	$\frac{h}{2}\,(a + b)$
$v = 0{,}575\,r$ $v' = 0{,}424\,r$	$I = 0{,}11\,p^4$	$\frac{I}{v} = 0{,}19\,r^3$ $\frac{I}{v'} = 0{,}26\,r^3$	$1{,}57\,r^2$
$v = 0{,}6\,h$ $v' = 0{,}4\,h$	$I = 0{,}0457\,bh^3$	$\frac{I}{v} = 0{,}076\,Bh^3$ $\frac{I}{v'} = 0{,}114\,Bh^3$	$0{,}666\,Bh$

91. Moments d'inertie des sections composées. — La relation (a-90) permet d'écrire le moment d'inertie de toute section composée des sections simples précédentes quand on a déterminé l'axe neutre.

Fig. 66.

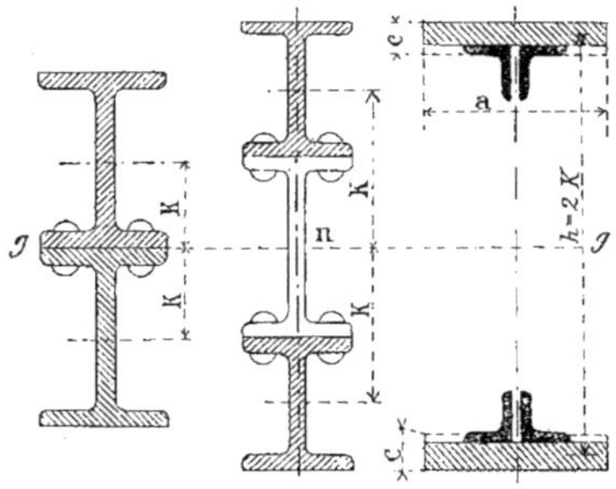

Pour deux sections égales, réunies ou entrecroisées (fig. 66), le moment d'inertie, par rapport à l'axe mn, sera donc :

$$I_K = 2\,(I + SK^2).$$

Si les sections sont inégales, I′ et S′ se rapportant à la seconde section, on déterminera la position de l'axe neutre et, par suite, K′. On aura alors :

$$I_K = (I + SK^2) + (I' + S'K'^2).$$

On opérerait de même pour toute section (fig. 63) composée des sections s, s', s'',.. dont on connaît les valeurs de I, I', I''..., par rapport à leurs axes g, g', g'', et par suite leurs distances K, K′, K″... à l'axe passant en G.

Poutres hautes a I. — Si on néglige l'âme, on a, pour les tables seules :

$$I_K = 2\left(I + S\,\frac{h^2}{4}\right), \qquad \text{et puisque } I = \frac{ac^3}{12} = S\,\frac{c^2}{12}, \qquad I_K = \frac{S}{2}\left(\frac{c^2}{6} + h^2\right).$$

Mais le terme $c^2 : 6$ est d'autant plus petit par rapport à h^2 que $h : c$ est plus grand ; on peut donc, pour les poutres hautes, prendre approximativement

$$I_K = \frac{1}{2}\,Sh^2, \qquad \text{et puisque } v = \frac{h}{2}, \qquad \frac{I}{v} = Sh. \qquad (a)$$

On opérerait de même pour les quatre cornières en prenant h = la distance des centres de gravité.

Nous avons calculé au chap. x les moments résistants des tables et cornières et nous y indiquons quel est le degré d'approximation de la relation (a).

CONDITIONS D'ÉGALE RÉSISTANCE A LA FLEXION.

Une section ou une pièce est dite d'égale résistance quand la valeur de $R = \frac{v}{I}\mu$ reste constante.

Cette dénomination n'est pas exacte, parce que R décroît en allant des fibres extérieures à l'axe neutre. On n'obtient l'égale résistance que dans les systèmes réticulés, dont nous parlerons au chap. XI.

92. Section d'égale résistance. — Tant que les corps présentent la même résistance à la traction et à la compression, comme le fer, l'acier, l'égale résistance des fibres extrêmes exige une section symétrique par rapport à l'axe neutre.

La fonte seule fait exception ; sa limite d'élasticité est environ : à la tension, $R = 6$ à 7^k ; à la compression, $R_c = 12$ à 14^k.

Si donc on veut proportionner la section pour que les fibres extrêmes supportent des charges proportionnelles à ces coefficients, on devra avoir, dans une section quelconque :

$$\frac{R_c}{R} = \frac{v}{v'} = 2.$$

D'où $v = 2\,v'$.

Fig. 67.

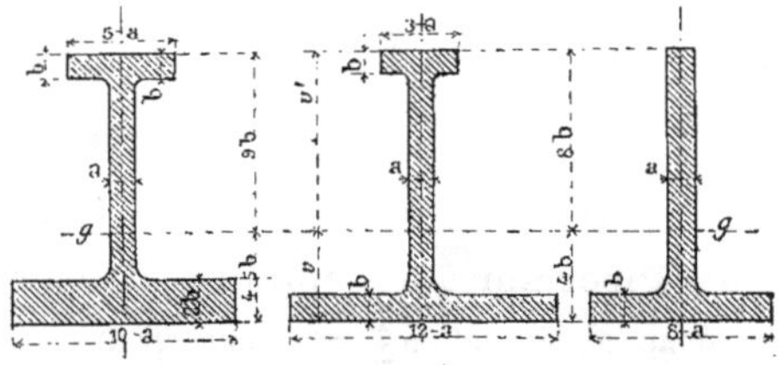

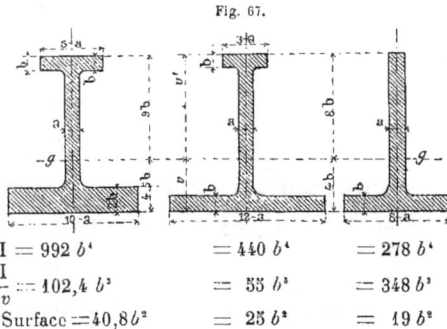

$I = 992\,b^4$	$= 440\,b^4$	$= 278\,b^4$
$\frac{I}{v} = 102{,}4\,b^3$	$= 55\,b^3$	$= 348\,b^3$
Surface $= 40{,}8\,b^2$	$= 25\,b^2$	$= 19\,b^2$

La section triangulaire répond à cette condition, mais elle est coûteuse.

Reuleaux a calculé trois sections qui satisfont à cette condition (fig. 67) et pour lesquelles l'âme peut ne pas être au milieu des tables.

Il est clair que la plus forte nervure doit subir la tension.

A l'époque où, faute de fers profilés, la fonte semblait pouvoir lutter avec le fer pour les travaux des chemins de fer naissants, M. Guettier fit à Marquise des essais d'où il résulte : (1)

1° Que les nervures transversales altèrent les conditions du retrait des poutres ;

2° Que les poutres à section symétrique sont moins flexibles que les sections précédentes, ce qui les fait souvent préférer.

Aujourd'hui ces poutres en fonte sont peu employées : elles sont plus lourdes, plus coûteuses que celles en fer et offrent moins de sécurité. Nous n'en parlerons plus.

(1) *Bulletin de la Société des anciens élèves des Écoles des Arts-et-Métiers.* — Année 1864.

93. Pièce encastrée (fig. 68). — Soit : 1° Une *charge* P à l'extrémité. La section étant rectangulaire, on se donne le rapport entre a et b, puis on détermine ces dimensions par la relation $\frac{I}{v} = \mu$.

Fig. 68.

A B C

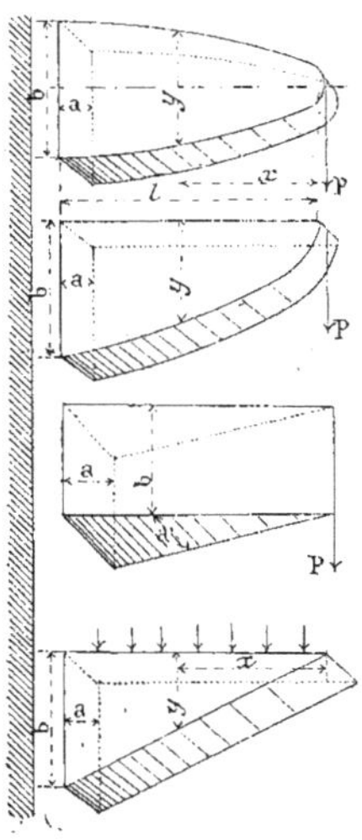

Pour la section d'encastrement, on a : $\frac{ab^2}{6} = \frac{Pl}{R}$
Pour une section en x, on a : $\frac{ay^2}{6} = \frac{Px}{R}$
D'où $\frac{ay^2}{ab^2} = \frac{x}{l}$.

Si la dimension a est constante, on tire de là : $y = b\sqrt{\frac{x}{l}}$.

On obtient ainsi un des profils paraboliques (A).
Si b est la dimension constante, on a :

$$\frac{a'b^2}{ab^2} = \frac{x}{l}. \qquad \text{D'où} \quad a' = a\,\frac{x}{l}.$$

La forme en plan devient un triangle (B).
2° *Une charge uniforme p.* — On a, dans ce cas :

Pour la section d'encastrement, $\frac{ab^2}{6} = \frac{pl^2}{4R}$
Pour une section en x, $\frac{ay^2}{6} = \frac{px^2}{4R}$
D'où $\frac{ay^2}{ab^2} = \frac{x^2}{l^2}$.

Si la dimension a est constante, on tire de là : $y = b\,\frac{x}{l}$.

On obtient ainsi un profil triangulaire (C).

94. Pièce sur deux appuis. — Soit une *charge uniforme p*. En une section, à la distance x, la relation $\frac{I}{v} = \frac{\mu}{R}$ donne, pour une *section rectangulaire :*

$$\frac{ab^2}{6} = \frac{p}{2R}(lx - x^2).$$

Si a est constante, les valeurs de b, tirées de cette relation, donnent l'un des profils elliptiques (fig. 69).

Ces pièces prennent une flèche = 1,33, celle de la pièce à section constante.

Fig. 69.

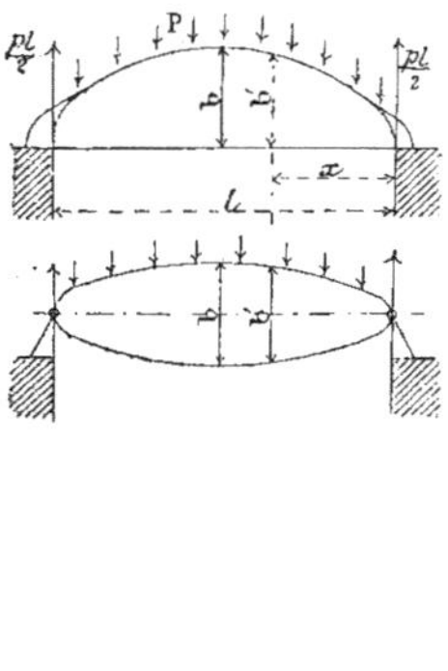

Fig. 70.

A B

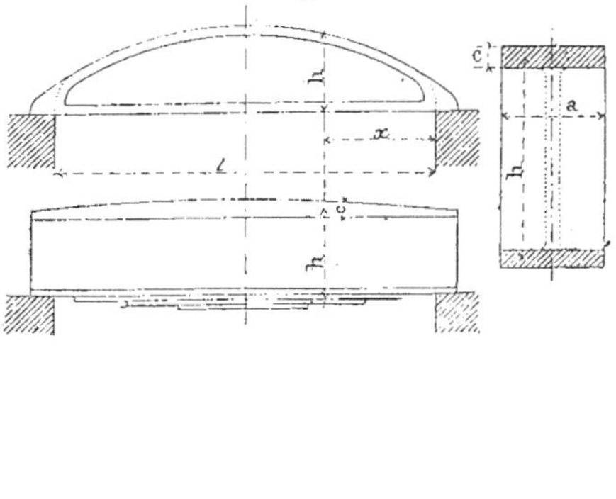

Section ⌶ (fig. 70). — Si la largeur a est constante, on obtient R constant en faisant varier la hauteur h ou l'épaisseur des tables c.

1° *la hauteur h est variable.* On a, en négligeant le moment d'inertie de l'âme (91) :

$$\frac{I}{v} = a\,c\,h, \qquad \text{et par suite} \qquad h = \frac{p}{2R}\,\frac{(lx - x^2)}{ac}.$$

On obtient ainsi une poutre à courbe parabolique (A).

2° *l'épaisseur c est variable.* c étant généralement petit par rapport à h, nous considérons h comme constante. On a alors :

$$c = \frac{p}{2R}\,\frac{(lx - x^2)}{ah}.$$

La construction de cette pièce (fig. B) est plus simple que la précédente, et son poids théorique n'en est que les 2/3 ; elle fléchit moins, puisque v étant plus grand en chaque section, le rayon de courbure est aussi plus grand.

95. Charges communes à deux pièces (fig. 71). — Ces pièces peuvent être en croix ou parallèles, juxtaposées ou superposées.

Soit P + P′ la charge commune { P charge afférente à la pièce ab dont on connaît R, E, I, l.
P′ » » $a'b'$ » R′ E′ I′ l'

Les pièces posées sur deux appuis prendront la même flèche. On a donc (23) :

$$\frac{Pl}{4} = \frac{RI}{v}, \qquad \frac{P'l'}{4} = \frac{R'I'}{v'} \qquad \text{et} \qquad f = \frac{Pl^3}{48\,EI} = \frac{P'l'^3}{48\,E'I'}.$$

D'où on tire :

$$\frac{R}{R'} = \frac{E\,v\,l'^2}{E'\,v'l^2}.$$

Fig. 71.

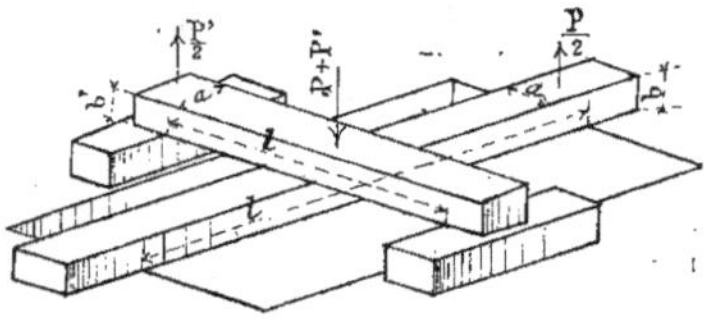

Ce rapport est indépendant des charges et de leur mode de répartition.

Il va nous permettre de proportionner la hauteur des pièces d'après les coefficients E, E′, afin d'obtenir les valeurs maxima de R et R′.

1° *Les deux pièces sont de même matière,* $E = E'$. Il faut alors, pour que $R = R'$, condition qu'exige l'économie de la matière, que l'on ait :

$$v l'^2 = v' l^2 \qquad \text{ou} \qquad \frac{v}{v'} = \frac{l^2}{l'^2}.$$

Ex : Pour $l = 3$, $l' = 2$, on a : $\frac{v}{v'} = \frac{2}{4}$ ou $b = 2{,}25\,b'$.

Si les deux pièces ont même hauteur, $v = v'$, on a : $R' = 2{,}25\,R$.

C'est ce qui a lieu pour les tôles rectangulaires embouties ; les fibres parallèles à la petite largeur l' supportent un effort $R' = 2{,}25\,R$.

2° *Les deux pièces ne sont pas de même matière.* Il faut alors, pour que chaque pièce travaille à son coefficient propre R et R', ce qui est la condition économique, que l'on ait :

$$\frac{v}{v'} = \frac{R\,E' l^2}{R' E\, l'^2}.$$

Fig. 72.

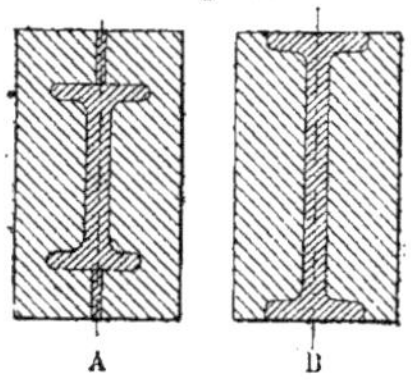

A B

Soit (fig. 72) une pièce de fer $E = 20000$, $R = 8^k$ et $l = 3$.
id. bois $E' = 1200$, $R' = 0,8$ $l = 2$.

On aura : $\frac{v}{v'} = \frac{8 \times 1200 \times 9}{0,8 \times 20000 \times 4} = 1,35.$

C'est-à-dire que la hauteur de la pièce en fer $b = 1,35\ b'$, hauteur de la pièce de bois.

Si $l = l'$, on a : $\frac{v}{v'} = 0,6$ ou $b = 0,6\ b'$.

Si ces proportions ne sont pas obtenues, les deux pièces ne travailleront pas à leur coefficient respectif.

Supposons les hauteurs égales (fig. B), $v = v'$, on a alors :

$$\frac{R}{R'} = \frac{E}{E'} = \frac{20000}{12000} = 16,66,$$

chiffre plus élevé que le rapport des coefficients réels $\frac{R}{R'} = \frac{8}{0,8} = 10.$

Si donc le fer travaille à 8^K, le bois travaillera à $R' = \frac{8}{16.66} = 0^k,48$, au lieu de $0^k,8$ qu'il peut supporter.

On voit que l'assemblage de deux pièces hétérogènes de même hauteur n'est pas rationnel.

CHAPITRE V

MESURE DES COEFFICIENTS DE RÉSISTANCE

MACHINES ET APPAREILS POUR ESSAIS

96. — Les dispositions des machines et leur puissance varient beaucoup. En général, il convient d'employer des machines d'une puissance proportionnée à la résistance des pièces à essayer.

Les petites machines sont à levier, et l'effort est mesuré par des poids ou par une romaine. Dans les deux cas, à chaque addition de poids ou déplacement du curseur, il faut éviter les oscillations. On obtient un effort progressif sans oscillations en remplaçant le plateau à poids par un réservoir dans lequel coule un filet d'eau.

Les machines puissantes de 50 à 100 tonnes sont à pression hydraulique mesurée par une romaine ou par un manomètre.

Appareil Monge (fig. 73-74). — Il se compose d'un levier simple équilibré par un contrepoids. Le poids fixe, qui mesure la charge sur le barreau soumis à l'essai, est formé de rondelles en fonte que l'on superpose jusqu'à la rupture du barreau.

Fig. 73.

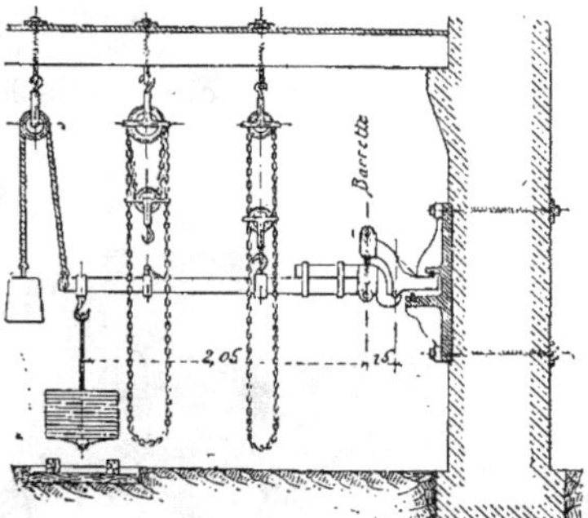

Fig. 74.

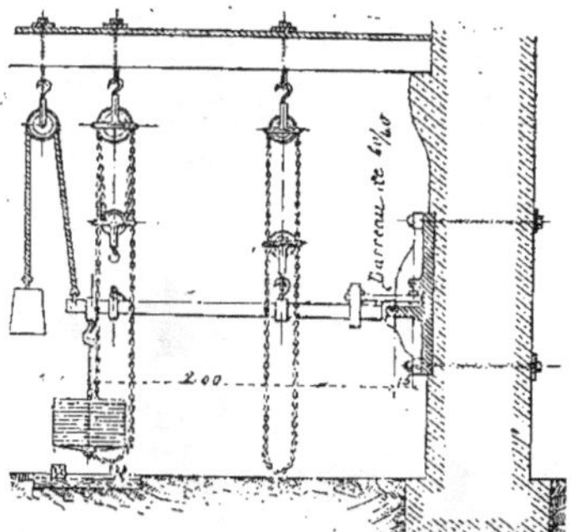

On ne peut évidemment mesurer que la charge de rupture et non les allongements élastiques; aussi cet appareil est-il surtout employé pour l'essai des fontes. La figure

Fig. 75.

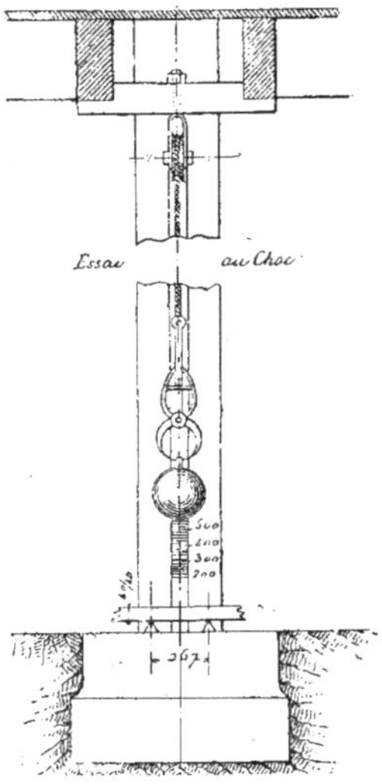

73 indique la disposition pour l'essai à la traction d'un barreau, tandis que la figure 74 représente la disposition pour l'essai à la flexion d'un barreau carré ayant habituellement 40 millimètres de côté.

Appareil d'essai au choc (fig. 75). — Nous le citons ici parce que, comme le précédent, il est surtout employé pour la fonte. Il est disposé pour laisser tomber sur le barreau de fonte un boulet élevé à des hauteurs déterminées. La hauteur de chute qui produit la rupture sert à comparer la résistance entre deux barreaux.

Sur la chabotte ou enclume, sont venus de fonte deux couteaux, espacés de 160 millimètres, sur lesquels on place le barreau, dont le type habituel a 40 millimètres de côté.

La chabotte pèse 300 k. et le boulet 12 k. Plus la chabotte est lourde par rapport au poids du boulet, plus le choc est effectif et moins grande est la hauteur de chute qui produit la rupture.

Machines système Thomasset. — La fig. 76 représente une machine spéciale pour les essais à la flexion des rails ou autres pièces ; elle peut servir aussi pour la compression.

Fig. 76.

A gauche de la figure est le compresseur ou pompe d'injection, sans secousse, dont le piston est conduit par une vis que commande une roue à vis sans fin. La pression est mesurée par un manomètre spécial, à large cuvette, communiquant avec le cylindre de la presse.

Fig. 77.

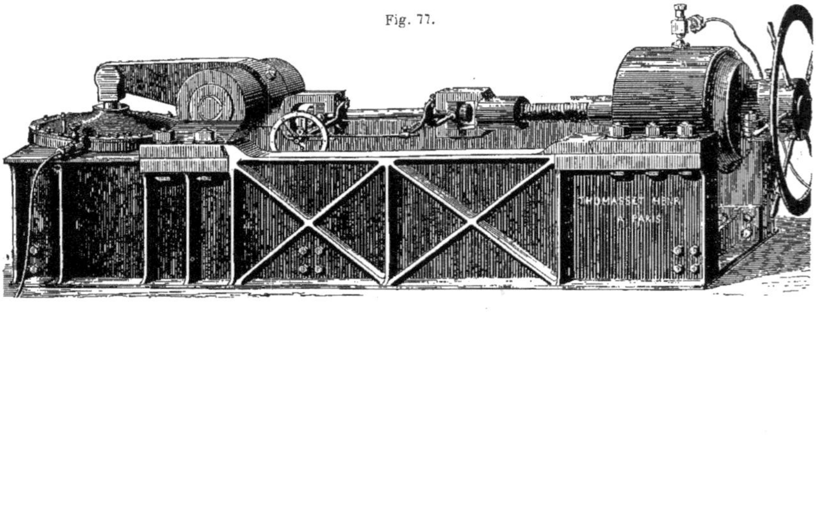

On a ainsi la pression *indiquée*, supérieure à la pression *effective* de tout le frottement de la garniture du piston ; aussi cette disposition n'est-elle admissible que pour des essais comparatifs.

La figure 77 représente la machine de 50 tonnes construite sur les mêmes principes que celle de 100 tonnes (fig. 78). La pièce à essayer est fixée aux griffes M, M. La pression hydraulique, produite par un compresseur ou une pompe ordinaire, s'exerce sur la surface annulaire du piston A. Ce piston suit l'allongement de la pièce.

L'effort total est d'abord réduit par le levier coudé G, dont le grand levier agit sur un plateau C. Ce plateau repose sur une membrane en caoutchouc qui, pincée sur son pourtour, ferme hermétiquement une cuvette D, pleine d'eau et mise en communication avec une colonne de mercure à air libre.

Il résulte de cette disposition du manomètre que l'équilibre s'établit automatiquement. L'effort indiqué, à chaque instant, par la colonne de mercure, est le poids d'un cylindre de mercure ayant pour base le diamètre du plateau C et pour hauteur celle de la colonne de mercure au-dessus du 0.

La position relative du piston A et de sa tige B, que l'on peut changer au moyen de l'écrou d'arrière E, jointe à la longue course du piston, permettent de varier la distance des griffes M, M, suivant la longueur des pièces à essayer, de la quantité X.

Si l'on veut vérifier de temps en temps les indications du manomètre, on munit la machine d'un levier F portant un plateau à poids et agissant à volonté sur le plateau C.

Fig. 78.

Machine d'essai de 100 tonnes. Système Thomasset.

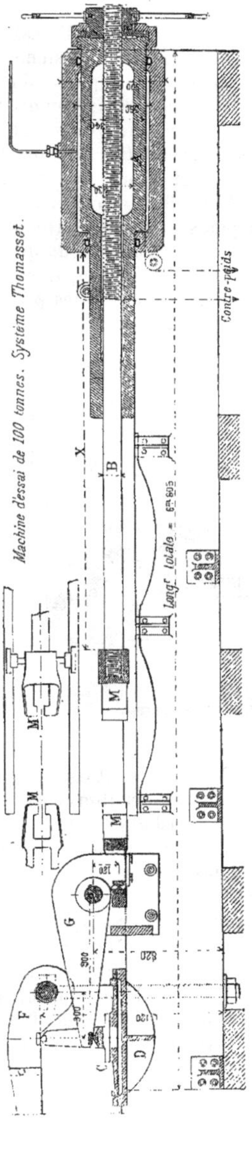

Machine de l'Ecole des Ingénieurs de Turin (fig. 79). — La pression est produite par le système bien connu qui consiste dans l'introduction d'un cordage dans une capacité pleine d'eau située à l'arrière du piston A de la presse

La pièce à essayer est fixée aux chapes M, M, dont l'écartement est réglé par la vis du plateau B. L'effort total que supporte la pièce est d'abord réduit par le levier E, puis mesuré par la romaine F, sur laquelle le curseur G est déplacé au moyen d'un cordage et d'une roue à main *a*. Cette roue *a* est placé près de l'articulation de la romaine, afin d'atténuer les oscillations résultant de l'action de la main de l'opérateur. Un poids additionnel H, correspondant à un effort constant, permet de mesurer des efforts supérieurs à ceux qu'indique l'échelle de la romaine.

Cette disposition, très ramassée, rend l'accès des attaches M, M moins commode que dans les machines précédentes, et la longueur des pièces à essayer est beaucoup plus limitée.

Fig. 79.

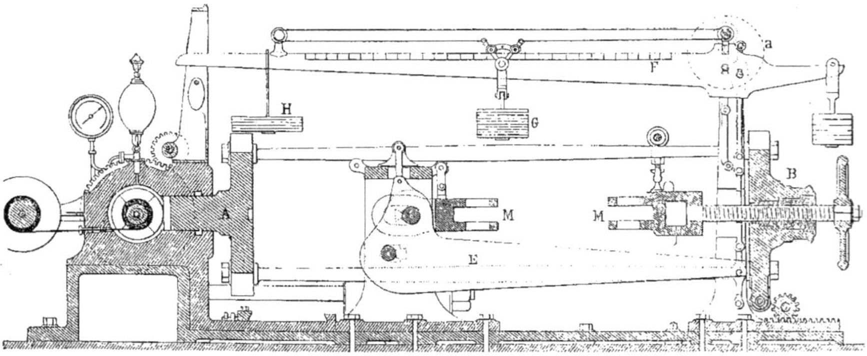

Machine d'essai à la torsion du professeur Thurston (fig. 80). — Nous l'empruntons à la brochure de la Compagnie des Forges Barnum Richardson, à Salisbury, E.-U.-A. (Exposition 1878.)

Le barreau d'essai, ayant les dimensions de la fig. (A), est placé dans les rainures des têtes des axes *a*, *b* ; il s'y trouve centré par deux pointeaux intérieurs à ressort.

L'axe *a* fait corps avec le levier du poids P, tandis que l'axe *b* est calé sur la roue à vis sans fin *c*. Si l'on fait tourner cet axe *b*, la résistance du barreau fera aussi tourner le poids P. Mais le moment résistant P*p* croît avec l'angle de torsion et bientôt il y a équilibre ; alors, si le mouvement continue, le barreau se tord.

L'appareil trace lui-même la courbe de relation entre l'effort tangentiel et l'angle ou arc de torsion. A cet effet, un levier à fourchette *e*, relié au levier du poids P, porte un crayon *d*. La queue supérieure de ce levier *e* s'appuie constamment, suivant le sens du mouvement, sur l'une des courbes taillées dans le cylindre fixe *g*; et ainsi le crayon trace sur le papier qui recouvre le cylindre *h*, mobile avec l'axe *b*, une courbe dont les abscisses sont proportionnelles à l'arc ou angle de torsion, et les ordonnées proportionnelles au moment P*p* ou à l'effort tangentiel.

Si la résistance du barreau était absolue, il n'y aurait pas de torsion et le crayon tracerait une ordonnée.

On détermine une fois pour toutes l'échelle de l'appareil ou le moment P*p* qui correspond à une ordonnée de 1 millimètre; et en nous reportant aux formules de la torsion (8, chap. I), le calcul des coefficients n'offrira aucune difficulté.

Fig. 80.

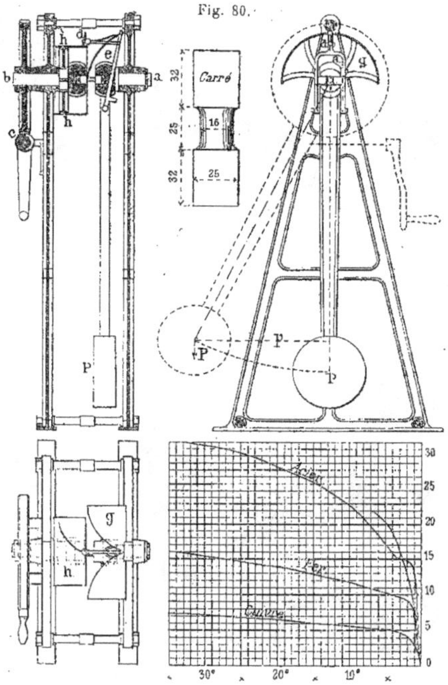

97. Attaches des barreaux ou pièces. — Elles varient évidemment suivant la forme des griffes M, M des machines et celles des pièces à essayer; mais il faut toujours que l'axe du barreau soit exactement dans l'axe de la machine.

La disposition fig. 81 s'adapte aux griffes des machines Thomasset. Elle consiste en un bloc A ajusté entre ces griffes sur lesquelles il repose librement; il est percé d'un trou conique correspondant à l'axe de la machine. Deux coins coniques en acier trempé C, C laissent entre eux un trou carré dont les faces taillées pincent la tige que l'on veut essayer. Ainsi la traction ne fait qu'accroître le serrage des coins contre la tige. On peut donc essayer des tiges de métal, rondes ou carrées, telles que les livre le commerce.

En faisant que les coins se touchent sans serrer la tige, mais sans lui laisser trop de jeu, cette disposition permet d'essayer des barreaux à tête, des boulons, etc., etc.

Fig. 81.

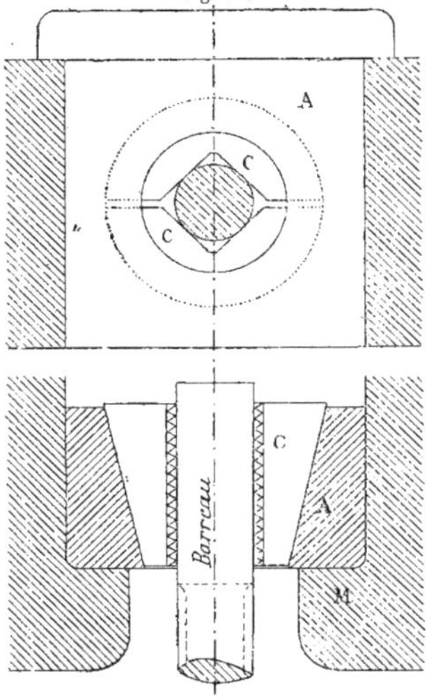

La disposition fig. 82 permet, sur une machine à traction, de comprimer un échantillon X. La lentille mobile C a pour effet de rendre l'effort bien normal aux surfaces pressées. On trouvera toujours moyen d'assembler les articulations A et B aux griffes M, M de la machine, quelles qu'elles soient.

Fig. 82.

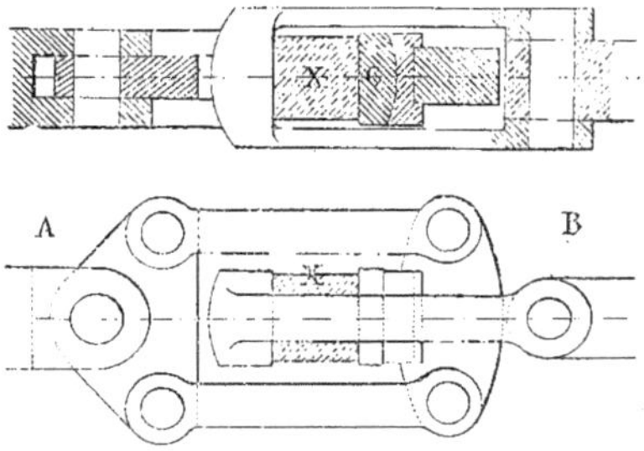

98. Mesure des déformations. — On trace sur le barreau (fig. 86) deux repères (traits de lime ou coups de pointeau) qui déterminent la longueur utile *e*. Si on ne veut mesurer que les allongements sensibles ou simplement l'allongement total de rupture, le compas ou le pied à coulisse suffisent. Pour les besoins de la pratique, il suffit souvent de mesurer les déformations à 1 millimètre près, ce qui, pour un barreau de $l = 200$ millimètres, correspond à 0,5 0/0. Mais, pour mesurer les allongements élastiques, il faut employer un appareil plus précis. On a employé souvent en France le cathétomètre, décrit en physique, qui donne 1/1000ᵉ de millimètre. Mais on peut se demander si un tel appareil n'est pas plus rigoureux que la machine d'essai elle-même.

Appareil Thomasset (fig. 83). — Pour mesurer des allongements, on emploie deux pinces, B, C, que l'on fixe sur les repères du barreau A. La pince B porte un cadran et

Fig. 83.

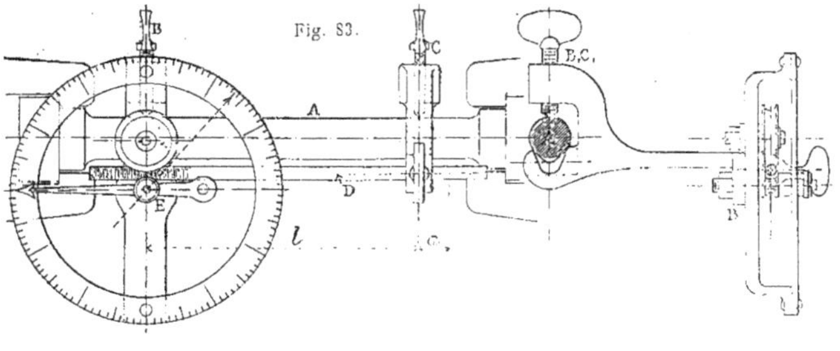

la pince C porte une tige D qui commande le pignon porte-aiguille E. On voit de suite que l'allongement *a* sera amplifié par l'aiguille dans le rapport du diamètre du pignon E à celui du cadran B.

Ce rapport est habituellement 1/5 ou 1/10.

En modifiant les pinces d'attache B et C, on peut adapter cet appareil à la mesure des flexions ou des compressions.

Appareil Bauschinger. — Cet appareil, que nous supposons appliqué à la flexion (fig. 88), est analogue au précédent et peut aussi être disposé pour mesurer des allongements ou des compressions.

Un étrier *a* est fixé au barreau par deux vis qui doivent concorder avec l'axe des fibres neutres. Une tige *b*, reliée à cet étrier, repose de tout son poids sur un petit cylindre *c*, en caoutchouc durci, monté sur l'axe d'une aiguille équilibrée. Une douille *d*, assujettie sur un axe fixe, porte un arc divisé et l'aiguille. Le rapport du rayon du pignon *c* au rayon de l'aiguille est de 1 à 50.

On trouvera au chap. IX la description de l'appareil employé par M. Bouscaren pour mesurer la compression des colonnes en fer; nous n'y reviendrons donc pas ici.

MARCHE D'UN ESSAI

99. Nous avons vu (14) quel est l'effet des charges et décharges successives. Il faut donc, dans un essai quelconque, que l'effort soit continu jusqu'à la rupture. En relevant, à des intervalles assez rapprochés, surtout pendant la *période élastique*, les déformations correspondantes aux charges, on pourra tracer (fig. 85) la ligne de relation *o a c r*.

Fig. 84.

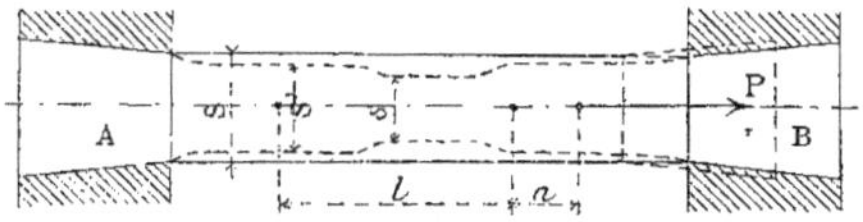

Essai de traction. — A mesure que l'allongement se produit, le volume du barreau restant le même, sa section diminue; on a $S' < S$ (fig. 84). Si donc on voulait opérer rigoureusement et mesurer cette section sous chaque charge, on obtiendrait évidemment des valeurs de R plus élevés que les précédentes, et la courbe deviendrait *o a k*. En pratique, il suffit de rapporter R à la section primitive, puisque c'est le calcul de cette section qu'on se propose.

Dès que la charge maximum R_r correspondant à la fin de la 2ᵉ période, dite de *déformation*, est dépassée, on entre

Fig. 85.

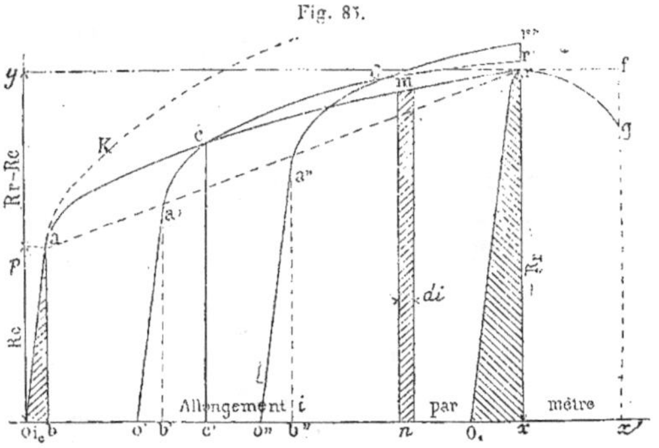

dans la 3e période, dite de *striction*. Cette striction se produit en un point quelconque du barreau et précède immédiatement la rupture; elle donne lieu à un *allongement de striction* (1). On conçoit que dans la section $s < S'$ la charge R, par unité de section, diminue, et si l'on opère avec une machine automatique (système Thomasset), on obtient la courbe de relation rg, au lieu de la ligne droite rf qu'indiquerait une machine à poids ou à romaine.

Si la déformation est rapide, elle engendre dans la striction un échauffement sensible.

Essai de flexion. — De même que pour la traction, on trace deux repères A, B, correspondant aux appuis. On mesure les flèches de courbure pendant la période élastique à l'aide d'un appareil multiplicateur. Au delà de cette période et jusqu'à la rupture, on peut se contenter de mesurer les flèches directement, au compas ou au mètre.

Fig. 86.

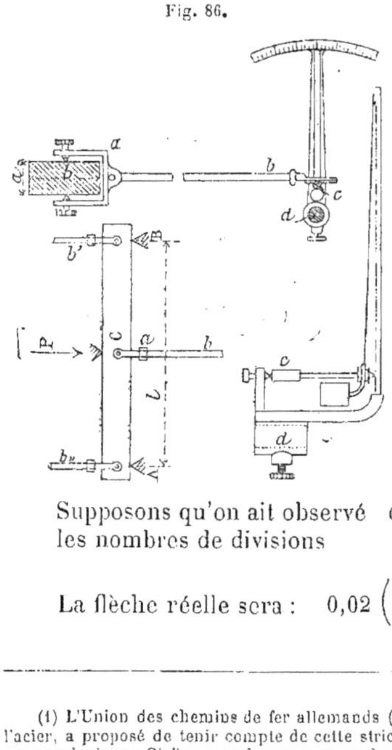

Si l'on veut tenir compte du déplacement des repères A et B résultant de la courbure de la pièce, on placera (fig. 86) un appareil en chacun des points AB et C pris sur la ligne des fibres neutres.

Admettons qu'on ait adopté l'appareil Bauschinger, précédemment décrit, et que les divisions de l'arc soient de 1 millimètre. Chacune représente donc une déformation de $1 : 50 = 0^{mm},02$. Si, de plus, l'aiguille porte un vernier au 1 : 10, chaque fraction de division représentera 1 : 500 de millimètre.

Supposons qu'on ait observé	en C,	en A,	en B,
les nombres de divisions	165,5	146,5	0,545.

$$\text{La flèche réelle sera : } 0,02\left(165,5 - \frac{146,5 - 0,545}{2}\right) = 1^{mm},3.$$

(1) L'Union des chemins de fer allemands (Verein), dès 1876, après une enquête sur les propriétés du fer et de l'acier, a proposé de tenir compte de cette striction pour établir la caractéristique de la qualité de ces métaux. Voici ses conclusions : *Si l'on prend pour mesure de résistance à la traction, la tension de rupture en kilog. par centim. carré, et pour mesure de la malléabilité la striction de la section de rupture, en centièmes de la section primitive, la somme de ces deux quantités est la caractéristique de la qualité de la matière.*

S étant la section primitive, s la section après rupture, on a : $S - s = n\dfrac{S}{100}$. D'où $n = 100\,\dfrac{S - s}{S}$.

n est le coefficient de striction qu'il faut ajouter à la tension de rupture pour avoir la caractéristique de qualité.

Ex. — Un acier rompant à 40 k a donné (striction) : $n = 45$. . . . . . . caract. = 85.
id. à 60 k id. $n = 25$. . . . . . . caract. = 85.

Ces deux aciers seraient de qualité équivalente.

M. Considère, dans un mémoire publié par les *Annales des Ponts et Chaussées*, 1886, a établi que cet allongement de striction pouvait, mieux que l'allongement total, servir de critérium pour la classification des métaux.

Pour chaque flèche, on observe la charge P et on calcule la valeur correspondante de R par la relation

$$R = \frac{v}{I}\frac{Pl}{4}, \quad \text{soit, pour section rectangulaire,} \quad R = 1,5\,\frac{Pl}{ab^2}.$$

On tracera, comme pour la traction, la courbe de relation en portant les flèches comme abscisses et les R en ordonnées.

Le point où la ligne de relation cesse d'être droite correspond à la limite d'élasticité, et la valeur de E est (23) :

$$E = \frac{Pl^3}{48\,If}, \quad \text{soit, pour section rectangulaire,} \quad E = \frac{Pl^3}{4ab^3 f}.$$

CAUSES QUI INFLUENT SUR UN ESSAI

100. Préparation des barreaux.— La détermination d'un coefficient doit être la moyenne de plusieurs essais faits sur des barreaux exactement calibrés, tirés de la même pièce, ou de pièces bien identiques, présentant le même état physique.

Les barreaux pris dans des barres sont à tête ou sans tête (fig. 84 ou 81). Ceux pris dans des tôles sont à section rectangulaire (fig. 87) et fixés aux chapes des machines par deux broches. Enfin, ceux en fonte (fig. 88) doivent provenir de la même poche ou creuset et être coulés debout, avec masselotte, dans des moules étuvés.

Fig. 87.

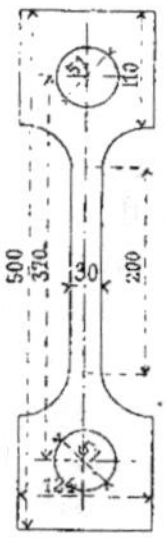

Fig. 88.

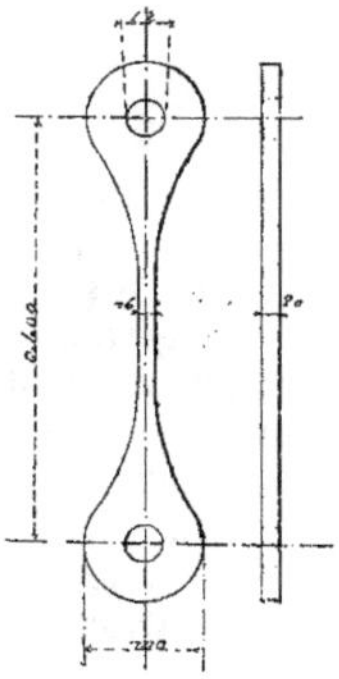

Pour de grosses pièces ou lingots dans lesquels on ne peut découper des barreaux, on fait un emprunt, que l'on forge aux dimensions voulues. Mais comme le forgeage modifie les conditions de résistance du métal, cette pratique n'est admissible que pour des essais comparatifs.

Pour un même métal, les résultats varient suivant : 1° la résistance des repères aux têtes des barreaux; 2° le rapport de la longueur à la section ou de $l : d$; 3° la forme de la section, le mode d'application de la charge, la durée de l'essai, la température.

Il en résulte que deux essais ne sont comparables qu'autant qu'ils ont été faits dans des conditions identiques, sur la même machine et par le même expérimentateur.

Aussi chaque administration détermine-t-elle, en détail, les conditions des essais de réception qu'elle exige.

Malheureusement la variété des proportions adoptées pour les barreaux d'essai rend impossible la comparaison des résultats obtenus.

Nous allons, pour l'acier, justifier des influences indiquées ci-dessus en nous reportant aux essais faits au Creusot, et dont M. Barba a rendu compte (1).

101. Influence des tôles et du rapport $l:d$ sur l'allongement.— Considérons un barreau cylindrique A B (fig. 89) sans tête et soumis à la traction. Après allongement, ce barreau sera devenu $a\,b$, son volume restant constant. Mais, si le barreau porte une tête, il est clair qu'elle se raccordera avec le barreau déformé; sa nouvelle forme sera $A\,c\,b'$, et l'allongement sera évidemment réduit de $b\,b'$ par la présence de la tête.

Fig. 89.

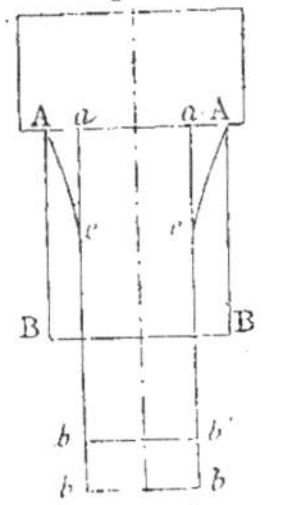

Pour vérifier et mesurer cette influence, on a mesuré les allongements : 1° sur des longueurs l variant de 50 à 500 millimètres, prises sur un même barreau; 2° sur 10 barreaux séparés de longueurs variant de 50 à 500 millimètres entre repères, avec une distance constante des têtes aux repères.

Ces barreaux, en acier, avaient $d = 17^{mm},2$. Ils ont donné : $R_e = 23^k,7$ et $R_2 = 37$ k. Le tableau suivant résume quelques-uns des résultats extrêmes.

Fig. 90.

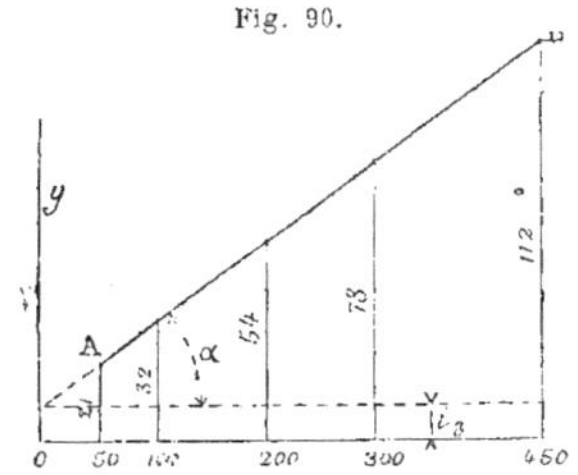

			50	100	200	300	450
Longueurs l			50	100	200	300	450
Rapport $\frac{l}{d}$			3	6	12	18	27
Allongements sur	barreau unique.	Totaux	25,4	40	66	88	116
		pour cent °/₀.	50,8	40	33	29,5	25,8
	10 barreaux isolés.	Totaux a	21	32	54	78	112
		pour cent °/₀.	42	32	27	26	24.9
Différences sur allongements °/₀.			8,8	8	6	3,5	0,9

Les premiers allongements 0/0 correspondant à des repères plus éloignés des têtes, sont plus grands que les derniers de 8,8 à 0,9 0/0. Dans les deux séries d'essais, les allongements 0/0 diminuent à mesure que le rapport $l:d$ augmente.

Représentation graphique (fig. 90). Si on porte en abscisses les l et en ordonnées les allongements totaux a sur barreaux isolés, on obtient la ligne de relation AB, qui est sensiblement droite. Donc, avant striction, l'allongement 0/0 = tang. α est constant, et l'allongement total = tang. $\alpha \times l$ est proportionnel à l.

En prolongeant AB, on obtient sur oy la hauteur i_s, qui représente l'allongement constant de striction.

On voit clairement que l'influence de i_s sur l'allongement 0/0 diminue à mesure que l augmente, d étant constant, ou à mesure que $l:d$ augmente.

102. Loi de similitude.— Les barreaux dont les dimensions homologues sont proportionnelles donnent à la traction des résultats sensiblement égaux.

(1) *Bulletin de la Société des Ingénieurs civils*, 1880.

En conséquence de cette loi et de la variation des dimensions des barreaux qu'imposent les dimensions des pièces soumises aux essais de réception (quand on ne veut pas forger l'échantillon), certaines administrations ont adopté pour $l : d$ un rapport constant.

Le barreau type du Creusot est $d = 16$ mm; sa section S = 200 et $l = 100$.

D'où $l : d = 6,25$ et $l^2 : S = 50$.

Le barreau type de P. L. M est $d = 25$ mm 2; S = 500 $l = 200$.

D'où $l : d = 8$ et $l^2 : S = 80$.

Cette loi de similitude, déjà énoncée par MM. Marié et Lebasteur, pour barreaux cylindriques, a été vérifiée par M. Barba pour des barreaux rectangulaires.

Il reste à désirer que l'entente se fasse pour l'adoption de barreaux types qui rendraient plus comparables les essais faits par les diverses compagnies ou administrations.

103. Influences diverses. — Les autres causes qui influent sur les résultats des essais, et dont nous citons ici les principales, ne présentent pas une constance assez grande pour qu'on puisse en tirer des lois absolues. Les chiffres ci-dessous ne donnent donc qu'une indication générale.

Section	R_e	R_r	Allongement total	
			sur 50 m/m	s. 100 m/m
ronde	25,3	41,5	23,5	32,7
carrée	25,7	41,7	24.7	33,7
rectangulaire	24.6	39,6	26,7	36

L'influence de la forme de la section ressort du tableau ci-contre. La surface des sections était la même.

Nous retrouverons cette influence dans les essais de Reschitza (Chap. VI).

L'influence du rapport de la largeur à l'épaisseur dans les barreaux rectangulaires ressort des chiffres ci-contre. L'allongement 0/0 est ici maximum pour largeur = 10 épaisseurs.

Épaisseur	Largeur	R_e	R_r	All. %
	20	28,6	42,7	29,5
10	60	26,9	41,3	35
	100	27,6	40,2	40

D'autres essais ont donné ce maximum pour largeur = 6 épaisseurs. Quoiqu'il

Fig. 91.

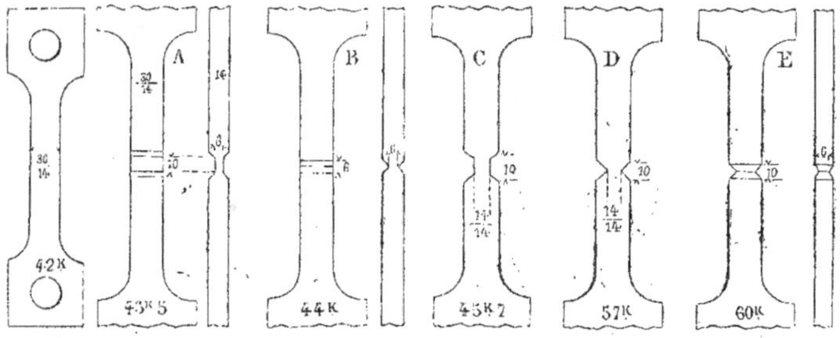

en soit, il en résulte que les barreaux d'essai à section rectangulaire devraient avoir un rapport constant entre ces deux dimensions.

L'influence des entailles ressort des chiffres de rupture de la fig. 91. On voit que le coefficient de rupture R_r s'élève à mesure que la forme de l'entaille diminue l'allongement.

Quant à l'*influence du temps*, elle n'est sensible que si on opère très rapidement ou très lentement. En pratique on opère toujours assez lentement pour ne pas avoir à en tenir compte.

Influence du laminage. — M. Lebasteur a obtenu, pour des barreaux découpés en divers sens dans la même tôle (fig. 92), les charges de rupture et allongements 0/0 indiqués sur la figure. On remarque que les charges croissent du centre au bord de la tôle pour les barreaux coupés dans le sens du laminage, parce que les bords subissent le maximum d'étirage.

Fig. 92.

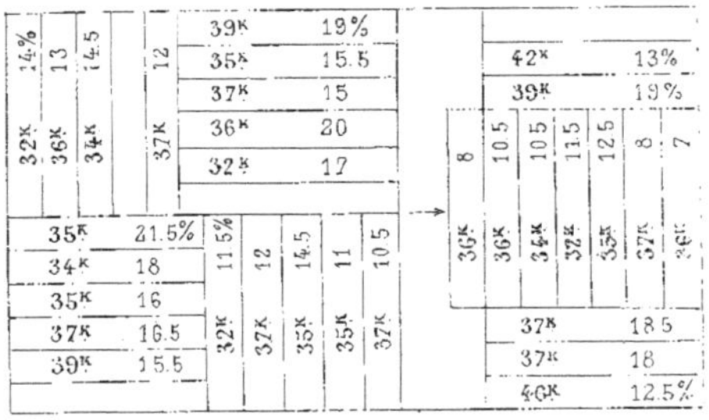

Résumé. — Il résulte de ce qui précède qu'on ne peut obtenir des coefficients absolus, et les coefficients obtenus ne sont comparables, comme nous l'avons dit, qu'autant que les conditions des essais sont identiques. Il est donc indispensable de mentionner, à côté de tout coefficient, toutes les conditions de l'essai, surtout celles relatives à la préparation des barreaux et leurs dimensions.

CHAPITRE VI

CONDITIONS DE RÉSISTANCE DES MATÉRIAUX

DU FER.

104. Généralités. — Le fer est le métal primitif, base de la fonte et de l'acier; il est malléable, ductile, tenace; il fond à 1600° et se soude à lui-même à la température dite *blanc soudant*. On l'obtient par les méthodes suivantes :

Méthode Catalane. — C'est la plus ancienne et elle est à peu près abandonnée aujourd'hui. Elle consiste à traiter, dans un bas foyer, certains minerais ou oxydes riches au contact du charbon de bois. On a le *fer naturel*.

Dans les méthodes qui suivent, les minerais de toute nature sont d'abord traités au haut fourneau et transformés en *fonte* ou carbure de fer que l'on décarbure ensuite. Suivant que le combustible employé est le charbon de bois ou le coke, on a la fonte et, par suite, le fer dit au bois ou au coke.

Affinage au bas foyer ou feu Comtois. — Il consiste à décarburer et épurer la fonte en la refondant en présence de charbon de bois et par une insufflation d'air. *La méthode de Lancashire*, encore usitée en Suède pour les fers destinés à la cémentation, n'en est qu'une variante.

Puddlage (Angl. *to puddle*, gâcher, remuer). — C'est le procédé le plus important; il consiste à décarburer et épurer la fonte sur la sole fixe ou mobile d'un four dit *à puddler*, chauffé à la houille ou aux gaz. Ce procédé fut inventé, à la fin du siècle dernier, par l'anglais H. Cort, pour suppléer à l'insuffisance du charbon de bois qu'exigeait l'affinage au bas foyer.

La qualité du fer, sa texture à grain ou à nerf dépendent de celle de la fonte, de l'allure plus ou moins chaude du four et surtout du savoir-faire du puddleur.

La loupe résultant du puddlage est cinglée au marteau-pilon pour en expulser les scories et souder ensemble les parties ferreuses; puis, après réchauffage, elle est laminée et donne ainsi le *fer ébauché*.

Les scories restant dans la loupe (4 à 5 0/0) sont donc laminées avec le fer.

Ce fer étant de qualité très variable, on en forme des paquets qui, chauffés au blanc, soudés et laminés, donnent le *fer de qualité* ou *corroyé*, dont on fait les fers et tôles ordinaires du commerce.

C'est le *fer soudé*, différent du *fer fondu*, que donnent les méthodes actuelles.

Les corps étrangers modifient les qualités du fer, diminuent sa malléabilité ; ils proviennent du minerai ou du combustible employé dans le haut fourneau. De là, la supériorité des fers au bois.

Le *Carbone*, jusqu'à la teneur de 3 0/0, rend le fer plus dur et la trempe accroît légèrement sa résistance.

Le *Manganèse* s'allie au fer surtout en présence du carbone. La dureté qu'il lui communique est moindre que celle due au carbone, mais ces deux duretés s'ajoutent. Il neutralise l'effet du phosphore.

Le *Soufre* rend le fer rouverain, plus résistant à froid, mais insoudable et cassant à chaud (360°).

Le *Phosphore* rend le fer mou et malléable à chaud, ductile et résistant, mais cassant à froid ; de là la nécessité des essais de pliage ou de choc.

L'*Arsenic* durcit le fer et le rend insoudable.

Le *Cuivre* rend le fer rouverain, mais moins que le soufre; il suffit pour s'en convaincre de jeter un peu de brasure dans un feu de forge.

Le *Silicium* agit à chaud comme le soufre, mais à froid il diminue la ténacité et la ductilité du fer.

105. Conditions de résistance. Classement.— La résistance du fer croît, suivant le nombre de corroyages et le degré de l'étirage, à peu près comme suit :

État du fer.	Ébauché.	1er corroyage.	2e corroyage.	3e corroyage	Fil recuit et feuillard.	Fil écroui.
Coeff. de rupture	15^k à 18^k	25 à 30	30 à 35	35 à 40	45 à 50	60 à 80

D'après M. Kirkaldy, la résistance du fer croît jusqu'au 6e corroyage.

Nombre de corroyages.	1	3 — 4	6	7	12
Coefficient de rupture	30	41	43	41	30

Dans les limites de résistance ci-dessus, les forges distinguent 4 à 8 classes de fers.

Voici le classement et les résultats d'essais sur les fers et tôles de trois forges :

Fers des forges de Champagne	Nos	2	3	4	5		6	8	cor-royé
		au coke	mixte	au bois			à grain fin		
				ordin.	super.	cor-royé	ordin.	super.	super.
	Rupt. Rr.	36.7	39.8	40.2	40	39	40	40	42
	Allong. °/o	6.7	8	10.5	13	22	18	22	25

		NUMÉROS	1	2	3	4	5	6	7
LE CREUSOT	FERS barreau d = 16 b = 100	Rupture R^r	31	37.8	38	38.5	38.6	38.75	39
		Allongement °/₀ . . .	10	15	18	21	25	29	34
		Coefficient de qualité à chaud (1)	40	50	60	70	80	90	100
	TÔLES	Emploi	pour bacs	constr. commune	Catégories de la Marine: améliorée	ordin.	super.	fines	
		R^r	33	33.7	34.7	34.8	35.6	36.7	
		All.	6.5	10	14.6	18	22	26	

Voici les conditions d'emploi et de résistance des fers et tôles de Terrenoire divisés en 4 catégories, suivant la classification adoptée par les chemins de fer, la marine et l'artillerie.

Fers ordinaires. — Qualité employée surtout à froid, pour bandages de roues, serrurerie, tôles et profilés.

Fers forts. — Fers à cheval, serrurerie difficile, rivets de ponts, tôles et profilés.

Fers supérieurs. — S'emploient à chaud et à froid pour chaînes, rivets de chaudières, tôles et profilés.

Fers fins. — Arbres de marine, tôles fines pour foyers. Cette qualité ne se lamine pas en profilés.

Les dimensions des barreaux pour les tôles sont celles de la marine (chap. VII).

FERS ET TOLES DE TERRENOIRE										
Catégorie	Barreau d = 20 l = 200			Lim. d'Elast. R^e		Rupture R^r		Allong. °/₀		Catégories et n^os de la Marine
	R^e	R^r	All. °/₀	en long	travers	long	travers	long	travers	
Ordinaire . . .	21.5	29	16	23.7	22.7	29.5	29.2	5.2	5.2	Commune améliorée 1
Fort	21.8	33.5	21	23.7	23.6	33	32.6	9	7.2	Ordinaire 2
Fort supér. . .	20	34.3	25	22.3	22.7	33.8	33.8	15	13.5	Supérieure 3
Fin	19.2	37.8	26	25	21.7	36	34.8	15	15.5	Fines 4

Ces chiffres font voir que la résistance du fer à la rupture varie de 30 à 40 kg. En même temps l'allongement varie de 6 à 25 0/0 (2), tandis que pour l'acier l'allongement diminue à mesure que la résistance augmente.

Les fers de première qualité sont évidemment ceux qui offrent la résistance vive maximum, c'est-à-dire le coefficient maximum de rupture joint au maximum d'allongement.

Les tôles présentent en général, par suite du laminage, un allongement moindre que les fers en barres.

(1) Nous indiquons au chapitre VII comment sont déterminés ces coefficients de qualités à chaud.

(2) Dans tous les tableaux, les allongements sont exprimés en centièmes (0/0) de la longueur primitive ; ils représentent donc des centimètres par mètre, et il faudrait les diviser par 100 pour avoir l'allongement i en même unité que l.

En résumé, d'après ces essais et d'autres que nous ne reproduisons pas; voici les conditions maximum de résistance à la traction que garantissent les usines pour une division des fers et tôles en 6 classes.

Afin de ne pas reproduire ce tableau au chap. VII, nous y avons joint les angles de pliage auxquels on peut soumettre les tôles de chaque catégorie, suivant leur épaisseur et le sens du laminage.

CONDITIONS MINIMUM DE RÉSISTANCE DES FERS ET TÔLES.

		2		3		4		5		6		7	
	N° de classe	2		3		4		5		6		7	
FERS	Rupture R_r	32		34		35		36		37		38	
FERS	Allongement 0/0	6		10		12		15		18		20	
TOLES	Sens du laminage	long.	trav.	*l*	*t*	*l*	*t*	*l*	*t*	*l*	*t*	*l*	*t*
TOLES Epaisses	R_r	32	27	33		34	29	35	30	36	32	37	34
TOLES Epaisses	Allongement 0/0	5	2,5	7	4	10	8	13	10	16	12	20	12
TOLES minces	R_r	32	27	32	28	33	29	34	30	35	31	25	33
TOLES minces	Allongement 0/0	4	2	6	3	8	5	10	7	13	10	16	12
Angles de pliage pour épaisseurs	5 m/m	80°	50°	90°	62°	100°	74°	115°	91°	130°	108°	140°	120°
Angles de pliage pour épaisseurs	10 —	40	20	60	41	80	62	100	83	120	104	130	115
Angles de pliage pour épaisseurs	15 —	20	10	40	30	60	50	80	70	100	90	120	110

Les variations que présentent ces coefficients suivant le sens du laminage dépendent beaucoup du mode de fabrication, du rapport de la longueur à la largeur de la tôle.

106. Fers au bois de Reschitza (Hongrie).

— La Société autrichienne des chemins de fer de l'Etat (Staatbahn) a fait exécuter, par le professeur Bauschinger, à l'occasion de l'exposition de 1878, une série complète d'essais sur les fers, aciers et fontes de son usine de Reschitza.

Nous extrayons de la brochure qui contient le détail de ces essais les chiffres relatifs aux fers. Nous citerons à leur place les autres essais.

ESSAIS DES FERS AU BOIS PUDDLÉS, DE RESCHITZA (HONGRIE).

			Traction				Compression				Flexion				Torsion			
Dimension des barreaux			Rond 25, carré 80 × 20 Long. entre rep. 150 tot. 408				Rond 35 × 100, carré 30 × 90 Rapport $l:d = 3$				Rond 170, carré 140 × 40 Portée 1m et 1m,10				Rond 100, carré 100 × 100 Long. entre rep. 400			
	carbone	section	E	R_e	R_r	all. 0/0	E	R_c	fort écras.	pas brisés	E	R_e	R_r max.		G	R_e	R_r	torsion en degrés
Fers puddlés	à nerf 0,1237	carré.	21180	11,8	40	29	21300	14,4	39	73	20140	9	50	pas rompus	7120	7	43	251°
Fers puddlés	à nerf 0,1237	rond.	22130	10,7	37	21	22300	14,6	48	89	20800	12	70	pas rompus	8890	7	37	328
Fers puddlés	à grain 0,317	carré.	19720	8,7	51	16	22800	6,13	50	100	20670	15	75	pas rompus	7870	6,33	43,7	160
Fers puddlés	à grain 0,317	rond.	20550	11,6	41	27	19860	5,25	55	100	20310	13.7	70	pas rompus	8730	7	34,6	126

Ces chiffres présentent quelques anomalies que l'auteur n'a pas expliquées.

Traction. — Les barreaux ronds (25 mm.) ont été tournés dans des barres laminées à 60 mm. ; les barreaux méplats (80 × 20) ont été rabotés dans des barres laminées à 110 × 30.

La section rectangulaire a donné des valeurs de R_r plus élevées que la section ronde. Les limites d'élasticité R_e, plus faibles que celles observées à Terrenoire, résultent de la ductilité du fer, mais aussi, croyons-nous, du mode d'opérer. Les allongements présentent quelques anomalies.

Compression. — La section ronde présente la résistance maximum, en ne considérant que le commencement du grand écrasement (1). L'écrasement complet n'a pas été obtenu par suite de la malléabilité du fer.

Flexion. — La limite d'élasticité est en général plus élevée que pour la traction. La rupture n'a pas eu lieu par suite de la grande malléabilité du fer. Les valeurs de R_r calculées par la relation $R = \frac{v\mu}{I}$, n'ont aucune signification, puisque la limite d'élasticité était dépassée.

Torsion. — Les valeurs de R_r sont plus grandes pour la section carrée que pour la section ronde, tandis que les valeurs de G sont plus constantes et plus élevées pour la section ronde que pour la section carrée, ce qui confirme que la théorie n'est exacte que pour les sections rondes, comme nous l'avons dit (8).

Résumé. — D'après ces essais, la valeur moyenne de E par millim. carré est un peu supérieure à 20,000, chiffre généralement admis.

Enfin, pour le fer, le coefficient de rupture R_r est sensiblement constant, quel que soit le genre d'effort. On pourra donc prendre le coefficient pratique R également constant.

107. Fer étiré à froid (2). — Cet étirage se fait au laminoir (*cold rolling*) ou à la filière (*cold drawing*), pour les profils, bandages de roues ou tiges rondes. Ces dernières sont assez exactes et polies pour fournir des arbres de transmission (*cold schating*), des tiges de piston, etc., etc. La surface du fer est brillante, exempte d'écailles d'oxyde, et le tournage use moins les outils.

Les compressions successives que subit le métal, en réduisant sa section, le rendent plus dense, plus dur, diminuent sa ductilité mais augmentent sa résistance ; de là l'économie de son emploi.

Nous avons traduit en mesures métriques les résultats des essais publiés en 1878, par M. Thurston, et que la *Revue Universelle* a publiés en mesures anglaises.

(1). Le chiffre de 25 kil. pour l'écrasement du fer, rapporté par Morin, sans justification, et souvent répété depuis, n'est donc pas exact. Nous verrons, en parlant des colonnes, que ce chiffre 25 kil. ne s'applique qu'aux piliers formés de tôles rivées et non au fer en barres.

(2) *L'Industrie sidérurgique aux Etats-Unis*, note de M. Fresnon, ingénieur honoraire des mines de Belgique. — *Revue universelle*. Cuyper, 1885.

Il est regrettable que l'auteur ait conservé dans sa traduction les mesures anglaises.

	FERS LAMINÉS A CHAUD ORD^{re}				FERS ÉTIRÉS A FROID			
	Diam.	R	R_r	All. %	Diam.	R_e	R_r	All. %
Non Tournés	65	13	21	26	62	27	30	2.75
	53	12.8	22	24	50	26	30.7	6.6
	17	13.2	22.8	19	16	28.9	33.4	4.5
Fers laminés ou étirés à 51^{mm} puis tournés aux diamètres ci-contre.	44	14	22	30	44	29	30	6
	38	15	22.4	25.7	38	25.6	31	7.65
	19	10.8	22.3	21.6	19	25.6	29.7	9
	6.5	10	23	16.9	6.5	23	29.3	3.4

Ces chiffres font voir : 1° que la limite d'élasticité est doublée par l'étirage à froid ; 2° que l'effet de l'étirage à froid diminue de la périphérie au centre, puisque l'augmentation de résistance R_r, qui était d'environ 0,50 (21 k. à 30 k.) pour les tiges étirées de 65 à 62 millimètres non tournées, n'est plus que 0,27 (23 à 29^k,3) pour les tiges tournées à 6^m,5.

Le faible chiffre de rupture (22 k.) du métal laminé à chaud indiquerait que ces essais ont été faits sur des fers de qualité inférieure.

Après un recuit, les coefficients prennent des valeurs moyennes entre celles qui précèdent.

108. Fer trempé à l'acide. — La Société des Chantiers de la Buire (Loire) s'est fait breveter pour un procédé de trempe des pièces finies en fer à grain dans l'acide sulfurique à 50° B après chauffage au rouge cerise. Ce procédé aurait pour effet d'en accroître la résistance.

Voici les résultats moyens d'essais qui nous ont été confirmés par ladite Société :

	FERS ORDINAIRES		FERS MOYENS		FERS FINS	
	Naturel	Trempé	Naturel	Trempé	Naturel	Trempé
Rupture.	38	41	37.7	46.2	37.7	48.2
Allong. %	17.5	20	15	16	23.8	14.8
Accrois. de résist. %		5 à 8 %		12 à 15 %		20 à 25 %

109. Fils de fer au bois. — Nous donnons dans les deux premières colonnes du tableau suivant les coefficients moyens des fils.

C'est sous forme de câbles qu'on en fait le plus grand usage (chap. VIII). Or on compte que le câblage réduit la résistance de 1/8 à 1/10 ; nous avons donc ajouté les charges réduites sur lesquelles on peut compter pour les câbles, ainsi que les allongements indiqués par M. Duboul pour les câbles avec âmes en chanvre.

FERS AU BOIS		FILS		CABLES	
		Rupture	All. par nct.	Rupture	All. °/₀
Fil clair.	1re qualité. . . .	70 à 80	2 à 3 mm.	65 à 70	2 à 2.5
	2e qualité. . . .	60 à 70		55 à 60	
1re qualité	recuit noir. . . .	40 à 45	40 mm.	35 à 40	
	clair galvanisé .	50 à 55	20 à 25	45 à 50	7 à 9
	recuit galvanisé.	35 à 45	35	30 à 40	12 à 15

Nous indiquerons les épreuves que l'on fait subir aux fils métalliques en parlant des fils d'acier.

DE L'ACIER

110. Généralités.— Le fer allié à 0,3 à 1,5 0/0 de carbone jouit de la propriété de durcir par la *trempe* : c'est l'*acier*.

Aujourd'hui on appelle aussi aciers tous les produits ferreux malléables, plus ou moins susceptibles de se tremper, obtenus par fusion (procédés Bessemer et Martin-Siemens).

A mesure que s'élève la teneur en carbone, la fusibilité de l'acier, sa dureté après la trempe et sa résistance croissent, tandis que sa malléabilité et sa soudabilité diminuent.

Jusqu'à 0,3 0/0 de carbone, la soudure est possible, la trempe est faible.

De 0,3 à 1 0/0 de carbone, la soudabilité décroît, mais la trempe croît énergiquement.

De 1 à 1,5 0/0 de carbone, le métal devient insoudable, difficile à forger et à tremper.

Au delà, le métal n'est plus malléable et passe à la fonte.

Ces caractères varient d'intensité suivant la pureté du métal, car les corps étrangers altèrent l'acier comme le fer, mais ils s'y rencontrent généralement en moindre quantité par suite du choix des minerais.

Le chrome et le tungstène (Wolfram) augmentent la résistance de l'acier. Le silicium, qui se trouve plutôt dans le Bessemer, agit comme le soufre.

Acier naturel. — Il s'obtient, comme le fer, de minerais riches et manganésifères traités par la méthode catalane. La loupe se carbure à sa surface au contact prolongé du charbon de bois. Le produit est plutôt un fer aciéreux, dur, peu homogène, employé pour outils agricoles.

Aciers puddlés de forge ou d'Allemagne ordinaires ou corroyés. — Ils s'obtiennent par décarburation partielle (affinage) de fontes spéciales sur la sole d'un four ou au bas foyer. Ces aciers, même corroyés, sont peu homogènes et ne s'emploient que pour outils agricoles.

Acier de cémentation (poule). — Il s'obtient par carburation directe de fers au bois à grains, de Suède, de Styrie ou d'Allevard. Les barres de fer coupées, par bouts et entourées d'un cément (charbon de bois, suie, sel, etc.) sont chauffées au blanc dans des fours spéciaux pendant 2 à 3 jours. On ferme alors toutes les issues du four, et après refroidissement on défourne.

La carburation s'est propagée de la surface au centre des barres. Cette surface est alors garnie de petites ampoules, d'où le nom d'*acier poule*. La teneur en carbone ne doit pas excéder 1,75 0/0, afin d'éviter la fusion.

Ces barres, irrégulièrement carburées, cassantes, ne s'utilisent qu'après un raffinage par corroyage ou fusion.

Les barres peu carburées, soudables en paquet, donnent l'acier de cémentation *corroyé*. Cet acier est toujours moins homogène et moins carburé que par la fusion.

Acier cémenté fondu au creuset. — Cette méthode de raffinage peut s'appliquer aux aciers naturels et puddlés, mais on emploie de préférence l'acier cémenté. Elle fut créée en 1740, près Sheffield, par B. Huntsmann, et est pratiquée aujourd'hui dans le bassin de la Loire, à Essen et en Styrie.

Les barres cémentées sont cassées et triées d'après le degré de carburation indiqué par la cassure, puis fondues au creuset. On obtient ainsi des aciers très homogènes, réguliers à tous les degrés de carburation et répondant à tous les besoins.

Aciers Bessemer et Martin-Siemens. — Bessemer décarbure par insufflation d'air la fonte en fusion dans le *Convertisseur*. La fonte doit être peu phosphoreuse et contenir assez de carbone et de silicium pour que leur combustion maintienne la température du bain. Une opération dure quelques minutes.

La garniture basique (dolomie) du convertisseur et l'addition de chaux vive, pratiquées vers 1879, par MM. Thomas et Gilchrist, ont permis de traiter les fontes phosphoreuses. L'acier ainsi obtenu est improprement dit *acier déphosphoré*.

A chaque coulée, on étire un petit lingot que l'on essaie à la traction ou par la méthode des crochets (120); on en conclut, s'il y a lieu, les modifications à apporter à l'opération suivante, et, d'après les qualités du métal, on en détermine l'affectation.

Martin, fabricant français, décarbure la fonte mise en fusion sur la sole d'un four par addition de fer, d'acier ou de minerais riches. L'opération est facilitée par la haute température due au récupérateur de chaleur de Siemens, de là la réunion des noms Martin-Siemens pour qualifier le procédé ou les produits.

Ce procédé offre sur le Bessemer l'avantage de permettre l'utilisation des vieilles matières et déchets de fabrication. La décarburation, plus lente que dans le convertisseur, permet de faire les essais et de modifier au besoin la composition du bain avant la coulée, point important, surtout quand il s'agit de réunir le métal de plusieurs fours.

Dans les deux procédés, l'opération se termine par l'addition de fonte très carburée, de ferro-manganèse (*spiegel eisen*), qui carbure, adoucit le métal au point voulu en réduisant l'oxyde de fer dissous dans la masse. Le métal est coulé en lingots, puis martelé ou laminé.

Ces deux procédés, dépassant le but de leurs inventeurs, ont permis d'obtenir toute la série des carbures de fer, qui tendent à se substituer à tous les autres produits. Le terme le moins carburé (acier extra-doux, fer fondu, fer homogène) se soude, mais ne trempe pas ; il est plus homogène que le fer puddlé en ce qu'il est exempt de scories, il est analogue aux meilleurs fers de Suède. Au contraire, les termes les plus carburés se trempent, mais ne se soudent plus ; ils sont comparables aux aciers fondus au creuset.

111. Classification. — Conditions de résistance. — En dehors de la classification précédente, résultant du mode de fabrication, on conçoit qu'il y ait confusion entre les métaux fondus Bessemer, Martin, et les métaux soudés obtenus par les anciennes méthodes, entre l'*acier* et le *fer*. Le Congrès de Philadelphie de 1873 a proposé la classification suivante, basée sur la trempe :

Métal soudé	non trempable ou fer doux (Wrought-Iron)	se nommera *Fer soudé* (ang. Weld-Iron ; all. Schweiss-Eisen).
	trempable ou acier puddlé (Puddled-Steel)	id. *Acier soudé* (Weld-Steel ; Schweiss-Stahl).
Métal fondu	non trempable	id. *Fer fondu* (Ingot-Iron ; Fluss-Eisen).
	trempable	id. *Acier fondu* (Ingot-Steel ; Fluss-Stahl).

Mais cette classification est insuffisante, parce que : 1° la dureté à la trempe est variable ; 2° elle confond sous le même nom des métaux ayant des propriétés résistantes différentes.

Le Comité des Forges de France, suivant en cela l'usage établi, conserve le nom d'acier à tous les métaux ferreux malléables obtenus par fusion, et a indiqué les moyens de les distinguer des métaux soudés (chap. VII).

Les transformations incessantes de la métallurgie n'ont pas encore permis d'établir une classification commerciale des nouveaux aciers. Ainsi, à côté des premiers aciers Bessemer et Martin sont venus se ranger les aciers extra-doux, les Bessemer dits déphosphorés du procédé Thomas et Gilchrist, ceux obtenus au cubilot convertisseur de Clapp et Griffiths, etc.

La seule classification en usage est basée sur les propriétés résistantes, d'où la nécessité des essais.

Acier puddlé. — M. Clay a trouvé que sa résistance croît jusqu'au quatrième corroyage.

Nombre de corroyages.	1	2	3	4	5 — 6	7 à 10
Charges de rupture	68	75	78	85	78	64

D'autres aciers ont donné pour la rupture 40 à 50 kg. Il est probable qu'alors la loi ci-dessus ne serait pas la même. Les aciers de Terrenoire ont donné : $R_e = 26$, $R_r = 53$, allongement $^0/_0 = 14$.

112. Aciers fondus en général. — Leur résistance croît avec le degré de carburation de 35 k. à 100 kg., tandis que l'allongement décroît de 30 $^0/_0$ à 4 $^0/_0$. Dans ces limites, les usines distinguent de 4 à 10 classes.

CLASSIFICATION DU CREUSOT.

Barreau $d = 20 - l = 100$	Extra-doux	Très doux	Doux	Dur	Très dur	Extra-dur
Rupture moyenne.	40	50	60	70	80	90
Allongement °/₀ minim. moyen	25	21	17	13	9	5

CLASSIFICATION PLUS GÉNÉRALE.

Désignation.		Carbone °/₀		Rupture		Allong. °/₀		Emplois.
1	Fer homog.	0.05 à 0.1		35 à 40		30 à 25		Qualité fer de Suède.
2	Extra-doux	0.1	0.15	40	45	25	22	Pièces forgées, étampées, billettes, clous.
3	Très-doux	0.15	0.2	45	50	23	21	Const. métalliques, bèches.
4	Doux	0.2	0.25	50	55	21	19	Tôles et cornières.
5	Demi-doux	0.25	0.3	55	60	19	17	Ressorts, sommiers, petite forge.
6	Demi-dur	0.3	0.35	60	65	17	15	Rails, bandages, longerons, essieux.
7	Dur	0.35	0.45	65	70	15	13	Fils, taillanderie.
8	Dur-dur	0.45	0.55	70	75	13	11	Fourches, fils, limes, outils de mines.
9	Très-dur	0.55	0.65	75	80	11	9	Pièces de machines, ressorts.
10	Extra-dur	0.65	0.8	80	100	9	4	Outils fins, petits ressorts.

Les aciers de 35 à 60 kg. sont les plus intéressants pour les constructions, parce que, seuls, ils se laminent en tôles et profilés ; se forgent ou se coulent en moules pour pièces de machines.

Suivant la nature de l'application, construction ou outillage, ce qu'on entend par acier de première qualité est tantôt un acier extra-doux ou extra-dur. Cette appellation n'a donc qu'une signification relative.

Nous compléterons ces indications par l'analyse des essais faits sur divers aciers.

113. Aciers Bessemer et Martin-Siemens. — Le tableau suivant résume les essais des aciers naturels et trempés présentés en 1878 par la Compagnie de Terrenoire, pour montrer l'influence du carbone, du manganèse et du phosphore.

ACIERS MARTIN DE LA Cie DE TERRENOIRE.

		Influence du carbone					du manganèse		du phosphore	
Teneur 0/0.	Carbone	**0,15**	**0,19**	**0,7**	**0,87**	**1,05**	0,45	0,56	0,31	
	Manganèse	0,213	0,2	0,266	0,25	0,255	**0,52**	**2**	0,746	0,693
	Phosphore	0,033	0,07	0,06	0,055	0,063	0,067	0,058	**0,247**	**0,4**
	Traction sur barreau de 20 mm. de diam. et 200 de longueur.									
Métal naturel.	Limite d'élasticité R_e	18	23	21	33	39	26	48	33	38
	Rupture R_r	36	48	68	73	86	52	88	55	60
	Allongement °/o	32	25	10	8,4	5.2	24,5	10,5	23,5	25
	Rapport $\frac{R_e}{R_r}$ =	0,5	0,48	0,455	0,45	0,45	0,5	0,54	0,6	0,64
Trempé à l'huile.	Limite d'élasticité R_e	31	46	68	78	92	42	fendu à la trempe	41	44
	Rupture R_r	46	71	97	105	130	76		71	80
	Allongement °/o	24	12	1,25	0.8	1	12		13	cassé
	Rapport $\frac{R_e}{R_r}$ =	0,7	0,65	0,7	0,85	0,7	0,54		0,57	0,55
	Compression à 3200 *kg.* sur cylindres $d = 10$ millim., $l = 10$ millim.									
Hauteur après compression	Métal naturel.	[illegible],87	3.6	4	4,5	4,6	3,6	manqué	3,85	4,2
	Trempé à l'huile.	4,1	4,2	4,75	5,4	3,75	4,7		6 à 28500 k.	9

LE MÉTAL NATUREL à 0,15 °/o de carbone est analogue aux bons fers.

La manganèse augmente la résistance R_r, mais moins que le carbone.

Le rapport $R_e : R_r$ reste sensiblement constant à 0,5.

Le phosphore accroît les résistances, mais le rapport $R_e : R_r$ s'élève à 0,6 et 0,64, ce qui indique un métal plus cassant (16).

MÉTAL TREMPÉ. — Le phosphore et le manganèse ont peu d'action,

et, suivant la teneur du carbone, R_r s'est accru de 0,33 à 0,5 °/o. R_e id. id. de 0,7 à 1,36 °/o. $R_e : R_r$ s'est élevé à 0,7 et 0,85.

Le métal trempé est donc plus élastique, mais aussi plus cassant.

114. Aciers de Reschitza. — Nous avons résumé dans les tableaux suivants les essais très complets présentés à l'exposition de 1878 par l'usine de Reschitza.

Nous avons omis le n° 2 (Martin) et les n°s 4 et 6 qui figurent ci-après pour les tôles intermédiaires.

Ces chiffres, contrôlés avec soin sur ceux de la brochure que l'administration de Reschitza nous a obligeamment adressée, présentent quelques anomalies.

On remarque que les aciers n° 7 et celui n° 6 des tôles sont de vrais fers fondus; ils sont moins carburés que les fers au bois puddlés de la même usine (88).

Ces essais indiquent, que, à teneur égale en carbone, les aciers Bessemer sont plus résistants que les aciers Martin.

ESSAIS FAITS SUR LES ACIERS DE RESCHITZA (Hongrie).

	Numéro d'ordre	Carbone 0/0	Forme de sections	TRACTION — Barreau {rond 25 mm, rect. 60 × 12} $l = 150$ — E	TRACTION — R_e	TRACTION — R_r	TRACTION — all. 0/0	COMPRESSION — Barreau {rond $d = 35$ $l = 100$, carré $c = 30$ $l = 90$} — E	COMPRESSION — R_e	COMPRESSION — Comm' du fort écrast	COMPRESSION — Charge R_r maxim. rupture	FLEXION — Barreau {rond $d = 135$, rect. 140/40} — E	FLEXION — R_e	FLEXION — R_r	TORSION — Barreau {rond $d = 100$, carré $c = 100$} $l = 400$ — G	TORSION — R_e	TORSION — R_r	TORSION — Angle de tors après rupture
ACIERS MARTIN.	3	0,937	carrée	21890	28	77	2,7	22550	34,4	105	216*	20840	33	102	8270	19	67	49°
			ronde	22700	31	73	1	22400	37.6	—	198	22220	45,8	117	9980	21	50	17°
	5	0,56	carrée	22180	23,6	54	23	22660	17,9	71	114*	20530	26,5	86*	7940	11,6	52	174
			ronde	21970	21	54	21	22820	29,4	70	126*	21350	21	102	9170	14	51	277
	7	0,109	carrée	22290	20	40	31	22220	14,4	50	105	21020	18,5	62*	8400	13,7	53	340°
			ronde	22800	18	45	27	22720	24,2	56	102	21520	25	78*	9700	14	46	485°
ACIERS BESSEMER.	3	0,89	carrée	22090	45,8	108	4.4	22250	34,4	139	190	21110	37	103	8030	31	53	4°,5
			ronde	22600	46	108	4,4	22880	33,6	143	174	22500	66	88	9830	27	54	19°
	5	0,437	carrée	22320	20	60	21	22500	23,5	77	117*	20440	31	94*	8050	16,3	65	171
			ronde	21670	21	64	17	22720	28	91	122*	22150	36.7	90	9840	18	54	306
	7	0,114	carrée	22410	19	47	25	22630	25,6	64	101*	20000	25	74*	7940	12,6	54	270°
			ronde	22090	26	50	24	22600	29	63	107*	22600	24	80*	9470	11,5	48	608°

* Il n'y a pas eu rupture complète.

Traction. — L'influence de la section ronde, rectangulaire ou carrée ne se manifeste pas toujours dans le même sens ; elle est plus sensible pour les valeurs de R_e que pour celles de R_r. Mais les allongements sont toujours plus grands pour la section rectangulaire. Le rapport R_e : R_r varie de 0,33 à 0,5.

Compression. — Les valeurs de R_e sont tantôt supérieures tantôt inférieures aux précédentes. En général, elles sont plus élevées dans la section ronde. Ces divergences doivent tenir à la difficulté des essais. Le commencement du fort écrasement, qui est le plus intéressant, est au minimum de 0,25 supérieur à la rupture par traction ; la rupture complète n'a eu lieu que pour le n° 3 ; les n°s 6 et 7, plus doux, se sont comprimés sans se rompre.

Flexion. — Les valeurs de R_e, un peu irrégulières, sont en général supérieures à celles obtenues par traction. Le n° 3 s'est seul rompu. Mais nous n'avons pas rapporté les valeurs de R_r calculées pour la flexion maximum parce que l'élasticité étant alors altérée ces valeurs n'ont aucune signification.

Valeur de E. — On peut admettre la valeur moyenne 22000, soit 0,1 en plus que pour le fer.

Torsion. — Les valeurs de R_e ne sont que les 0,5 à 0,9 de celles relatives à la traction; les valeurs de R_r sont également inférieures à celles de la traction pour les nos 3 et 5, mais elles leur sont supérieures pour le n° 7. Ces valeurs sont en général plus faibles pour la section ronde.

Les valeurs de G sont au contraire plus élevées pour la section ronde; ce qui indique, comme pour le fer, que la théorie n'est exacte que pour cette section. Le rapport G : R_e pour la section ronde est en moyenne 420 pour le n° 3 et 620 pour les nos 5 et 7.

Ce rapport était en moyenne 1260 pour le fer.

ESSAIS SUR BARRES DE $4^m,5$

	MARTIN			BESSEMER		
Numéros	3	5	7	3	5	7
R_r	83	53	41	80	49	42
Allong. °/₀	3.4	16	20	1.4	11	17

115. Barres longues. — Les essais ci-contre font voir que, sauf le n° 3 (Martin), les coefficients R_r et l'allongement 0/0 diminuent quand la longueur du barreau augmente. Il y aurait donc intérêt [à faire les essais sur des pièces de même longueur que celles à employer.

116. Tôles de 16 $^m/_m$. — Les valeurs de R_e relatives à l'acier Martin présentent des divergences inexpliquées. Le chiffre 13,3 et celui de l'allongement 19, marqués d'une astérisque, paraissent être erronnés.

A part cette remarque, les valeurs de R_r et les allongements sont sensiblement constants en long ou en travers. C'est là un caractère distinctif des tôles d'acier. Les allongements sont, comme pour les tôles de fer, plus faibles que ceux des barreaux de même métal.

TOLES POUR CHAUDIÈRES, de 16 mm. d'épaisseur (RESCHITZA).

Nos	SENS DU LAMINAGE	ACIER MARTIN.				Carbone 0/0		ACIER BESSEMER.			
		E	R_e	R'_r	all. 0/0			E	R_e	R_r	all. 0/0
4	En long	21980	16,8	59,5	17	0,8	0,7	21690	22,4	58,8	19
	En travers	21890	26,6	58,8	18			22040	22,4	59,5	18,6
5	*l*	21900	20,3	50	26	0,437	0,56	22020	16,8	56,4	18,6
	t	21200	13,3*	51	19*			21700	21	57,8	18,7
6	*l*	21730	12,6	44,8	26.7	0,304	0,235	21900	16,8	51,8	21,6
	t	22160	15,4	42,7	26			21660	22,4	51,8	22,8

117. Tôles suédoises.—Les chiffres ci-après sont sensiblement les mêmes que ceux des aciers de Terrenoire ; ils font voir que le recuit restitue en partie à l'acier sa résistance première à la rupture, mais lui conserve une plus grande facilité d'allongement, excepté pour l'acier Martin à 0,17 de carbone, qui est un véritable fer.

TOLES SUÉDOISES. Barreau 700 × 9 ; long. 200.

	CARBONE	LIMITE D'ÉLASTICITÉ			RUPTURE			ALL. 0/0		
		Naturel	Trempé	Recuit	Naturel	Trempé	Recuit	Naturel	Trempé	Recuit
BESSEMER	0,1	21	»	8,16	36,7	65	33,6	28	19	36
	0,5	22	26	19	49	63	44	23	12,5	31
MARTIN	0,17	19	24	20	40	54	39	30	15	30
	0,23	19	21	17	42	56	38	28	23	34

118. Aciers de cémentation fondus et martelés. — Ces aciers, très homogènes et réguliers de fabrication, se font à tous les degrés de carburation, par suite, de résistance. Ceux de 40 à 60 k. sont employés dans les constructions, tandis que ceux plus carburés fournissent des outils supérieurs.

La facilité de faire au creuset des alliages bien définis a permis d'obtenir régulièrement des aciers au manganèse, au chrome, au tungstène (acier wolframique), d'une grande dureté. Le tableau suivant se rapporte aux aciers de Styrie, dont les échantillons exposés en 1878 ont été déposés au Conservatoire.

ACIERS DE STYRIE (Kepfemberg).

Dénominations.	R_e	R_r	All. °/₀	Carb. °/₀	N°	Usages.
Acier fondu	18,5	53	20	0,585		Pour faux et armes à feu.
	24,8	48	19	0,41	7	
Acier à outils	36,4	78,5	8,26	1,15	1	Très dur. Outils de tours.
				1	2	Moins dur. d° d°
	34 à 37	70 à 72	5 à 9	à	3 à 4	Mèches, tranches, cisailles.
					5	Pivots, tranches à chaud.
				0,58	6	Rivoirs, et pour aciérer de gr. surfaces.
Acier au manganèse	31 à 36	77 à 73	5 à 12	1,35 à 0,85	1 à 3	Très dur. Outils à métaux.
					4	Dur. Fraises, burins, etc.
Acier au tungstène (wolframique)	43,6	81,7	6,4	1.12 à 2,3	0	Extrêmement dur. Pour travailler l'acier et la fonte trempés.

Le tableau suivant se rapporte aux aciers chromés de M. Jacob Holtzer.

ACIERS CHROMÉS	non trempés.		trempés à l'huile.		
			Recuits au rouge.		Non recuits.
	max.	min.	max.	min.	
Limite d'élasticité R_e	73	46	100	46	113
Rupture — R_r	126	72	110	72	133
Allongement %	7	15	4.5	15.5	6

Avec 0,1 à 0,15 % de carbone et 0,23 à 0,4 % de chrôme, l'acier est inattaquable par les outils ordinaires trempés. Sa cassure est vitreuse. Par la trempe à l'huile, sa résistance dépasse 140 kg.

Les aciers fondus au creuset fournissent les meilleurs outils à métaux, et les fabricants livrent pour chaque usage des aciers de qualité constante. Pour les alésoirs, tarauds, etc., on fait des aciers doux cémentés. Ces outils offrant une zone de travail plus dure que le centre, sont plus élastiques et résistent mieux aux efforts de torsion.

La résistance à la traction n'est pas un indice suffisant de la qualité d'un acier à outils ; le seul moyen de l'apprécier consiste à en forger, tremper et mettre en œuvre l'outil dont on a besoin.

119. Résistance et Essai des fils d'acier. — On étire en fils les aciers Martin et ceux de cémentation fondus. Suivant la résistance initiale du métal et le procédé de fabrication, les fils obtenus offrent des résistances variant de 60 à 180 k. On obtient même par le système Schultz des fils d'une résistance exceptionnelle, 180 à 300 kg. employés pour le frettage des canons et pour pianos.

La S[té] des Forges de Firminy (Loire) et la Cie des Forges de Chatillon et Commentry fabriquent toutes ces qualités de fils d'acier par des procédés spéciaux, dont le plus important est une certaine trempe. Les fils de 80 à 120 k. sont de beaucoup les plus employés dans les mines, la marine et les travaux publics.

CONDITIONS DE RÉSISTANCE DES FILS D'ACIER ET CABLES.

Société de Firminy.	Rupture R_r	180-150	150-130	130-120	115-100	90-75	75-60
	Cablés	150	125	115	100	80	60
	Pliages à 180°, fils n° 14 .	10-12	14-16		10-12	12-14	10-12
Compagnie de Chatillon et Commentry.	Rupture R_r	220-210	160-150	140-130		95-85	75-65
	Cablés	200	140	120		80	60
	Pliages n° 13	23	21	18		14	14
	d° n° 12	30	24	20		19	19

Plus les fils sont fins, plus ces coefficients s'élèvent, et inversement. Pour les fils d'acier de 60 à 80 kg., cette augmentation est d'environ 2 kg. par numéro au-dessous du n° 12 et de 2 à 8 kg. par numéro pour les fils de 100 à 200 kg.

La galvanisation diminue de 2 $^0/_0$ environ la résistance des fils de 60 à 80 kg., et de 2 à 10 $^0/_0$ celle des fils plus résistants. La perte de résistance due au câblage est de 1/10 à 1/8, soit 10 à 13 $^0/_0$.

Essais des fils. — Ils se font : 1° par traction ; 2° par flexion ou pliage. Voici comment se font les essais de pliage : on pince le fil dans un étau, puis on le plie alternativement sur l'une et l'autre mâchoire. Mais ce procédé est vicieux, parce que l'arête de l'étau blesse le fil, et le nombre des pliages varie suivant que ces arêtes sont plus ou moins vives. Il est préférable d'effectuer le pliage sur de petites mâchoires en acier trempé, d'un rayon = 10 $^m/_m$ (fig. 93).

Fig. 93.

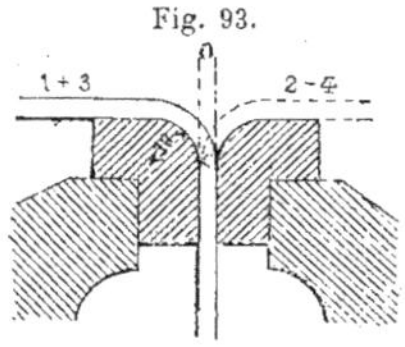

Suivant les usines, on compte le nombre de pliages et de redressements faits à 90°, ou simplement le nombre de pliages à 180° sans compter les redressements.

Exemples : A 90°, 0 à 1, 1 à 0, 0 à 2, 2 à 0, font 4 flexions.
A 180°, 0 à 1, 1 à 2, 2 à 3, 3 à 4, id.

Il est clair que ces 4 dernières flexions équivalent à 7 flexions à 90°.

120. Acier coulé non martelé (lingot). — Les lingots d'acier coulé présentent généralement à leur surface ou dissimulées sous une mince paroi quelques soufflures que le martelage ou le laminage font disparaître.

Whitworth annule les soufflures en comprimant le lingot encore liquide, lequel est ensuite forgé à la presse hydraulique. Ce procédé de compression est appliqué au bronze phosphoreux. Il a été essayé puis abandonné en France.

Dès qu'on put obtenir de grandes quantités d'acier fondu, on eut l'idée de le couler en pièces, comme la fonte. Mais, outre les soufflures qui se produisent plus nombreuses, les inconvénients énumérés pour la fonte moulée acquièrent ici plus d'intensité.

Suivant que le refroidissement est plus ou moins rapide, la structure moléculaire est plus ou moins cristalline. Le retrait produit des tensions inégales et, par suite, un état moléculaire instable, que l'on combat en partie par les recuits. Ces inconvénients croissent à mesure que l'acier est plus carburé, comme dans le travail des tôles d'acier. Aussi coule-t-on de préférence l'acier doux résistant de 40 à 60 k., avec allongement de 5 à 1 $^0/_0$. Par le recuit, cet allongement atteint 8 à 3 $^0/_0$. La trempe à l'huile suivie d'un recuit élève la résistance et donne des allongements de 15 à 5 $^0/_0$. Mais la trempe n'est applicable qu'aux pièces de forme régulière, et son effet est d'autant plus complet que les pièces sont plus minces, puisqu'elle agit surtout à la surface.

On a aussi substitué l'acier coulé au fer forgé, surtout pour les grosses pièces dont le martelage n'a d'effet qu'à la surface. On évite ainsi les défauts de soudure, et le grain de l'acier, plus fin et plus homogène que celui du fer, donne des surfaces de tourillons plus régulières, mieux polies, moins sujettes à gripper.

Les pièces qui doivent être tournées et rabotées sont coulées à des dimensions suffisantes pour que ce travail enlève les soufflures de la surface. On ne pourrait en tolérer, par exemple, sur un tourillon. Mais pour des pièces telles que plaques ou bâtis de grues, pivots d'écluses, et toutes pièces devant résister à des chocs, à l'usure, et pour lesquelles les petites soufflures de la surface n'ont pas d'inconvénients, on doit préférer l'acier coulé à la fonte.

On emploie pour ces pièces divers aciers. Plusieurs fondeurs font couramment, pour la petite mécanique et la quincaillerie, des pièces en acier de provenances diverses ou mélangées coulé au creuset.

MM. Jessop et fils font des arbres manivelles en plusieurs pièces, pour la marine, etc. en acier cémenté fondu au creuset, résistant à 40 k en moyenne et sans recuit spécial.

MM. Spencer et fils font ces mêmes pièces en acier Martin-Siemens, résistant à 37 ou 40 k soumis à un recuit prolongé et à un refroidissement lent.

Les usines de Hagen emploient l'acier de cémentation résistant à 45 k pour engrenages et pièces mécaniques.

La Société de Terrenoire, en France, a cherché, par l'addition de silicium à l'acier Martin-Siemens, à obtenir des pièces d'acier sans soufflures. Ces pièces sont soumises à des trempes à l'huile et recuites.

Voici les conditions de résistance des aciers n° 1 et 4 et d'un acier au chrome.

ACIERS NON MARTELÉS DE TERRENOIRE		ACIER MARTIN-SIEMENS				ACIER AU CHROME	
		Naturel		Trempé à l'huile		Naturel	Trempé
TRACTION	Numéros...	1	4	1	4		
Barreau $d = 14^{mm}$ $l = 100^{mm}$	Limite d'élasticité .... R_e..	21 k.	32 k.	32 k.	46 k.	36 k.	38 k.
	Rupture............. R_r..	44	64	52	82	63	87
	Allongement 0/0.........	9	1,5	25	3,5	2,2	10
Un cylindre de 10 mm. de haut, comprimé à 32000 k., s'est réduit à..................		$4^{mm},55$	$9^{mm},95$	Rompus			à l'eau 64000 $9^{mm},8$

Ces coefficients ne doivent être appliqués qu'avec circonspection à des pièces dont la forme s'oppose au retrait régulier.

La résistance à la compression du cylindre chromé trempé à l'eau sous une charge de 64000 kilogrammes est remarquable.

Nous complèterons ces renseignements en indiquant les coefficients de résistance à la compression des aciers de Reschitza.

ACIERS NON MARTELÉS DE RESCHITZA		N°	E	R_e	R_r	MODE DE RUPTURE
Compression. Barreau rond. $d = 35$ mm. haut. $= 100$........	MARTIN	3	20930	21	185	Surface oblique.
		5	19570	15	150	Pas rompu.
		7	20500	16	86	id.
	BESSEMER	3	21480	15	165	Pas rompu.
		5	21450	20	150	id.
		7	20000	9,5	91	id.

On voit que les conditions de résistance des aciers n° 7 se rapprochent de celles des fers de la même usine (106).

121. Résistance au cisaillement. Fer et acier.

USINE DE RETCHITZA	FERS		ACIERS			
	à grain	à nerf	Martin		Bessemer	
Rupture par traction R_r.	41	37	53	45	60	76
Rupture par cisaillement R_{ci}. .	34	28	37	31	41	49
Rapport $K = R_{ci} : R_r$.	0,83	0,75	0,67	0,69	0,68	0,65

Il résulte de ces essais que le rapport $K = R_{ci} : R_r$ n'est pas constant ; qu'il diminue à mesure que la résistance du métal à la traction augmente.

Des essais de rivets au cisaillement, faits au Creusot, ont donné :

$K = 0,77$ pour acier à 50 k. $K = 0,8$ pour le fer.

Le coefficient $K = 0,8$ pour le fer a aussi été trouvé par d'autres expérimentateurs. C'est le chiffre généralement admis.

Nous reviendrons sur ces coefficients de cisaillement en parlant des rivures (chap. VIII).

DE LA FONTE

122. Généralités. — Les minerais de fer, oxydulé magnétique, oligiste, spatique, hématite, etc., etc., sont des oxydes de fer unis à une gangue. Ils sont réduits dans le haut-fourneau en présence du *carbone* à haute température, fourni en excès par le combustible (charbon de bois ou coke). L'addition de *castine* calcaire ou siliceuse a pour but de former avec la gangue siliceuse ou calcaire des scories fusibles qui s'écoulent au dehors, pendant que le fer, rendu libre, se combinant au carbone en excès donne la *fonte crue,* qui se réunit dans le creuset, d'où on l'a fait couler dans des moules en sable, pour gueuses ou pièces. Ces minerais contiennent encore presque tous les corps étrangers que nous avons signalés dans le fer. Le coke lui-même peut être sulfureux.

On conçoit donc que la qualité de la fonte dépend : 1° de celle du minerai et du combustible ; 2° de la proportion des charges et de la température ; en un mot, de l'*allure* du haut-fourneau. Cette allure ne peut être maintenue constante ; d'où il résulte que la fonte peut varier de qualité à chaque coulée, et à plus forte raison d'un haut-fourneau à l'autre.

Fonte de 1re fusion. — On divise les fontes, d'après la teneur en carbone, comme suit :

N° 1. — Fonte très noire.	Cassure à	gros grains et lamelles de graphite.
2. — Fonte noire.	»	présentant un mélange de grains gros et fins.
3. — Fonte grise.	»	à grains fins réguliers.
4. — Fonte truitée.	»	à grains fins noirs et blancs.
5. — Fonte blanche.	»	cristalline lamellaire.
6. — Fonte blanche.	»	cristalline à grains fins,

Les fontes présentent un phénomène particulier : celles qui sont les plus carburées abandonnent pendant le refroidissement une portion du carbone combiné, qui reste disséminé dans la masse à l'état de graphite, en lamelles ou grains plus ou moins fins ; de là l'aspect plus ou moins noir de leur cassure. Elles contiennent le minimum de carbone combiné, tandis que les fontes où le carbone reste à l'état de combinaison présentent une cassure blanche, cristalline, à lamelles ou à grains.

Les fontes noires très carburées, comme certaines fontes anglaises, sont douces au travail des outils, mais peu résistantes ; de plus, elles adhèrent au sable des moules. Elles ne sont guère utilisées en première fusion.

Les fontes grises ou truitées et un peu phosphoreuses, telles que certaines fontes françaises, peuvent fournir des pièces brutes pour la quincaillerie et la serrurerie.

Les fontes blanches dures et cassantes ne sont pas employées en première fusion.

Fonte trempée. — Certaines fontes manganésifères, coulées en coquille (moule en métal), conservent, par leur refroidissement prompt au contact des parois métalliques du moule, tout leur carbone à l'état de combinaison. On a alors la fonte *trempée,* dure, avec la cristallisation rayonnant de la surface au centre de la pièce.

Voici quelle est l'action des principaux corps étrangers dans la fonte :

Le phosphore rend la fonte dure et fragile à froid, de là l'utilité des essais au choc ; à chaud, il lui donne de la fluidité et on en obtient de beaux moulages.

Le manganèse réduit les oxydes métalliques, neutralise le phosphore, accroît la proportion de carbone combiné, et par suite la résistance et la faculté de tremper ; mais, au delà d'une certaine proportion, 2,5 °/₀, la résistance diminue, la fonte devient dure, puis sa cassure devient cristalline, lamelleuse et spéculaire.

Le silicium se trouve surtout dans les fontes obtenues à l'air chaud. Il se substitue au carbone combiné, rend la fonte douce mais peu résistante, et diminue l'effet de la trempe.

Le soufre rend la fonte sèche, dure et fragile, sujette aux piqûres et tassements.

Ceci dit, nous observerons que c'est toujours par la mise en œuvre et les essais, et non par l'analyse chimique, que l'on jugera des qualités d'une fonte.

Fonte de 2ᵉ fusion. — L'irrégularité de qualité des fontes de première fusion les rend impropres pour pièces de construction ; ce n'est que par les mélanges en deuxième fusion qu'on obtient assez régulièrement les qualités voulues.

On améliore les fontes trop carburées par les refontes, l'addition de fonte blanche ou de ferraille. Réciproquement, on améliore les fontes peu carburées, blanches, par l'addition de fontes plus noires.

C'est ainsi que les fontes anglaises sont employées dans la proportion de 10 à 15 °/₀ pour adoucir nos fontes plus ou moins grises, et jusqu'à 50 °/₀ pour nos fontes blanches.

Les mélanges de fontes pour la construction des machines doivent présenter, avec une certaine résistance, une douceur suffisante sous la lime ou les outils des machines. De plus, elles doivent présenter au refroidissement peu de retrait, 10 millimètres par mètre ou 1 pour cent environ. Ce retrait croît à mesure que diminue la teneur en carbone. Enfin, être exemptes de soufflures, piqûres et tassements à la surface ainsi que de creux ou cavités intérieures.

123. Conditions de résistance. — La résistance de la fonte en pièces dépend : 1° de sa composition, de sa cohésion (dépendant de la disposition du moule). Les parties inférieures sont toujours plus saines et plus résistantes que les parties supérieures ; 2° des conditions du retrait au moment du refroidissement. Celles-ci dépendent de la température au moment de la coulée, de l'état du moule, de la forme et des dimensions des pièces. En effet, la surface d'une pièce se refroidissant la première, son centre reste plus ou moins spongieux et sa résistance moyenne est diminuée en raison de la grosseur de la pièce. On conçoit aussi que, suivant les sinuosités du moule et les variations d'épaisseur, le retrait produira des effets plus ou moins marqués. De là la supériorité des pièces unies à section constante coulées avec masselotte, comme les tuyaux, colonnes, etc., sur les pièces coulées horizontalement.

En général, tous les métaux fondus non martelés offrent peu d'élasticité et de grandes variations de résistance, car ils ne se présentent que deux fois dans des conditions identiques de composition et de cohésion. Les charges, pratiquées sans chocs, seront donc toujours plus faibles (1/8 à 1/6 au plus de la rupture) que pour les métaux martelés ou laminés (1/5 à 1/4 de la rupture).

Fontes ordinaires. — Les essais de fontes de première fusion pour moulages, de la Société de Terrenoire, montrent que la résistance décroît avec la teneur totale en carbone et croît en proportion du carbone combiné.

FONTES de TERRENOIRE Barreau d = 14, l = 100		Nos des fontes	1	2	3	4	5
	Carbone °/o	graphite. .	3,25	2,55	1,95	1,15	0,85
		combiné .	0,94	1,25	1,52	2,0	2,17
		Rupture.	6k5	9k	10k	15k	17k6

Le tableau suivant (A) contient quelques coefficients d'après M. Thurston, lesquels nous avons traduits en kilog., d'après la brochure publiée, en 1878, par la Société Barnum-Richardson, des forges de Salisbury.

(A) FONTES de SALISBURY, E. U. A.	No des fontes		TRACTION		COMPRESSION		FLEXION	
			1	2	1	2	1	2
	Limite d'élasticité	Re. . .	8k	4,25	32	27	11,3	3
		all. °/o	0,064	0,0736				
	Rupture.	Re. . .	20	12		51	39	26
		all. °/o	0,37	0,547				
	Valeurs de E		15,900	11,450			14,300	10,700

Le tableau suivant (B) contient les coefficients des fontes de Reschitza, déterminés par M. Bauschinger. La limite d'élasticité n'a pas été déterminée par suite de la faiblesse des déformations élastiques. Ces chiffres indiquent la supériorité des fontes au bois sur celles au coke.

(B) Barreaux ronds $d = 70$ $l = 1000$; rectang. 50 × 80, id., id.		SECTION	TRACTION		COMPRESSION		FLEXION	
			E	R_r	E	R_r	E	R_r
FONTES DE RESCHITZA 2me fusion. .	au coke	carrée	indéterminé	21	11100	80	11470	31
		ronde		21	11300	76	13100	34
	au bois	carrée		25	11200	86	11920	34
		ronde		21	11540	84	13800	40
Mélange . . .	20 acier / 80 fonte	carrée	14000	27	12180	95	14270	44
		ronde			13320	96		47

Le tableau suivant contient quelques coefficients d'après Hodgkinson ; ceux relatifs à la torsion sont rapportés par Morin.

(C)	TRACTION	COMPRESSION	FLEXION	TORSION
Limite d'élasticité R...	6k.	14k.		
Coefficient d'élasticité E	9096	8800	12000	G = 2000
Rupture (moyennes)....	18	75 à 90	30	18
Charge pratique au 1/6 sans vibrations.......	3	12 à 15	5	3

La moyenne de rupture à la traction des fontes françaises varie :

En 1re fusion, de 12 à 20 k. ;
En 2e fusion, de 15 à 18 k.

Il ressort de ces chiffres que les fontes n° 4 Salisbury et celles de Reschitza sont de 1re qualité.

Traction. — A part la valeur de E pour fonte n° 4 (A), la moyenne des autres valeurs de E est environ moitié de celle relative au fer, soit E = 10000. Donc, à charge égale, les allongements élastiques de la fonte sont sensiblement doubles de ceux relatifs au fer.

La valeur $R_e = 6^k$ en moyenne n'est que le tiers de celle du fer. La période de déformation commence donc bien plus tôt que pour le fer.

La valeur de R_r est environ moitié de celle du fer, et, de plus, les allongements correspondants (A) sont à peine 0,1 de ceux du fer ordinaire. La résistance vive de la fonte est donc bien inférieure à celle du fer.

La ligne de relation des $R : i$ est presque une courbe continue : le point où se limite R_e est, par suite, assez incertain; aussi, en général, on fixe la charge pratique d'après celle de rupture.

Compression. — La valeur de E diffère peu de celle relative à la traction. Donc, jusqu'à 6 k., la ligne de relation des $R : i$, est sensiblement la même. La fonte se déforme également par compression ou par traction. La limite d'élasticité = 14 k. d'après Hodgkinson, 30 k. en moyenne d'après Thurston. Elle est donc, comme pour la traction, un peu incertaine, en tous cas très variable, et surtout difficile à déterminer. Les charges de rupture, très variables, sont environ quadruples de celles par traction et doubles de celles relatives au fer.

D'après Hodgkinson, la rupture à la compression a varié de 40 k. à 110 k. et le rapport $\frac{\text{rupture à la compression}}{\text{rupture à la traction}}$ a varié de 4 à 7 (1).

La fonte résiste donc mieux que le fer à la compression, si on néglige la déformation ; mais, d'après les tableaux (B) (C), la valeur de E n'est guère que moitié de celle du fer, ce qui indique que, à charge égale, la déformation de la fonte est presque double de celle du fer. Par conséquent, dans les constructions où cette déformation doit être limitée, on préfère le fer, qui est plus rigide. Hodgkinson a fait des essais directs pour comparer la compression du fer à celle de la fonte. Nous en extrayons les chiffres suivants qui confirment ce qui précède :

(1) Morin. — *Résistance des matériaux.*

Charge par cent. carré.	340	640	940	1240	1530	2140	E
Compression en millim. { Fer	0,7	1,32	1,85	2,44	3	4,4	16300
Compression en millim. { Fonte. . .	1,37	2,6	3,8	4,4	6,3	9	8300

M. Guettier cite les moyennes suivantes d'essais à la compression, faits à Marquise, sur des cubes de 1 centimètre, en fonte de deuxième fusion :

Fonte grise très douce . . . . , R_r = 9800 kg, plutôt aplatie que broyée.
id. à grains serrés, presque truitée, R_r = 10600 kg, écrasée en se fendillant.
id. fortement truitée, presque blanche, R_r = 6800 kg, id. avec détonation et lumière.

Ces chiffres font voir l'importance des mélanges en deuxième fusion. La fonte à grains serrés est aussi la plus résistante aux chocs, mais la fonte grise douce est préférable pour pièces fléchies.

Flexion. — La section étant symétrique, les valeurs de E, inférieures à celles par traction dans (A), leur sont un peu supérieures dans (B) et (C). La limite d'élasticité, indiquée en (A) seulement, est environ de 50 °/₀ supérieure à celle par traction. La charge de rupture est en moyenne constante en (A), (B), (C) ; elle est de 50 °/₀ supérieure à celle par traction.

Torsion. — La charge de rupture, résultant d'essais directs rapportés par Morin (1), est peu supérieure à celle par traction. On peut donc, en pratique, adopter les mêmes coefficients.

124. Fontes tenaces de mélanges. — On a cherché à accroître la ténacité des fontes en les décarburant un peu par l'addition d'acier, tout en leur conservant les qualités des fontes de moulage : peu de retrait et douceur sous l'outil.

Diverses fonderies d'Allemagne (Gruson, Ganz, etc.), produisent, sous le nom de Hartguss, des fontes d'une grande ténacité, se travaillant assez bien et trempant en coquille.

Le mélange de Reschitza, (123—B) 80 °/₀ fonte et 20 °/₀ acier, présente une augmentation de résistance de 20 à 25 °/₀ sur les fontes de cette usine.

Certaines usines emploient, paraît-il, jusqu'à 30 °/₀ d'acier. On fait avec ces fontes tenaces des pignons de laminoirs et autres roues dentées ou pièces devant présenter une grande résistance. Mais, à mesure qu'on élève la proportion d'acier, le métal devient plus dur et le retrait croît avec le degré de décarburation. Il faut donc des soins particuliers pour le démoulage et le recuit des pièces.

M. Deny, directeur des forges de Mertzwiller (ancien élève des Art-et-Métiers), a publié récemment (2) le résultat de ses recherches sur ce sujet. La fusion était faite au creuset et la douceur du métal était estimée d'après le volume de fonte usée dans le

(1) Morin. *Résistance des matériaux.*
(2) *Bulletin technologique de la Société des Anciens élèves des écoles nationales des Arts-et-Métiers.* — Août et septembre 1886.

même temps sur une même meule. On pourrait, eu égard à la faible variation des densités, l'estimer d'après le poids de métal usé.

Nous extrayons de ces essais les chiffres suivants :

Proportions en centièmes		Désignation	Résistance à la traction	Résistance à la flexion	Volume usé	Retrait	Aspect de la cassure
		Hartguss Gruson	22,7	33,4	3110^{mm}	11,4	
		Fonte hématite n° 111	17,1	19,7	3780	10,5	
A	80	Hématite	24,3	35,27	3520	11,6	grain gris très serré
	20	Acier corroyé à 0,6 % carb.					
B	66,6	Hématite	23,4	41,8	1400	13,2	gris clair, un peu dur
	33,3	Acier					
C	80	Hématite	20,8	31,1	3650	10	
	20	Fonte blanche lamelleuse					
D	80	Hématite	26,4	36,6	3780	12	gris foncé, à grains très fins, légèrement teintés de blanc
	14	Fonte blanche lamelleuse					
	6	Acier					
E	80	Hématite	23,7	35,10	3000	10,25	gris teinté de blanc sur les bords, grains fins
	4,6	Fonte blanche lamelleuse					
	15,4	Acier					

Les alliages A, D, E présentent une résistance supérieure à la fonte d'hématite et même à celle de Gruson, tout en offrant une douceur peu différente de la fonte hématite. Ils doivent donc être très avantageux pour un grand nombre de pièces de machines telles que pistons, bielles, balanciers, manivelles, engrenages, arbres soumis à la flexion, etc.

125. Fonte malléable. — C'est un mélange de fonte blanche et grise provenant d'hématite rouge, fondue au creuset puis coulée dans des moules en sable. Les pièces obtenues sont dures et cassantes ; leur retrait considérable (18 à 20 mill. par mètre) oblige à un prompt démoulage avant refroidissement, pour éviter les ruptures.

Les pièces, débarrassées du sable adhérent, sont placées dans des vases en fonte et entourées d'hématite rouge pulvérisée (oxyde de fer). Les vases sont lutés puis soumis, dans des fours spéciaux, progressivement à la température de 800°, pendant 80 à 90 heures, suivant l'épaisseur des pièces, après quoi on laisse refroidir au four.

Dans cette opération, la fonte a été décarburée par l'oxygène du minerai. C'est l'inverse de la cémentation. Les pièces de plus de 10 millimètres d'épaisseur subissent une seconde opération semblable. On obtient ainsi, pour des pièces minces, un métal analogue au fer, que l'on peut plier, limer, buriner, etc., et dont la rupture a lieu de 25 à 35 kg. environ, mais dont l'allongement ne dépasse pas 10 à 15 $^0/_0$. Son coefficient d'élasticité est E = 18900.

La fonte malléable peut encore se cémenter et se tremper comme le fer.

DU CUIVRE ET DE SES ALLIAGES

126. — Cuivre. — Le cuivre (angl., *Copper*; allem., *Kupfer*) est de couleur rouge; il se trouve à l'état natif, à l'état de sulfure, de carbonate, etc. Ces minerais, traités dans le four à manche, principalement au Chili et à Swansea (Angleterre), donnent le cuivre brut en barres contenant 1 à 2 $^0/_0$ de soufre, fer, arsenic, antimoine. On le purifie par une refonte au reverbère et une oxidation, c'est *l'affinage*. On accélère l'opération en favorisant, par l'agitation du bain, la dissolution de la pellicule d'oxyde de cuivre qui se forme constamment à la surface en tenant ouverte la porte du four. Les métaux étrangers s'oxydent et, s'alliant à la silice des parois du four ou à celle que l'on projette sur le bain, passent aux scories. Puis on procède au *raffinage*, qui consiste à désoxyder le bain en le recouvrant de charbon de bois et en y plongeant des perches de bois vert. On suit les phases de ces deux opérations en examinant la cassure des échantillons que l'on prélève fréquemment dans le bain.

Le cuivre pur casse difficilement; il présente une cassure d'un rouge soyeux à courtes fibres. Le cuivre impur est plus dur et cassant; sa cassure est plus terne et plus cristalline.

Le cuivre est bon conducteur de la chaleur et de l'électricité; il est malléable à chaud, à froid, et se brase. Il résiste mieux que le fer aux liquides organiques; d'où son emploi pour les appareils de sucrerie, distillerie, brasserie, etc.

CUIVRE ROUGE		Rupture	all. 0/0
Fondu brut $R_e = 3$ k.		5 k	
Laminé	écroui	24	30
	non écroui	21	38
	recuit	22	44
Martelé		26	30
Etiré en fils de 3 mm. au plus	écroui	44	
	non écroui	30	
	recuit	25	

Les coefficients de résistance que nous donnons ici sont les moyennes des nombreux essais qui nous ont été communiqués. On voit que la grande malléabilité du métal rend l'écrouissage peu important. Les planches et tubes du commerce ainsi que les pièces emboutîes sont le plus souvent recuites.

Le cuivre rouge présente donc une faible résistance à la rupture et de grands allongements.

Le cuivre est la base d'alliages, dont nous citerons les principaux.

127. Bronze. — C'est l'airain des anciens. Il est formé principalement de cuivre et d'étain. Sa dureté croît, tandis que sa malléabilité diminue avec la proportion d'étain; au-dessus de 10 $^0/_0$ d'étain, le bronze ne se lamine plus. C'est cet alliage qu'on emploie pour les pièces mécaniques devant présenter une certaine résistance.

Les alliages plus durs s'emploient pour résister au frottement.

COMPOSITION DES BRONZES MÉCANIQUES.

CUIVRE.	ÉTAIN.	ZINC.	EMPLOIS PRINCIPAUX.
95	4	1	Très malléable, se lamine.
90	10	—	Boisseaux de robinets, id.
88	12	—	Coussinets ordinaires.
86	14	—	Clefs de robinets.
84	16	—	Colliers d'excentriques.
82	18	—	Coussinets de grande vitesse.
82	16	2	Id. de laminoirs.
80	20		Métal de cloche, à cassure blanche concoïdale.

CONDITIONS DE RÉSISTANCE. Bronze 90 × 10.

		RUPTURE	ALLONG. 0/0
Bronze fondu…	9 R…… / 12 R……	23	12
Id. laminé..	écroui ……	77	12
	1/2 recuit …	50	60
	recuit ……	46	69
Id. en fil…	écroui ……	100	»
	recuit ……	40	60

L'addition de 0,5 à 1 0/0 de zinc, dans le creuset, est avantageuse pour réduire l'oxyde de cuivre dissous, et il reste peu de zinc dans le métal; mais une plus grande proportion ne s'emploie que par économie. C'est ainsi qu'on remplace quelquefois 1 à 2 unités étain par 1 à 2 unités zinc. Quant au plomb, il doit être en petite quantité, sinon il s'allie mal et passe par liquation au fond des moules.

128. Laiton ou cuivre jaune. — Ces alliages sont formés principalement de cuivre et de zinc. Ils sont cassants à chaud et malléables à froid.

COMPOSITION DES LAITONS.

CUIVRE	ZINC	EMPLOIS.
94	6	Planches demi-rouge. — Rivets.
90	10	Planches. — Rivets pour chaudronnerie.
87	13	Planches demi-rouge pour bijouterie.
80	20	Planches Tombac ordinaire.
75	25	Planches Tombac et laiton qualité extra.
70	30	Planches laiton extra. — Doublages.
68	32	Ces trois titres pour tubes de chaudières.
67	33	Laiton 1er titre, à souder, repousser, emboutir.
66	34	Tubes pour sucreries et marine.
65	35	Titre mixte.— doublages, planches de commerce.

CUIVRE	ZINC	PLOMB	EMPLOIS (suite).
66	33	2	Laiton pour tourneurs. — Robinetterie.
61	39		Laiton 2e titre (métal Muntz), tubes non sertis (se lamine à chaud).
60	40		Barres pour tourneurs.
61	37	2	Pour horlogerie, pièces à découper, à limer et à tourner.
59	39	2	
58	40	2	Se forge pour clous et chevilles de navires.
71	28	1	Brasure forte pour le fer.
51,5	40,5		Id. Id. pour le cuivre.
49	52		Id. Id. pour le laiton.

CONDITIONS DE RÉSISTANCE DES LAITONS.

LAITONS ORDINAIRES.

Cuivre	Zinc	R_r	All.	R_e	Laminés
80	20	41	36		écroui } Tombac.
		35	56		recuit } Tombac.
78	22	32	53		recuit laiton extra.
67	33	36	23	20	écroui } 1er titre.
		33	60		recuit } 1er titre.
67	33	21	33	8	} fondu non laminé.
		26	50	7,5	} fondu non laminé.

LAITONS AVEC ÉTAIN.

Cuivre	Zinc	Étain	R_r	All.	Laminés
85	9	6	56	8	écroui.
			33	68	recuit.
67	32	1	50	8	écroui.
			32	75	recuit.
67	31	2	54	3	écroui.
			35	41	recuit.
66,5	30,5	3	38	42	recuit.
66	32	2	42	40	recuit.
56	42	2	64	2	écroui.
			51	12	recuit.
75	24	1	41	35	Fil recuit.

Alliages nouveaux. — Le cuivre fondu et les alliages précédents contiennent en dissolution une petite quantité d'oxyde de cuivre qui se forme à la surface du bain fondu et qui altère la ténacité du métal. On réduit cet oxyde par l'addition de corps très oxydables : phosphore, manganèse, silicium ou chrome. Les nouveaux oxydes passent aux scories, et un faible excès de ces corps donne aux alliages des qualités nouvelles.

Ces alliages, appelés bronzes, contiennent : cuivre, étain et zinc, plus l'un ou plusieurs des corps ci-dessus, en proportions variables, suivant les applications. Ces proportions ne nous sont pas toutes connues. Nous dirons ce que nous savons de leur fabrication et de leurs propriétés, d'après nos renseignements et la communication de M. Perry F. Nursey (1).

Tous ces alliages sont moins oxydables à l'air, à l'eau de mer et aux acides que les métaux purs et les alliages précédents. Mais leur fabrication demande certains soins, et il est préférable d'acheter aux spécialistes au moins l'alliage en lingots.

129. Bronze phosphoreux. — Cet alliage, signalé en 1853, par MM. de Ruoltz et Fontenay, fut fabriqué plus tard par MM. Montefiore et Künzel.

A cet effet, on prépare d'abord un phosphure exactement dosé. La pâte à phosphore mêlée à 0,2 en poids de charbon de bois en poudre et fondue en présence du cuivre, donne un phosphure de cuivre à 9 % de phosphore. M. Otto, de Darmstadt, produit

(1) *Society of Engineers-Transactions*, 1884.

un phosphure de cuivre à 15 ou 16 0/0, dont on emploie 0 k, 25 à 0 k, 5 par 100 k. de bronze fondu. MM. Bellington et Newton fabriquent un étain phosphoreux.

Le phosphore donne au métal de la fluidité à chaud et une plus grande ténacité à froid (comme pour la fonte).

Exposé à l'air humide, à l'eau de mer et aux acides, le bronze phosphoreux s'oxyde et s'use moitié moins que le cuivre pur.

Les coefficients de résistance varient, suivant l'alliage, dans les limites ci-dessous :

CONDITIONS DE RÉSISTANCE DU BRONZE PHOSPHOREUX	État.	R_e	R_r	all. 0/0	
	fondu	7,5	14,5	3,6	
	id. kirkaldy. .	16,5	34	33	égal au fer.
	en fils { écrouis.		70 à 100	—	
	en fils { recuits.		34 à 45	37 à 40	fils télégraphiques.

Les alliages pour coussinets ou pièces à frottement, qui constituent la plus importante application, ne s'usent que de 1/5 à 1/10 du bronze ordinaire.

Voici quelques alliages usités dans les chemins français :

	Cuivre	Étain	Zinc	Phosphure à 9 %
Tiroirs.	78	11	7,5	3,5
Coussinets { Locomotives . . .	74,5	11	11	3,5
Coussinets { Wagons . . .	72,5	8	17	2,5
Tiges et pistons	85,5	8	3	3,5

130. Bronze manganèse. — Il s'obtient en ajoutant au bronze fondu un alliage de manganèse exactement dosé ; soit le ferro-manganèse ou le cupro-manganèse du docteur Prieger. M. Manhès fabrique, en France, un cupro-manganèse en grenaille contenant 25 % de manganèse. M. Parsons fabrique, en Angleterre, des ferro-manganèse fondus au creuset, désilicatés, contenant 0,1 — 0,2 — 0,3 ou 0,4 de manganèse. Les deux premiers sont employés pour les bronzes contenant plus de zinc que d'étain, et les deux derniers pour ceux contenant plus d'étain que de zinc. La dose varie de 2 à 4 % du poids du bronze fondu.

Ces alliages introduisent donc un peu de fer dans le bronze, comme dans le métal Delta, ci-après.

La Manganèse Bronze and Brass Company fabrique 5 alliages types.

Le n° 1 contient plus de zinc que d'étain, mais la proportion nous est inconnue ; il s'obtient au four à reverbère et se coule en pièces ou en lingots. Les lingots se forgent et se laminent au rouge, en barres, feuilles et clinquant, ou s'étirent à froid en tubes et fils.

Le n° 2 se fond au creuset et se coule en pièces moulées ou en lingots que l'on comprime à chaud. Ce métal, d'un aspect soyeux remarquable et présentant les mêmes conditions de résistance que l'acier, semble propre à la fabrication des canons et des cylindres de presses hydrauliques.

Des essais de dureté ont exigé, pour une même pénétration d'un couteau en acier trempé, les charges ci-contre :

Bronze ordinaire		600 k.
Fer id.		750
Acier doux naturel		1000
id. trempé à l'huile . .		1250
Bronze	fondu. . . .	1000
manganèse	comprimé .	1150

Le n° 3 contient 82 cui., 18 étain et une forte proportion de ferro-manganèse. Ce métal, dur et résistant, se fond au reverbère. Un barreau de 25^{mm},4 carré, posé sur deux appuis éloignés de 305 millimètres, s'est plié à 90° et rompu au milieu sous 1900 kilogrammes. On en fait des engrenages, cloches, statues, et surtout des hélices, plus minces et moins oxydables que celles en acier.

Les n°s 4 et 5 fournissent des coussinets, tiroirs et pièces de machines.

CONDITIONS DE RÉSISTANCE DES BRONZES MANGANÈSE

ÉTAT.			R_e lim. élast.	R_r rupture	Allong^t %	OBSERVATIONS.
n°1	Lingots fondus.		23 à 26	44 à 50	20 à 25	Équivalant à l'acier doux.
	ronds laminés	à chaud. . .	17 à 21	46		Métal recuit.
			57	50		Id. non recuit.
		à froid . . .	54	62		Équivalant à l'acier trempé.
	Tôles laminées à chaud.		23	48	34	Id. Id. doux.
n°2	Coulé et comprimé . . .		25 à 34	50 à 55	12 à 22	Id. Id. mi-dûr.

131. Bronze siliceux. Bronze chromé. — Le premier est dû à M. Weiller, à Angoulême ; le 2e à M. Mouchel (Eure). Ils sont surtout employés pour fils télégraphiques et téléphoniques. Ces fils peuvent servir à fabriquer des câbles inoxydables de grande résistance et souplesse.

Les fils siliceux ou chromés télégraphiques rompent à 45 kilogrammes.

Ceux pour téléphones rompent à 75 k. (résistance égale au fil de fer).

Pour fils siliceux de 1 $^m/^m$. 9, { la teneur en étain variant de 6 % à 0,5 %, la résistance a varié de 90 k. à 45 kg.

132. Métal Delta (*densité :* 8,4 ; *fusion :* 970°). — Il fut obtenu, vers 1883, par M. Dick, qui lui donna le nom de la lettre grecque Δ (delta), traduction de la première lettre de son nom. C'est un alliage de laiton et fer, contenant de petites quantités de phosphore, de manganèse, étain ou plomb. M. Dick prépare d'abord un alliage de zinc saturé de fer, qu'il a, le premier, réussi à obtenir bien constant. Ce métal se travaille à chaud et à froid ; il se brase ; sa fluidité donne des pièces saines à grain fin. Il s'étampe à chaud et s'étire en barres profilées et tubes. MM. Yarrow et Cie ont construit un yacht de 12 mètres en métal Delta fondu, forgé ou laminé en feuilles de même épaisseur que celle qu'on aurait donnée à l'acier. Le cuirassé *Riachuelo* a été muni de chaînes en métal Delta fondu, d'un diamètre = 18mm,5, rompant à 30 kilogrammes par millimètre carré.

CONDITIONS DE RÉSISTANCE DU MÉTAL DELTA.

ÉTAT.	R_e	R_r rupture	Allong. 0/0	OBSERVATIONS.
Fondu — moules en sable . .		33		Équivalant au fer.
Forgé { au rouge sombre. . .	22	52 à 55	15 à 18	Id. à l'acier mi-dur.
Forgé { à froid.		64		Id. id. trempé.
Fil de 0 mm. 6 écroui.		80 à 90	Nul	Id. aux fils d'acier.
Fondu comprimé.		90 à 95	90 à 95	Raccourcissement équivalant à la fonte.

DES BOIS

133. Les coefficients de résistance connus pour les bois sont d'une application incertaine ; car cette résistance, variable pour chaque essence, varie encore pour une même essence suivant la région de croissance, le degré de siccité, etc. De plus, les bois présentent fréquemment de nombreux défauts et s'altèrent plus ou moins promptement à l'air, suivant les conditions de leur emploi, leur âge et l'époque de leur abattage, etc.

Le tableau ci-après résume, d'après divers expérimentateurs, les coefficients de résistance par centimètre carré des bois usuels.

En en exceptant le Teack, nous avons divisé ces bois en 3 catégories et indiqué la résistance moyenne à la compression des bois très secs.

Extension. — Les pièces soumises à l'extension devront être calculées en ne comptant que la section effective, c'est-à-dire en tenant compte de l'affaiblissement de section résultant des entailles dans les assemblages.

Flexion. — Le coefficient de rupture est en général plus élevé que pour la traction, comme cela a lieu pour les métaux. La moyenne de rupture est la même que celle pour la compression.

Compression. — On remarque que, pour le chêne, la résistance croît avec la dessication plus rapidement que pour le sapin. Nous reviendrons sur ces chiffres en parlant des poteaux (chap. ix).

CONDITIONS DE RÉSISTANCE DES BOIS.

Essence.	EXTENSION par Chevandier et Wertheim				FLEXION par Barlow			COMPRESSION par Hodgkinson		
								Charge de rupture		
	Poids de 1 m. c.	E	R_e	R_r	Poids de 1 m. c.	E	R_r	état ordin.	très secs	moyen
Teack	—	—	—	—	745k	170000	100k	—	85k	
Chêne	808k	97700	—	65	970	61500	50	45k5	70	
id.	870	92000	23,5	57	934	10200	70			
Frêne	700	112000	12,5	68	760	116000	85	61	66	68k
Hêtre	820	98000	23	36	690	109000	65	54	65	
Orme	723	116000	18	7	550	49000	73	—	72	
Sapin	490	110000	21,5	42	550	150000	47	47,7	41	
id.	—	—	—	—	750	61000	—	40	46	50
Pin	560	56000	16	25	660	86000	69	38	53	
id.	—	—	—	—	650	130000	56	47,7	47,7	
Chêne faible	—	—	—	—	—	—	—	30	42	40
Pin jaune	—	—	—	—	—	—	—	38	38	
Larix (Melèze)	—	—	—	—	550	70000	40			

134. Effets de la température sur la résistance des métaux. — Nous ne rapportons pas le détail des essais qui ont été faits, surtout en Allemagne, parce qu'ils n'ont établi aucune loi positive. On peut les résumer d'une manière générale comme suit :

1° *Quand la température s'élève à* 100°, la limite d'élasticité diminue de 5 à 7 % pour le fer, de 10 % pour l'acier. La charge de rupture diminue beaucoup moins.

2° *Quand la température s'abaisse à* 250°, la limite d'élasticité augmente de 2 à 3 % pour le fer, de 6 à 7 % pour l'acier. La charge de rupture croît très peu pour le fer, de 3 % pour l'acier.

Il en résulte (16) que la résistance au choc diminue avec la température. M. Webster a observé, pour un abaissement de température de 16° à — 15°, que la perte de résistance de la fonte au choc atteignait 20 %.

Ces faits expliquent pourquoi les ruptures de bandages des wagons sont plus fréquentes en hiver qu'en été et justifient l'abandon de la fonte pour les pièces de ponts.

M. Kollmann a fait, en 1878, aux forges d'Oberhausen, des essais de rupture par traction en élevant la température à 1000°. En voici les résultats, en centièmes de la résistance à 0° (1):

(1) Ces essais ont été publiés dans les *Verhandlungen des Vereins zur Beforderung des Gewerbfleisses.*

Température	0° à 100°	200°	300°	500°	700°	900°	1000°
Fer fibreux	100	95	90	38	16	6	4
Fer à grain fin	100	100	97	44	23	12	7
Acier Bessemer	100	100	94	34	18	9	7

Le chiffre 34 pour l'acier paraît résulter d'une erreur. C'est de 300° à 500° qu'a lieu la plus grande diminution de résistance. Ce fait montre le danger qu'il y a à surchauffer les tôles des générateurs de vapeur ou autres appareils.

M. Adamson a constaté que le fer très doux et pur peut se replier sur lui-même jusqu'à la température rouge. Les fers du commerce et aciers doux qui contiennent de petites quantités de soufre et de phosphore se plient plus ou moins bien jusqu'au rouge, suivant la teneur en soufre ou phosphore. Mais à 600° Fahrenheit (suif bouillant) le fer perd toute malléabilité et casse net sans plier.

PIERRES ET MAÇONNERIES

135. La résistance des pierres, variable pour chaque espèce, varie pour une même espèce d'une carrière à l'autre, et, dans une même carrière, elle varie d'un banc à l'autre ; enfin, dans un même banc, elle varie du toit au mur ou au milieu.

Les pierres contenant leur eau de carrière sont moins résistantes que lorsqu'elles sont sèches. Les pierres poreuses résistent moins étant humides que sèches. Aussi l'indication d'un nom de carrière ne suffit pas pour fixer la qualité d'une pierre ; on devra donc toujours, pour des constructions d'une certaine importance, déterminer par des essais directs la résistance des matériaux dont on dispose. C'est pour ces raisons que, dans le tableau suivant, nous avons résumé les essais faits au Conservatoire et au laboratoire des ponts-et-chaussées en faisant ressortir le rapport des résistances aux densités plutôt que d'indiquer une longue liste de carrières et un chiffre souvent trop absolu pour chacune d'elles.

Les granits sont formés de grains de quartz et de mica plus ou moins gros, réunis par une pâte de feldspath, blanc, gris ou rose. Le granit rose se trouve à Baveno (Lac Majeur).

Les roches compactes sans trace de stratification résistent à peu près également dans tous les sens. Mais celles où la stratification est apparente résistent mieux quand elles sont posées suivant leur lit de carrière que sur champ.

La résistance du grès et des calcaires croît avec leur densité ; mais cette loi n'est pas rigoureuse. On pourrait la représenter par une courbe, en portant les densités comme abscisses et les charges comme ordonnées. On trouverait alors, approximativement, pour un échantillon de densité connue, sa charge d'écrasement.

Charge de sécurité. — Elle doit varier : 1° suivant l'exécution plus ou moins soignée de l'ouvrage ; 2° suivant qu'il s'agit d'un pilier isolé ou d'un mur, et, dans ces eux cas, suivant le rapport de la hauteur à la largeur.

CONDITIONS DE RÉSISTANCE DES MATÉRIAUX DE CONSTRUCTION.

Nature des matériaux.	Poids de 1 m. c.		Charge de rupture par centim. carré	
Basalte d'Auvergne et *Porphyre*........................	2800^K	à 2900^K	2000^K	à 2400^K
Granit non altéré à grain fin........................	....		1000	1500
id. id. à grain gros........................	....		700	1000
id. altéré à grain fin........................	....		900	900
id. id. à grain gros........................	....		400	600
Calcaires très durs pouvant se polir, marbres noirs....	2600	2700	600	900
id. durs, roche de Bagneux, Château-Landon...	2400	2600	400	700
id. » liais de Bagneux, Vanderesse, Laversine, Saint-Nom et marbres blancs.	2200	2400	300	500
id. » Bagneux plaine, Châtillon, Givry......	2000	2300	150	300
id. mi-durs se débitant à la scie à grès..........	1800	2000	190	150
id. tendres id. id. dents........	1600	1800	70	120
id. id., lambourde et vergelé, craie........	1500	1700	40	40
Meulière. Pierre très poreuse, très élastique........	1500		15	75
Brique dure, bien cuite, de Bourgogne ou de Provence.	2400	2600	100	150
id. rouge, plus ordinaire........................	2000	2300	60	90
id. rouge pâle, très ordinaire........................	1500	2000	30	90
Maçonnerie de moellon et *béton*, suivant qualité du mortier. — Mortier de ciment..............	....		100	150
id. id. — id. chaux hydraulique.	2300	2400	40	80
id. id. — id. id. grasse........	....		20	40
Béton Coignet pilonné à la main........................	....		280	300
id. id. comprimé à la presse........................	....		310	360
Plâtre gâché plus ou moins dur........................	....		40	70

Grès. — Leur résistance croît avec la densité à peu près comme suit :

Poids de 1 m. c.	1870^k	1950	2050	2100	2200	2300	2570
Charge de rupture par cm.c.	150	200	300	400	600	700	900

Ciment Portland. — M. G. de Perrodil a constaté que la résistance du Portland gâché pur croît comme suit, avec le temps et par l'immersion dans l'eau :

Nombre de jours.		1	3	7	13	60	180
Charge de rupture par centimètre c.	à l'air.	34^k	84	104	122	144	170
	dans l'eau.	44	119	140	160	290	330

Pour des dés à peu près cubiques, sous colonnes métalliques, on admet que la charge sur la base de la colonne ne doit pas dépasser 1/10 à 1/7 au plus de l'écrasement. On compte aussi sur le 1/10 de l'écrasement pour les massifs de béton, maçonneries et pierres de taille en fondation.

Pour des piliers monolithes dont la hauteur est de 6 à 10 fois le diamètre, la charge sur la plus petite section sera 1/15 à 1/20 de l'écrasement.

Pour des piliers ou des murs à plusieurs assises et joints verticaux dont la hauteur ne dépasse pas 10 à 12 fois l'épaisseur, la charge sera 1/20 à 1/30.

Pour les voûtes dont la courbe des pressions passe au 1/3 du joint de la clef à partir de l'extrados ou au 1/3 du joint des naissances à partir de l'intrados, et à cause de l'incertitude de la répartition des efforts au décintrement, la charge maximum dans ces joints sera 1/50 à 1/30 de celle d'écrasement, le premier chiffre se rapportant aux voûtes en petits matériaux et le dernier à celles en pierres de taille. On admet que cette charge maximum pour l'extrados à la clef et pour l'intrados aux naissances devient nulle à l'autre extrémité de chaque joint. Par conséquent la charge moyenne sur la surface totale d'un joint sera la moitié du maximum précédent soit 1/100 de l'écrasement pour voûtes en petits matériaux et 1/60 pour voûtes en pierre de taille.

Les meulières présentent de grands écarts de résistance, 15 à 75 k., de plus ces pierres sont très poreuses et élastiques ; elles se déforment beaucoup avant la rupture. Pour éviter les tassements irréguliers et les dévers il sera prudent de ne compter que sur la charge minimum d'écrasement, 15 k.

Les maçonneries de moellons et les bétons présentent de grandes variations suivant la qualité du mortier. Les chaux et ciments présentent tous les degrés de dureté, depuis la chaux grasse, un peu inférieure au plâtre, jusqu'au ciment de Portland à prise lente dont la dureté égale celle des calcaires demi-durs. La résistance des mortiers augmente avec le temps. L'influence de la résistance propre du mortier dans les maçonneries diminue à mesure que l'on substitue aux moellons informes des moellons équarris puis des pierres appareillées, enfin des pierres de taille, et que les dimensions de ces pierres sont plus grandes, par suite le nombre des joints verticaux moindre. Le tableau suivant résume les charges de sécurité par décimètre carré. Pour les voûtes, nous indiquons la charge moyenne comptée sur toute la surface d'un joint.

CHARGES DE SÉCURITÉ DES MAÇONNERIES PAR DÉCIMÈTRE CARRÉ.

Nature des maçonneries.	Massifs.	Murs-piliers.	Voûtes. (moyenne)	Poids de 1 *m.c.*
De moellons et béton en mortier ordinaire.	500k — 700k	250k à 350k	50k à 70	2300 à 2400
De briques ordinaires id. id.	600 — 800	300 — 400	60 — 80	1700—1800
Briques dures, moellons équarris, calcaire tendre appareillé, en mortier ordinaire	800 —1000	400 — 500	80 —100	2200—2300
Béton de ciment, calcaires mi-durs appareillés, en mortier ordinaire	1000 —1400	500 — 750	150 — 200	2300—2400
Calcaires plus durs, pierre de taille, en mortier ordinaire.	1500 —2500	750 —1250	250 —400	2350—2600
Calcaires durs, id. id. id.	3000 —4000	1500 —2000	450 —600	2400—2700

CHAPITRE VII

CONDITIONS DE RÉCEPTION ET D'EMPLOI DES MATÉRIAUX

CONDITIONS DE RÉCEPTION DES FERS ET ACIERS

Nous indiquons : 1° Les conditions exigées par quelques compagnies pour les fers, divisés en 4 classes; 2° les essais de qualité, pratiqués de vieille date par l'artillerie, qui présentent de l'intérêt dans certains cas; 3° les conditions exigées par la marine française pour les tôles et profilés en fer et acier.

136. Essais à froid. — Traction des fers en barres.

Chemins de l'État et P.-L.-M.	Qualité	Charges par m/m carré			Allongement %		Observations.
		Initiale	minim.	moyen.	minim.	moyen.	
— Barreau $d = 20$ $l = 200$	Ordinaires.....	26	30	33	10	12	Dans tous les essais, la charge initiale est maintenue 5 minutes, puis augmentée de 0k,25 par millimètre carré et par minute. Les moyennes se déduisent de 6 essais au moins.
	Forts..........	28	32	35	15	18	
	Forts supér....	30	34	37	20	23	
	Fins...........	31	35	38	22	25	

Essais de soudabilité. *Chemin de l'État.* — Les bouts, soudés et ramenés aux dimensions du barreau ci-dessus, sont soumis à la traction. La rupture ne doit pas être inférieure de plus de 5 % aux charges précédentes.

Essais de pliage à froid. *Artillerie.*— On étire dans le fer à essayer un barreau de 200 × 30 × 30; on le plie sur une enclume (fig. 94) entaillée à 160 millimètres, en frappant sur un dégorgeoir placé au milieu.

Fig. 94.

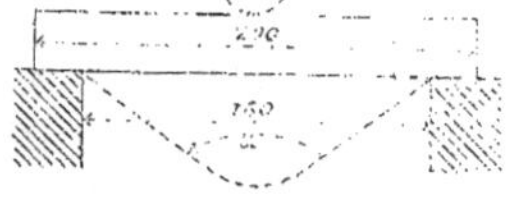

Pour les fers	ordinaires	forts	f. sup. et fins
l'angle α sera :	160° à 170°	150° à 160°	149° à 150°

Le barreau est ensuite redressé, puis plié en sens inverse, au même angle, et redressé une seconde fois ; il ne doit présenter ni criques ni gerçures.

Les petits fers sont pliés et repliés plusieurs fois sur l'étau et au marteau.

137. Essais à chaud. — Epreuve des crochets (fig. 95). *Artillerie.* — Le fer étant chauffé au blanc, on forme au bout de la barre un crochet d'équerre de 100 millimètres de longueur, à angle vif ; on le redresse, puis on le forme de l'autre côté, et ainsi de suite, en une seule chaude, jusqu'à ce que le bout tombe.

Chemins de l'Etat. — Le bout de la barre est préalablement forgé au diamètre de 22 millimètres sur 200 de longueur, puis plié et redressé comme ci-devant.

Fig. 95.

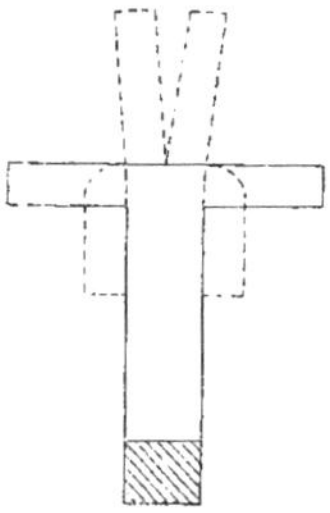

Fig. 96.

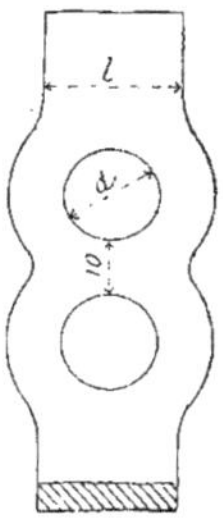

	Fers	Chem. de l'État	Artillerie
La rupture ne doit pas avoir lieu avant le nombre de redressements ci-contre :	ordinaires	4e redressement	1er redressement
	forts.......	6e id.	2e id.
	forts supér.	8e id.	3e id.
	fins.......	10e id.	

Pour les fers carrés et plats, on fend le bout de la barre sur 100 millim. de longueur, on rabat les 2 moitiés d'équerre. La fente ne doit pas se prolonger.

Chemins de l'Etat. — Même essai ; mais pour les fers forts, fers supérieurs et fins, chaque moitié est, de plus, rabattue contre la barre.

Essais de qualité à chaud faits au Creusot. — Le Creusot indique pour ses fers des coefficients de *qualité à chaud* qui sont ainsi déterminés :

On fait des crochets successifs de 0m,10 de longueur et d'équerre sur des fers ronds de 20 millimètres, avec un congé de 5 millimètres de rayon. Le nombre de crochets ainsi formés, en une seule chaude et avant que le bout tombe, étant multiplié par 5 donne les coefficients de *qualité à chaud* indiqués (105).

Epreuve des trous (fig. 96). *Artillerie.* — Pour des fers plats, on perce 2 trous consécutifs, en une seule chaude, du blanc au rouge sombre, avec un poinçon conique.

Pour fers communs, $d = 0{,}5\ l$; pour les fers forts et fins, $d = 0{,}75\ l$.

Chemins de l'Etat. — Même essai, les trous étant éloignés de 10 millimètres. Les fers ronds sont d'abord aplatis au 1/3 de leur diamètre.

Dans tous ces essais à chaud, il ne doit se produire ni fentes ni gerçures sensibles.

138. Essais des tôles de fer exigés par la Marine.

Circulaires du 17 février 1868 et 6 mars 1874.)

Barreau (fig. 97). Longueur $= 200$ m/m, largeur $= \begin{cases} 30 \text{ m/m pour épaisseur} > 5 \text{ m/m}. \\ 20 \text{ id. id.} < 5 \text{ m/m}. \end{cases}$

1° Essais à froid.			Rupture		Allong. °/₀		Rupture moy.		Allong. °/₀	
Nos	Catégories.	Emploi.	minim.	moy.	minim.	moy.	long.	trav.	long.	trav.
1	Commune...... (4e qualité).	Cheminées, cloisons.....	25	28	2,5	3,5	32	26	6	2,5
2	Ordinaire...... (3e qualité.)	Bordé, enveloppes......	28	31	4	5	34	28	9	3,
3	Supérieures..... (2e qualité.)	Coffres, cendriers.......	29	32	5,5	7	Tôles de plus de 5 mètres de longueur et moins de 0m,5 de largeur.			
4	Fines.......... (1re qualité.)	Plaques tubul., boîtes à feu, à fumée.........	30	35 (1)	7,5	10				

Les charges initiales, égales à celles minimum, doivent être maintenues pendant 5 minutes environ, et les charges additionnelles, d'environ 0k,25 par millim. carré de la section primitive, seront ajoutées à 1 minute d'intervalle environ.

Les moyennes résultent de 5 épreuves dans le sens du laminage et 5 épreuves dans le sens perpendiculaire. Les minima sont pris dans le sens qui donne la moindre résistance.

2° Epreuves à chaud.

Fig. 97.

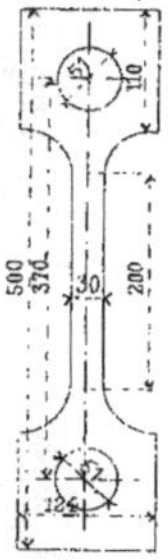

Fig. 98.

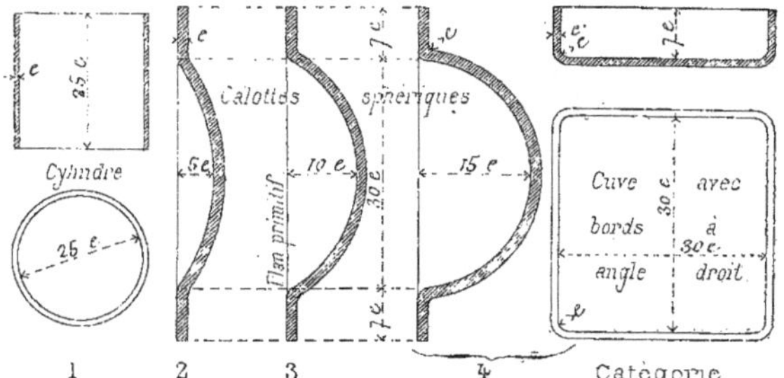

Les pièces obtenues à chaud selon les formes et proportions ci-dessus (fig. 98) pour chaque catégorie, ne doivent présenter ni fentes ni gerçures.

Ces essais ne sont faits que sur une tôle, pour chaque livraison et pour chaque épaisseur.

(1) Pour tôles fines, on tolère jusqu'à 3 kil. de déficit, pourvu qu'il soit compensé par un excédent d'allongement de 1,5 0/0 par kilog. en moins.

139. Essais des fers profilés exigés par la Marine.

1° Essais à froid.

	Qualité.	Rupture par m/m² minim.	Rupture par m/m² moyen.	Allongement °/° minim.	Allongement °/° moyen.	Qualité des cornières.
Fers T I	Commune (pour édifices).	28	32	3,5	6	Ne se font pas en qualité commune.
	Ordinaire (pour barrots).	30	34	5	9	Cornières ordinaires (fer corroyé), pour coques, barrots, etc.
Ne se font pas en qualité supérieure		32	35	9	12	Cornières supérieures (fer fort supér. pour chaudières.

Les charges sont appliquées comme pour les tôles. On opère sur des bandes plates découpées dans le sens du laminage dans les lames verticales et transversales d'un certain nombre de barres, dans chaque livraison, et on en forme des barreaux de mêmes dimensions que pour les tôles (fig. 97).

Les résultats moyens doivent résulter de 6 épreuves au moins pour chaque livraison.

Les fers fins de première qualité, quatrième catégorie, ne se laminent pas en T et I. Les fers qualité commune ne se laminent pas en cornières.

Fig. 99.

2° Epreuves à chaud.

Cornières, qualité ordinaire.

Cornières, qualité supérieure.

Fers T I qualité ordinaire.

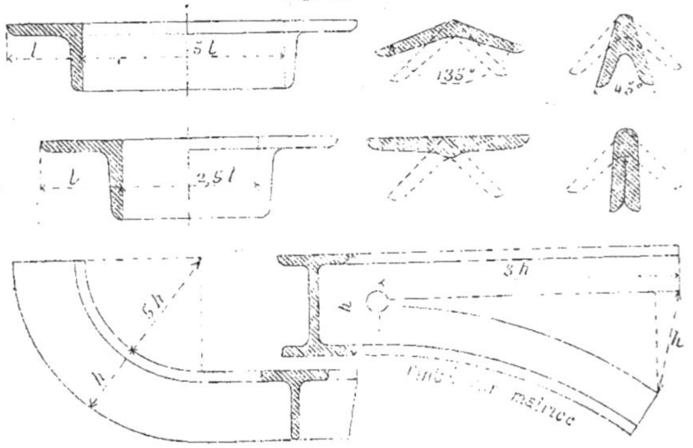

Les fers profilés de qualité commune ne sont pas essayés à chaud.

Les fers profilés de qualité ordinaire et les cornières de qualité supérieure doivent pouvoir se cintrer et se plier, suivant les formes et proportions de la figure 99, sans offrir ni fentes ni gerçures indiquant un corroyage imparfait.

On s'assure en outre que ces fers se soudent bien.

140. Essais des tôles d'acier exigés par la Marine.

(Circ. du 9 fév. 1885.)

1° Essais à froid

Epaisseurs en mill.			1,5 — 2	2 — 3	3 — 4	4 — 6	6 — 8	8 — 20	20 — 30
Pour construction	rupture....		47 k.	46 k.	45 k.	45 k.	43 k.	42 k.	42 k.
	allongt 0/0.		10	13	16	18	21	22	24
Pour chaudières	rupture....		»	»	»	45	42	42	40
	allongt 0/0.		»	»	»	22	25	26	26
Bandes ou Couvre-joints	rupture	en long.	47			46	44	43	43
		en trav	45			44	42	41	44
	all. 0/0	en long.	13			19	22	23	25
		en trav.	12			17	20	21	23

Ces chiffres sont les valeurs moyennes minima. La charge initiale = 0,8 des précédentes, la charge additionnelle = $0^K,5$ par m/m c. et par 15 secondes. La tolérance = 2 k, à la condition que le produit ($R_r \times$ allongement) reste constant.

Barreau (fig. 97) ; longueur = 200 m/m, largeur = { 20 m/m pour épaisseur < 4 m/m. 30 id. 4 à 20 m/m. épaisseur de la tôle pour $e > 20$.

2° Essais à chaud. — La calotte sphérique A, pour toutes les épaisseurs, ne doit présenter ni fente ni gerçure.

La cuve B n'est pas obligatoire ; elle est faite sur l'appréciation de l'ingénieur. En tous cas, elle n'est exigée que pour les épaisseurs supérieures à 5 m/m.

3° Essais à la trempe. — On découpe des bandes de 260 × 40 millim. dans les deux sens du laminage (en long seulement pour les couvre-joints) ; on les chauffe au rouge cerise et on trempe dans l'eau à 28°. Ainsi préparées, elles doivent se plier à la forme C pour tôles de construction, et C' pour tôles de chaudières.

Fig. 100.

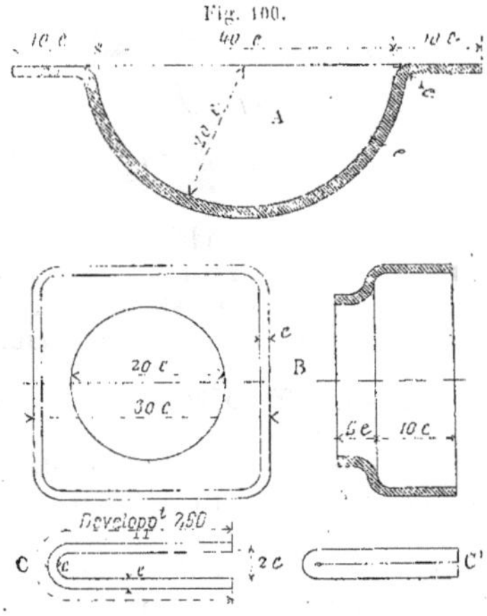

141. Essais des barres d'acier profilées exigés par la Marine.

1° Essais à froid.

Épaisseurs en millim.	L T		I C ⅂		Cornières pour chaudières		Observations
	R_r	all. %	R_r	all. %	R_r	all. %	
2 à 4 exclusivem	46	18	46	16	»	»	Mêmes conditions d'essais que pour les tôles d'acier ci-dessus.
4 à 6 »	44	22	44	20	46	22	
6 à 8 »	44	22	44	20	44	26	
8 et au-dessus..	42	24	44	22	42	26	

Ces chiffres sont les valeurs moyennes minima. Les dimensions des barreaux (fig. 97), découpés comme il est dit (39), sont les mêmes que précédemment.

2° **Essais à chaud** (fig. 101). — Les configurations D-E-F, pour les divers profils, ne doivent présenter ni fente ni gerçure. Les barres à C ⅂ seront fendues, pour en tirer des cornières à ailes égales qui seront cintrées et pliées comme en D et E.

Fig. 101.

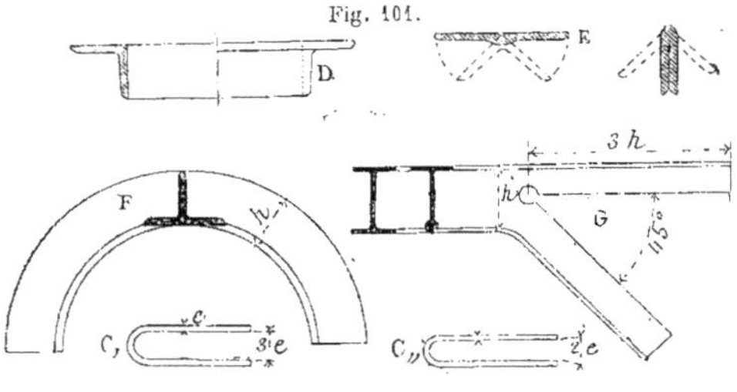

Le manchon cylindrique D, que l'on doit faire avec les cornières, doit avoir un diamètre intérieur égal à 3,5 fois la largeur de l'aile.

Le demi manchon cylindrique F, que l'on doit faire avec les fers T, doit avoir un diamètre intérieur égal à 4 fois la hauteur du fer ou 4 h.

3° **Essais à la trempe.** — Des bandes de 250 × 40 millim., trempées comme ci-dessus, devront pouvoir se plier à la forme C, pour tous les profils, c'est-à-dire en laissant entre leurs faces un intervalle égal à 3 fois l'épaisseur; et à la forme $C_{,,}$, c'est-à-dire en laissant entre leurs faces un intervalle égal à 2 fois l'épaisseur pour les cornières de chaudières.

Les cornières sont ouvertes ou fermées suivant la fig. E. Les barres I ou à champignon sont percées (fig. G) à une distance = 3 h du bout, puis fendues, et un côté est ouvert à 45°. Ces diverses pièces ne doivent présenter ni fentes ni gerçures.

CARACTÈRES DISTINCTIFS DU FER ET DE L'ACIER

INDIQUÉS PAR LE COMITÉ DES FORGES DE FRANCE

142. Gros échantillons. — On découpe une tranche de métal sur laquelle on opère :

1° La trempe. — Son effet est nul sur les fers misés ou fondus.

2° La cassure. — Si elle est à nerf, présentant des mises, on a du fer soudé.

Si la cassure est à grains, elle peut être commune aux 2 fers.

3° Alors on polit la section de l'échantillon et l'on attaque au bain de 1 vol. acide sulfurique, 4 vol. eau, à une chaleur douce :

Le fer misé laisse voir promptement l'aspect des mises.

L'acier reste brillant et argenté.

Grosses tôles et profilés. — On découpe des barreaux en long et en travers.

4° On casse ces barreaux, après coups de tranche sur plusieurs faces :

L'acier présente la même cassure en tous sens.

Le fer, s'il est à nerf, aura la fibre plus longue et soyeuse dans le sens du laminage.

Si la cassure est à grains, on trempe le barreau et on le casse. Alors

Le fer présente un nerf blanc, plus long dans le sens du laminage ;

L'acier présente un nerf gris terne, court, égal en tous sens.

5° Les essais de traction présentent les caractères suivants :

L'acier, même résistance en tous sens ; cassure à bords lisses, plane, terne ;

Le fer, résistance en long plus grande qu'en travers, cassure inégale, fibreuse.

6° Par l'emboutissage jusqu'à rupture,

L'acier se rompt irrégulièrement ;

Le fer se rompt suivant lignes parallèles au laminage.

Petits échantillons. — On les casse après un coup de tranche sur deux faces d'équerre :

Le fer misé présente un nerf plus long dans le sens des mises.

Le fer non misé (fondu) présente un nerf identique dans les deux sens.

L'acier casse brusquement. Nerf très court, plus souvent à grains.

En cas de doute, on trempe le barreau (voir 4°).

Autre procédé. — On polit avec soin une section ; on plonge dans l'acide azotique à 1,34 de densité, pendant quelques secondes ; on lave, et cela à plusieurs reprises :

Le fer présente des lignes noires et fines et s'oxyde facilement.

L'acier reste uni à surface brillante.

En règle générale, par l'attaque aux acides,

Le fer se creuse de sillons dans le sens du laminage ;

L'acier s'use, se dissout régulièrement.

Machine et fils. — Un bout de $0^m,3$ à $0^m,4$ est recuit, aplati et pincé par les deux bouts, puis tordu alternativement à droite et à gauche jusqu'à rupture :
L'acier, cassure plane, normale, brillante et lisse.
Le fer, cassure fibreuse et arrachée; ou se fend en long.

Tôles minces et feuillards. — Des bandes découpées en long et en travers sont tordues alternativement jusqu'à rupture.
L'acier donne, pour toutes les bandes, le même nombre de pliages.
Le fer donne un nombre de pliages variant suivant le sens du laminage.
A l'emboutissage, même observation que précédemment.

Acier soudé (peu employé). — On trempe l'échantillon : les mises de l'acier se décollent facilement, et les surfaces sont brillantes, sans arrachements.

143. Essais indiquant la teneur en carbone (Cté des Forges de Suède.) — L'échantillon, martelé à petites dimensions, est trempé, puis plié au marteau; il présente les caractères suivants :

Teneur en carbone.	0,1 0/0	— Supporte plusieurs pliages sans criques.
	0,15	— Le pliage produit de petites criques ou fentes.
	0,20	— Se casse par le pliage à 145°.
	0,25	— id. id. 90°.
	0,30	— id. id. 45°.

144. Procédé indiqué par M. Walrand pour distinguer le fer de l'acier dans les petits échantillons (1). — La distinction du fer et de l'acier est surtout difficile à établir dans les petits échantillons de fer de qualité supérieure et d'acier extra-doux.

Manière d'opérer. — On prend un morceau de machine ou de fil tréfilé recuit, d'une longueur de 25 à 30 centimètres, que l'on entaille légèrement à froid à 4 ou 5 centimètres des extrémités. L'une des extrémités est portée au rouge sombre, en ayant soin de la chauffer lentement, de façon à permettre à la température d'être bien uniforme dans toute la section de l'échantillon. Puis on laisse refroidir, en tâtant de temps à autre l'échantillon avec une lime douce. Dès qu'on voit apparaître sous le coup de la lime la nuance bleue et que cette nuance se maintient, on casse vivement l'échantillon au droit de l'entaille sur le bord d'une enclume à angles vifs. L'autre extrémité est cassée à froid de la même façon.

L'aspect de ces deux cassures montre d'une façon indiscutable si le métal est du fer ou de l'acier.

La température *bleue* n'est pas absolue. L'essai se fait aussi bien à la température du *jaune bronze* et même du *jaune*, de sorte que l'on a tout le temps d'opérer.

En procédant de cette façon, on utilise la *propriété rouveraine* que possèdent tous

(1) Note adressée par M. Walrand à la Société des Ingénieurs civils. — Déc. 1883.

les fers et aciers à la température de 325 à 400°, propriété qui permet d'obtenir des cassures que l'on ne peut pas produire à froid sur les échantillons, même entaillés, de fer fin ou d'acier doux.

Caractères distinctifs des cassures. — Les fers communs et les aciers durs sont très faciles à distinguer. La cassure à froid seule suffit, mais si l'on a quelques doutes, l'examen de la cassure bleue les lèvera complètement.

Pour les aciers durs prenant la trempe, la chose est encore plus facile. La difficulté réelle se présente avec les aciers doux et les fers fins *non misés*. Dans ce dernier cas, la cassure à froid ne se produit presque jamais, ou si elle se produit l'examen du nerf ne montre plus rien ; la cassure bleue, au contraire, fait ressortir la texture de chaque métal.

Fer commun misé ou non misé. — La cassure à froid montre le nerf ou le grain du fer, la cassure bleue est terne et arrachée à nerf court. (Expériences faites sur des fers n° 2 et n° 4.)

Acier dur ou demi-dur. — La cassure à froid montre un nerf court, grisâtre, ou le grain d'acier ; la cassure bleue est brillante, lisse ou formée d'arrachements lisses. (Expériences faites sur de l'acier dur et mi-dur.)

Fer de Suède. — La cassure à froid ne se produit pas : dans celles où il y a commencement de rupture, le nerf ne diffère pas de celui de l'acier doux. Dans la cassure bleue, au contraire, le nerf apparaît long et fibreux, mais non lisse.

Acier doux et extra-doux. — La cassure à froid se produit difficilement, ou s'il y a un commencement de rupture, le nerf ressemble à celui du fer de Suède non misé. La cassure au bleu, au contraire, est lisse ou formée d'arrachements lisses.

Ces différents caractères sont très nets et peuvent être distingués au bout de peu temps par toute personne qui veut se donner la peine d'examiner attentivement les cassures qui lui sont soumises.

Il y a là une série d'indications qui sont intéressantes pour les questions de douane, au point de vue de l'entrée des aciers.

CONDITIONS D'EMPLOI DES MÉTAUX

145. Généralités. — La résistance d'un appareil complet dépend non seulement des qualités du métal employé, mais aussi des conditions de son emploi. C'est à ce titre que ce paragraphe doit compléter ce que nous avons dit des coefficients de résistance.

La malléabilité des métaux à chaud varie comme leur température, et comme elle est plus grande qu'à froid, elle est économique.

A basse température ou à froid, leur malléabilité diminue à mesure que leur surface s'*écrouit*. Le point où il faut arrêter le travail, le degré d'écrouissage, ne peut être donné que par l'expérience.

Pour continuer le travail, il faut restituer au métal sa malléabilité première par un *recuit*. C'est la règle générale.

L'écrouissage rend la surface d'une pièce plus compacte et moins élastique que son centre. Donc, sous un effort de traction, par exemple, la partie écrouie se rompra la première, puis le centre se rompra à son tour. L'effort total sera moindre que si l'élasticité de la pièce avait été uniforme. C'est ce que confirment toutes les expériences.

Le recuit rétablit l'équilibre en dilatant la surface écrouie plus que le centre.

Tant que l'écrouissage est égal sur les deux faces, comme pour une tôle laminée, le recuit donne des dilatations égales. Mais si l'écrouissage n'a lieu que sur une face, au recuit la pièce sera gauchie ou rompue.

Voici à ce sujet l'expérience que nous avons vérifiée souvent aux usines de Romilly :

Fig. 102.

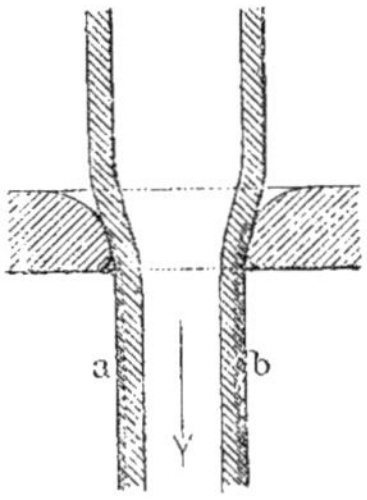

Si l'on étire à froid un tube de laiton, *à creux* (fig. 102), ou sur mandrin trop faible, la surface extérieure *ab* sera seule écrouie ou le sera plus que la surface intérieure. Ce tube, porté dans le four à recuire, déjà chauffé au rouge cerise, se fendra sur toute sa longueur. Ce fait constant résulte évidemment des dilatations inégales des parois provoquées brusquement. Un recuit progressif eût évité la rupture.

Logiquement, on en déduit que, si l'écrouissage est produit à une certaine température, il y aura, pendant le refroidissement, des contractions inégales qui pourront aussi amener la rupture, et dans tous les cas un état moléculaire instable.

En résumé : 1° L'écrouissage seulement superficiel diminue la résistance à la traction d'une pièce ;

2° L'écrouissage inégal à froid peut produire la rupture au recuit ;

3° L'écrouissage inégal à chaud peut produire la rupture au refroidissement.

Ces effets se produiront plus ou moins complètement suivant la rapidité des actions et suivant la faculté du métal à s'écrouir, c'est-à-dire dans l'ordre suivant : cuivre rouge, laiton, fer et acier à 40 kil., à 50 kil., à 60 kil., etc., etc.

L'acier extra-doux correspondrait sensiblement au bon fer à grain.

L'acier n'a donc pas un tempérament spécial, comme on l'a dit ; chaque acier correspond à un degré d'une échelle de sensibilité, dont le plus dur occupe le sommet et le cuivre rouge la base. Ainsi s'expliquent les ruptures, qui paraissaient si singulières, de tôles d'acier écrouies sur un seul côté, puis chauffées, ou les ruptures pendant le refroidissement après un écrouissage à basse température.

L'écrouissage est le résultat de toute compression du métal ; il est produit par les coups de marteau, par le poinçon, la cisaille, etc. Tant que les constructeurs n'eurent à leur disposition que des tôles d'acier résistant à 60 et 70 kg, leur emploi fut limité, car malgré le perçage des trous au foret et le recuit des tôles après cintrage, il y avait toujours écrouissage de la rivure, faite au marteau ou à la bouterolle, et de la pince, qu'il fallait matter. Les constructions en acier ne sont devenues courantes que depuis que la métallurgie a produit les aciers doux.

Aujourd'hui, en effet, on n'emploie que des tôles d'acier résistant de 40 à 45 k. pour les pièces embouties ou soumises à des chocs et celles de 45 à 60 k. pour des pièces non embouties, n'ayant pas à subir des chocs et qui sont plutôt boulonnées que rivées.

Travail à froid.— La première opération est le *cisaillage*. Elle a pour but de donner aux tôles les dimensions voulues. Il faut éviter le découpage au poinçon, surtout pour l'acier, car on augmente ainsi le développement de la surface écrouie. L'écrouissage produit par la cisaille dépend aussi de l'état de l'outil. En général, plus un outil est en bon état, moindre est l'écrouissage.

Fig. 103.

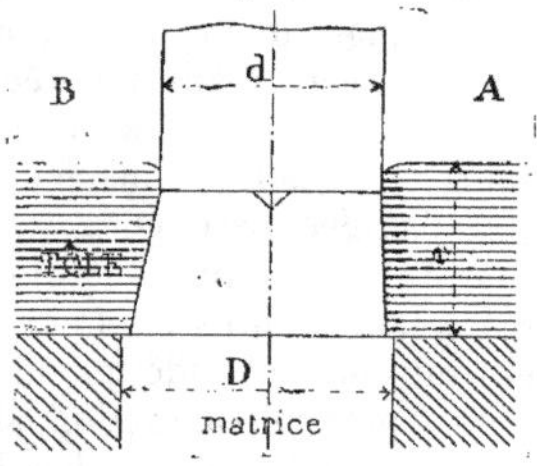

La deuxième opération après le traçage, c'est le poinçonnage. On fait habituellement $D = d + 1$ millim. (fig. 103) ; le trou est alors presque cylindrique (A) et la zone écrouie augmente des bords au centre de la tôle.

Dans le but de diminuer l'écrouissage, on fait souvent $D = d + 3$ à 4 millimètres ; le trou est alors conique (B), et il faut avoir soin de percer les tôles de manière qu'une fois superposées, les cônes soient opposés par le sommet. Les aciers très doux sont simplement poinçonnés comme le fer. Mais avec des aciers un peu durs, il faut détruire l'écrouissage par un recuit suffisant ou en enlevant la zone écrouie.

La perte de résistance due au poinçonnage est très variable, les essais sont souvent même contradictoires. En général, on admet qu'elle peut atteindre pour des tôles de fer 10 à 20 % et pour des tôles d'acier 15 à 30 %, suivant leur dureté.

D'après M. Barba, la zone écrouie est de 1 à 1,5 d'épaisseur. Il suffit donc de limer ou raboter de 1,5 le champ des tôles ou d'aléser les trous de 2 à 3 millimètres pour détruire l'écrouissage. Des essais plus récents, faits à l'arsenal de Brest et rapportés par M. Considère, ont établi que cet alésage doit varier avec l'épaisseur de la tôle ; soit : 2 millim. pour tôles de 10 millim. d'épaisseur.

3 id. id. 15 id. id.

4 id. id. 20 id. id.

La troisième opération, c'est le dressage, le planage ou le cintrage des tôles sur grandrayon. Ces opérations ne se font à froid que pour des faibles déformations.

Après une opération un peu importante, et surtout s'il s'est agi d'un martelage de l'acier, il faut recuire.

Travail à chaud. — Supposons qu'il s'agisse de façonner une calotte ou une plaque de foyer : La tôle (cuivre, fer ou acier) est chauffée au feu de forge, sur la plus grande surface possible, ou mieux au four, dans son entier, jusqu'au rouge cerise pour le cuivre et au rouge cerise clair pour le fer et les aciers. Puis on l'assujettit sur la matrice en fonte dont elle doit épouser la forme. On frappe alors successivement les différents points de la partie chauffée, pour la plier sur la matrice. Si la tôle a été chauffée dans son entier, on emploie le plus de frappeurs possible, tournant autour de la pièce pour mieux utiliser la chaude.

Pour les premières opérations qui ébauchent la pièce, et surtout avec des tôles minces, on a employé de tout temps des masses en bois, analogues au maillet des chaudronniers et ferblantiers : leur large surface permet de plier rapidement le métal, très mou au début, tout en évitant les coups d'angle des masses en fer. A mesure que l'on approche de la forme et que le métal se refroidit, on emploie des masses de cuivre ou de fer; enfin on se sert de l'étampe pour parer les parties droites. Chaque opération peut se prolonger au delà du rouge sombre pour le cuivre, mais doit cesser au rouge pour le fer et les aciers, afin d'éviter tout écrouissage. Le nombre de chaudes dépend évidemment de l'épaisseur et de la forme de la pièce ainsi que de la nature du métal.

La pièce étant achevée, on lui fait subir un recuit général au four, au rouge cerise clair; on laisse ensuite refroidir régulièrement, à l'air, sur un sol sec. Faute de four, on entoure la pièce d'un feu de bois ou de charbon de bois, que l'on abandonne jusqu'à refroidissement.

Actuellement on emploie, pour river et emboutir à chaud, des machines, notamment celles à pression hydraulique, qui agissent rapidement et sans choc ; elles opèrent en une seule chaude quand les déformations à obtenir sont dirigées dans le même sens. Après une opération, si la tôle est encore rouge, il n'y a pas eu d'écrouissage, ou s'il s'est produit à un faible degré, la chaleur interne de la plaque suffit à effectuer le recuit de la surface.

La presse hydraulique, qui sert aussi à l'étirage des tubes sans soudure en cuivre ou en acier, est appliquée aujourd'hui au forgeage des plus grosses pièces, comme les arbres de marine. Elle paraît devoir remplacer, dans bien des cas, le travail du marteau-pilon. L'Angleterre possède actuellement trois usines où la presse est substituée au pilon.

DEUXIÈME PARTIE

CONDITIONS DE RÉSISTANCE

DES

ORGANES DE CONSTRUCTION

ET

APPLICATIONS

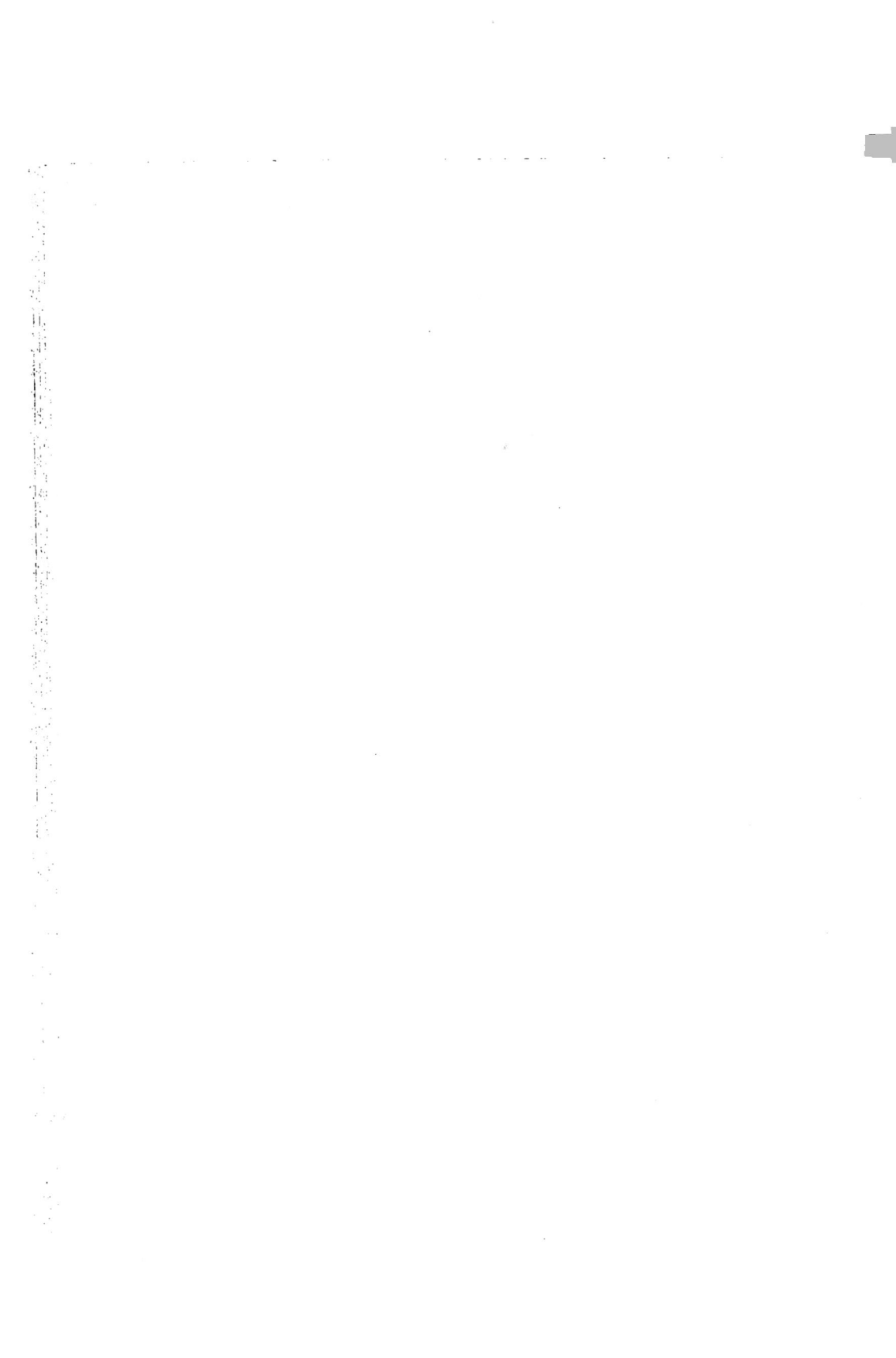

CHAPITRE VIII

ORGANES SOUMIS A LA TRACTION

CABLES MÉTALLIQUES

Les câbles métalliques résistent toujours à la tension.

Dans les appareils de levage, cette tension est la charge à soulever; dans un plan incliné, c'est la composante parallèle au plan. Pour les câbles de suspension des ponts et des transports aériens, qui supportent des charges perpendiculaires à leur projection horizontale, y compris leur poids propre, ils forment alors le polygone funiculaire, dont nous avons tiré parti en graphostatique, au chap. III, et leur tension maximum est représentée, en grandeur et direction, par les côtés ou tangentes extrêmes du funiculaire. D'autres fois, comme pour les câbles de traction de transports aériens, la tension résultant de leur propre poids s'ajoute à la traction d'une charge mobile sur un plan incliné. Enfin, pour les câbles de transmission de force, la tension résultant de leur propre poids doit produire sur les poulies une adhérence supérieure à l'effort tangentiel qu'il s'agit de transmettre.

Nous sommes donc conduit à nous occuper des câbles de *traction*, de *suspension*, des *transports aériens*, et des *transmissions*.

Pour arriver au calcul rationnel de ces câbles de transmission, nous devons d'abord en étudier le fonctionnement, et nous le ferons d'autant plus volontiers que notre étude diffère de ce qui a été publié sur ce sujet, du moins à notre connaissance (1).

CABLES DE TRACTION, DE MINES

146. Généralités. — Un certain nombre de fils tordus autour d'une âme métallique ou en chanvre goudronné forment un toron; plusieurs torons enroulés de même forment un câble.

La torsion des torons est inverse de celle donnée aux fils dans les torons.

(1) Nous complèterons ailleurs les détails de construction relatifs aux transmissions et aux transports aériens qui ne sauraient trouver place dans ce manuel.

Ce n'est qu'après l'adoption des âmes en chanvre que ces câbles se répandirent, car alors seulement les fils supportent une égale tension et le câble est élastique. Par leur grande résistance et leur durée, ils remplacent avantageusement ceux en chanvre dans bien des cas.

Nous indiquons (fig. 104) les principales compositions de ces câbles. Les sections 1 et 2, entièrement métalliques, donnent des câbles peu élastiques et d'autant plus raides que le fil est plus gros; ils s'emploient pour les ponts suspendus, guidages, paratonnerre, etc.

Fig. 104.

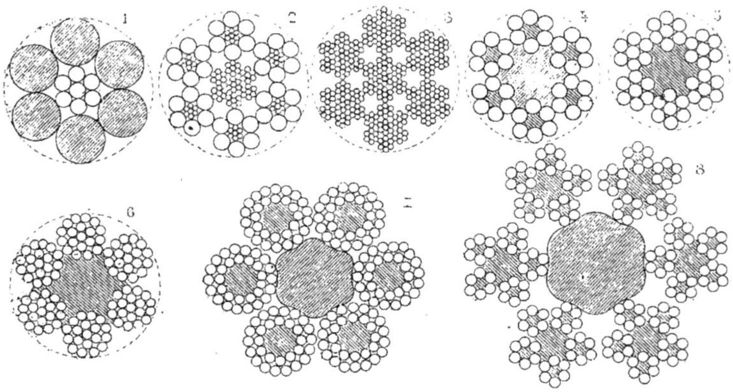

Quand le chanvre n'est pas admissible, comme dans les emplois précédents, on donne plus de souplesse au câble en formant les âmes de fils fins et même recuits. En même temps, on évite la rupture de ces âmes qui, étant moins tordues que les fils extérieurs, doivent être de nature plus élastique pour ne pas fatiguer plus que ces fils.

On emploie aussi pour appareils de levage des câbles composés en grelins (3), en fils fins. La section (5), avec âme principale en chanvre, donne des câbles plus élastiques et plus souples, se prêtant à l'enroulement sur poulies ; mais on améliore encore ces qualités en faisant toutes les âmes en chanvre, comme au n°4. Pour de fortes charges, on fait les torons à double rang, pleins (6), ou mieux avec âme en chanvre (7); mais alors les fils, inégalement tordus, fatiguent inégalement. Pour obvier à cet inconvénient, la société de Seraing forme ses câbles d'extraction (8) de petits câbles à torons simples, avec toutes les âmes en chanvre ; alors tous les fils, ayant même torsion, ont même tension et le câble est très souple.

On fait aussi des câbles plats composés d'un nombre pair de câbles ronds à 4 torons cousus ensemble, dont moitié sont tordus à droite et moitié tordus à gauche, afin d'éviter la torsion du câble plat sous la charge quand elle n'est pas guidée.

Pour l'extraction, le câble rond est préférable au câble plat, en ce que son enroulement sur tambour conique spiraloïde permet d'obtenir l'équilibre des moments mieux que le câble plat enroulé sur bobine.

Résistance des fils. — Nous résumons les coefficients de résistance à la rupture des fils n° 10 à 14 donnés au chapitre VI, déduction faite de la perte due au câblage, évaluée à 1/8 ou 1/10. Les résistances avant câblage des fils sont donc de 14 % à 10 % environ plus élevées que celles que nous donnons ici.

Les chiffres de rupture et le nombre de pliages garantis par l'usine sont constatés aux deux bouts de chaque botte de fil avant son câblage.

Câbles en fil de fer clair 60 k., clair galv. 45 k., recuit noir 35 k., recuit galv. 30 k.
id. en fil d'acier clair 60 — 80 — 100 — 120 — 150 — 200 kg., suivant qualité.

id.	cuivre rouge	écroui 40 k.,	ordinaire 30,	recuit 25.
id.	laiton	id. 60	id. 50	id. 40.
id.	bronze phosphoreux	id. 70 — 100	id. 45 — 60	id. 35 — 45.

147. Poids et section d'un câble.

Soit : P l'effort ou charge normale du câble ;
R le coefficient pratique de résistance. Il est égal au coefficient de rupture R_r divisé par m, m étant le coefficient de sécurité, d'où mP est la charge totale de rupture ou de résistance absolue.
n le nombre de fils, de diamètre d ; } $n\,s = S$, section totale en
s la section, en millimètres, d'un fil ; } millimètres.
p le poids du câble par mètre courant (partie métallique seule).

En comptant sur $1^m,1$ de fil par mètre de câble, à cause de la torsion, on a :

$$p = S \times 0{,}0078 \times 1{,}1 = 0{,}00858\, n\,s = 0{,}0067\, n\,d^2 \qquad (a).$$

On a alors :

$$P = R\,S = R\,n\,s = \frac{p}{0{,}0085}\,R = 117\,p\,R \qquad (b).$$

On en tirerait la section S ou le nombre n de fils de section s qu'il faut adopter pour une charge P et un coefficient R donnés.

On tient compte du poids du câble. — Soit L sa longueur. On a alors :

$$SR = P + p\,L = P + 0{,}0085\,S\,L,$$

d'où

$$S = n\,s = \frac{P}{R - 0{,}0085\,L} \quad \text{ou} \quad P = S\,(R - 0{,}0085\,L) \qquad (c).$$

Le poids utile P devient nul quand on a :

$$L = \frac{R}{0{,}0085} = 117\,R = 117\,\frac{R_r}{m} \qquad (d).$$

Ainsi, pour un câble en fil de fer rompant à 60 k et pour $m = 10$, on a :

$$L = 117\,\frac{60}{10} = 117 \times 6 = 702 \text{ mètres.}$$

C'est la longueur limite dans ce cas, celle pour laquelle la charge à lever devient nulle.

Le poids $p = 0{,}0085$ S ne tient pas compte du poids des âmes, par conséquent L serait moindre que 702 mètres si on prenait pour p le poids réel du câble.

Câbles de mines à section décroissante. — Les relations précédentes montrent l'avantage des fils d'acier très résistant, ainsi que l'utilité, pour les extractions profondes, des câbles légers ou à section décroissante. Pratiquement, on réduit la section après chaque tronçon cylindrique de 100 à 200 mètres en supprimant un fil de distance en distance. La société de Seraing préconise le système suivant :

Dans la confection d'un câble long, on doit souvent prolonger les fils par une soudure ; si donc, à la suite d'un tronçon cylindrique de 100 ou 200 mètres, on prolonge successivement chaque fil par un fil plus petit, en espaçant les soudures de $0^m,50$ environ, on aura un tronçon conique raccordant deux tronçons cylindriques. La section inférieure sera $S' = P : R$, et pour la section supérieure S de chaque tronçon on appliquera les formules précédentes (C), dans lesquelles L sera la longueur du tronçon cylindrique considéré et P comprendra, outre la charge utile, le poids total des tronçons inférieurs à celui que l'on considère.

Comme exemple de câble d'extraction à section décroissante, nous rapportons les dimensions qu'aura le câble de Seraing (8, fig. 104), actuellement de section uniforme, en fils de 2 millimètres, quand l'extraction aura atteint 730 mètres.

A cause des âmes en chanvre, le poids du mètre courant a été calculé par la relation $p = 0{,}0085\, n\, d^2$. Pour les tronçons ou mises coniques on a pris le poids moyen ; les soudures sont espacées de $0^m,50$.

Nos des mises.	Longueur des mises.	Diamètre des fils.	Diamètre du câble.	Poids du mètre courant de chaque mise.	Poids total de chaque mise.	Charge à supporter.
1	110 m.	2,2 millim.	54 m/m	7k,40	814k,0	+ 7950k,9 = 8764k,9
2	90 »	en décroiss.		6k,76	608k,4	+ 7342k,5 = 7950k,9
3	150 »	2 millim.	49 m/m	6k,12	918k,0	+ 6424k,5 = 7342k,5
4	90 »	en décroiss.		5k,33	497k,7	+ 5926k,8 = 6424k,5
5	150 »	1,8 millim.	44 m/m	4k,95	742k,5	+ 5184k,3 = 5926k,8
6	90 »	en décroiss.		4k,43	398k,7	+ 4785k,6 = 5184k,3
7	160 »	1,6 millim.	40 m/m	3k,91	625k,6	+ 4160k,0 = 4785k,6
Total	840 m.				4604k,9	

148. Diamètre des câbles. — Quand on aura arrêté le nombre total de fils de diamètre d et leur mode de groupement, on arrêtera le nombre n de fils du pourtour d'un toron ou de torons par câble, puis on calculera comme suit le diamètre des torons ou celui du câble.

Si d désigne indifféremment le diamètre du fil dans un toron de diamètre D ou le diamètre du toron dans un câble de diamètre D et n le nombre de fils de l'enveloppe d'un toron ou de torons par câble, on a (fig. 105), en appelant K le terme entre parenthèse :

$$\frac{d}{2} = r \sin \frac{180^\circ}{n}, \qquad D = 2r - d = d\left(1 + \frac{1}{\sin \frac{180}{n}}\right) = K d.$$

Le diamètre des âmes en chanvre, avant le câblage, ne peut être donné que par la pratique. On obtiendra ces diamètres ainsi que le diamètre d'un toron ou d'un câble en multipliant le diamètre d du fil ou du toron par les coefficients K ci-après, calculés pour $n = 3$ à 8.

Nombre de fils par toron ou de torons par câble.	3	4	5	6	7	8
Pour le diam. des âmes — Chanvre	—	-	0,85	1,4	1,6	2
Pour le diam. des âmes — Métalliq. . . . . k =	—	—	0.68	1	1,3	1,6
Diam. extér. des torons ou des câbles. k =	2,15	2,42	2,7	3	3,32	3,6

Fig. 105.

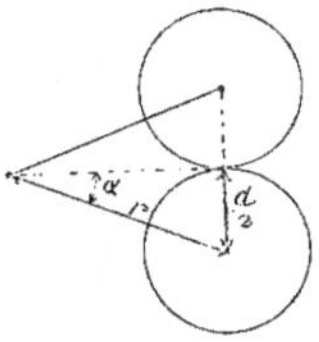

Ces coefficients ne s'appliquent qu'aux torons à simple rang de fils. Le diamètre d'un toron à double rang ou à double enveloppe (n° 7, fig. 104) est égal à celui du toron à simple rang, plus $2\,d$; on en déduira le diamètre du câble comme ci-devant.

Exemple : Un toron de 5 fils aura un diamètre $= 2{,}7\,d$, et le câble formé de 7 de ces torons aura un diamètre $= 3{,}32\ (2{,}7\,d) = 8{,}964\,d$.

Tout câble à 6 torons de 6 fils (non compris les âmes) aura un diamètre $= 3\ (3\,d) = 9\,d$. Le câble n° 8 (fig. 104), en fils de 2 millimètres, aura pour diamètre :

$$2 \times 3 \times 2{,}7 \times 3 = 48{,}6.$$

149. Tableau. — Le tableau suivant contient les données relatives aux fils de $0^{mm},5$ à $4^{mm},4$ et la résistance absolue ou de rupture $= m$P ainsi que le poids des câbles pour $n = 42$ fils en fer à $R_r = 60$ k, acier à 100 k et cuivre ou fer recuit à 45 k. Ces chiffres de rupture permettent de trouver facilement la résistance absolue mP pour un câble d'un nombre quelconque n' de fils présentant un coefficient de résistance R_r' différent de ceux du tableau ; il suffit de multiplier les chiffres de ce tableau par $n' : n$ et par $R_r' : R_r$.

FILS.				CABLES de 42 fils, type 5, fig. 108.					
N° du fil.	Diam. du fil d.	Section en millim. s	Poids de 1000 mètres.	Diamètre $9\,d$.	Fer ou acier à 60 k.		Acier à 100 k.	Cuivre ou fer recuit à 45 kg.	
					Rupture.	Poids.	Rupture.	Rupture.	Poids.
	mm	mm c	k			k			k
P	0.5	0,196	1,5	4,5	493,8	0,072	823	370	0,082
1	0,6	0,287	2,2	5,4	723	0,104	1205	542	0,118
2	0,7	0,385	3,0	6,3	970	0,142	1617	727	0,160
3	0,8	0,503	3,92	7,2	1266	0,185	2110	950	0,210
4	0,9	0,636	4,96	8,1	1602	0,234	2670	1200	0,265
5	1,0	0,785	6,12	9	1978	0,290	3297	1485	0,328
6	1,1	0,95	7,42	9,9	2394	0,35	3990	1800	0,400
7	1,2	1,114	8,81	10,8	2844	0,417	4740	2133	0.472
8	1,3	1,327	10,35	11,7	3348	0,49	5580	2510	0,566
9	1,4	1,539	12	12,6	3880	0,567	6468	2910	0,642
10	1,5	1,767	13,78	13,5	4460	0,65	7434	2345	0,737
11	1,6	2,011	15,68	14,4	5064	0,74	8440	3800	0,840
12	1,8	2,545	19,84	16,2	6396	0,938	10660	4800	1.062
13	2.0	3,142	24,48	18	7908	1,158	13180	5930	1,311
14	2,2	3,801	29,64	19,8	9576	1.400	15960	7180	1,586
15	2,4	4,524	35,28	21,6	11340	1,667	18900	8500	1,888
16	2,7	5,725	44,63	24,3	14412	2,110	24020	10800	2,390
17	3,0	7,068	55,13	27,0	17934	2,600	29890	13450	2,950
18	3,4	9,079	70,82	30,6	22878	3,345	38130	17150	3,790
19	3,9	12,045	93,17	35,1	30176	4,400	50328	32640	4,985
20	4,4	15,205	118,6	39,6	3[illegible]304	5,600	63810	28700	6,346

Exemple. — Quelle sera la résistance absolue d'un câble de $n = 36$ fils d'acier n° 12 résistant à 140 kg.? On a :

$$m\,P = 10660 \times \frac{36}{42} \times \frac{140}{100} = 12792 \text{ kilog.}$$

150. Coefficient de résistance pratique. — Ce coefficient $R = R_r : m$ doit être d'autant plus faible ou m d'autant plus grand que le câble est moins élastique et que les causes de détérioration, comme le mouillage, le fouettement, peuvent avoir plus d'intensité.

On diminue l'oxydation résultant du mouillage en employant des fils galvanisés. Quant au fouettement, il croît avec la vitesse et provient des irrégularités du moteur ou du manque de soin du mécanicien.

Pour des câbles fixes, on fait habituellement $m = 4$ à 5.
Pour des appareils de levage, d'extraction, etc., $m = 6$ à 8.
Pour les manœuvres d'hommes, à vitesse réduite, $m = 10$ à 12.

Tels sont les coefficients que l'on emploie d'ordinaire. Mais, à part les câbles fixes, tous les autres s'enroulent sur des poulies, et il nous paraît préférable de calculer l'effort que supportent les fibres extrêmes d'un fil par suite de son enroulement. Au lieu de considérer le câble même, il suffit, eu égard à la torsion des fils, de considérer un des fils qui le composent.

Soit : d le diamètre du fil dont se compose le câble;
D le diamètre de la plus petite poulie d'enroulement;
R_f l'effort sur les fibres extrêmes résultant de la flexion.

En nous reportant à ce que nous avons dit de la flexion (4, chap. I), i étant la déformation et E le coefficient d'élasticité, on a :

$$i = \frac{v}{\rho} = \frac{d}{D}, \quad \text{d'où} \quad R_f = Ei = E\frac{d}{D} = 20000\frac{d}{D} \text{ pour le fer.}$$

Si maintenant l'on s'impose la condition que la charge totale, traction et flexion $(R + R_f)$, ne dépasse pas une fraction donnée, 1/3, 1/4 ou 1/5 de la rupture, on voit que l'effort utile R sera d'autant plus élevé que R_f sera plus faible. C'est ainsi que nous avons calculé le tableau suivant, en prenant pour fils de fer clairs câblés l'effort total = 1/4 de la rupture à 60 k, soit 15 k.

Pour fils d'acier, nous avons calculé R_f en prenant $E = 25000$, au lieu de $E = 22000$ (chap. VI). Pour le câble d'extraction de Seraing dont nous avons parlé on a pris $E = 27500$. En prenant pour fils à 120 k l'effort total = 1/4 de la rupture, nous en déduisons les valeurs de R du tableau suivant. Si on se donne la limite de R_f qu'on ne veut pas dépasser, on en déduit le diamètre minimum d'enroulement $D = E\frac{d}{R_f}$.

COEFFICIENTS DE FLEXION ET DE TRACTION DES FILS.

$D : d =$	1400	1500	1600	1700	1800	2000	2200	2400	2600	2800	3000
Fer $\frac{20000}{D : d} = R_f =$	14	13,3	12,5	11,7	11	10	9,1	8,3	7.7	7	6,66
id. $15 - R_f = R =$	1	1,7	2,5	3,3	4	5	5,9	6,7	7,3	8	8,33
Acier $\frac{25000}{D : d} = R_f =$	18	16,6	15,6	14,7	14,0	12,5	11	10,4	9,6	9	8,30
id. $30 - R_f = R =$	12	13,4	14,4	15,3	16	11,5	19	19,6	20,4	27	21,7

En service, les fils d'un câble se rompent l'un après l'autre, et quand les fils restants ne présentent plus le degré de sécurité voulu, le câble est changé de destination ou mis hors de service.

L'emploi d'un coefficient m élevé assurera dans tous les cas un plus long service.

CABLES DE SUSPENSION

151. Charge uniforme. — Soit (fig. 106) p la charge uniforme par mètre courant de la longueur $2\ l$, comprenant, s'il s'agit d'un pont, le poids du tablier et la charge d'épreuve. Nous négligeons pour le moment le poids du câble, généralement faible à côté de p. On pourrait en tenir compte en l'évaluant approximativement par comparaison avec des constructions existantes. Le polygone funiculaire est alors circonscrit à une parabole et la tension horizontale est constante en tous points.

Fig. 106.

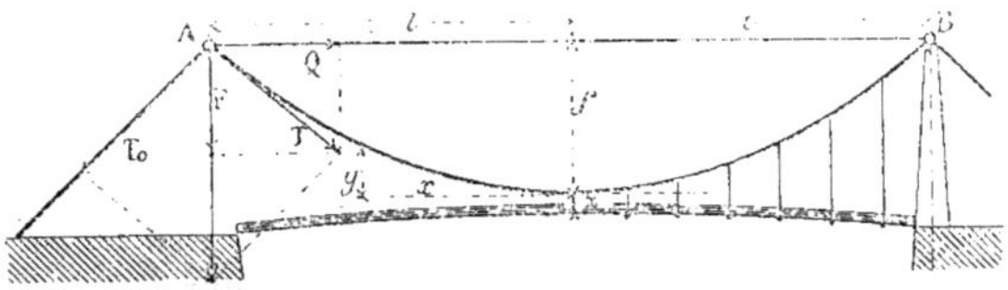

Si les tiges de suspension sont assez rapprochées, le polygone se confond avec la courbe parabolique dont f est la flèche.

La tension totale T, dirigée suivant les tangentes extrêmes de la courbe, est la résultante des composantes horizontales Q et verticales F sur chaque appui.

Q s'obtient en prenant les moments par rapport au sommet de la courbe.

On a :

$$F = pl, \qquad Q f = pl \frac{l}{2}, \qquad \text{d'où} \qquad Q = \frac{pl^2}{2f} \qquad (a).$$

D'où

$$T = SR = nsR = \sqrt{Q^2 + F^2} = \frac{pl}{2f}\sqrt{4f^2 + l^2} \qquad (b).$$

On se donne habituellement la flèche f, qui varie de 1/20 à 1/10 de la portée $2\ l$.

Pour un câble donné capable d'une tension RS, on peut demander quelle flèche il faut lui donner pour porter un poids uniforme p. On a :

$$Q = \sqrt{T^2 - F^2} = \frac{pl^2}{2f}, \qquad \text{d'où} \qquad f = \frac{pl^2}{2\sqrt{T^2 - (pl)^2}} \qquad (c).$$

Dans cette relation, p pourra comprendre le poids du câble.

Les appuis ne sont pas de niveau (fig. 107). — Les relations précédentes s'appliquent encore en substituant à f et l des relations précédentes les valeurs f_I et l_I pour T_1 en A, f_{II} et l_{II} pour T_{II} en B. Les relations entre ces quatre quantités se déduisent de ce que la tension horizontale est constante. On a :

$$Q = \frac{pl_1^2}{2f_1} = \frac{pl_{II}^2}{2f_{II}}, \qquad \text{d'où} \qquad l_1 : \sqrt{f} :: l_{II} : \sqrt{f_{II}} :: l_1 + l_{II} : \sqrt{f_1 + f_{II}}.$$

D'où

$$l_1 = l_1 + l_{II}\frac{\sqrt{f_1}}{\sqrt{f_1 + f_{II}}} \quad \text{et} \quad l_{II} = l_1 + l_{II}\frac{\sqrt{f_1 + f_{II}}}{\sqrt{f_{II}}} \qquad (d).$$

Si donc on se donne l'une des flèches $f_{,}$ ou $f_{,,}$, l'autre sera connue, puisque la différence de niveau des appuis $h = f_{,,} - f_{,}$ est donnée. On aura aussi $l_{,}$ et $l_{,,}$, puisque la distance horizontale $l_{,} + l_{,,}$ des appuis est donnée.

Fig. 107.

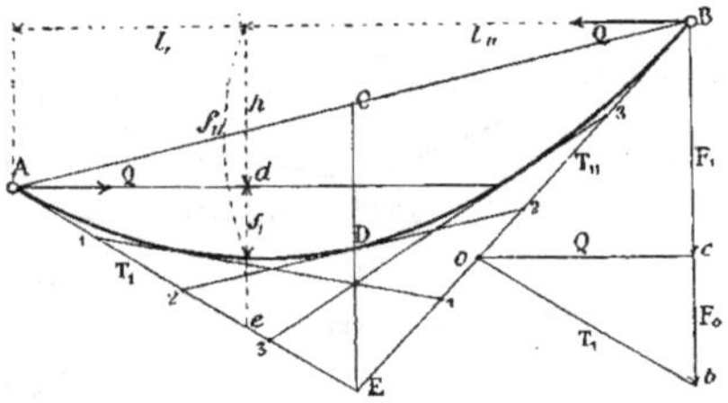

Il est clair qu'il suffit de calculer la tension $T_{,,}$ pour l'appui le plus élevé ; on en déduira la section du câble, qui est généralement uniforme sur toute sa longueur.

Le calcul de la flèche $f_{,,}$ en fonction de $T_{,,}$, si le câble est donné, est plus compliqué, parce que $l_{,,}$ est inconnu. Le tracé graphique suivant permettrait de résoudre le problème avec une approximation suffisante.

Résistance R. — Ces câbles fixes se font en fils plus gros que ceux destinés à l'enroulement, et nous savons que la résistance des fils diminue avec leur grosseur. C'est ainsi que les ponts et chaussées admettent pour les câbles en fils de fer un coefficient de rupture égal à 54 kg. et une charge de sécurité au 1/3, soit de 18 kg.

152. Tracé de la parabole et calcul graphique des tensions. — Prenons le cas le plus général, celui ou les appuis ne sont pas de niveau. h est la différence de niveau donnée. Le tracé de la parabole se fait facilement en menant les tangentes extrêmes (28). Si on donne la flèche f_{1} du sommet de la parabole, on a $f_{,,} = h + f_{1}$, d'où on tire les distances l_{1}, $l_{,,}$. On prend $de = 2 f_{1}$. La ligne Ae est la tangente extrême en A. En la prolongeant jusqu'en E sur la verticale du milieu de la travée, B E sera la tangente extrême en B. Si maintenant on divise ces lignes en un même nombre de parties égales, les lignes 1 — 1, 2 — 2, 3 — 3 sont autant de tangentes à la parabole, qu'il est alors facile de tracer.

Comme vérification on doit avoir C E = 2 C D.

Pour obtenir la valeur des tensions, qui sont dirigées suivant ces tangentes extrêmes, il suffit de remonter au polygone rectiligne des charges (56). Prenons Bb, représentant à une échelle donnée 1 : n la charge totale $p\ (l_{1} + l_{,,})$; menons $b\,o$ parallèle à A E : on obtient le pôle o. Bo représente $T_{,,}$ et $b\,o$ représente $T_{,}$; la distance polaire $o\,c$ représente la tension horizontale Q ; enfin, $b\,c = F_{0}$ et B$c = F_{1}$.

On voit facilement comment, dans le cas de la charge uniforme, si la tension $T_{,,}$ était donnée, les charges verticales F_{1}, $F_{,,}$ restant les mêmes, en la portant à l'échelle ci-dessus, on déterminerait Q et les nouvelles directions des tangentes extrêmes, et par suite les flèches, en effectuant le tracé de la courbe.

153. Cas de charges concentrées P_1, P_2, P_3, (fig. 108). — Voyons comment s'applique la méthode graphique. Calculons F_0 et F_1 ; ce sera souvent plus simple que de les déterminer graphiquement. On a :

Fig. 108.

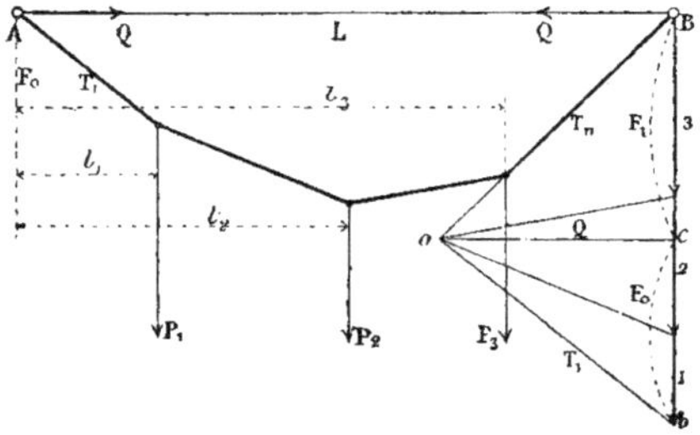

$$F_1 L = P_1 l_1 + P_2 l_2 + P_3 l_3 \ldots$$

d'où $F_0 = P_1 + P_2 + P_3 \ldots - F_1$.

Si maintenant nous formons le polygone des charges $B\,b = P_1 + P_2 + P_3 \ldots$ et si nous portons $B\,c = F_1$, on aura $c\,b = F_0$. C'est sur l'horizontale du point c que se trouve le pôle. Il faut donc pour déterminer le funiculaire se donner ou cette distance polaire, représentant la tension horizontale Q, ou la direction d'un des côtés extrêmes, $B\,o$ par exemple. Le pôle o étant connu, on mène les divers rayons qui déterminent les directions des divers côtés du funiculaire.

ÉCHELLES. Si les échelles des longueurs et des flèches sont les mêmes, les tensions T_1, $T_{_{\prime\prime}}$, Q, seront à la même échelle $1 : n$ que la charge totale ; mais si les flèches sont à une échelle m fois plus grande que lesl ongueurs, ce que l'on fait habituellement, l'échelle de Q sera aussi m fois plus petite que celle des charges, soit à l'échelle $\frac{1}{n'} = \frac{1}{mn}$, et puisque $T = \sqrt{Q^2 + F^2}$, l'échelle des tensions selon la direction des tangentes sera :

$$\frac{1}{K} = \sqrt{\left(\frac{1}{n'}\right)^2 + \left(\frac{1}{n}\right)^2}$$

Exemple : Prenons pour unité de charge 1 tonne $=$ 1000 kg. représentée par 1 mètre, soit $\frac{1}{n} = \frac{1}{100}$ l'échelle des flèches ou des charges; 1 millim. représentera 100 kg.

Soit $m = 8$, d'où $\frac{1}{n} = \frac{1}{800}$ échelle des longueurs et de Q. L'échelle des T sera :

$$\frac{1}{K} = \sqrt{\left(\frac{1}{800}\right)^2 + \left(\frac{1}{100}\right)^2} = \frac{1}{62{,}44},$$

c'est-à-dire que 1 millimètre des rayons Bo, bo, etc. représentera $62^k, 44$.

154. Longueur du câble. — Soit λ la longueur d'un arc de parabole, compté du sommet de la courbe à l'un des appuis. En considérant cet arc comme un arc de cercle, on obtient la relation suivante, suffisante en pratique :

$$\lambda = l\left(1 + \frac{2}{3}\left(\frac{f}{l}\right)^2\right) = Kl, \quad \text{d'où} \quad l = \frac{\lambda}{K} \qquad (e).$$

Si les appuis sont de niveau, la longueur totale est 2λ; dans le cas contraire, on calculera les arcs λ_1 et $\lambda_{_{\prime\prime}}$ pour les longueurs l_1, $l_{_{\prime\prime}}$ correspondant aux flèches f_1, $f_{_{\prime\prime}}$. La longueur totale $= \lambda_1 + \lambda_{_{\prime\prime}}$.

155. Calcul exact du câble de suspension. — Appelons q le poids par mètre de câble pour S = 1 m/m. Ce poids dépend de la torsion, et pour 1m,10 de fil par mètre $q = 0{,}0085$ (147). Le poids de l'arc λ est $q\lambda S$, et si p est la charge uniforme par mètre et par câble, on a : $F = pl + q\lambda S$.

Si α est l'angle que fait la tangente extrême ou T avec l'horizontale, on a aussi :

$$F = T \sin\alpha, \qquad Q = T\cos\alpha = S \times R\cos\alpha.$$

D'où

$$T = \frac{F}{\sin\alpha} = \frac{pl + q\lambda S}{\sin\alpha} = RS, \quad \text{d'où} \quad S = \frac{pl}{R\sin\alpha - 0{,}0085\,\lambda} \qquad (a).$$

Pour calculer S et Q, il suffit d'exprimer $\sin\alpha$ et $\cos\alpha$ en fontion de l et de f (1).

$$\text{Tang}\,\alpha = \frac{2f}{l}, \qquad \cos\alpha = \frac{1}{\sqrt{1 + \left(\frac{2f}{l}\right)^2}}, \qquad \sin\alpha = \frac{1}{\sqrt{1 + \left(\frac{l}{2f}\right)^2}}.$$

156. Tiges de suspension. — Pour une abscisse x comptée à partir du sommet de la parabole (fig. 106), l'ordonnée correspondante au-dessus de ce sommet est : $y = f\frac{x^2}{l^2}$. On calcule de même les ordonnées y' de la courbe du tablier, supposée parabolique, et si z est la distance des sommets des courbes, la longueur d'une tige est $y + y' + z$.

La charge qu'elles supportent, si leur écartement est m, est pm.

Câble de retenue. — Sa direction étant donnée (fig. 110) ainsi que celle du support, on aura la tension T_0 et la compression Am du support en décomposant la tension T du câble de suspension suivant ces deux directions.

Si le câble de retenue ou T_0 est donné ainsi que sa direction, en composant T_0 et T on détermine la direction du support ou plus généralement celle de la résultante et sa valeur. Avec un secteur, la résultante de T_0 et T est la verticale An, comme il convient pour des supports en maçonnerie.

Fig. 110.

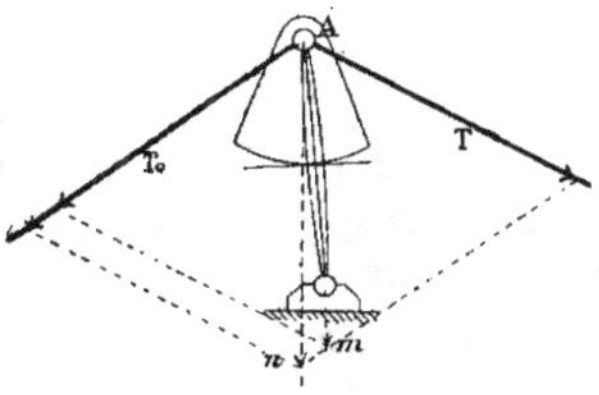

(1) La trigonométrie donne (fig. 109) :

$\sin\alpha : \text{tang}\,\alpha :: \cos\alpha : 1$ ou $\sin\alpha = \cos\alpha \times \text{tang}\,\alpha$. et $\cos = \frac{\sin\alpha}{\text{tang}\,\alpha}$

On a aussi :

$$\overline{\sin}^2\alpha + \overline{\cos}^2\alpha = 1 = \overline{\cos}^2\alpha\,(1 + \text{tang}^2\alpha) = \overline{\sin}^2\alpha\left(1 + \frac{1}{\overline{\text{tang}}^2\alpha}\right).$$

d'où :

$$\cos\alpha = \frac{1}{\sqrt{1 + \text{tang}^2\alpha}}, \quad \text{et} \quad \sin\alpha = \frac{1}{\sqrt{1 + \left(\frac{1}{\text{tang}^2\alpha}\right)}}.$$

Fig. 109.

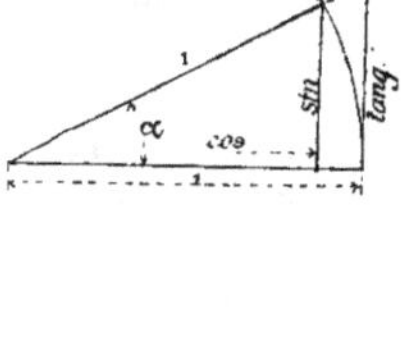

CABLES POUR TRANSPORTS AÉRIENS

Ce mode de transport permet la circulation de charges, en ligne droite, entre deux points donnés, quel que soit l'état des lieux. Ces installations et leurs organes mécaniques varient beaucoup ; nous donnerons ailleurs le détail de leur construction.

On rencontre fréquemment en Suisse et surtout sur le versant italien des Alpes, où les pentes sont les plus raides, des installations de transport ou plans inclinés très simples, consistant en un fil de fer unique amarré au sommet d'une montagne et dans le vallon, servant à la descente du bois de chauffage et du foin. La charge accrochée au fil descend, en glissant, par son propre poids.

Fig. 111.

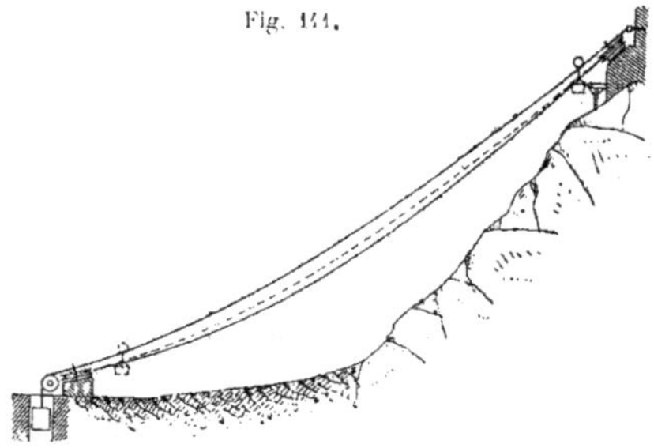

Une installation industrielle se compose de un ou deux câbles formant les voies aériennes ou plan incliné et portant les bennes de chargement (fig. 111). Ces câbles sont mobiles ou fixes. Dans ce dernier cas, un second câble sans fin, passant sur des poulies de renvoi, à chaque station extrême, effectue la traction des bennes.

Si les charges descendent et si l'inclinaison du plan est suffisante, il devient automoteur. Dans les cas contraires, le câble de traction est actionné par un moteur. Les câbles porteurs et le câble mobile sont tendus le plus souvent à la station inférieure à l'aide de vis, de treuils ou de contrepoids.

Ces câbles porteurs fixes sont composés comme l'un des torons des câbles 6 ou 7 (fig. 104) et les câbles mobiles soumis à l'enroulement se font comme les nº 4 ou 5.

Les voies de grande longueur comprennent des travées de 100 à 500 mètres, suivant les obstacles à franchir. La hauteur des supports dépend de ces obstacles, du passage à laisser sous le câble. On la règle de façon à rendre la pente du plan aussi uniforme que possible.

157. Calcul des câbles. — Pour déterminer la tension d'un câble, nous emploierons le calcul et la composition graphique des forces.

Pour le porteur, nous appelons T la tension en B (fig. 112-113), Q la tension horizontale, t la tension en un point faisant l'angle β sur l'horizon, F la composante verticale en B, S la section du câble et R le coefficient de résistance du métal.

Pour le tracteur, nous aurons : T', t', Q', F', S', et R'. Les quantités $q = 0{,}0085$, poids de 1 m. de câble pour $S = 1$ et λ, longueur du câble mesurée sur l'épure, sont supposées constantes pour les deux câbles. Nous admettons aussi qu'on se donne à priori les sections ou poids des câbles que l'on croit acceptables, soit $q\lambda S = M$ poids du porteur et $q\lambda S' = M'$ poids du tracteur.

Quand nous connaîtrons T et T', nous vérifierons que $R = T : S$ et $R' = T' : S'$ sont compris dans les limites que nous indiquons ci-après.

Nous établirons les calculs pour le porteur ; ceux du tracteur se feront de même.

Considérons d'abord un câble AB (fig. 112 et 113) soumis à son propre poids. On peut admettre que sa courbe est la parabole, et suivant qu'il est plus ou moins tendu, le sommet de la parabole est en A (fig. 113) et la tangente ou la tension Q en ce point est horizontale et constante, ou bien ce sommet est au delà de A (fig. 112) et la tangente en ce point, ou t fait sur l'horizon l'angle β.

Fig. 112.

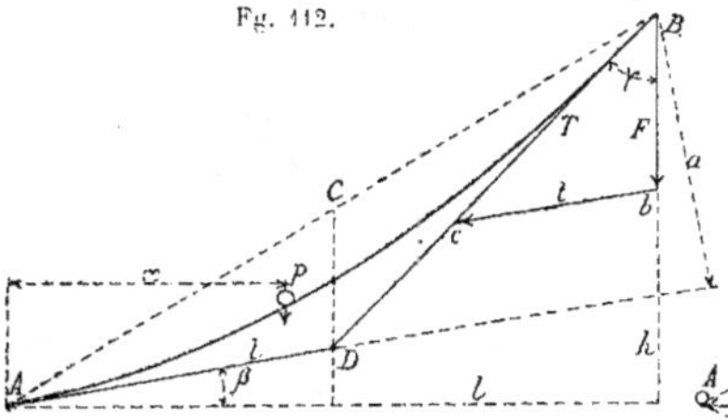

Fig. 113.

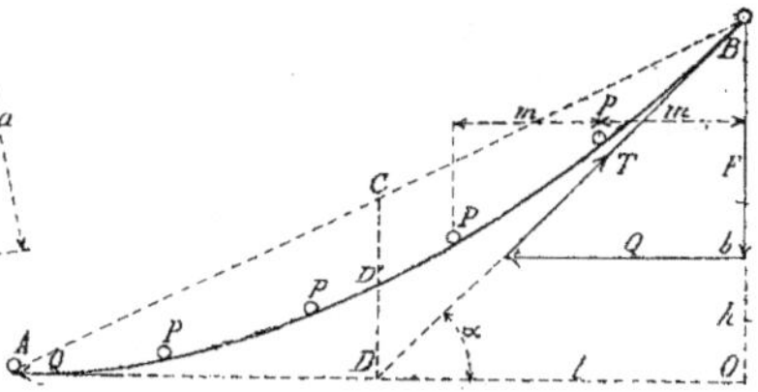

Dans les deux cas, les tangentes extrêmes se coupent en D sur le milieu de l et $CD' = D'D$. C'est la longueur λ du câble ainsi tracé qui nous sert à calculer M et M'.

Cas d'une charge unique. — Soit P le poids de la benne. C'est la charge sur le porteur quand la benne est près de A. A ce moment, le poids propre du tracteur M' est supporté par sa poulie en B ; mais, à mesure que la benne s'élève, la charge sur le porteur s'augmente du poids du tracteur, correspondant à la distance variable x. Arrivée en B (fig. 114), cette charge est $P + M' = F'$.

Fig. 114.

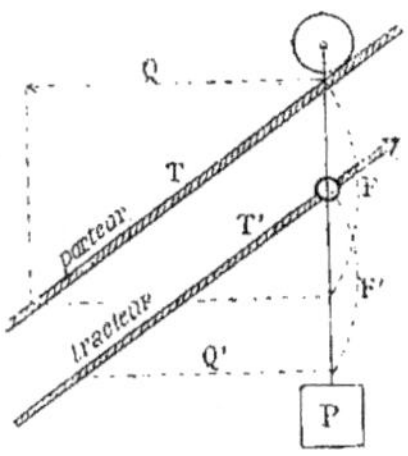

La tension t ou ses composantes, verticale et horizontale, fait équilibre à M et à P pris avec sa valeur en chaque point. En prenant les moments de ces trois forces autour de B, on a :

$$t(\cos\beta\, h - \sin\beta\, l) = ta = M\frac{l}{2} + P(l - x), \text{ d'où } t = \frac{Ml + 2P(l-x)}{2a} \quad (a),$$

expression dans laquelle P augmente à mesure que $l - x$ diminue. a se calcule ou se mesure sur l'épure quand on connaît β.

La composante verticale en B est $F = M$ ou $F' = M'$ quand la charge P est en A et $F = P + M' + M$ ou $F' = P + M'$ quand la charge est en B.

En composant F, représenté par B b, et t, représenté par $b\,c$ ou F' et t', on aura dans chaque cas, T ou T' représenté par B c.

Pour appliquer ce qui précède, il faut distinguer le cas où le câble, tendu par un contrepoids en A ou en B, peut varier de longueur et le cas où, étant amarré à ses extrémités, sa longueur est constante. Cette variation de longueur étant faible, nous conservons pour M et M' les valeurs déjà calculées.

Contrepoids en A. — La tension t égale au contrepoids est constante, et suivant qu'on se donne sa direction ou son intensité quand P est en A, on tire de (a) pour $x = o$:

$$t = \frac{(M + 2P)l}{2a} \quad \text{ou} \quad a = \frac{(M + 2P)l}{2t}.$$

Dans ce cas, $F = M$: sa composition avec t donne T, en grandeur et direction.

Supposons maintenant P parvenue en B. $x=l$, d'où $a=Ml:2t$ et $F=P+M'+M$. En composant t et F, on aura la nouvelle valeur et direction de T; le câble se sera raccourci, ce que permet le contrepoids.

Contrepoids en B. — La tension T est constante ; on la fait égale à une fraction donnée (1/6 ou 1/10) de la résistance absolue du câble, et si on se donne sa direction en la composant avec F, on aura, pour chaque cas, la valeur et la direction de t.

Cable fixé a ses deux extrémités. — Si on se donne β ou a pour P en A, on en tire, comme précédemment, t et T et on a la vraie forme et longueur de câble. Mais si maintenant on suppose P parvenue en B, la variation des angles γ et β étant indéterminée, celle de t l'est aussi. Si on se donne β ou a pour P en B, on aura d'autres valeurs de t; T et une autre longueur, mais alors l'indétermination de t a lieu pour P en A.

Exemple. — Le plan incliné établi par MM. Brenier et Cie, de Grenoble, pour la Société des Ciments de la Porte-de-France, est formé de câbles amarrés en B et tendus en A par un treuil. Ses dimensions sont : $l=475$ m.; $h=350$ m.; $\lambda=600$ m. Le porteur pèse $5^k,5\times 600=3300$ k. $=M$; le tracteur $1^k,16\times 600=700$ k. $=M'$; le poids de la benne pleine est $P=1200$ k. L'épure de la parabole, en faisant $\lambda=45°$, donne tang $\beta=0,48$.

Dans ces conditions, si pour P en A on veut avoir tang $\beta=0,3$, l'épure donne $a=200$, d'où

$$t=\frac{(3300+2\times 1200)\,475}{400}=6770^k,\qquad F=3300.$$

En composant ces deux forces, on trouve : $T=8360$.

Supposons, au contraire, qu'on se donne tang $\beta=0,48$ pour P en B. L'épure donne $i=110$, d'où

$$t=\frac{3300\times 475}{220}=7125,\qquad F=5200\,;\quad \text{on trouve } T=10520^k.$$

La section du porteur est environ $5^k,5:0,0085=647$ millim.,
d'où $R=10520:647=16$ k. environ, soit 1/4 de la rupture du fil de fer.

Cas de plusieurs charges. — Dans le cas de plusieurs bennes égales et à des intervalles m égaux, on peut admettre que le câble conserve la forme parabolique comme s'il était chargé uniformément par mètre de la longueur l.

En supposant une des bennes parvenue en B, on a :

Pour le tracteur,

$$t'a=M'\frac{l}{2}+P\,(m+2m+3m\ldots).$$

$$F'=P\left(1+\frac{l-m}{l}+\frac{l-2m}{l}+\frac{l-3m}{l}\ldots\right)+M'=KP+M'$$

en appelant K le terme entre parenthèses.

Pour le porteur,

$$ta=M\frac{l}{2}+(P+qms')\,(m+2m+3m\ldots)\quad\text{et}\quad F=F'+M.$$

En composant t et F ou t' et F', on aura T ou T'.

Enfin, si la parabole a son sommet en A (fig. 113), $a = h$; la tension horizontale Q est constante et on a pour le porteur :

$$F : Q :: h : 1/2\, l, \quad Q = F\frac{l}{2h}, \quad T = \sqrt{Q^2 + F^2}.$$

Pour le tracteur, il suffit d'accentuer les lettres F, Q, T.

158. Calcul direct des câbles. — Dans l'hypothèse où la courbe du câble est la parabole ayant son sommet en A (fig. 113), on peut calculer directement S′ et S comme pour les ponts (155). On a :

$$F' = T' \sin \alpha, \quad Q' = T' \cos \alpha; \quad F = \frac{T}{\sin \alpha}, \quad Q = T \cos \alpha.$$

En prenant les valeurs précédentes de F′ et F on a :
Pour le tracteur,

$$T' = R'S' = \frac{KP + q\lambda S'}{\sin \alpha}, \quad \text{d'où} \quad S' = \frac{KP}{R' \sin \alpha - q\lambda} \qquad (a).$$

Pour le porteur,

$$T = RS = \frac{KP + q\lambda (S' + S)}{\sin \alpha}.$$

Substituant à S′ sa valeur (*a*), on a pour le porteur :

$$S = \frac{KP \times R' \sin \alpha}{(R' \sin \alpha - q\lambda)(R \sin \alpha - q\lambda)} \qquad (b).$$

Les sections S′ et S sont donc déterminées si on se donne R′ et R et si on exprime comme (155), sin α et cos α en fonction de l et de $f = h$.

Connaissant S′ et S on aura T′, T, Q′, Q.

La longueur λ se calcule par la relation (154).

La longueur limite s'obtient en écrivant

$$R \sin \alpha = q\lambda, \quad \text{d'où} \quad \lambda = R\frac{\sin \alpha}{0{,}0085}.$$

Ce sont ces relations (*a*), (*b*) qui nous serviront à dresser le tableau suivant; mais avant nous devons indiquer les limites de R et R′.

Valeur de R. — Pour les porteurs, on doit tenir compte de l'usure que subissent les fils extérieurs par le roulement des galets. C'est pour cela qu'on fait souvent ces fils plus gros que ceux de l'intérieur. Il faut aussi tenir compte de ce que la résistance des fils diminue avec leur grosseur et de ce que tous les fils d'un câble à section pleine ne travaillent pas également. Quand un fil se rompt, on retient les bouts au moyen d'une enveloppe en tôle mince. Si donc la tension adoptée au début est assez éloignée de la rupture, on pourra marcher encore avec plusieurs fils cassés. Pour ces raisons, il ne nous paraît pas suffisant de faire, comme on l'a proposé, R = 1/4 de la rupture (1). Il sera préférable de prendre R = 1/6 à 1/8 de la rupture.

Valeur de R′. — Le câble de traction est soumis à l'enroulement.

En nous reportant au tableau (150), on voit que, pour acier à 120 kg., R ou ici R′ varie avec D : *d* de 1/10 à 1/5 de la rupture.

(1) Notice de la Cie de Châtillon et Commentry sur les fils et câbles métalliques.

Nous dirons donc encore ici qu'il n'est pas suffisant de faire, comme on l'a proposé, sans tenir compte de l'enroulement, $R' = 1/3$ de la rupture (1), d'autant plus que dans le cas de plusieurs travées ce câble de traction subit un frottement sur les rouleaux de suspension. Ainsi, d'après le tableau (150) pour $D : d = 1800$, $R_f = 14$ k, la fatigue totale des fils serait $R' + R_f = 40 + 14 = 54$ kg., c'est-à-dire près de la moitié de la rupture. La limite d'élasticité du métal serait donc atteinte, ce qui n'est pas admissible.

159. Applications. — Supposons les câbles en fils d'acier résistant à 110 ou 120 k. pour les n° 10 à 12, qualité de fabrication courante, soit 100 à 110 k. après câblage pour les fils fins n° 3 à 10 du câble de traction et seulement 85 à 95 kg. pour les fils plus gros, de 3 à 5 millimètres, des câbles porteurs, ainsi que pour tenir compte de l'inégalté de tension résultant de l'inégale torsion des fils dans chaque enveloppe. Le fil formant l'âme, notamment, n'étant pas tordu, ne devrait pas être compté dans la section et devrait être de préférence en fil de fer recuit.

Pour ces deux câbles, nous prenons $R = R' = 10$ kg., soit 1/9 environ de la rupture pour le porteur soumis à l'usure et 1/6 pour le câble en fil de fer. Et pour le câble de traction soumis à l'enroulement, le tableau (150) donne pour $D : d = 1800$ $R_f = 14^k$, soit une résistance totale $= 24^k$ ou 1/4,5 de la rupture.

Les relations (*a*) et (*b*) deviennent :

$$S' = \frac{KP}{10 \sin \alpha - 0,0085\, \lambda}; \qquad S = \frac{KP \times 10 \sin \alpha}{(10 \sin \alpha - 0,0085\, \lambda)^2}.$$

Si on pose $S' : KP = k$, on a donc $S : KP = k^2 \times 10 \sin \alpha$.

On a aussi $Q' : KP = k \times 10 \cos \alpha$ et $Q : KP = (S : KP)\, 10 \cos \alpha$.

Ces relations ont servi à calculer le tableau suivant :

Pour le cas d'une charge unique P, ce tableau n'est pas exact ; il ne peut donner qu'une valeur approximative des sections. On vérifiera les sections adoptées par les calculs simples du (157).

Exemple. — Soit à établir un plan incliné devant avoir $l = 250$ mètres et f ou $h = 125$ mètres, ou $l : f = 2$, la charge mobile, benne et poids utile étant de 500 kg. Dans notre tableau, les deux chiffres les plus rapprochés de ces données sont $l = 257$ et $f = 128$. On a alors $S' = 500 \times 0,22 = 110$ millimètres, section du tracteur, ou 42 fils n° 12, de $1^m,8$ de diamètre, ou $2^{mm},545$ de section, ou $16^m,2$ pour le diamètre du câble.

$Q' = 500 \times 1,55 = 775^k$. C'est la tension du tracteur au point le plus bas.

Cette tension est souvent moindre, parce qu'on laisse prendre à ce câble une flèche plus grande que celle du porteur.

$S = 500 \times 0,342 = 171,5$ millimètres, section du câble porteur, des bennes pleines. On en déduira la composition du câble et sa section vraie. Celui des bennes vides se trouve en prenant P égal au poids propre de la benne.

$Q = 500 \times 2,418 = 1209$ kg. C'est la tension ou contrepoids à la station inférieure du câble porteur des bennes pleines, ou mieux $Q = 10 \times S \cos \alpha$, en prenant S = la section vraie. Si le contrepoids est placé à la station supérieure on aura : $T = 171 \times 10 = 1710$ k., ou la section vraie $\times$ 10 kg.

Ces calculs ne sont qu'approximatifs pour une charge P unique ; ils seront vérifiés comme (157).

Câbles pour transports aériens.

Inclinaison du Plan	Longueur λ	Portée l	Hauteur f ou h	Tracteur $R' = 10$		Porteur $R = 10$	
				$S' : KP$	$Q' : KP$	$S : KP$	$Q : KP$
$\frac{l}{f} = 1$	100	60	60	0,123	0,583	0,135	0,64
	200	120	120	0,138	0,651	0,170	0,8
Sin. $\alpha = 0,894$	300	180	180	0,156	0,736	0,217	1,03
Cos. $\alpha = 0,474$	400	240	240	0,180	0,850	0,289	1,37
	500	300	300	0,210	0,990	0,394	1,86
$\frac{l}{f} = 2$	100	86	43	0,160	1,14	0,180	1,27
	200	172	86	0,186	1,31	0,244	1,72
Sin. $\alpha = 0,707$	300	257	128	0,220	1,53	0,342	2,42
Cos. $\alpha = 0,707$	400	343	171	0,270	1,77	0,515	3,64
	500	429	214	0,350	1,48	0,866	6,12
$\frac{l}{f} = 3$	100	93	31	0,210	1,75	0,244	2,04
	200	186	62	0,260	2,16	0,375	3,12
Sin. $\alpha = 0,555$	300	279	93	0,333	2,77	0,615	5,12
Cos. $\alpha = 0,894$	400	372	124	0,465	3,87	1,2	9,98
	500	465	155	0,770	6,40	3,29	27,37
$\frac{l}{f} = 4$	100	96	24	0,276	2,47	0,34	3,04
	200	192	48	0,360	3,22	0,58	5,17
Sin. $\alpha = 0,447$	300	288	72	0,520	4,65	1,2	10,72
Cos. $\alpha = 0,832$	400	384	96	0,930	8,31	3,86	34,56
$l : f = 5$	100	97	19,5	0,350	3,25	0,455	4,22
Sin. $\alpha = 0,3714$	200	195	39	0,500	4,64	0,928	8,61
Cos. $\alpha = 0,9285$	300	292	58	0,640	5,94	1,52	14,12
$l : f = 6$	100	98	16,3	0,430	4,07	0,584	5,53
Sin. $\alpha = 0,316$	200	196	33	0,680	6,45	1,46	18,84
Cos. $\alpha = 0,948$	300	294	49	1,640	15,54	8,5	80,58
$l : f = 8$							
Sin. $\alpha = 0,242$	100	99	12,4	0,630	7,37	0,96	9,31
Cos. $\alpha = 0,97$	200	198	25	1,400	16,50	4,74	46,0

CABLES DE TRANSMISSIONS

Les règles indiquées par divers auteurs sont souvent trop générales et ne satisfont pas dans tous les cas.

Nous rappellerons, sans le secours de savants calculs : 1° que la condition de régularité dans une transmission n'est que secondaire; qu'elle est opposée à la condition de conservation du câble, dont il faut surtout se préoccuper, sauf à employer les moyens mécaniques connus pour limiter les irrégularités de travail ; 2° que le rapport de la flèche à la portée doit augmenter ou que l'effort de traction R, par unité de section, doit diminuer à mesure que la portée est plus petite.

Mais nous établirons aussi, pour la première fois, croyons-nous, en nous appuyant sur ce que nous avons dit (chap. I) des effets des vibrations dues aux efforts répétés, que la résistance totale (traction et flexion) d'un câble et surtout sa vitesse doivent diminuer avec la portée. C'est seulement en tenant compte de ces considérations qu'on peut satisfaire, dans la limite du possible, dans chaque cas, aux conditions de durée et de bon fonctionnement d'un câble.

160. Adhérence et tensions. — On se propose de transmettre un effort P ou une puissance de N chevaux à une vitesse V du câble, D étant le diamètre des poulies et n leur nombre de tours par minute. On a :

$$V = \frac{\pi D n}{60} = 0{,}0523\, D n, \qquad P = 75 \frac{N}{V} = 1432 \frac{N}{D n}.$$

On se donne la vitesse V, qui peut varier de 12 à 35 mètres, puis on détermine D en fonction du diamètre des fils, et on en déduit le nombre de tours n. Si alors on veut diminuer ce nombre de tours, on devra augmenter D; si on veut l'augmenter, on augmentera V.

Considérons (fig. 115) une poulie motrice A transmettant à la poulie B un effort tangentiel P, le mouvement ayant lieu dans le sens indiqué par la flèche.

Fig. 115.

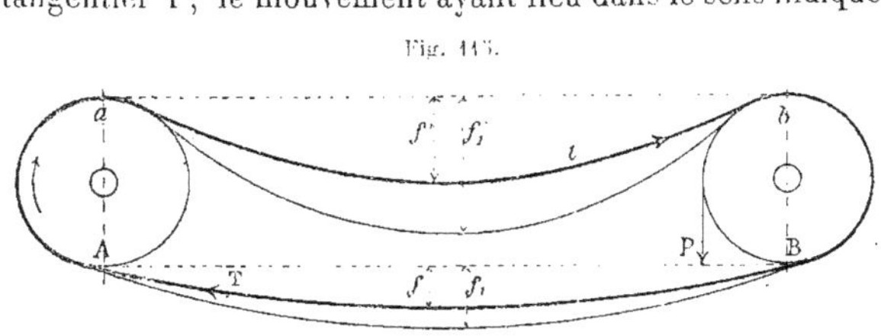

T est la tension du *brin conducteur* et t celle du *brin conduit*.

Pendant le mouvement, on aura :

$$T = t + P.$$

D'un autre côté, la tension T, qui fait équilibre à la tension t et au frottement, est donnée en mécanique par la relation :

$$T = t \times 2{,}718^{\alpha f}, \qquad \text{d'où} \qquad T - t = P = t\,(2{,}718^{\alpha f} - 1),$$

expression dans laquelle α est le rapport de l'arc embrassé par le câble au rayon de la poulie. Nous admettons que cet arc est la demi-circonférence; alors $\alpha = \pi$. f est le coefficient de frottement.

Mais pour qu'il n'y ait pas glissement du câble sur la poulie, il faut que le frottement soit supérieur à P d'une fraction m ou égal à P $(1 + m)$. On tire alors de la relation précédente :

$$t = \frac{P(1 + m)}{2{,}718^{\pi f} - 1} = P \times K, \qquad \text{d'où} \qquad T = P(K + 1).$$

m sera une fraction égale à 0,25, 0,50 ou même $m = 1$, d'autant plus grande que l'effort P sera plus variable. Le coefficient de frottement f varie avec la nature et l'état des surfaces.

Des expériences faites en Westphalie, par M. Bauman (1), sur des câbles d'extraction, ont donné les coefficients du tableau suivant.

La charge sur un brin étant T, celle sur l'autre brin t, on a, au moment où le câble glisse : $T - t = f(T + t)$. Le rapport des diamètres D : d des poulies et du câble a varié de 100 à 200. f diminue quand D augmente et quand la charge augmente.

En mettant les valeurs minima de f dans l'expression ci-dessus, on obtient les valeurs de K pour $m = o$, condition d'équilibre, et pour $m = 0{,}25$ ou 0,5.

NATURE DE LA GORGE	FONTE	BOIS	CUIR A PLAT OU DE CHAMP	
Coefficient de frottement f	0,22 à 0,18	0,28 à 0,20	0,28 à 0,23	moy. 0,26
Conditions d'équilibre $t = P \times$	1,3	1,15	0,94	0,8
Pour $m = 0{,}25$, $t = P \times$	1,62	1,44	1,14	1,0
id. $m = 0{,}50$. $t = P \times$	1,95	1,72	1,41	1,2

On adopte souvent, pour les câbles comme pour les courroies, en supposant $f = 0{,}24$ à 0,28, $t = P$ et $T = 2$ P, comme condition minimum pour assurer le mouvement; ce qui, pour $f = 0{,}23$ ou $t = 0{,}94$ P, correspond à $m = 0{,}07$ seulement. Nous appelons cette condition $t = P$ ou $T = 2$ P la condition d'équilibre, parce qu'alors le glissement peut être près de se produire, surtout si l'arc embrassé est plus petit que π.

En pratique on doit s'éloigner de cette condition, c'est-à dire augmenter ces tensions t et T en augmentant le poids du câble, d'autant plus qu'il est plus sensible aux variations de travail; en un mot, que son poids total ou la travée est plus faible (2).

Si, connaissant la tension T que doit supporter le câble pour vaincre l'effort tangentiel P, on connaissait le coefficient de résistance R par unité de section admissible,

(1) Décrites dans le *Zeitschrift für das Berg-Hutten und Salinen Wesen im Preussichen staate* et rapportées dans les *Bulletins de la Société des Ingénieurs civils*. — Décembre 1884.

(2) Reuleaux, dans *Le Constructeur*, appelle cela une *tension renforcée* et un *système nouveau*. Il n'y a pas là de système nouveau : tous les câbles sont à tension plus ou moins renforcée, sans quoi, il y aurait glissement.

on en déduirait la section S du câble ou le nombre n de fils de section s, ou le diamètre d des fils.

En effet, on a :

$$T : R = S = ns = 0{,}785\, nd^2 ; \quad \text{d'où} \quad d = \sqrt{\frac{T}{0{,}785\, R\, n}}.$$

Pour S = 1 millimètre carré, T = R. Or, nous verrons que la tension R par unité de section ne dépend que de la flèche du câble et que cette flèche doit varier avec la portée. Nous ne pouvons donc pas encore calculer la section d'un câble ; nous calculerons encore moins le diamètre d des fils, parce que ce calcul donnerait des diamètres qui ne se fabriquent pas (1). Il sera plus simple et plus logique quand nous connaîtrons R de l'appliquer aux fils qui se fabriquent et d'en déduire pour des câbles existant dans le commerce la tension T et, par suite, la puissance N qu'ils peuvent transmettre. Voyons donc quelles sont les relations entre R et la flèche f et dans quelles limites f doit varier.

161. Méthode expérimentale. — Dans les premières transmissions, établies vers 1850, à Mulhouse, par M. Hirn, on opérait comme suit :

Soient A et B (fig. 116) les points extrêmes du câble. Un fil de poids connu p' par mètre est attaché en A et passe en B sur une poulie folle ; il porte un poids T', que l'on règle jusqu'à ce qu'on ait obtenu la flèche f que l'on veut. On se donne aussi le câble de poids p que l'on juge suffisant. Soit T_0 la tension qu'aura le câble au repos. On a alors :

Fig. 116.

$$p' : p :: T' : T_0, \text{ d'où } T_0 = T' \frac{p}{p'}.$$

D'un autre côté, on a calculé l'effort tangentiel P à transmettre. On en déduit $T = T_0 + P$ et $t = T_0 - P$. Enfin, on s'assure que le câble choisi peut résister à la tension T en prenant pour coefficient R le 1/10 au plus de la rupture du fil.

Méthode analytique. — La courbe qu'affecte un câble sous son propre poids p par mètre est la *chaînette*. Mais, vu la faible flèche du câble, on peut admettre que p représente une charge uniforme par mètre de la longueur horizontale $2\,l$.

La courbe ou le funiculaire est alors une parabole, et l'on a les relations (a), (b), (c) (138).

Pour le cas où les poulies sont à des niveaux différents, on arrive, en combinant ces relations et en déterminant les tensions $T_{\prime}$ ou $T_{\prime\prime}$ d'après l'effort P à transmettre (fig. 107), à une expression de $l_{\prime}$ ou $l_{\prime\prime}$ en fonction des données (2).

(1) Reuleaux, dans *Le Constructeur*, a ainsi calculé des tableaux que nous n'imiterons pas, parce qu'ils nous sont inutiles.

(2) C'est ainsi qu'a procédé M. Vigreux (*Annales du Génie civil*, 1876), en calculant T pour le travail à transmettre à une distance $2\,l = 100$ m. et avec un coefficient R = 5 k.

Mais cette expression est compliquée et, de plus, il faut pour calculer les tensions $T_{\prime}$ ou $T_{\prime\prime}$ se donner dès à présent le coefficient R; or nous verrons que ce coefficient doit varier avec la portée $2l$. Nous préférons la méthode de calcul suivante, beaucoup plus simple et très suffisante en pratique.

Fig. 117.

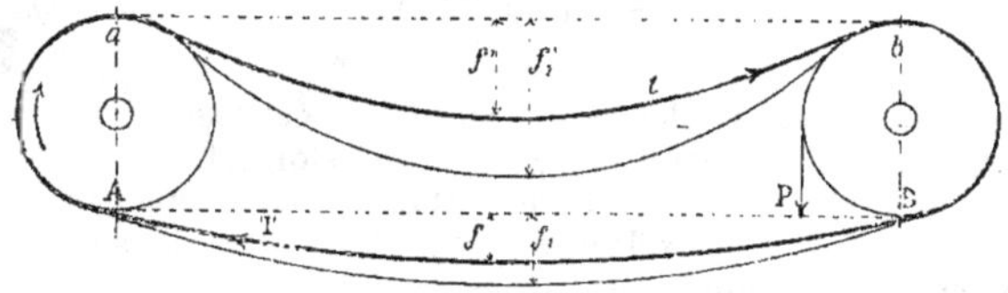

De ce que la flèche d'un brin est généralement faible par rapport à la portée $2\ l$, on peut considérer les tensions $T_{\prime}, t_{\prime}$ comme agissant dans la direction des cordes AB, *ab* (fig. 117). Alors, en mesurant la flèche f par rapport à cette corde, au milieu de la portée, on a pour la condition minimum ou d'équilibre $T = 2\,P$, relative au brin conducteur :

$$T = 2t = 2\ P = 150\,\frac{N}{V} = R\,nS = \frac{pl^2}{2f} \qquad (a).$$

D'où

$$(b) \qquad N = \frac{V\,R\,ns}{150}, \qquad\qquad p = 300\,\frac{fN}{l^2 V}. \qquad (c).$$

Le poids du câble est (147) $p = 0{,}0085\,ns$ et $S = ns$. Substituant dans (*a*), on a :

$$f = \frac{pl^2}{2\,RS} = 0{,}00425\,\frac{l^2}{R} \qquad \text{ou} \qquad R = 0{,}00425\,\frac{l^2}{f} \qquad (d).$$

Ces relations simples contiennent tout ce dont nous aurons besoin pour calculer une transmission (1).

En divisant (*d*) par $2\,l$, on a :

$$\frac{f}{2\,l} = 0{,}002125\,\frac{l}{R} = 0{,}001062\,\frac{(2\,l)}{R} \qquad (2).$$

Les autres relations utiles sont celles qui donnent la flèche f_0 au repos et la longueur totale développée du câble.

La flèche f_0 au repos se déduit de ce que la longueur du câble est constante. Sans indiquer ce calcul, il nous suffit de savoir que, f' étant la flèche du brin conduit, on a sensiblement :

$$2\,f_0^2 = f^2 + f'^2, \quad \text{d'où} \quad f_0 = 0{,}707\,\sqrt{f^2 + f'^2}.$$

(1) Nous n'avons pas tenu compte de la force centrifuge, tout à fait négligeable en pratique dans les conditions ordinaires de vitesse.

(2) Dans *Le Constructeur*, par Reuleaux, on a calculé une table donnant $\frac{2\,l}{R}$ désigné par $\frac{A}{S}$ pour des valeurs de $\frac{f}{2\,l}$ variant depuis $0{,}003 = \frac{1}{333}$ jusqu'à $0{,}2 = \frac{1}{5}$, limites inadmissibles en pratique. Nous n'aurons nul besoin d'un tableau analogue.

La longueur totale L du câble s'obtient facilement quand on connaît celle d'un arc de parabole à partir du sommet de la courbe jusqu'à une extrémité.

En appelant λ_0 la longueur développée d'un arc au repos et D le diamètre des poulies, si la transmission est peu inclinée, on a (154) :

$$\lambda_0 = l\left(1 + \frac{2}{3}\frac{f_0^2}{l^2}\right), \qquad \text{d'où} \qquad L = 4\,\lambda_0 + \pi D \qquad (f).$$

Au lieu de calculer l'arc λ_0 au repos, pour lequel il faut avoir f_0, on peut calculer les arcs λ et λ' correspondant à f et f'. On a alors : $L = 2\,(\lambda + \lambda') + \pi\,D$.

Si la transmission est très inclinée (fig. 107), on calculera, pour chaque brin, $\lambda_,$ et $\lambda_{,,}$ correspondant aux flèches $f_,$ et $f_{,,}$ du sommet de la parabole et aux abscisses $l_,$, $l_{,,}$, déterminées comme nous l'avons indiqué (151).

Conséquences de ces relations. — La relation (b) nous donnera la puissance en chevaux N que peut transmettre un câble donné quand on connaîtra R et V.

La relation (c) donne le poids minimum d'un câble pour la condition $T = 2\,P$.

La relation (d) fait voir que la *tension* R, *par unité de section, ne dépend que de la flèche, et réciproquement.*

Elle fait voir aussi que, *pour* R *constant, les flèches varient en raison inverse de* l^2. Enfin, pour f constant, R croîtra comme l^2, ou l croîtra comme $\sqrt{R}$.

Pour une même portée, le produit $R\,f$ ou $T\,f$ reste constant. Si alors, pour éviter tout glissement ou même pour réduire les flèches, on augmente la tension en faisant $T = 2{,}25\,P$ ou plus et que la section du câble soit donnée, R augmentera d'autant et f diminuera en sens inverse. Mais dans un projet on est maître de la section ; alors on se donne R ou f et l'on satisfait à l'augmentation de T en augmentant d'autant la section du câble, c'est-à-dire son poids.

Ces relations s'appliquent aussi avec une approximation suffisante au brin conduit. On a donc : $f't = fT$, d'où $f' = f\,(T : t)$.

Pour $T = 2\,P$ et $t = P$, $\quad f' = 2\,f \quad$ et $f_0 = 0{,}707\,\sqrt{5} = 1{,}58\,f$.

Pour $T = 2{,}25\,P$, $t = 1{,}25\,P$, $\quad f' = \dfrac{2{,}25}{1{,}25}\,f = 1{,}8\,f$ et $f_0 = 0{,}707\,\sqrt{4{,}24} = 1{,}46\,f$.

Enfin, pour un câble donné, mis en place à la tension $T = 2{,}25\,P$ et qui, après un certain temps, s'allonge et revient à la tension $T = 2\,P$, les nouvelles flèches seront (fig. 116.) : $f_1 = f\dfrac{2{,}25}{2} = 1{,}125\,f$ et $f_1' = 2\,f_1 = 2{,}25$.

La nouvelle flèche au repos sera : $f_{10} = 1{,}58\,f_1 = 1{,}78\,f$.

C'est ainsi qu'ont été déterminées les flèches du tableau suivant, par rapport à la flèche initiale minimum donnée f.

On obtiendrait tout aussi facilement les flèches si l'on partait d'une tension initiale $T = 2{,}5\,P$ ou plus.

162. Conditions de fonctionnement. — Avant d'appliquer les relations qui lient les quantités T, S, R, f et l, voyons à quelles conditions elles doivent satisfaire.

Nous disons que, pour un câble donné, *la tension* $T = RS$ *ou le coefficient de tension par millim. carré* R *doit diminuer avec* l ou, ce qui revient au même, *le rapport* $f : l$ *doit croître à mesure que* l *diminue.*

En effet, les variations de température et surtout d'humidité augmentent ou diminuent la longueur totale L du câble(1), et le rapport de ces allongements ou raccourcissements totaux à la portée $2l$ est d'autant plus grand que l est plus petit ; en d'autres termes, à diamètre égal des poulies, les flèches varieront d'autant plus que l sera plus petit.

Or, il faut éviter, au point de vue de la conservation du câble, que R n'atteigne une valeur trop élevée. La flèche donnée au montage sera donc d'autant plus grande que l sera plus petit, et inversement.

D'un autre côté, quand un câble neuf est mis en service, il se produit bientôt un allongement proportionnel à R et qui croît avec le temps. L'allongement total sur L, reporté sur la longueur $2l$, produira un accroissement des flèches d'autant plus grand que l sera plus petit. Or, il faut éviter ici que la tension T ne devienne insuffisante pour assurer le mouvement ; de là la nécessité de tendre ou raccourcir le câble, surtout dans les premiers temps de sa mise en service.

On atténue considérablement ces allongements en service en faisant subir au câble une tension préalable, soit avec la machine de M. Ziegler, de Zurich, ou toute autre.

Autres considérations. — Le moment de flexion que subit le câble à son arrivée sur la poulie et celui de redressement à la sortie sont détruits par le poids du brin de longueur $2l$. Ces deux moments de sens opposés sur un même brin produisent des oscillations d'autant plus sensibles que l est plus petit et que le câble est moins tendu.

Il faut donc encore ici augmenter le poids du câble à mesure que l est plus petit.

Ces oscillations sont plus fortes en temps sec qu'en temps de pluie (2); cela résulte de ce que le câble mouillé se raccourcit et est alors plus tendu.

Enfin nous remarquerons que les flexions subies par un câble s'enroulant sur les poulies sont, dans un temps donné, d'autant plus nombreuses que l est petit et que la vitesse du câble est plus grande. Il en résulte, toutes choses égales, qu'un câble court s'allonge et s'use plus promptement qu'un câble long. Il en résulte aussi, d'après les lois de résistance aux efforts répétés, que nous avons données (**18**, chap. I), que R doit diminuer avec la portée.

Mais comme on ne peut réduire R dans la proportion suffisante pour obtenir l'égalité d'usure, il est rationnel d'y suppléer en réduisant la vitesse V à mesure que l est plus petit. C'est en raison de cette règle que nous avons fait varier V de 12 mètres à 35 mètres, comme c'est indiqué au tableau suivant.

---

(1) En temps humide ou par l'arrosage, l'âme en chanvre des câbles augmente de diamètre, et, par suite de l'enroulement en spirale des fils, cet accroissement de diamètre entraîne une diminution dans la longueur des spires ou du câble entier.

(2) M. Vigreux (*Annales du Génie civil* 1876) cite une transmission de 25 chevaux pour $2l = 25$ mètres où l'on a supprimé les oscillations en arrosant légèrement le câble quand il ne pleut pas.

Il est également bon pour ces câbles courts de réduire l'effort R_f à l'enroulement en conservant de grands diamètres de poulies ; on diminue ainsi le nombre de modèles de poulies, considération intéressante pour le constructeur.

Conditions de régularité. — Plus un câble est tendu ou sa flèche petite, plus grande est la régularité avec laquelle une poulie commande l'autre, mais aussi plus grandes sont les secousses résultant d'une variation d'effort.

Ainsi, la condition de régularité est opposée à celle de la conservation du câble. En général on augmentera la régularité d'une transmission, on réduira les oscillations, indice d'une mauvaise marche, en augmentant le poids du câble.

Cette régularité croîtra donc avec la portée $2\,l$.

Si les irrégularités de travail sont brusques, comme dans la commande des machines-outils, il faut interposer entre le câble et la machine-outil un volant convenable.

163. Câbles en acier. — Si l'on calcule la section des câbles d'acier avec des valeurs de R plus fortes que pour le fer, on obtiendra des câbles plus légers et plus tendus que ceux en fer ; mais si l'on tient compte des conditions de fonctionnement et de régularité dont nous avons parlé, il faudra, pour les faibles portées, s'imposer la condition que les flèches et les poids, par mètre, ne soient pas sensiblement inférieurs à ceux en fer (l'avantage se trouvera dans une plus longue durée), sans quoi les oscillations et les à-coups que subirait un câble trop léger et trop tendu compenseraient vite et au delà son surcroît de résistance. C'est probablement pour avoir négligé ces considérations que des câbles en acier ont donné de mauvais résultats.

Ces câbles d'acier sont avantageux pour les grandes portées, parce qu'alors, tout en réduisant leur section, le poids total reste suffisant pour assurer un bon fonctionnement.

164. Flèches. — Si l'on s'impose pour R, résistance par unité de section, une limite qu'on ne veut pas dépasser, on en déduira la plus petite flèche que devra prendre le câble au degré maximum d'humidité et de froid, et si l'on connaissait le coefficient de contraction, qui est aussi celui d'allongement, on déduirait de l'allongement du câble sa nouvelle flèche à sec et à une température donnée. Mais il faudrait dans ce calcul compter sur la longueur totale du câble, y compris la portion enroulée sur les poulies, qui ont d'autant plus d'influence que la portée est plus petite (1).

Ce coefficient de contraction ou d'allongement doit aussi varier avec la tension R ; sa détermination ne peut donc être absolue.

Au lieu de tirer de l'observation cet élément très incertain de calcul, il nous paraît bien préférable d'en déduire le résultat lui-même, c'est-à-dire la flèche.

---

(1) C'est ainsi qu'a procédé M. Leauté, dans son mémoire sur la *Théorie générale des transmissions*, mais sans tenir compte de la portion de câble enroulée sur les poulies. Il a déduit de ses hypothèses et calculs que la flèche au repos pouvait être, pour toutes les portées, égale au minimum $1/10^{e}$ de la portée.

Cette flèche est beaucoup trop faible pour les petites portées.

Or, il résulte de l'observation d'un grand nombre de transmissions pour lesquelles le câble a fourni un bon service que, pour des portées de 100 mètres environ, la flèche du brin conducteur peut atteindre au minimum, soit, au montage, 1/50 de la portée, tandis que pour des portées de 20 à 30 mètres et avec de grandes poulies cette flèche peut s'élever à 1/20 ou 1/25 de la portée. C'est dans ces limites que nous avons admis comme règle les flèches initiales f du brin conducteur indiquées au tableau suivant.

165. Application. — 1° Connaissant, pour chaque portée, les flèches initiales f du brin conducteur, auquel nous donnons une tension initiale $T = 2,25\,P$, nous en déduisons (161) $f' = 1,8\,f$ et $f_0 = 1,46\,f$; puis, après allongement et pour la condition d'équilibre $T = 2\,P$, nous aurons les nouvelles flèches :

$$f_1 = 1,125\,f, \quad f_1' = 2\,f_1 = 2,25\,f \quad \text{et} \quad f_{10} = 1,58\,f_1 = 1,78\,f.$$

2° Connaissant les flèches f, la relation (d) donne R et pour $T = 2,25\,P = 168\,\frac{N}{V}$; et puisque nous nous donnons les sections $(n\,s)$ des câbles, la relation (b) devient

$$N = \frac{V\,R\,n\,s}{168}.$$

Enfin, admettant pour des fils de fer câblés une charge pratique de 15 k. (150), nous en déduisons $R_f = 15 - R$, d'où $D = \frac{20000}{R_f}\,d =$ diamètre minimum des poulies.

Le tableau suivant, que nous avons ainsi calculé, donne pour des câbles de 42 fils (type 5, fig. 108) la puissance N et le diamètre minimum D, pour des fils de 0,5 à 2 m/m. On ne dépasse guère pour ces câbles le diamètre $d = 1^m,2$ à $1^m,3$, sauf à multiplier le nombre de fils, qui peut aller à 42, 48, 54, 60, avec 6 torons.

Usage du tableau. — Les flèches initiales f et les vitesses V, qui sont les données fondamentales de nos calculs, sont écrites en caractères gras. Nous avons aussi indiqué : 1° les valeurs de $20000 : R_f$, qui, multipliées par d, donnent D ; 2° celles de $VR : 168$, qui, multipliées par ns, donnent N. Le lecteur pourra facilement calculer un tableau analogue pour d'autres valeurs de f et de V.

Pour une même flèche initiale f, la puissance N que peut transmettre un câble est proportionnelle à la vitesse V et à sa section totale ns. Notre tableau donnera donc N pour toute autre vitesse et pour toute autre section.

Exemple. — Quelle sera la puissance N transmise par un câble de 36 fils de 1 m/m, à la vitesse $V = 20$ mètres pour une portée de 40 mètres? On a :

$$N = 3^{ch.},3 \times \frac{36}{42} \times \frac{20}{15} = 4,9 \text{ chevaux.}$$

Quant aux diamètres D, on approche de ces minima quand il s'agit de commander des outils pour lesquels le nombre de tours est fixé. Mais pour toute transmission générale où cette obligation n'existe pas, on devra se limiter au rapport $D : d = 1600$ ou $D : d = 1800$, qui, pour des câbles des types 4 et 5 (fig. 108), dont le diamètre $= 9\,d$

Transmissions télédynamiques

Conditions pratiques d'établissement.

Portée $2l$ =		30		40		50		65		80		100		125	
m =		0,25	0	0,25	0	0,25	0	0,25	0	0.25	0	0,25	0	0,25	0
Flèches	f et f_1	**1,3**	1,46	**1,4**	1,57	**1,5**	1,69	**1,65**	1.85	**1,8**	2	**2**	2.25	**2,5**	2,81
	f' et f_1'	2,34	2,92	2,5	3,14	2,7	3,38	2,97	3,70	3,24	4	3,6	4.5	4.5	5,62
	f_0 et f_{10}	1,9	2,31	2,04	2,49	2,19	2,67	2,4	2,94	2,63	3,2	2,92	3,56	3,56	4,45
R		$\overset{k}{0,73}$		$\overset{k}{1,20}$		$\overset{k}{1,77}$		$\overset{k}{2,7}$		$\overset{k}{3,8}$		$\overset{k}{5,3}$		$\overset{k}{6,63}$	
$15 - R = R_f$		14,27		13,8		13,23		12,3		11,2		9,7		8,37	
$D = d \times$		1400		1450		1500		1600		1800		2000		2400	
Vitesse V =		**12**^{m}		**15**^{m}		**18**^{m}		**20**^{m}		**20**^{m}		**25**^{m}		**30**^{m}	
VR : 168		0,051		0,1		0,187		0,31		0,45		0,78		1,17	
Diam. des fils	Section des 42 fils	Puissance en chevaux N pour câbles de 42 fils Diamètre minimum D des poulies.													
d	ns	N	D	N	D	N	D	N	D	N	D	N	D	N	D
0,5	8,23	0,44	0,7	0,8	0,72	1,4	0,75	2,5	0,80	3,7	0,90	6,4	1.0	9 6	1,20
0,6	12	0,6	0,84	1,3	0,87	2,25	0,90	3,7	1,96	5,4	1,08	9,4	1,2	14	1,44
0,7	16	0,8	0,98	1,6	1,01	3	1,05	5,0	1,12	7,2	1.26	12,5	1,4	18,7	1,68
0,8	21	1	1,12	2,1	1,160	3,9	1,20	6,5	1,28	9,4	1,44	16,4	1,6	24,5	1,92
0,9	26	1,3	1,26	2.6	1,305	4,8	1,35	8	1,44	11,7	1,62	20	1,8	30	2,16
1,0	33	1,68	1,4	3,3	1,45	6	1,5	10	**1,6**	14,8	**1,80**	29	2.0	38,6	**2,40**
1,1	40	2	1,54	4	1,6	7,4	1,65	12,4	1,76	18	2,0	31,2	2,2	46,8	2,64
1,2	47	2,4	1,68	4,7	1,74	8,8	1,8	14,5	1.9	21	2,16	36,6	2,4	55,0	2,88
1,3	56	2,8	1,9	5,6	1,9	10,5	1,95	17,4	2,1	25	2,3	43,7	2,6	65	3,12
1.4	64	3,25	2,0	6,4	2,0	12	2,1	19,8	2,24	28,8	2,5	50	2,8	75	3,36
1,5	74	3,8	2,1	7,4	2,18	13,8	2,25	23	**2,4**	33,3	**2,7**	57.7	**3,0**	86	**3,6**
1,6	84	4,9	2,24	8,4	2,3	15,7	2,4	26	2.56	37,8	2,9	65,5	3,2	98	3,84
1,8	106	5,4	2,50	10,6	2,6	20	2.7	33	2,9	47,7	3,24	82,7	3,6	124	4,3
2,0	131	6,7	2,8	13	2.9	24.5	3,0	40,6	3.2	59	3,6	102	**4,20**	153	**4,8**

correspond à D = 200 × diam. du câble, ou mieux à D : d = 2400, ou D = 266 × diamètre du câble.

Si, de plus, on se limite à d = 1 m/m, d = 1,5 et d = 2 m/m, on aura un petit nombre de modèles dont les diamètres sont écrits en chiffres gras.

Il faut, du reste, observer que, par suite de nouveaux besoins, on est souvent conduit à adopter un câble plus lourd que celui primitivement employé, et alors on se trouve bien d'avoir des poulies encore suffisantes.

Dispositions générales. — Si le brin conduit est à la partie inférieure (fig. 117) sa flèche qui, en marche, est la plus grande, peut être gênante et obliger à relever les poulies ou à creuser le sol ; de plus, elle a pour effet de réduire l'arc embrassé qui, devenant plus petit que π, favorise le glissement. Si, au contraire, on place le brin conduit à la partie supérieure, ce qui est possible tant qu'on a $f' < D + f$, c'est-à-dire que les deux brins ne se touchent pas, l'arc embrassé devient plus grand que π et, par suite, le glissement est moins à craindre.

Fig. 118.

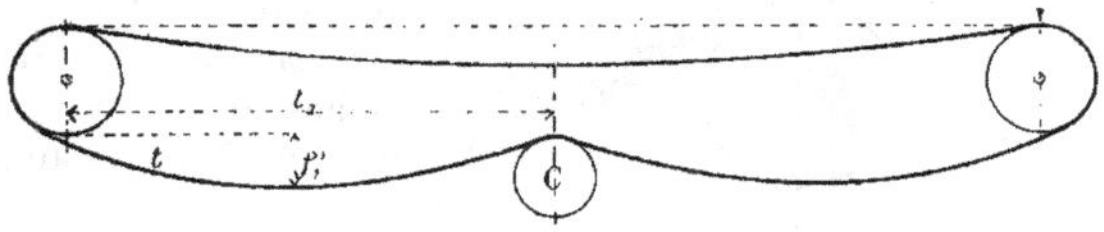

Dans une transmission d'une seule portée, on peut être obligé de relever le brin inférieur, conducteur ou conduit, par une poulie C (fig. 118), située à la distance l_1. Dans ce cas, on calcule d'abord les flèches des deux brins sans la poulie C.

Supposons que l'on ait relevé le brin conduit dont la flèche était f'. Il faut évidemment que sa tension t reste la même. En se reportant à la relation (c), on déduira la nouvelle flèche f_1' de la flèche f'. Et puisque $f' = 2f$, on a :

$$f' = \frac{pl^2}{2\,t}, \quad f_1' = \frac{pl_1^2}{2\,t}\,; \quad \text{d'où} \quad \frac{f'}{l^2} = \frac{f_1'}{l_1^2} \quad \text{et} \quad f_1' = f'\,\frac{l_1^2}{l^2}.$$

Quand il s'agit d'établir une transmission à plus de 100 ou 150 mètres, on supporte chaque brin par une série de poulies intermédiaires, superposées deux à deux, formant une *station* (fig. 119).

Fig. 119.

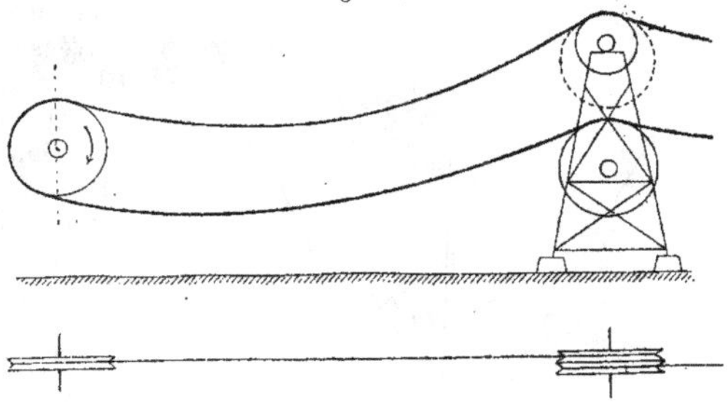

Le diamètre des poulies portant le brin conducteur doit être évidemment égal à celui des poulies extrêmes pour que l'effort total, traction et flexion, reste constant. Pour les poulies supportant le bien conduit, on aurait leur diamètre minimum D' en déterminant la tension R' du brin conduit ; d'où

$$D' = \frac{20000}{15 - R'}\,d.$$

Et puisque R′ et R sont dans le rapport inverse des flèches f' et f, on a, d'après notre tableau, au maximum : $R' = R : 1,8$.

Si, par exemple, on a adopté pour les poulies extrêmes $D : d = 2000$, correspondant à $R = 5^k,3$, on aura $R' = 5,3 : 1,8 = 3\,k$ environ ; d'où $D' = \frac{20000}{12}\,d = 1666\,d$. Ainsi, pour les diamètres D de la travée de 100 mètres, les D′ seront sensiblement les mêmes que les diamètres D de la travée de 65 mètres.

On calcule les tensions et les flèches des portées extrêmes, que l'on fait souvent, à cause de cela, un peu plus grandes que les intermédiaires ; puis on détermine les flèches de ces portées intermédiaires comme ci-dessus.

Une autre solution, appliquée par M. Ziegler, à Francfort, consiste à établir à chaque station ou *relai* une poulie double. On a alors une série de câbles, et si les portées sont les mêmes on peut avoir un câble de rechange. Cette disposition permet aussi d'emprunter une commande à chaque relai.

Fig. 120.

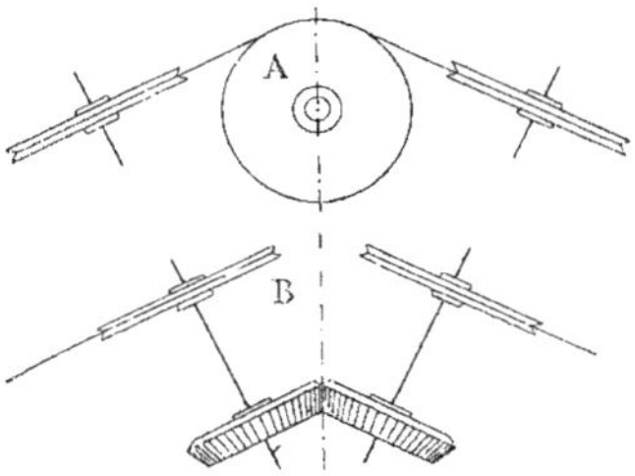

Transmissions d'angle ou polygonales. — La transmission entre deux arbres non parallèles s'obtient par l'intermédiaire de poulies de renvoi (fig. 120 A) ou d'engrenages (fig. 120 B) placés au point le plus convenable.

Mais quand l'angle des deux arbres extrêmes n'est pas trop considérable, 1° 40′ par 100 mètres d'éloignement, on peut donner au câble un contour polygonal et placer à chaque sommet du polygone, et pour chaque brin, une poulie qui soit dans le plan des tangentes extrêmes de chaque brin.

C'est la solution que MM. Callon et Vigreux ont adoptée avec un plein succès, à Essonnes, pour une transmission de 40 chevaux à 700 mètres.

Fig. 121.

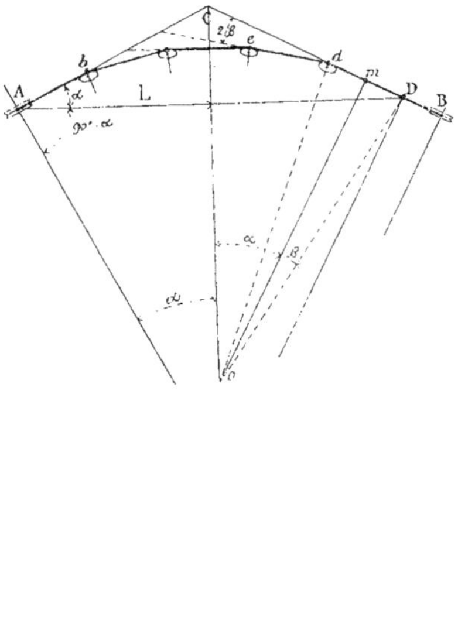

Tracé du polygone. — Soient A et B (fig. 121) les deux arbres qu'on veut relier par un câble ; AC et BC les perpendiculaires aux arbres ou les directions des travées extrêmes du câble. On prendra CD = CA, et c'est entre A et D qu'on doit tracer un polygone régulier.

Soient D*d* un des côtés du polygone et *mo* la perpendiculaire, élevée en son milieu *m*. Le point *o* est le centre du polygone régulier qu'il faut tracer. On mesure la corde AD = 2 L et l'angle α que font les directions AC et DC avec AD ; α est aussi l'angle C*om*. Enfin, on se donne le nombre *n* de côtés du polygone.

On a alors, pour l'angle au centre, correspondant à un côté, $do\,D = 2\beta = \frac{2\alpha}{n-1}$.

Nous voulons déterminer la longueur D d d'un côté du polygone en fonction de ces angles α et β et de la longueur L. La trigonométrie nous donne :

$$Do = \frac{L}{\sin(\alpha+\beta)} = \frac{Dm}{\sin\beta}, \quad \text{d'où} \quad Dd = 2\,Dm = 2\,L\frac{\sin\beta}{\sin(\alpha+\beta)}.$$

La longueur d'un côté du polygone étant déterminée, on la porte en Dd, puis on mène le côté suivant de faisant avec le premier l'angle 2β connu, et ainsi de suite. Si l'on a bien opéré, le dernier côté bA viendra se confondre avec AC.

Inclinaison des poulies de renvoi (1). — Le plan d'une poulie doit contenir les tangentes extrêmes des courbes d'un brin aboutissant au même point.

Une simple épure de géométrie descriptive peut donner l'inclinaison de ce plan, mais elle n'est possible que si les flèches sont très grandes par rapport à l, ce qui n'est généralement pas le cas.

Fig. 122.

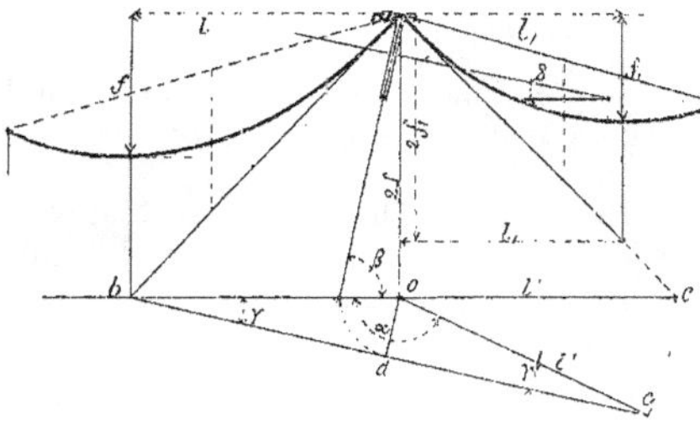

Fig. 123.

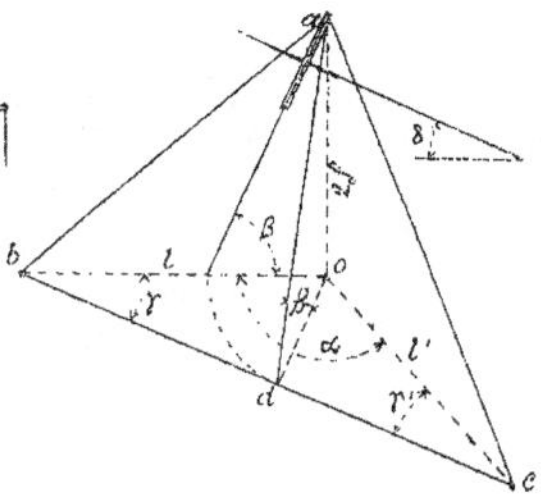

Considérons (fig. 122) deux travées inégales et obliques. Nous avons, d'après (a) ou (d) (148), puisque T ou R sont constants :

$$\frac{f}{l^2} = \frac{f_1}{l_1^2}, \quad \text{d'où} \quad f_1 = f\frac{l_1^2}{l^2}.$$

Si donc on a calculé f, on connaîtra f_1. (Il est indifférent de prendre la flèche au sommet ou au milieu de la travée en prenant la valeur de l correspondante.)

Les plans verticaux de chaque courbe formant entre eux un angle donné α, le plan horizontal et le plan oblique contenant les deux tangentes extrêmes ou plan de la poulie forment un tétraèdre (fig. 123) dans lequel, si ao représente $2f$, ob représente l à une même échelle quelconque ; quant à la longueur l', elle est donnée par la proportion $l' : 2f :: l_1 : 2f_1$; d'où, en remplaçant f_1 par sa valeur ci-dessus, on a : $l' = l_1\frac{f}{f_1} = \frac{l^2}{l_1}$. Cette relation fait voir qu'il n'est pas nécessaire de calculer f_1.

Le tétraèdre est donc déterminé.

(1) La marche suivie dans ce calcul diffère un peu de celle indiquée par M. Vigreux, mais elle arrive au même résultat, et nous la croyons plus simple.

Le plan vertical contenant l'axe de la poulie est perpendiculaire au plan des tangentes et passe par ao; ses traces seront od, perpendiculaire à bc sur le plan horizontal et ad sur le plan des tangentes. En rabattant le triangle aod sur le plan vertical, nous aurions en grandeur les angles β et δ que nous cherchons.

Supposons d'abord les deux travées égales, $l' = l$, $bd = dc$; od est alors la bissectrice de l'angle α et l'on a : $\gamma = \gamma' = 90° - 1/2\,\alpha$.

On a : $od = l \sin\gamma$ et $2f = od \tang\beta$, d'où $\tang\beta = \frac{2f}{od} = \frac{2f}{l \sin\gamma}$.

Connaissant β, on a encore : $\delta = 180° - \beta$. La position de l'axe est donc bien déterminée.

Si les travées sont inégales, od partage α en deux parties inégales et l'on a :

$$od = l \sin.\gamma, = l' \sin.\gamma', \quad l + l' : \sin(\gamma + \gamma') :: l - l' : \sin(\gamma - \gamma').$$

On a aussi : $\gamma + \gamma' = 180° - \alpha$; d'où l'on tire : $\sin(\gamma - \gamma') = (\sin 180° - \alpha)\,\frac{l - l'}{l + l'}$.

Connaissant $\gamma + \gamma' = a$ et $\gamma - \gamma' = b$, on a : $\gamma = \frac{a + b}{2}$ et $\gamma' = \frac{a - b}{2}$.

La valeurs de γ, mise dans celle de tang. β, déterminera l'angle β et par suite celui de l'axe, ou $\delta = 180° - \beta$. Si ces calculs ont été faits pour le brin menant, on les refera de même pour le brin mené.

Enfin, il faut remarquer que les flèches varient par l'humidité et surtout par l'usage. Plus les câbles sont tendus, et moins β est grand, et inversement; il faudra donc, dans une installation de ce genre remédier aux allongements trop importants.

166. Détails de construction (1). — La figure 124 représente un mode d'attache de l'extrémité d'un câble fixe. Il consiste en un manchon en fonte, à 2 ou 4 oreilles, recevant un ou deux étriers. Ce manchon est percé d'un trou conique dans lequel entre le bout du câble. Les fils, détordus sur une certaine longueur, sont repliés sur eux-mêmes, puis la tête ainsi formée est chassée dans le trou conique, dans lequel on coule ensuite du plomb pour remplir les vides.

Fig. 124.

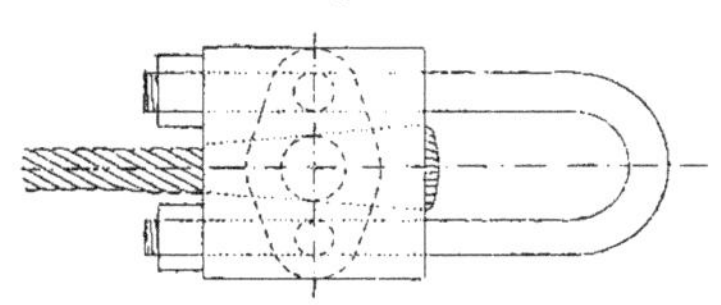

La fig. 125 donne en demi-grandeur la forme des gorges de poulies garnies de cuir, pour câbles de 8 à 12 et 16 à 20 millimètres au plus. On tracerait facilement une gorge intermédiaire pour câble de 12 à 16 millimètres.

La fig. 126 représente le mouvement différentiel appliqué à la transmission double de 600 chevaux, à Schaffhouse. Le câble est double, pour plus de garantie, et c'est

(1) Nous ne signalons ici que quelques détails d'une application générale. Nous reviendrons ailleurs sur la construction des organes relatifs aux transports aériens et aux transmissions.

pour assurer l'égalité de tension entre les deux poulies motrices qu'on a appliqué le mouvement différentiel bien connu en filature.

Fig. 125.

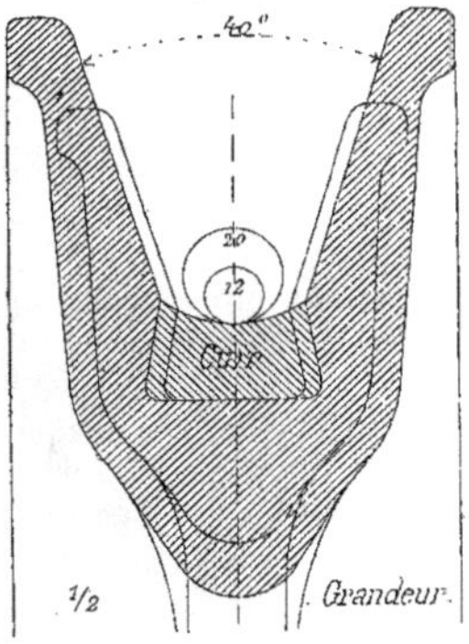

Fig. 126.

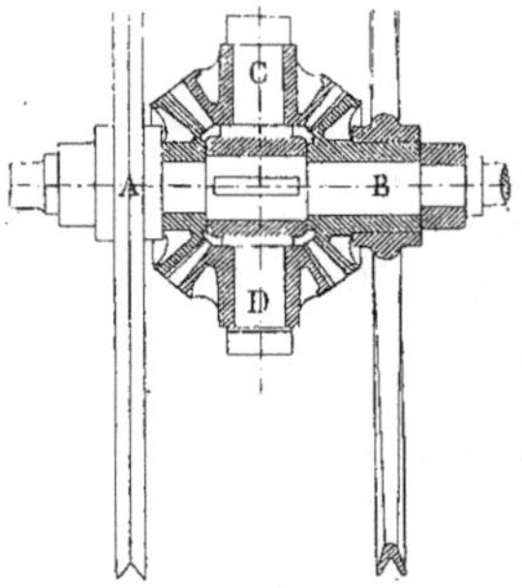

Fig. 127.

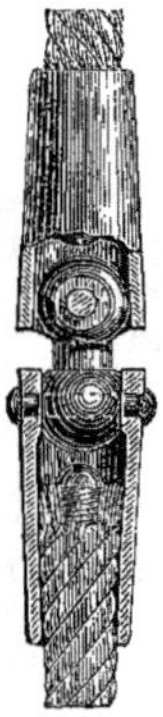

Fig. 128.

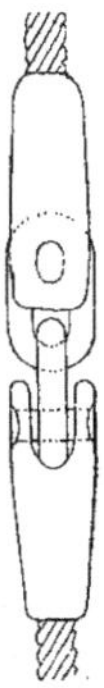

Les deux poulies A et B sont calées sur des pignons fous engrenant avec les pignons C, D, également fous sur leur axe ; mais cet axe est calé sur le premier. Il en résulte que, si l'effort tangentiel des poulies A et B est constant, les pignons C et D tournent autour de A B en restant immobiles sur leur axe CD. Dans le cas contraire, ces pignons C, D tournent sur leur axe jusqu'à ce que l'égalité de tension soit rétablie.

Si l'un des câbles vient à se rompre, celui A, par exemple, alors la poulie B, trouvant seule une résistance, reste fixe ; les pignons C et D tournent sur eux-mêmes en même temps qu'ils tournent autour de A B, et, par suite, la poulie A atteint une vitesse double de la vitesse normale. Le moteur marche à vide, et la vitesse, croissant, atteindrait bientôt une limite dangereuse ; aussi, avec ce mouvement, a-t-on installé un frein puissant qui permet l'arrêt rapide.

La fig. 127 représente un mode d'accouplement des bouts d'un câble mobile, préférable à l'épissure. Pour son montage, on démonte les goupilles d'équerre, qui forment le joint de Cardan, puis on introduit un bout du câble sur toute la longueur de chaque douille conique ; on renfle ce bout à l'aide d'une vis ou de petites pointes, puis on chasse à force le bout ainsi renflé dans le cône jusqu'à ce qu'on ait fait la place de la pièce intermédiaire ; on replace les goupilles et on les rive légèrement.

La fig. 128 est le même accouplement, dans lequel la pièce intermédiaire est remplacée par deux petits anneaux de chaîne.

CORDAGES EN CHANVRE OU EN ALOÈS

Le chanvre, peigné, est étiré et tordu en fils dits « *fils de caret* ». Plusieurs fils commis) tordus ensemble forment un *toron* ; plusieurs torons donnent une *aussière* ou *câble* ; plusieurs aussières donnent le *grelin*.

Les cordages reçoivent sur les chantiers des noms rappelant leur emploi ou leur diamètre : *corde à main* (17 m/m), *vingtaine* (27 m/m), *hauban* (34 m/m), *châbleau* (petit câble de 47 m/m), *câble* (54 à 80 m/m).

La résistance des fibres textiles varie beaucoup suivant la provenance, et à chaque récolte suivant la maturité, le rouissage, etc. Le commerce compte plus de 60 sortes de chanvres, d'où un nombre considérable de mélanges employés par les cordiers. Les meilleurs chanvres sont ceux de France, de Bologne (Italie), de la Pologne russe.

Il est donc impossible de préciser la résistance des cordages du commerce ; c'est ce qui explique la variété des chiffres cités par les auteurs d'une façon trop absolue (1). Cette résistance dépend aussi de la fabrication *lâche* ou *serrée* (les cordages se font *lâches* quand ils doivent séjourner dans l'eau). Enfin elle décroît à mesure que le diamètre augmente. En effet, par suite de l'encombrement des fils dans un toron, leur torsion et, par suite, leur tension sont inégales ; ainsi les gros torons sont moins résistants que les petits.

Les cordages de fatigue, qui, seuls, nous intéressent, se font à 3 torons, comme dans la marine, ou à 4 torons, avec ou sans âme. L'âme ne compte jamais pour la résistance ; elle se fait en matières de qualité inférieure.

167. Essais. — Pour essayer un cordage à la traction, on peut adopter diverses dispositions d'attache. Celle que nous indiquons fig. 129 consiste à fixer chaque bout du cordage sur une poulie A dont la gorge est formée de deux arcs de cercle ayant leurs centres en o et o', tels que arc $o\,o' = 1/3$ de la circonférence. Le nœud extrême, *en queue de porc*, repose sur une rondelle et celle-ci sur l'anneau *d*.

(1) Les uns comptent sur 5 k. d'autres sur 6 k, d'autres sur 8 k par millimètre carré.
Reuleaux donne : pour cordages lâches, 8 k. à 9 k. ; serrés, 12 k. à 13 k.

Claudel donne :	Diamètres	13—14	15—17	23	40—54	goudronné	vieux
	Rupture	k 8.8	6.5	6	5,5	4,4	4.2
	Sécurité	4,4	3.25	3	2,75	2 2	2.1

Ces charges présentent de grands écarts ; celles de sécurité sont inadmissibles.

Il est vrai que plus loin le même auteur dit d'une façon aussi absolue que la résistance de rupture des cordages est de 5 k et celle de sécurité de 1 k. Le chiffre donné pour cordages vieux ne peut qu'induire en erreur, car il est impossible de définir le degré d'usure ou d'altération.

L'anneau a est accroché à la machine d'essai. Par cette disposition, la traction a bien lieu suivant l'axe du cordage.

Fig. 129.

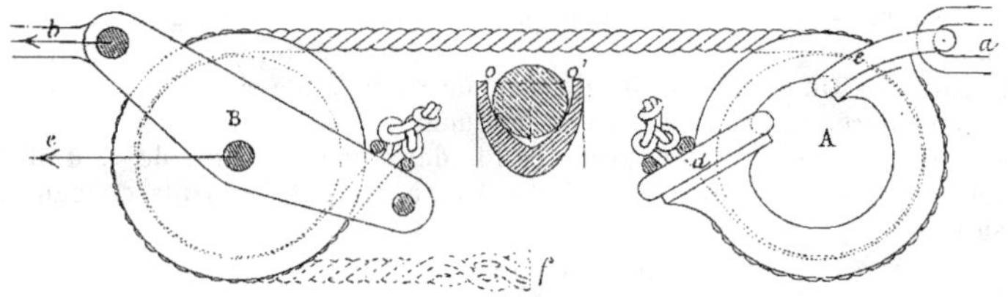

La poulie B indique une variante que nous proposons; elle permet d'utiliser une poulie quelconque et, au besoin, d'exercer la traction en B c, suivant la ligne d'axe des poulies, si l'on joint les deux bouts du cordage par une épissure f.

Mais l'épissure rompt souvent la première, et la rupture du cordage a toujours lieu sur les poulies, là où les fibres sont inégalement tendues. On n'a donc pas la résistance absolue, mais celle du cordage enroulé sur des poulies, ce qui est le cas habituel.

M. Duboul, à Marseille, a publié les essais suivants (1). Les allongements sont au maximum pour le chanvre blanc. Ils varient suivant l'état hygrométrique.

Essais de M. DUBOUL.	Chanvre 1re qualité		Manille Philippines	Aloès Maurice
	blanc.	goudronné.	blanc.	blanc.
Diamètre d =	35	34	32	35
Circonférence =	110	108	100	110
Section en m/m c. S =	962	955	804	962
Rupture par m/m c. R_r =	8^k,3 à 7,2	5,5 à 6,1	6,8 à 7,5	4,8 à 4,7
Allongements % =	17,2 18	16,2 16,7	15 14,5	16,5 17
Poids de 1 mètre p =	0^k,8	0,87	0,68	0,69
$S : p = K$ =	1200	1100	1180	1400
$p : S = \frac{1}{K}$ =	0.00083	0,00091	0,00083	0,0007

On nous a communiqué l'essai suivant : Un cordage à 4 torons, diamètre 27 millimètres, section 572 millim. carrés, chargé graduellement, a eu un toron rompu à 2900 kg, soit 2900 : 572 = 5 kg par millim. carré. L'allongement a été de 11 %.

(1) *Bulletin de la Société Industrielle de Marseille*, 1881. Les allongements y sont donnés en mètres de longueur; nous les avons exprimés en centièmes de la longueur.

Conditions des essais actuels de la marine. — Nous croyons utile de les faire connaître en détail, parce que nous ne les avons trouvées publiées nulle part.

1° PEIGNAGE. — Un lot, pris dans plusieurs paquets, est peigné à 92 % de son poids primitif.

2° FILAGE. — On en fait des fils de caret de 8 à 9 m/m de circonférence, à environ 45 hélices par mètre, et de 144 mètres de longueur.

3° COMMETTAGE. — On fait avec ces fils deux quaranteniers de 47 à 50 m/m de circonférence, section moyenne $\frac{176+200}{2} = 188$, à 3 torons de 24 fils chacun, traités comme suit :

	Ourdinage, longueur des fils.	48^m	
Tension pendant le commettage, mesurée au dynamomètre : 120 k.	Torsion des torons avant assemblage $1/6 = 8^m$		34
	id. id. pendant l'assemb. $1/12$ = 4	14	
	Faux tord à la tension 60 k., torsion fictive pour arrondir la pièce $1/24$ = 2		
	Allongement effectué à la livarde (palan).		2
	Longueur définitive d'un quarantenier en mètres :		36

4° RUPTURE. — On retranche 6 mètres à chaque bout et on coupe la pièce qui reste en 6 bouts de 4 mètres. Ces 6 bouts sont pesés, puis rompus à l'appareil d'essai. On rejette les deux résultats extrêmes, maximum et minimum, puis on prend la moyenne des quatre autres résultats. Cette moyenne, ramenée à celle du quarantenier type, pesant $0^k,70$ les 4 mètres, soit $0^k,175$ le mètre, donne un 1er chiffre.

En opérant de même sur le 2e quarantenier, on a un 2e chiffre.

Enfin, la moyenne de ces deux chiffres ne doit pas être inférieure à 1800^k.

Exemple : 1er quarantenier
- Poids des 6 bouts : $4^k.44$, moyenne $0^k,74$.
- Moyenne de rupture des 4 bouts : 1850^k.
- Rupture ramenée au type de $0^k,70 = 1850 \times \frac{70}{74} = 1750^k$.

2e quarantenier
- Poids des 6 bouts : $4^k,02$, moyenne $0^k,67$.
- Moyenne de rupture des 4 bouts : 1780^k.
- Rupture ramenée au type de $0^k,7 = 1780 \frac{70}{67} = 1860$,

dont la moyenne, 1805 k., est supérieure de 5 k. à celle exigible.

D'après les chiffres ci-dessus,
- le coefficient moyen de rupture $= \frac{1800^k}{188} = 9^k,5$.
- le rapport $\frac{\text{rupture}}{\text{poids}(p)} = \frac{1800}{0,175} = 10286$.
- le rapport $\frac{\text{section}}{\text{poids } p} = \frac{188}{0,175} = 1074$.

168. Résistance. — Aussières. — Nous ne possédons pas d'essais assez complets donnant la loi de décroissance des charges en fonction du diamètre. D'après nos renseignements, en partant de la charge $9^k,5$ pour aussière de 15 m/m, qualité marine, on ne doit compter que sur 4 k. pour aussière de 100 m/m. C'est dans ces limites que nous avons dressé le tableau suivant, qui est inédit.

AUSSIÈRES EN CHANVRE (QUALITÉ MARINE).

Diam. D	Charge par m/m² R	Section pleine S	p Poids du mètre		Charge de rupture		($C^2 = 9\ D^2$	
			Blanc $p = 0{,}001\ S$	Goudron $p = 0{,}00125\ S$	Blanc	Goudron	Blanc	Goudron
millim.	kg.	m/m c.	kg.	kg.				
15	9,5	176	0,176	0,22	1580 k.	1185		
20	9,0	314	0,314	0,4	2820	2110		
25	8,5	490	0,500	0,62	4460	3120		
30	8,0	706	0,720	0,9	5650	4230	70 C^2	52 C^2
35	7,5	962	0,960	1,2	7210	5400		
40	7,0	1256	1,260	1,6	8790	6590	60 C^2	45 C^2
45	6,75	1590	1,6	2,0	10730	8050		
50	6,5	1963	2,0	2,5	14760	11070	55 C^2	41 C^2
55	6,25	2375	2,4	3,0	15000	11250		
60	6,0	2827	2,9	3,6	16960	12720	50 C^2	37 C^2
65	5,75	3318	3,4	4,25	19080	14310		
70	5,5	3848	3,9	4,9	21160	15870	45 C^2	34 C^2
75	5,25	4417	4,5	5,6	23190	17390		
80	5,0	5026	5,1	6,4	25130	18840	40 C^2	30 C^2
90	4,5	6360	6,4	8,0	28620	21460		
100	4,0	7850	7,9	9,9	31400	23550	35 C^2	26 C^2

Ces charges s'appliquent aux aussières à 3 ou 4 torons, quoique ceux-ci présentent, à diamètre égal, des torons plus petits et une section plus grande.

La géométrie donne, en effet, entre D, d, leurs sections S, s, et le développement extérieur C, pris avec un fil, les relations suivantes (fig. 130) :

3 torons, $D = 2{,}145\,d,\ \frac{s}{S} = 3\,\frac{d^2}{D^2} = 0{,}6\,;\quad C = 6{,}14\,d,\quad C^2 = 8{,}2\,D^2.$

4 torons, $D = 2{,}414\,d,\ \frac{s}{S} = 4\,\frac{d^2}{D^2} = 0{,}68\,;\quad C = 7{,}14\,d,\quad C^2 = 9\,D^2,\quad \text{ou}\quad C = 3\,D.$

Ces relations ne sont pas rigoureuses, parce que les torons ne restent pas parfaitement ronds après la torsion.

Fig. 130.

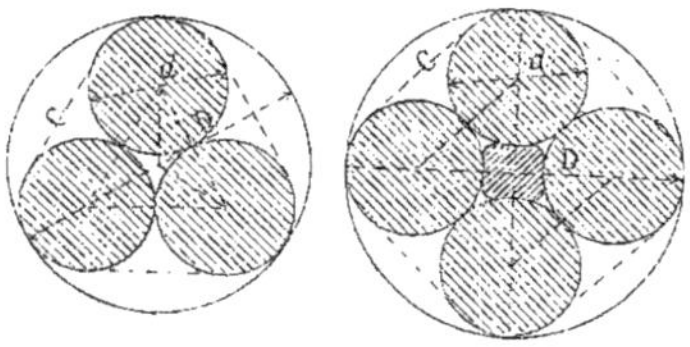

On compte quelquefois la charge de rupture des cordages en fonction du développement extérieur C exprimé en centimètres.

Pour 4 torons, $C^2 = 9\ D^2$ devient $C^2 = 0{,}09\ D^2$.

On a alors, pour cordages blancs :

$$\text{rupture} = 0.785\ D^2 R = R \times \frac{0.785}{0{,}09} C^2 = 8{,}7\ RC^2;$$

cordages goudronnés : $\text{rupture} = 0{,}75 \times 8{,}7\ RC^2 = 6{,}5\ R\ C^2$.

C'est ainsi que sont calculés les coefficients de C^2 du tableau ci-dessus.

Pour les cordages ordinaires du commerce, on ne devra compter que sur les 0,7 ou 0,5 environ de ces charges de rupture, ou toute autre fraction qu'indiquera l'essai des chanvres dont on dispose.

Grelins (cordages commis 2 fois, 9 à 12 torons). — On compte, dans la marine, que leur résistance n'est que les 0,75 de celle des aussières de même diamètre.

Cordages goudronnés. — Le goudronnage, pratiqué généralement sur les fils, en prolonge la durée; mais il diminue leur résistance de 10 % selon quelques auteurs, de 25 % en moyenne d'après les essais de M. Duboul.

Certains ingénieurs de la marine estiment cette perte à 25 % pour les cordages neufs et à 33 % pour un goudronnage ancien.

Cordages mouillés. — D'après Forbes-Royle (1), les cordages récemment mouillés sont plus résistants que secs (2); mais cet effet n'est que passager, car le chanvre mouillé s'altère par la fermentation, et comme les cordages mouillés se sèchent difficilement, leur conservation exige qu'on évite l'humidité.

Les cordages mouillés sont moins souples, moins élastiques; ils sont donc plus susceptibles de se rompre sous un choc. C'est probablement ce qui a fait dire souvent que les cordages mouillés sont moins résistants que secs.

Cordages en aloès. — Ces cordages ont belle apparence, mais, à diamètre égal et même composition, ils sont moins résistants de 20 à 30 % que ceux en chanvre de la marine, d'après des essais faits à Toulon, en 1869, et ceux que nous avons cités.

Les fibres d'aloès, plus dures et moins souples que celles du chanvre, s'altèrent beaucoup plus à la torsion; les cordages sont plus raides et moins élastiques que ceux en chanvre; par contre, ils sont plus légers et s'échauffent moins en magasin.

---

(1) *Dictionnaire Lamy et Tharel*, tome II, page 15.

(2) Ce fait donnerait raison à la légende dont parle Lebas, dans son rapport sur l'obélisque de Luxor (Bibliothèque du Conservatoire), au sujet de l'érection de l'obélisque du Vatican par Fontana : Au moment où les cordes tendues paraissaient céder, un assistant cria : « Mouillez les cordes! » Et ce mouillage assura l'opération. Toutefois ce fait n'est pas rapporté par Fontana.

Quant à l'objection de Tom Richard (*Aide-Mémoire de l'Ingénieur*), qui prétend que le serrage des fibres résultant de la tension des cordes ne pouvait laisser pénétrer l'eau, elle est trop absolue : c'est une question de temps, car il n'est pas douteux, dans tous les cas, que l'eau pénétrera un cordage par capillarité mieux qu'elle ne pénètre le coin de bois serré de toutes parts dans le bloc de pierre que le carrier veut fendre.

CAUSES D'ALTÉRATION. — Les causes d'altération autres que l'humidité sont les nœuds, le pliage, le frottement. Les cordages avec nœuds perdent :

ceux en chanvre, environ 33 % de leur résistance première ;
ceux en aloès id. 44 % id id.

Le pliage sur angle vif ou sur un petit diamètre amène la rupture de quelques fibres et par suite la détérioration du cordage. Enfin, le frottement est de toutes les causes de détérioration celle qui amène le plus promptement la perte d'un cordage.

169. Calcul des cordages. — Soit : P la charge ou effort à produire ;
p le poids par mètre ; S la section pleine, en millim. carrés ;
R le coefficient pratique de résistance. Il est égal au coefficient de rupture R_r divisé par m, m étant un coefficient de sécurité. mP est la charge de rupture.

On donne pour densité du chanvre blanc 1 kil. et 1,25 pour goudronné.

En comptant sur la section pleine, on a donc :

$$\text{pour cordage blanc,} \quad p = 10\,\frac{S}{10000} = 0{,}001 \quad S \quad \text{et} \quad S = 1000\,p;$$

$$\text{goudronné,} \quad p = 12{,}5\,\frac{S}{1000} = 0{,}00125\ S \qquad S = 800 \quad p.$$

Ces coefficients diffèrent un peu de ceux précédemment trouvés pa r M. Duboul.

On peut écrire de suite les relations suivantes :

Charge de rupture $m\mathrm{P} = 0{,}785\ D^2\ R_r = SR_r = 1000\ p\ R_r$ (en blanc).

On tirerait de là la valeur de D ou de S en fonction de R_r et de m.

Ce calcul se ferait par tâtonnements, puisque nous admettons que R_r est fonction de D ; mais le tableau précédent suffira le plus souvent et simplifiera ce calcul.

Le rapport $\frac{\text{rupture}}{\text{poids}} = \frac{m\,\mathrm{P}}{p} = 1000\ R_r$ (blanc) ; $= 800\ R_r$ (goudronné).

Pour des cordages dormants, sans choc, on fera $m = 3$ à 4.
id. d'appareils de levage, $m = 6$ à 10.
id. de mines (matériel seul) $m = 10$ à 12.
id. id. avec manœuvres d'hommes, $m = 12$ à 15.

On tient compte du poids du cordage. — Soit L sa longueur.
On a alors :

$$SR_r = m\,(\mathrm{P} + \mathrm{L}p) \qquad \text{et} \qquad \mathrm{P} = S\,\frac{R_r}{m} - \mathrm{L}p.$$

Substituant à p les valeurs ci-dessus en fonction de S, on a :

$$\text{Cordage blanc,} \quad S = \frac{\mathrm{P}m}{R_r - (0{,}001\ m\,\mathrm{L})} \quad \text{et} \quad \mathrm{P} = S\left(\frac{R_r}{m} - 0{,}001\ \mathrm{L}\right).$$

$$\text{Cordage goudronné,}\ S = \frac{\mathrm{P}m}{R_r - (0{,}00125\ m\mathrm{L})} \quad \text{et} \quad \mathrm{P} = S\left(\frac{R_r}{m} - 0{,}00125\ \mathrm{L}\right).$$

Ces valeurs font voir que $\mathrm{P} = 0$ pour $\begin{cases} \mathrm{L} = 1000\ R_r : m, \text{ en blanc;} \\ \mathrm{L} = 800\ \ R_r : m, \text{ en goudronné.} \end{cases}$

Câbles à section décroissante. — Pour les extractions profondes, il y a intérêt à réduire au minimum le poids du câble. Soit Q son poids total. La section supérieure sera $S = m\,(Q + P) : R_r$; elle doit décroître successivement pour n'être plus à la partie inférieure que $s = m\,P : R$. En pratique, on obtient très sensiblement cette décroissance théorique en supprimant un fil de distance en distance. La théorie donne, pour le poids d'un pareil câble en fonction de la charge P :

$$Q = P\left(2{,}718^{\frac{\delta L}{R}} - 1\right).$$

L est la longueur en décimètres ; R la charge de sécurité par décimètre carré : δ est la densité au poids du décim. cube.

Ex. : Appliquons cette relation au câble étudié par la compagnie de Seraing (1).

$P = 4160$ k, $R = 8000$ k, $L = 7000.$, $\delta = 1$ $\Big\}$ $Q = 4160\,(2{,}718^{0{,}875} - 1) = 6024\ kg.$

Câbles de transmission (fig. 131) (2). — On les calcule à $0^k{,}07$ ou $0{,}08$ par mill. c. de section pleine, en ne comptant que sur l'effort tangentiel P.

Fig. 131.

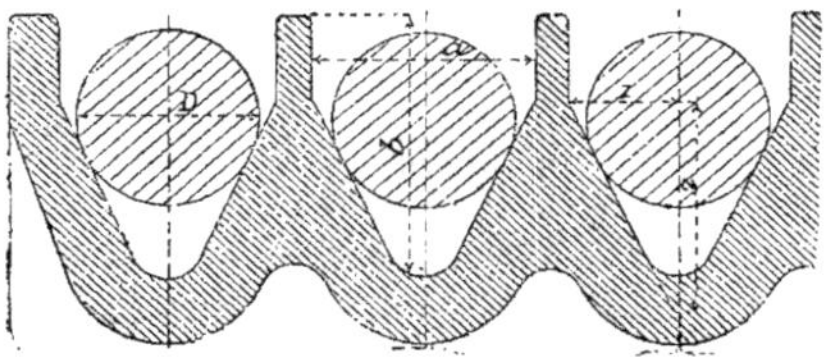

$a = 1{,}2\,D$, $b = 1{,}5\,D$.

Soit : N le nombre de chevaux ;
P le rayon des poulies ;
r le diamètre des câbles ;
n l'effort tangentiel ;
D le nombre de tours par minute ;
m le nombre de câbles ;
V la vitesse linéaire (15 à 25^m) :
$v = \dfrac{\pi r n}{30} = 0{,}1047\,rn.$

En adoptant la charge $0^k{,}07$ par mill. c., on a :

$$P = \frac{75\,N}{V} = 716\,\frac{N}{rn} = 0{,}07\,\frac{\pi}{4}\,D^2 m = 0{,}055\,D^2 m.$$

D'où

$$\begin{cases} m = 18{,}1\,\dfrac{P}{D^2} = 1357\,\dfrac{N}{VD^2} = 12778\,\dfrac{N}{rnd^2}. \\ D = 4{,}26\sqrt{\dfrac{P}{m}} = 37\sqrt{\dfrac{N}{Vm}} = 113\sqrt{\dfrac{N}{rnm}}. \end{cases}$$

On calculera donc facilement D ou m en fonction de P ou de N.

---

(1) Catalogue belge. — Exposition de 1878.

(2) Nous rappelons ici les relations déjà données dans notre traité « *Les Machines à vapeur actuelles* ».

BOULONS

170. — Les plus employés ont la forme et les proportions indiquées (fig. 132.)
Soit : P la charge sur le boulon ; R la charge de sécurité par mill. c. ;
d le diamètre extérieur des filets ; $d' = m\,d$ diamètre au fond des filets.

On désigne habituellement les boulons par le diamètre d de la tige, et d'après les séries les plus répandues, on a :

$m = 0{,}8$ pour $d < 15$ m/m et $m = 0{,}84$ pour $d > 15$ m/m.

Fig. 132.

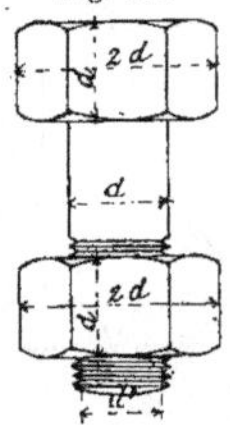

En raison de la sécurité que doivent présenter ces organes et aussi de l'altération du fer, résultant du taraudage, on prendra (1) :

R = 1/12 à 1/10 de la rupture pour fers ordinaires.
R = 1/10 à 1/7 id. pour fers supér. et aciers.

On a les relations et tableaux suivants :

$$P = R \times \frac{\pi}{4} m^2 d^2 \qquad \text{et } d = \sqrt{\frac{1}{0{,}785\, m^2 R}}\,\sqrt{P}\,.$$

R	$d < 15$ et $m = 0{,}8$.		$d > 15$ e, $m = 0{,}84$.	
	$P = 0{,}5\,R\,d^2$	$d = \sqrt{\frac{1}{0{,}5\,R}}\sqrt{P}$	$P = 0{,}55\,R\,d^2$	$d = \sqrt{\frac{1}{0{,}55\,R}}\sqrt{P}$
2k,5	$P = 1{,}25\,d^2$	$d = 0{,}90\sqrt{P}$	$P = 1{,}37\,d^2$	$d = 0{,}85\sqrt{P}$
3k,0	$P = 1{,}51\,d^2$	$d = 0{,}814\sqrt{P}$	$P = 1{,}65\,d^2$	$d = 0{,}77\sqrt{P}$
4k,0	$P = 2\,d^2$	$d = 0{,}70\sqrt{P}$	$P = 2{,}2\,d^2$	$d = 0{,}67\sqrt{P}$
5k,0	$P = 2{,}5\,d^2$	$d = 0{,}63\sqrt{P}$	$P = 2{,}75\,d^2$	$d = 0{,}6\sqrt{P}$

CHARGES P QUE PEUVENT PORTER DES BOULONS DE 10 A 40 mm.

	$P = 0{,}5\,R\,d^2$.				$P = 0{,}55\,R\,d^2$.										
Diamètre	10	12	14	15	16	18	20	23	25	28	30	33	35	38	40
R = 2k,5	125k	180k	245k	280k	320k	405k	500k	660k	780k	980k	1120k	1360k	1530k	1800k	2000k
R = 3k	150	216	294	337	384	486	600	793	940	1170	1350	1630	1840	2166	2400
R = 4k	200	288	392	449	512	648	800	1850	1250	1570	1800	2180	2450	2890	3200

(1) Armengaud donne, pour tous les fers indistinctement, R = 1k,3. Rouleaux donne R = 2k,5. Le chiffre 1k,3 est trop faible pour les fers supérieurs et aciers ; c'est une exagération de garantie.

171. Crochets (fig. 133). — Ces organes sont très importants, car c'est à leur rupture que sont dus la majeure partie des accidents sur les appareils de levage.

Fig. 133.

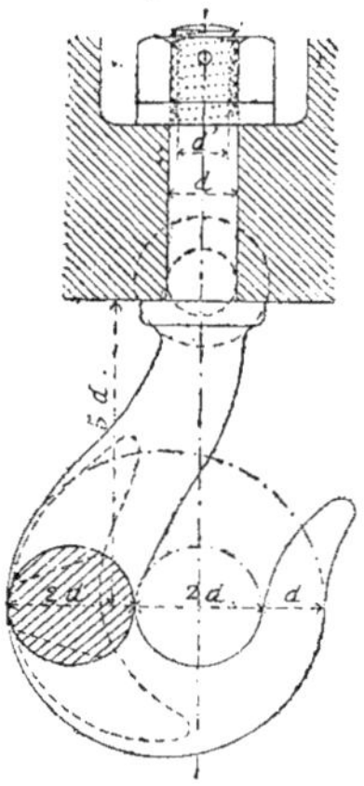

L'axe de la tige doit passer par le centre de l'ouverture. Si nous admettons à priori $d > 15$ et $R = 2^k,5$, on aura :

$$d = 0,85 \sqrt{P} \qquad \text{ou} \qquad d' = 0,7 \sqrt{P}.$$

Les autres dimensions, indiquées sur la figure en fonction de d, n'ont rien d'absolu ; elles peuvent se modifier à volonté.

L'effort maximum dans la section $2\,d$, la plus fatiguée, est donnée par la relation (10), qui, pour les proportions indiquées ici, devient :

$$R = \frac{v}{I}\mu + \frac{P}{S} = P\left(2\,d\,\frac{v}{I} + \frac{1}{S}\right).$$

Pour la section circulaire, on a, en fonction de d :

$$\left.\begin{aligned} \frac{I}{v} &= \frac{\pi}{32}(2\,d)^3 = 0,785\ d^3 \\ S &= \frac{\pi}{4}\ (2\,d)^2 = 3,14\ d^2 \end{aligned}\right\} \text{d'où } R = P\,\frac{2,87}{d^2}.$$

$$\text{Mais } d^2 = 0,73\ P\ ; \qquad \text{d'où} \quad R = \frac{2,87}{0,73} = 3^k,93.$$

C'est la charge maximum par millim. carré à l'intérieur du crochet, celle du noyau de la vis d étant $2^k,5$. Pour des crochets bien forgés, non soumis à des chocs, cette charge R peut atteindre 6 à 8 kg.

Pour tous les crochets ayant la proportion ci-dessus, le rapport des charges $3,93 : 2,5 = 1,6$ reste constant. Si donc le noyau de la vis supportait 5 k., la charge maximum serait : $5\ k \times 1,6 = 8\ k$.

La section circulaire est préférable quand le crochet doit recevoir des cordages ; alors l'œil est souvent beaucoup plus grand que $2\ d$. On fait aussi fréquemment le crochet rond, avec deux faces plates convergentes, comme c'est tracé en pointillé.

BARRES A ŒIL

172. — Ces barres forment des tirants ou des chaînes (fig. 134) comme celles qui, dans les ponts suspendus, remplacent les câbles. Elles sont surtout employées dans la construction des ponts du système dit américain.

P étant la charge sur une barre, sa section sera $S = P : R$.

R se détermine en tenant compte, s'il y a lieu, des vibrations (18, chap. I).

Diamètre de l'axe *d*. — Nous le déterminerons en fonction de la section S de la barre, en considérant, suivant les cas, la flexion de l'axe ou son cisaillement et la compression.

Flexion. — Soit (fig. 134) l le bras de levier de l'effort P dans une barre extrême et R′ le coefficient de résistance de l'axe à la flexion.

Fig. 134.

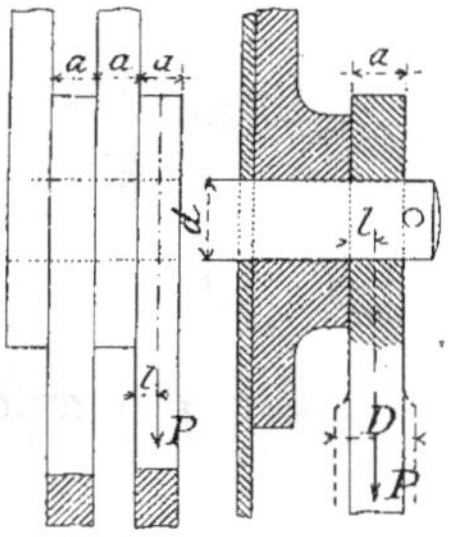

On a (4, chap. I) :

$$Pl = RSl = R' \times 0,1\ d^3, \qquad \text{d'où} \quad d = 2,15 \sqrt[3]{Sl \frac{R}{R'}}.$$

Telle est la relation qui donne d.

Les Américains, se rapportant plutôt à la rupture qu'à la limite d'élasticité (88), admettent $R' = 1,5\,R$, d'où

$$d = 1,9 \sqrt[3]{Sl} \qquad (1).$$

Il nous paraît préférable de laisser à l'axe un surcroît de résistance, et nous ferons $R' \leqq R$, d'où

$$d = 2,15 \sqrt[3]{Sl} \quad (a) \qquad \text{ou mieux, en chiffre rond,} \quad d = 2,5 \sqrt[3]{Sl} \quad (a').$$

C'est cette relation (a) ou mieux celle (a') que nous appliquerons.

Section rectangulaire. — Soit $l = 0,5\,a$ et $a = n\,b$, d'où $Sl = 0,5\,n\,b^3$. On a :

$$d = 1,72\ b \sqrt[3]{n} \quad (b) \qquad \text{ou mieux,} \quad d = 2\ b \sqrt[3]{n} \quad (b').$$

Pour la section carrée de côté C ou $n = 1$, $d = 1,72\,C$, ou mieux $d = 2\,C$.

Section circulaire. — Soit D son diamètre. Suivant qu'on fait $a = D$ ou $a = 0,7\,D$, on a :

$$Sl = (0,785 \times 0,5\ )\ D^3 \quad \text{et} \quad d = 1,57\ D \quad (c) \qquad \text{ou mieux} \quad d = 1,8\ D \quad (c').$$

$$Sl = (0,785 \times 0,35)\ D^3 \qquad d = 1,4\ D \quad (d) \qquad \text{id.} \quad d = 1,6\ D \quad (d').$$

Ce sont donc les relations (a') ou celle (b') pour la section rectangulaire, (c') ou (d') pour la section circulaire que nous adopterons comme donnant la plus grande sécurité.

(1) C'est la formule que M. J. Résal (*Construction des ponts*), donne comme une formule empirique américaine. On voit par ce qui précède qu'elle n'est que très rationnelle.

Cisaillement. — Quand les extrémités de l'axe sont engagées dans de fortes pièces elles sont encastrées et l'axe est soumis au double cisaillement. En admettant que cet axe et la barre soient de même matière, on a :

$$2 \times 0{,}785\, d^2 \times 0{,}8\, R = R\, S, \qquad \text{d'où} \quad d = 0{,}9 \sqrt{S} \qquad (e).$$

Compression. — Dans tous les cas, il faut s'assurer que la compression sur l'intrados du trou, de surface $d \times a$, ne dépasse pas une limite R_1. On doit avoir au minimum :

$$R\, S = R_1\, d\, a, \qquad \text{d'où} \quad d = \frac{R}{R_1} \frac{S}{a}; \qquad \text{et pour sect. rectangulaire,} \quad d = \frac{R}{R_1}\, b.$$

Nous avons vu (88 et 96) que des barreaux courts, isolés, de fer ou d'acier, résistent également à la compression et à la traction ; mais ici le prisme comprimé n'est pas isolé, il est encastré sur deux faces. On doit donc avoir $R_1 > R$. Nous verrons plus loin que, pour les tôles rivées où le prisme comprimé est encastré et, de plus, serré par les têtes de rivet, on a : $R_1 = 60$ pour $R = 34$.

C'est aussi ce chiffre $R_1 = 60$ k que M. C. Fox a observé comme limite de la charge de compression avant rupture pour des chaînes de ponts en bon fer. Si nous supposons pour ce bon fer $R = 40$ k, on pourra adopter $R_1 = 1{,}5\, R$; d'où

$$d = 0{,}66 \frac{S}{a}, \qquad \text{et pour section rectangulaire,} \quad d = 0{,}66\, b.$$

Tel est le plus petit diamètre qu'on doit adopter. Ce résultat a été confirmé par les essais de M. Shaler Smith (1).

Autres dimensions (fig. 135). — Théoriquement, il suffirait que la double section $2\, c \times a$ fût égale à S, ou $2\, c = b$ pour la barre rectangulaire, d'épaisseur a uniforme. Mais, en pratique, le métal est altéré par le forgeage, et cela d'autant plus que d est plus grand. Cette altération du métal est aussi plus grande pour les œils soudés au marteau que pour ceux forgés à la presse hydraulique. C'est pour cela que, dans les premiers (A), on augmente la dimension e sur le prolongement de l'axe et on trace la tête ovale avec un rayon $r = d + c$, tandis que pour les seconds (B) on fait $e = c$, et l'on a une tête cylindrique.

Fig. 135.

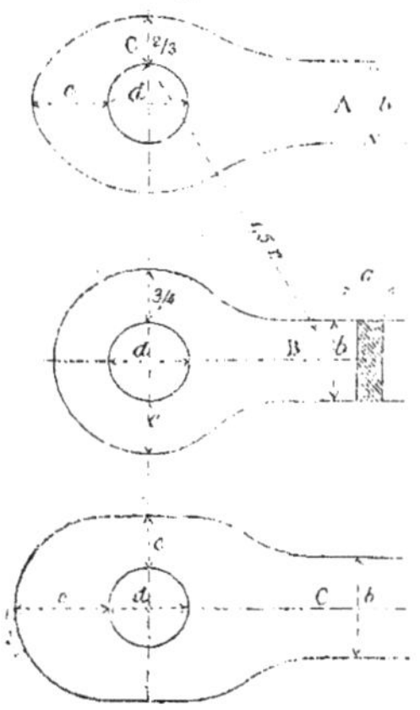

Les rapports $c : b$ ne peuvent être donnés que par l'expérience. Nous les trouvons dans un mémoire de M. Shaler Smith (1) et les résumons dans le tableau ci-après. Ces rapports ont été confirmés par la rupture de 3 barres au moins de chaque dimension ayant une épaisseur a uniforme.

Pour les divers rapports $a : b = n$, les rapports $d : b$ résultent de la relation (b) : $d : b = 1{,}72 \sqrt[3]{n}$. On voit que, pour les barres à œil rond (B), la dimension uniforme $c = e$ est plus forte que pour l'œil (A). D'autres ingénieurs adoptent la forme (C) et font $e = c + 0{,}5\, d$.

(1) *Transactions Society of Civil American Ingineers*, 1877.

Le tableau ci-après donnera de suite les dimensions *c* pour l'œil de diverses barres de sections différentes assemblées sur un même axe.

BARRES A ŒIL PLATES

$\frac{d}{b}$	$\frac{a}{b} = n$	$c : b$, œil forgé au marteau (A)	à la presse (B)
0,67	0,21	0,66	0,75
0,75	0,25	0,66	0,75
1,00	0,38	0,75	0,75
1,25	0,54	0,75	0,80
1,33	0,59	0,75	0,85
1,50	0,70	0,835	0,925
1,75	0,88	0,835	1,000
2,00	1,08	0,875	1.125

CHAINES

173. Chaînes ordinaires en fer (fig. 136). — Les chaînes destinées à s'enrouler sur des tambours à empreintes ou sur des noix, telles que celles de touage et des appareils de levage, doivent avoir un pas A constant; elles sont *calibrées*. Les chaînes étançonnées sont plus résistantes que celles ouvertes et ne se nouent pas; elles sont surtout employées dans la marine.

Fig. 136.

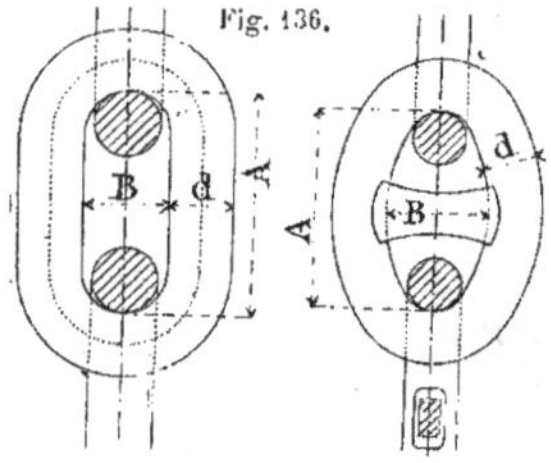

Les proportions des maillons peuvent varier à volonté. Les maillons longs rendent les réparations plus faciles; mais, dans les appareils de levage, on préfère les maillons courts, qui donnent des noix plus petites, et parce que la chaîne se noue moins.

La marine militaire française fait pour chaînes

ouvertes $A = 3,25\,d$, $B = 1,4\ d$.

étançonnées $A = 3,85\,d$, $B = 1,75\,d$.

Pour les chaînes de touage de Suez on a adopté

$A = 3\,d$, $B = 1,2\,d$.

Ces dernières proportions sont aussi celles que l'on adopte le plus souvent pour des appareils de levage à noix.

Charge d'épreuve. — Les chaînes sont toutes essayées avant leur emploi. La charge de rupture d'une chaîne est environ les 0,7 de celle du fer rond employé.

Le fer employé pour la marine devant résister de 32 à 36 kg, la charge de rupture de la chaîne sera de 22 à 25 kg. L'allongement total après rupture du fer en barres doit atteindre les chiffres suivants, adoptés à Guérigny :

Diamètre du fer.	6	8	10	12 à 20	20 à 40
Allongement total . . .	10	12	14	16	18

La charge d'épreuve P′ par millim. carré de la double section est :

Chaînes ouvertes 14 k, d'où $P' = 2 \times 14 \times 0{,}785\, d^2 = 22\, d^2$, et $d = 0{,}213 \sqrt{P'}$.

id. étançonnées 17 k, d'où $P' = 2 \times 17 \times 0{,}785\, d^2 = 26{,}7\, d^2$ et $d = 0{,}193 \sqrt{P'}$.

Ces charges correspondent presque à la limite d'élasticité du fer. Après essai, les maillons sont examinés avec soin, surtout vers les soudures. Sous cette charge d'épreuve, chaque maillon épouse la forme du précédent, et alors seulement la chaîne est dans des conditions normales de résistance. On conçoit que si deux maillons n'avaient qu'un point de contact leur déformation serait imminente.

Charge pratique P. — Pour des efforts statiques, la charge pratique peut atteindre les 0,4 à 0,5 de la charge d'épreuve, soit 6 à 7 k pour chaînes ordinaires.

Pour les appareils de traction, de levage, etc., cette proportion varie de 1/3 pour les grosses chaînes à 1/5 pour les petites, soit de 5 à 3 k. On a donc :

Pour $R =$	3 k.	4	5	6	7 k.
la charge $P = d^2 \times$	4,7	6,28	7,85	9,44	11
le diamètre $d = \sqrt{P} \times$	0,458	0,4	0.36	0,33	0.3
longueur limite $L = K : K'$	220m	290m	367m	440m	513m

Poids des chaînes. — Si p désigne ce poids par mètre, q le poids de 1 mètre du fer rond et l la longueur développée d'un maillon dont le pas est A, on a :

$$p : q :: l : A. \qquad \text{d'où} \quad p = q\,\frac{l}{A}.$$

Si l'on exprime q en fonction du diamètre du fer d, exprimé en millim., on a :

$$q = \frac{7.8 \times 10 \times 0.785}{10000}\, d^2 = 0{,}006123\, d^2 \qquad \text{et} \quad p = 0{,}006123\, \frac{l}{A}\, d^2.$$

Pour $A = 3\,d$, $B = 1{,}2\,d$, on a : $l = 2\,(3 - 1{,}2)\,d + (2.2 \times 3.14)\,d = 10.5\,d$,
d'où

$$\frac{l}{A} = \frac{10.5}{3} = 3{,}5 \qquad \text{et} \quad p = 0{,}0214\, d^2. \qquad \text{soit, en général,} \quad p = K'\, d^2.$$

On calculera aussi facilement K′ pour toute autre proportion de A et B.

Cas où l'on tient compte du poids de la chaîne. — Soit L la longueur verticale de la chaîne. $P = K d^2$, la charge de sécurité ; $p = K' d^2$, le poids de la chaîne. Pour tenir compte du poids de la chaîne, il suffit d'écrire :

$$P + K' d^2 L = K d^2, \qquad \text{d'où} \quad P = d^2 (K - K'L) \qquad \text{et} \quad d = \sqrt{\frac{P}{K - K' L}}.$$

Pour $K - K' L = 0$ ou $L = K : K'$, la charge P est nulle. L est alors la longueur limite pour laquelle le poids propre suffit à produire dans la section supérieure la charge R qu'on s'est imposée.

Pour $K' = 0{,}0214$ et K ci-dessus, on a les longueurs limites L du tableau précédent.

Les deux tableaux suivants résument les données relatives à une série de *chaînes serrées* et celles relatives aux chaînes étançonnées.

CHAINES SERRÉES.

Proportions	Diam. d	Poids p	doub. section	Charge d'épreuve 14 k.	Charge sécurité
$A = 2d + 8$; $B = d + 1$	7	1,1	77	1078	215
	8	1,35	101	1414	280
	9	1,8	127	1778	350
	10	2,25	157	2200	440
$A = 2d + 9$; $B = d + 1{,}5$	11	2,6	190	2660	530
	12	3,4	226	3164	630
	13	3,85	266	3724	740
	14	4,2	308	4312	860
$A = 2d + 10$; $B = d + 2$	15	5,5	353	4940	1280
	17	6,5	454	6350	1650
	19	8,2	567	7940	2060
$A = 2d + 11$; $B = d + 3$	20	9,1	628	8790	2280
	22	10,9	760	10640	2750
	24	13	905	12670	3300
$A = 2d + 12$; $B = d + 2{,}5$	25	14,1	982	13750	3570
	27	16,65	1145	16000	4800
	30	20,3	1414	19800	5900
$A = 2d + 13$; $B = d + 3{,}5$	32	23	1609	22500	6700
	34	26	1816	25400	7600
	36	29,1	2036	28500	9100
	38	32,5	2268	31700	10100
	40	36	2513	35200	11200

CHAINES ÉTANÇONNÉES.

Diam. d	Poids p	Charge d'épreuve 17 k.
20	9	10700
22	10,9	12900
24	13	15400
26	15,2	18050
28	17,65	20950
30	20,25	24050
32	23	27350
34	26	30850
36	29,15	34600
38	32,5	38550
40	36	42700
42	39,7	47100
45	45,55	54400
48	51,85	61500
50	56,25	66750
52	60,85	72200
55	68	80750
57	73,1	86750
58	75,7	89800
60	81	96100

174. Chaînes Galle à fuseaux (fig. 137). — Elles servent à transmettre. à petite vitesse, des efforts souvent considérables entre deux axes parallèles, comme dans les bancs d'étirage. M. Neustadt, en les appliquant aux appareils de levage, a perfectionné leur construction en faisant le maillon droit, ce qui a pour effet de diminuer l'usure en face de l'œil.

Maillons. — Les maillons sont en fer mince de première qualité.

Soient : c le diamètre de l'œil ; i l'épaisseur du fer des maillons ;
k la largeur du maillon ; n = nombre total de maillons.

P étant la charge totale, on a pour la section vers l'œil : $(k - d)\, i = P : R\, n$.

Les dimensions du tableau ont été ainsi calculées en faisant $R = 7$ à 8 kg.

La longueur des têtes, suivant l'axe, pourrait se calculer par la flexion, mais ce n'est là qu'un calcul approximatif, et on se borne à faire cette longueur égale à 1.6 environ la largeur de chaque côté de l'œil. On a donc :

$$\text{pas} = d + 1{,}6\,(k - d) + \text{le jeu}.$$

Au point de vue de la compression sur l'intrados du trou, on a, puisque d'après ce tableau $k = 2{,}2\,d$:

$$(k - d)\, i R = 1{,}2\, d\, i R = d\, i R_1, \quad \text{d'où} \quad R_1 = 1{,}2\, R.$$

Fuseaux. — Ils comprennent une partie centrale renflée servant à l'engrènement et deux tourillons à bouts rivés ou vissés avec écrous.

Hors du pignon moteur, les tourillons ne sont soumis qu'au cisaillement. Nous n'en parlerons pas. Mais au passage sur le pignon, chaque dent A_1, A_2 ,.. exerce sur le fuseau correspondant B_1, B_2 . . . une pression uniformément répartie, et chaque tourillon de diamètre d est soumis à la flexion. L'effort de flexion dépend évidemment du nombre de fuseaux engagés dans le pignon. Pour le plus petit pignon, de huit dents, de la série ci-contre, ce nombre est au moins 5. Si donc on calcule un tourillon en lui faisant porter la moitié de la charge totale et en prenant pour R la résistance absolue du métal, le métal du tourillon supportera en réalité R : 5 et moins si le nombre de dents du pignon est supérieur à 8. C'est ainsi qu'a été calculée la série ci-contre. P : 2 étant la charge sur un tourillon et le bras de levier l étant mesuré par rapport au groupe extérieur des maillons, on a : $l = 0{,}5\, i\,(n + 1)$, i comprenant ici l'épaisseur du maillon plus le jeu entre deux maillons.

Pour la flexion (4, chap. I), on a :

$$0{,}5\, P\, l = 0{,}1\, d^3\, R, \qquad \text{d'où} \qquad d^3 = \frac{5}{R}\, P\, l = K\, P\, l.$$

R croît de 20 k pour chaînes de 1 tonne à 32 k pour chaînes de 30 tonnes, soit de 1 kg par numéro de la série.

charge en tonnes P =	1	2	4	6	10	20	30
R =	20	22	24	26	28	30	32
K =	0,25	0.227	0,218	0.19	0.178	0.166	0,156

Le diamètre primitif D des pignons de N dents se calcule comme suit :

$$\frac{\text{pas}}{2} = \frac{D}{2}\,\frac{\sin 180°}{N}, \qquad \text{d'où} \qquad D = \frac{N \times \text{pas}}{\sin 180°}.$$

Fig. 137.

Chaînes à fuseaux

système

Neustadt.

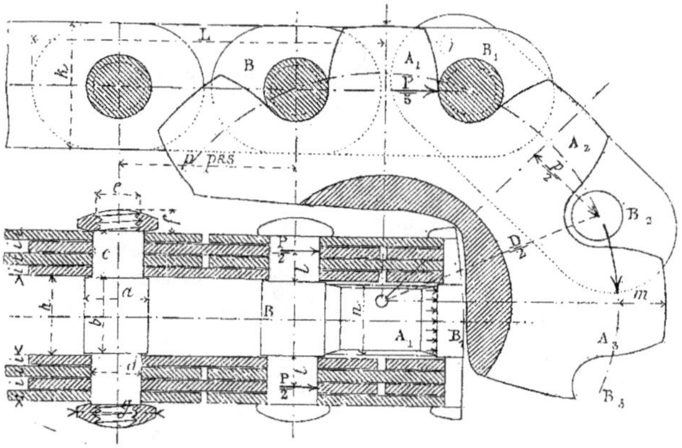

Charges P		250	500	750	1t	1t,5	2t	3t	4t	5t	6t	7t,5	10t	15t	20t	25t	30t
Pas	*p*	20	27	31	39	42	50	56	64	69	80	88	98	120	135	155	165
Fuseau.	*a*	7	10	12	14	16	18	22	25	27	29	32	36	44	48	52	58
	b	14	15	16	17,5	19,5	23,5	27	31	34	37	39	44	51	57	64	68
	c	4	6	8	9,5	13,5	20	20	24	27	27	30	36	44	48	52	60
	d	6	8	10	12	14	15	19	22	24	26	29	33	40	44	48	53
	e	»	»	»	10	12	12	15	15	18	18	20	23	28	30	32	35
	f	»	»	»	6	8	8	9	9	10	10	11	12	15	16	17	18
	g	»	»	»	18	22	24	28	30	34	36	40	40	50	60	64	72
Maille.	*h*	14	15	16	18	20	24	28	32	35	38	40	45	52	58	65	70
	i	2	3	2	2	3	3	3	3,5	4	4	4,5	5,5	5	5,5	6	7
	k	14	19	22	28	30	36	40	47	50	58	64	70	87	100	113	120
	L	39	53	61	77	83	99	111	127	137	159	175	195	238	274	308	328
Nombre	*n*	2	2	4	4	4	6	6	6	6	6	6	6	8	8	8	8
Poids		k 1,025	k 2	k 3,05	k 4,08	k 6,55	k 7,3	k 12,8	k 17,1	k 20,75	k 23,7	k 34	k 39	k 58,5	k 72,75	k 88,5	k 115,5
Pignon.	*m*	3,5	7,5	9	10,5	12	13,5	16,5	18	19	20	22	25	31	34	36	40
	n	13	14	15	16	18	22	26	30	33	36	38	42	49	55	62	66
	dents	nombre N = 8							9							10	
	diam.	52	70,5	81	102	109,6	150,5	166	187	204	233,6	257	286	350	394	500.6	533
	D	D = 2,61 × pas							D = 2,92 × pas							3,23 pas	

175. Chaînes en acier (fig. 138). — Les forges de Franche-Comté fabriquent des chaînes en acier doux sans soudure du système de MM. David et Damoizeau, anciens élèves des écoles des Arts et Métiers.

Fig. 138.

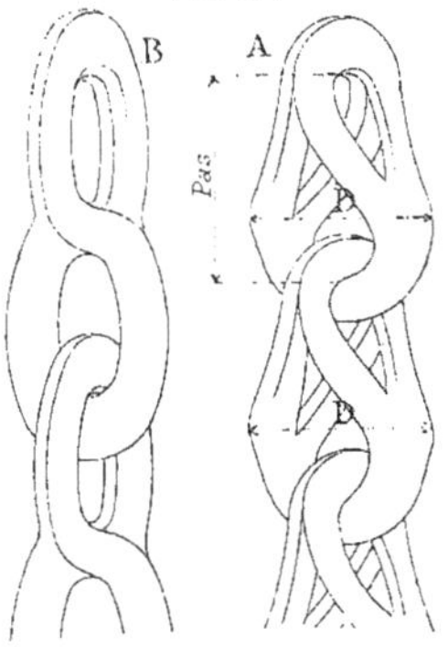

Chaque maillon est obtenu droit, par laminage, puis cintré, emmanché dans le précédent, et fermé.

Le profil du maillon varie suivant qu'il s'agit de former une chaîne ordinaire ronde (type A), une chaîne pour barbotins, noix, touages, etc. (type B) ou une chaîne à fuseaux pour engrènement sur pignon.

La charge de rupture par millim. carré de section s'élève de 38 à 45 kg. En limitant la charge d'épreuve à moitié de la rupture, elle serait au minimum de 19 k.

176. Chaînes Galle (fig. 139). — Les maillons de ces chaînes sont analogues aux barres à œil; ils sont réunis par un boulon ou un rivet peu serré, afin de laisser l'articulation libre. Ces maillons, tous égaux, sont découpés dans des fers minces de première qualité. En raison de leur faible épaisseur, on néglige l'effet du poinçonnage du trou, et, de plus, comme les maillons extrêmes ne supportent qu'une charge $= 0{,}5\ P$, P étant l'effort sur un maillon, on ne considère que le cisaillement.

La section $S = a\,b = 2\,c\,a$, on a donc pour le cisaillement double :

$$S\,R = 2 \times 0{,}785\ d^2 \times 0{,}8\ R, \quad \text{d'où} \quad d = 0{,}9\sqrt{S}.$$

Fig. 139.

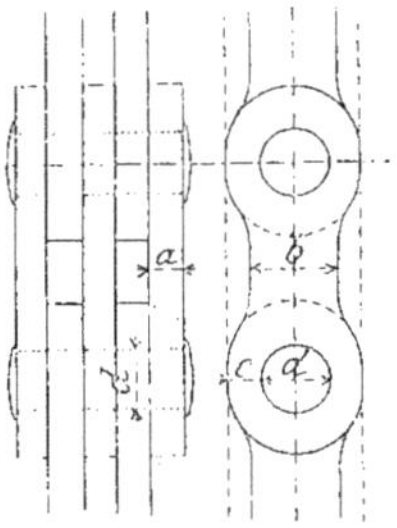

Mais il faut encore considérer la compression R_1, et si l'on fait, comme certains auteurs l'indiquent, $c = d$, on a, pour l'égalité entre la traction et la compression :

$$d\,a\,R_1 = 2\,d\,a\,R, \quad \text{c'est-à-dire} \quad R_1 = 2\,R.$$

C'est à peu près le rapport que nous trouverons pour les tôles rivées. Il est inadmissible pour ces maillons, qui ne sont pas serrés entre des têtes de rivets, mais sont libres, et où l'écrasement se produira plus facilement. Nous avons admis précédemment $R_1 = 1{,}5\ R$ pour des articulations sans rotation, mais ici les articulations sont souvent en jeu, alors les fuseaux font fonction de tourillons, et, pour éviter l'usure, il faudra faire leur diamètre d d'autant plus grand ou R_1 d'autant plus petit que les flexions seront plus fréquentes. Si, pour le cas de mouvements lents, on fait $R_1 = R$, on a : $2\,a\,c = d\,a\,R$ ou $d = 2\,c = b$.

En pratique, la dimension b est généralement plus grande qu'il ne faut rigoureusement, on ne compte que sur la section $S = 2\,a\,c$. Souvent même, pour de petites chaînes les faces extérieures sont droites (tracé en éléments).

RIVURE OU CLOUURE DES TOLES

177. Perçage des tôles. — Il se fait à la mèche ou le plus souvent au poinçon. Dans ce dernier cas, le plus petit diamètre d que l'on peut donner au poinçon dépend du rapport de sa résistance à l'écrasement R_e à celle de la tôle au cisaillement R_{ci} (121). R étant la résistance de la tôle à la traction, $R_{ci} = 0,8$ R pour le fer, 0,7 R pour l'acier. d étant le diamètre du poinçon ou du rivet mis en place et e l'épaisseur de la tôle, on a, au maximum :

$$R_e \frac{\pi d^2}{4} = R_{ci} \pi d e \qquad \text{ou} \qquad \frac{d}{e} = 4 \frac{R_{ci}}{R_e}.$$

Pour tôle de fer à R = 30 k., $R_{ci} = 24$ k. ; et si $R_e = 90$ k. pour le poinçon, on a :

$$\frac{d}{e} = 4 \frac{24}{90} = 1,06, \qquad \text{soit environ} \quad d = e.$$

Pour tôle d'acier à R = 45 k., $R_{ci} = 31,5$; et si $R_e = 90$ k., on a :

$$\frac{d}{e} = 4 \frac{31,5}{90} = 1,4, \qquad \text{soit } d = 1,4\, e.$$

Ces diamètres sont en effet les minima admis dans les ateliers.

Au-dessous de ces limites, le perçage se fait à la mèche.

MM. Hoopes et Townsend ont montré, à l'exposition de Philadelphie (1876), des pièces en fer poinçonnées au diamètre $d = 0,25\, e$, grâce à une qualité et à une trempe spéciale du poinçon ; mais ce résultat présente ici peu d'intérêt.

178. Exécution des rivures. — Les rivets se font en fer fort ou supérieur pour charpentes et ponts et en fer fin pour générateurs. Le rivet en acier, qu'il faut chauffer modérément et par suite écraser promptement, ne s'emploie que dans le rivetage à la machine. Les rivets en cuivre se font à l'alliage de 94 cuivre, 6 zinc.

Fig. 140.

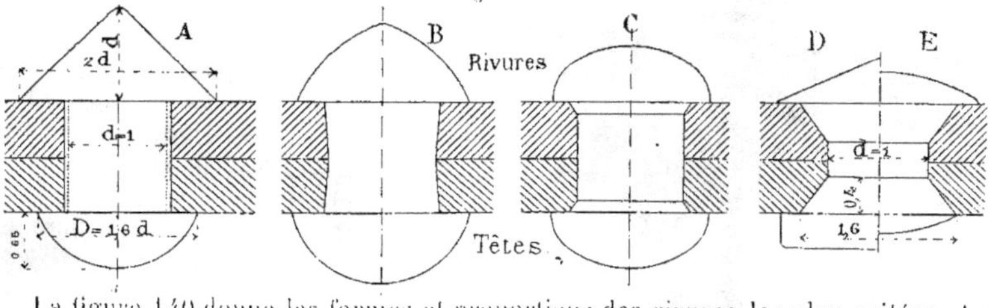

La figure 140 donne les formes et proportions des rivures les plus usitées. Avant son emploi, le rivet porte déjà une *tête* dont le diamètre D = 1,6 d, d étant ici le diamètre du rivet non écrasé, et nous appelons souvent *rivure* la deuxième tête, formée par l'écrasement de la tige.

(A) Rivet à tête sphérique ordinaire et rivure conique faite au rivoir.
(B) id. tête sphérique haute et rivure conoïde à la bouterolle.
(C) id. tête et rivure en goutte de suif, à la bouterolle.
(E) id. tête et rivure fraisées avec ou sans calottes.
(D) id. tête et rivure fraisées renforcées, résistant mieux aux efforts d'arrachement ; s'emploie pour rivets en fer réunissant des tôles d'acier.

Les petites fraisures de la fig. C renforcent la jonction des têtes aux tiges et améliorent sensiblement la clouure. A plus forte raison, la fraisure complète des fig. D. et E.

Toutes ces formes peuvent se combiner entre elles.

La rivure sert à réunir deux tôles : 1° en les superposant, c'est le joint par recouvrement ou à clin ; 2° bout à bout, c'est le joint à couvre-joint ou à franc bord.

A part les petits rivets en fer ou cuivre, qui s'emploient seuls à froid, toutes les rivures se font à chaud.

Quand les tôles sont poinçonnées coniquement (fig. B), comme nous l'avons dit (129), il faut s'arranger pour que, une fois assemblées, les cônes soient opposés par le sommet ; la rivure en est plus solide, et, dans le cas où un rivet vient à manquer, il est plus facile de le chasser pour en mettre un autre.

Les tôles étant bien rapprochées, le rivet, chauffé au rouge, est mis en place, puis écrasé :

1° *Au marteau ou rivoir,* de 3 à 4 kg., suivant la grosseur du rivet : la rivure est alors conique (fig. A).

2° *A la bouterolle,* frappée à la masse de 8 à 10 k.

Fig. 141.

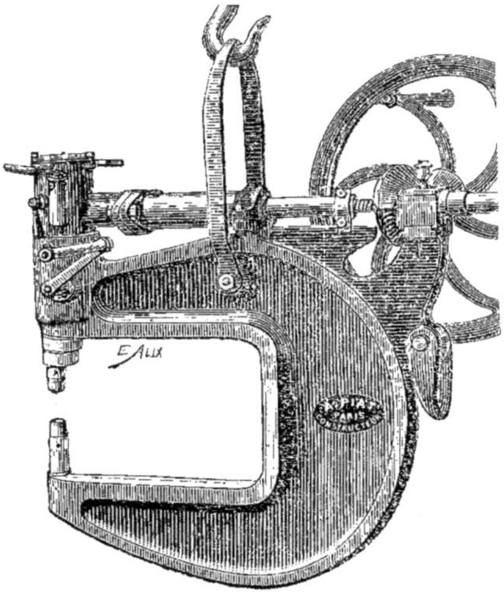

Pour des rivets de plus de 15 millim. de diamètre, le travail se fait par 2 riveurs ou 2 frappeurs. Dans les deux cas, le rivetage à la main est limité au diamètre de 25 à 26 millim.

3° *A la bouterolle mécanique.* Le diamètre du rivet n'est plus limité que par la puissance de la machine. La bouterolle opère, soit par chocs répétés imitant le marteau, comme avec la machine à air comprimé d'Allen, soit en un seul coup, comme avec les appareils à vapeur directe ; enfin elle agit sans choc sous une pression hydraulique croissante. Ces appareils, dont le type est la riveuse de Tweddel, sont les plus satisfaisants.

La (fig. 141) représente la riveuse suspendue mobile, à pression hydraulique produite à la main, de M. Delaloe, ancien élève des Arts et Métiers, et que construit la maison Piat.

Mattage des rivures étanches. — Si les tôles n'ont pas été préalablement chanfreinées à la machine, on fait ce chanfrein au burin, puis on opère le mattage au mattoir lisse, ou avec un premier mattoir taillé en boucharde et un second lisse, où, mieux, avec un mattoir arrondi, qui ne risque pas de blesser la tôle inférieure.

On doit aussi matter le pourtour de la rivure quand elle a été faite au rivoir.

Production. — Le nombre de rivets que peut poser une équipe varie beaucoup suivant les conditions du travail. Pour des rivures courantes de charpentes, une bonne équipe peut poser en moyenne, par heure, les nombres suivants de rivets :

Diamètre des rivets	12 à 14	16	18	20	22	25
Rivure à la main . . .	45 à 55	40 à 45	35 à 40	30 à 35	25 à 30	20 à 25
Rivure à la machine.	140 à 180	160	150	110 à 140	90 à 110	75 à 90

Défauts des rivures (fig. 142). — Ces défauts ne sont pas toujours apparents; c'est ce qui motive la surveillance en cours d'exécution, surtout pour les chaudières.

Fig. 142.

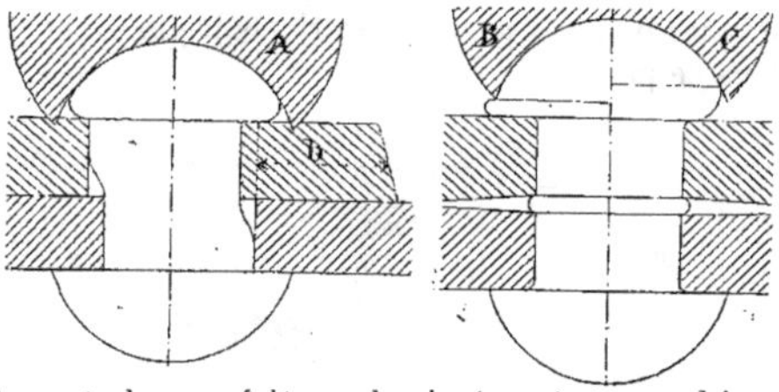

1° Quand les tôles sont poinçonnées, les trous ne s'accordent jamais bien au montage (A) et, malgré le *brochage*, on doit souvent employer un rivet plus petit que le poinçon; il faut alors qu'il soit assez long pour que, malgré son refoulement dans les trous excentrés, la tête soit encore bien formée.

Le remplissage des trous, souvent incomplet dans le travail à la main, est plus parfait par le rivetage à la machine. Si l'on veut un travail plus parfait, on alèse les trous; mais il faut s'assurer qu'on *n'affame* pas la tôle en diminuant ainsi la pince *b*.

2° Si les tôles ne sont pas en contact, le rivet en se refoulant formera entre elles un bourrelet; dès lors, le rapprochement et l'étanchéité deviennent impossibles; de plus, ce rivet travaillera à la flexion.

3° La rivure peut être incomplètement formée si le rivet est trop froid (C), si la tige est trop courte ou si la bouterolle est trop grande (A). Dans ces derniers cas, et surtout avec la machine, la tôle peut être blessée par la bouterolle. La flèche de la bouterolle doit donc être un peu plus petite que celle de la rivure finie, afin qu'il reste plutôt une bavure tout autour (B).

4° La tête peut ne pas porter exactement sur la tôle; cela arrive quand, par suite de la déviation des trous, le rivet est introduit obliquement et que le butoir est maintenu obliquement. Dans ce cas, les têtes sont souvent excentrées.

Enfin, lorsque la rivure est faite au marteau et mattée, elle s'écrouit et il en résulte souvent de petites fentes sur son pourtour. Souvent aussi, mais plus rarement si la pince *b* est trop faible et écrouie, il se produit une fissure normale au bord de la tôle.

Dispositions des rivets. — La réunion de deux tôles se fait à un ou plusieurs rangs de rivets (fig. 143) : 1° en *chaîne* ou en lignes perpendiculaires au joint ; 2° en *quinconce* ou en lignes obliques.

Fig. 143.

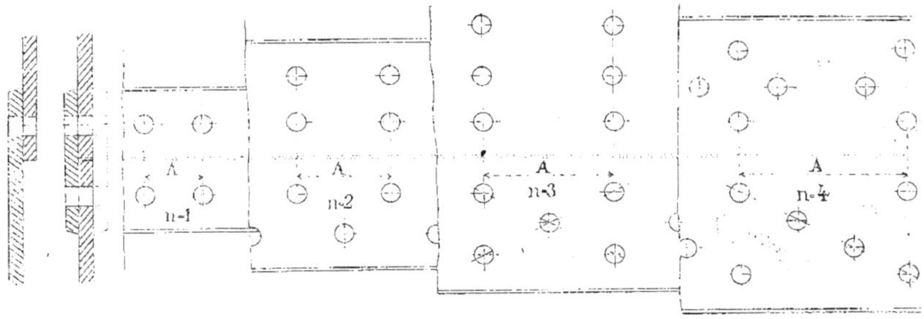

D'autres fois, et surtout pour la jonction de bandes de tôles formant tirants, les rivés sont disposés par groupes (fig. 144). Nous appelons la distance A entre deux rangées ou deux groupes de rivets le *pas* de la rivure et *n* le nombre de rivets contenus dans ce pas.

Fig. 144.

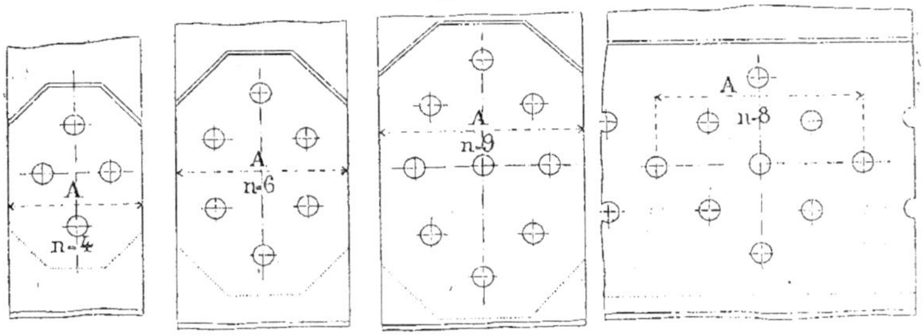

179. Calcul de la résistance. — La rupture ou la déformation dangereuse d'une clouure a lieu (fig. 145) : 1° par le cisaillement des rivets ou par le glissement des tôles ; 2° par la rupture de la tôle entre les rivets ; 3° par l'écrasement de la tôle sous le rivet, qui amène la déchirure de la pince *b*. Le cisaillement des sections *a a'*, *c c'* considérés par certains auteurs, ne s'est jamais produit dans les essais.

Outre les notations précédentes *d*, *e*, A, *n*, soient les coefficients de résistance par millim. carré :

R' pour la traction de la tôle entre deux rivets ;

R'' pour l'adhérence ou le cisaillement des rivets en place ;

R_1 pour l'écrasement des tôles sous un rivet.

Nous admettons que la résistance d'un groupe de rivets est égale à la somme des résistances de chacun d'eux. La meilleure condition est évidemment celle de l'égalité de résistance entre les diverses parties de la clouure.

Fig. 145.

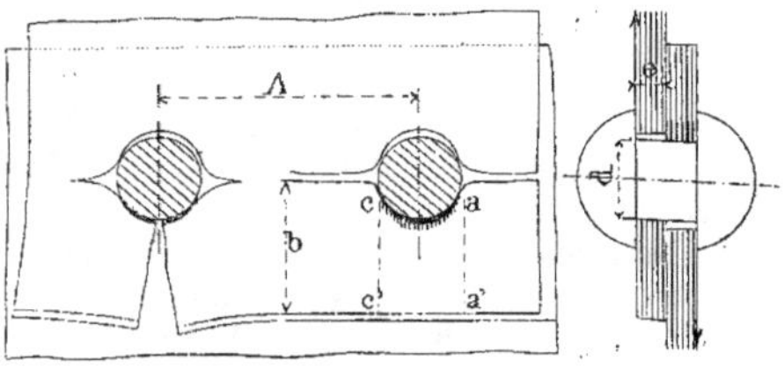

1° En égalant la résistance de la tôle à celle des n rivets, on a, pour le cisaillement simple ou l'adhérence :

$$R'(A-d)e = R''\frac{\pi}{4}d^2 n \qquad (a),$$

d'où

$$n = \frac{R'}{R''}\frac{(A-d)e}{0{,}785\,d^2} \qquad (b),$$

d'où

$$\frac{A}{d} = \left(0{,}785\frac{R''}{R'}\right)n\frac{d}{e} + 1 = kn\frac{d}{e} + 1 \qquad (c).$$

Si n et $d:e$ sont donnés, on a finalement $A = K\,d$. k représente le terme entre parenthèses et K un coefficient égal au second membre de (c).

Pour le cisaillement double, multiplions par 2 les seconds membres ; on a alors :

$$(b') \qquad n = \frac{2}{0{,}785}\frac{R'}{R''}\frac{(A-d)e}{d^2}, \qquad \text{d'où} \qquad \frac{A}{d} = 2kn\frac{d}{e} + 1 \qquad (c').$$

Pour les mêmes valeurs de n et $d:e$, on a : $A = K'd$ et $K' = 2K - 1$.

Enfin le rapport $\frac{A}{e} = \frac{A}{d}\times\frac{d}{e} = K\frac{d}{e}$ ou $K'\frac{d}{e}$ pour cisaillement double.

2° En égalant la résistance au cisaillement d'un rivet à celle de l'écrasement de la tôle sous ce rivet, on a pour le cisaillement simple :

$$R''\frac{\pi d^2}{4} = R_1\,d\,e, \quad R_1 = 0{,}785\,R''\frac{d}{e}, \qquad \frac{d}{e} = \frac{R_1}{0{,}785\,R''} \qquad (d)$$

et pour le cisaillement double, en multipliant par 2 le terme en R'' :

$$R_1 = 1{,}57\,R''\frac{d}{e}, \qquad \text{d'où} \qquad \frac{d}{e} = \frac{R_1}{1{,}57\,R''} \qquad (d').$$

Résistance relative d'une clouure. — C'est le rapport de la résistance de la tôle percée $= R'(A-d)e$ ou celui des n rivets $= R''\times 0{,}785\,d^2 n$ à la résistance de la tôle non percée $= R\times A\,e$. Si nous appelons C et C' ces rapports, on a donc :

Pour la tôle, $C = \frac{R'}{R}\times\frac{(A-d)e}{A\,e}$; pour les rivets, $C' = \frac{R''}{R}\times\frac{0{,}785\,d^2 n}{A\,e}$.

Nota. — En raison des défauts inhérents à la rivure, il est préférable de compter toujours un excès de résistance des rivets sur la tôle ; alors $C' > C$.

Ces relations simples résoudront tous les problèmes relatifs aux rivures soumises à la traction quand nous connaîtrons les coefficients de résistance R', R'', R_1.

180. Adhérence. — Cisaillement. — Quand, pour un petit nombre de tôles, les trous sont percés à la mèche ou alésés, le rivet remplit assez bien le trou, sauf le retrait. Il en est de même pour la clouure soignée de deux tôles poinçonnées faite avec de gros rivets, surtout si la rivure se fait à la machine. En comptant le retrait diamétral d'un rivet à partir du commencement de son écrasement, soit au rouge cerise ou 900°, ce retrait est $0,0000122 \times 900 = 0,01098$, soit 1,1 $^0/_0$ ou $0,^m/^m 22$ pour rivet de 20 millim. Dès que cette faible déformation est atteinte, le cisaillement entre en jeu. C'est pourquoi ces rivures, soignées et limitées à deux ou trois tôles, peuvent se calculer par rapport au cisaillement.

Si les trous sont coniques et surtout s'ils sont fraisés, le retrait longitudinal compense le retrait diamétral et alors le cisaillement entre en jeu avant toute déformation.

Tous les essais établissent que le cisaillement des rivets n'est pas sensiblement modifié par l'adhérence, parce que celle-ci disparaît par suite de la contraction qui résulte de l'allongement des tôles correspondant à la rupture.

Mais dans les clouures de plusieurs tôles poinçonnées, les déviations des trous alternant, le rivet ne remplit plus les vides; on doit alors ne considérer que l'adhérence.

Les essais de tôles poinçonnées forées ont donné pour R' des valeurs souvent contradictoires, et nous avons dit (145) dans quelles limites R' varie. Quant au coefficient R'' relatif au rivet, il diffère essentiellement suivant qu'on considère l'adhérence ou le cisaillement. L'adhérence produite entre les tôles résulte de l'état des surfaces et du serrage que produit le rivet en se refroidissant.

Plusieurs auteurs ont calculé le serrage ou tension du rivet en supposant que la contraction commence une fois la rivure terminée et que la pression se répartit également sous la tête de diamètre *md* du rivet; mais ces hypothèses sont erronées. En réalité, les bords des têtes s'infléchissent par la contraction et prennent la forme

Fig. 146.

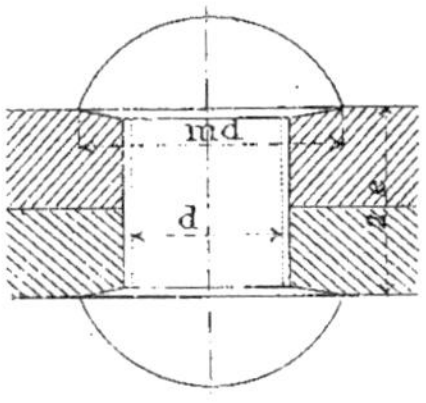

fig. 146 d'autant plus que l'écrasement est moins rapide. Le serrage va en diminuant du bord du trou au bord de la tête.

Théoriquement, la tension du rivet croît avec sa température, et pour qu'elle ne dépassât pas la limite d'élasticité du fer à rivet, soit 19 à 20 kg, la rivure devrait se terminer vers 160°, selon les uns, vers 250° selon d'autres. Mais à ces températures le fer n'est plus malléable; il s'écrouit si on le martèle au-dessous de 600°, correspondant au rouge très sombre (145).

Nous ne rapporterons donc pas ces calculs, puisqu'ils conduisent à des conclusions impraticables.

De nombreux essais ont donné pour l'adhérence des rivures faites dans les conditions ordinaires R'' = 10 à 15 k. Ces chiffres sont un peu plus élevés pour la rivure à la machine, mais ils descendent à R'' = 7 à 10 k pour des rivures mal faites. Quand on compte sur l'adhérence, il paraît logique de compter pour la tôle sur la limite d'élasticité R' = 14 à 15 k. Ces deux charges correspondant à la limite des déformations, on a donc, au plus, R' = R'', et, pour le cas le plus défavorable, R' = 2 R''.

La considération de l'adhérence n'admet, dans toute clouure, qu'une section utile par rivet, tandis que celle du cisaillement en admet plusieurs.

181. Essais de Sclessin. — Nous déduirons les valeurs de R′, R″ et R_1 des essais récents faits par la Société de Sclessin (Belgique) (1).

Ces essais ont porté sur 60 clouures de barres ou plats ayant les dimensions ci-dessous, dont 2 séries de 15 clouures chacune à simple cisaillement, l'une faite à la main, l'autre à la machine, et 2 séries à double cisaillement faites de même.

Avant rivure { les fers plats ont donné R = 34k,5, allong. % = 13 à 19.
le fer à rivet a donné R = 42. id. % = 25 à 30.

L'allongement des assemblages n'était plus que 2,5 à 6 %.

Les plats ont été poinçonnés au diamètre $d = 19$ millim., section $= 283$ millim.

Dans la rupture des clouures à simple cisaillement, faites à la main ou à la machine, la plus petite pince étant 35 millim. $= 2\,d$ environ, c'est toujours le rivet qui s'est cisaillé sous un effort $R'' = 29$ à 32 kg, moyenne 30.

Pour les clouures à double cisaillement faites à la main, nous résumons dans le tableau suivant les résultats obtenus.

Les mêmes clouures faites à la machine ont donné à peu près les mêmes chiffres.

Enfin, nous avons calculé les charges à l'écrasement R_1, formule (d').

	$\frac{d}{e} = 3{,}2$			$\frac{d}{e} = 1{,}6$			$\frac{d}{e} = 1{,}6$						$\frac{d}{e} = 1{,}05$		
Dimension des plats $\frac{A}{e} =$	$\frac{60}{6}$	$\frac{75}{6}$	$\frac{90}{6}$	$\frac{60}{12}$	$\frac{75}{12}$	$\frac{90}{12}$	75 × 12						$\frac{60}{18}$	$\frac{75}{18}$	$\frac{90}{18}$
Saillie du bout (pince) b	35	47	53	37	47	53	29	35	40	47	50	60	35	45	55
Charges par millimètre carré sur — le plat rivé R′	27	29	28	29	25	19	20	23	25	25	23	25	23	19	15
Charges par millimètre carré sur — le rivet (2 sections) R″	14	18	21	26	30	27	24	26	29	30	27	29	30	33	32
Charges par millimètre carré sur — le champ R_1	70	90	105	65	75	67	60	65	72	75	67	72	50	27	53
Partie rompue	—	T	T	—	rivet		T	T	T	rivet			rive		

Ces chiffres font voir que, pour les gros rivets, $d = 3{,}2\,e$, ce sont les plats qui se sont rompus. Les barres étroites, 60 millim. $= 3\,d$, se sont seules fendues en travers la pince étant 35 et 37 millim. $= 2\,d$ pour $R' = 28$ k. en moyenne et la charge d'écrasement $R_1 = 65$ et 70 k. Pour $R_1 = 90$ et 105 k., même avec une pince de 53 millim., la rupture a eu lieu en long et en travers.

La rupture passe du plat au rivet, c'est-à-dire correspond à l'égale résistance pour une pince $= 43$ millim. $= 2{,}25\,d$ en moyenne.

Pour les petits rivets ou tôles fortes $d : e = 1{,}05$, ce sont les rivets qui se sont cisaillés, même avec la pince de $35 = 2\,d$ environ; mais on remarque que R″, qui était de 30 pour tôle 75/12, s'est élevé à 33 pour tôle 75/18.

Ces chiffres prouvent que la résistance au cisaillement double est bien double de celle au cisaillement simple. Dans les deux cas $R'' = 30$ en moyenne (2).

(1) *Génie Civil*, 1886.
(2) C'est donc à tort que l'opinion contraire est émise dans la *Résistance des matériaux*, par M. Flamand.

Rapports des résistances après et avant rupture. — La résistance moyenne des 7 plats rompus est : 1/7 (27 + 29 + 28 + 29 + 20 + 23 + 25) = 26k ; d'où

$\frac{R'}{R} = \frac{26}{34,5} = 0,75.$ Ce rapport s'élève au maximum à $\frac{29}{34,5} = 0,84.$

La rivure à la machine a donné $R' : R = 0,8.$

La perte de résistance des plats est donc en moyenne 20 à 25 %.
D'autres expérimentateurs ont trouvé que cette perte était 12 à 20 %.
La résistance moyenne des 8 rivets rompus est $R'' = 30$; d'où

$\frac{R''}{R} = \frac{30}{42} = 0,71.$ La rivure à la machine a donné 0,73.

Ces derniers rapports sont les mêmes pour rivures à simple cisaillement.
Nous avons déjà remarqué que R'' croît un peu avec l'épaisseur de la tôle, probablement parce que alors le rivet fléchit moins avant de rompre.

Valeur de R_1. — Le prisme de fer comprimé par le rivet faisant corps avec la tôle continue de plus, étant enfermé entre la tête du rivet et la tôle voisine, sa résistance à l'écrasement R_1 sera donc supérieure à celle d'un prisme isolé.
Les essais précédents donnent, avec la pince $b = 2d$, $R_1 =$ 65 à 70 k.
Pour les tôles d'acier rompant à 45 kg, avec rivets en acier, on peut faire $R_1 = 90$ k. (Voir chap. VI.) Si le rivet est en fer, il ne faut pas dépasser $R_1 = 70$, car alors ce serait le rivet qui serait écrasé.

182. Application des formules. — En appliquant ici les rapports précédents, $R' = 0,8$ R pour tôles poinçonnées et $R'' = 0,7$ R, on aura :

Pour tôle	de fer poinçonnée, qualité	30 k.,	— $R' = 24$ k.
	d'acier doux poinçonnée, qualité	45 k.,	— $R' = 36$.
Pour rivet	en fer supérieur.	id. 40 k.,	— $R'' = 28$.
	en acier doux,	id. 45 k.,	— $R'' = 32$.

Les valeurs de $k = 0,785 \frac{R''}{R'}$ dans (*c*) et (*c'*) deviennent :

			Cisaillement simple.	double.
Rivet en fer et tôle poinçonnée en	fer,	$k = 0,785 \frac{28}{24} =$	0,9	1,8
	acier.	$k = 0,785 \frac{28}{36} =$	0,6	1,2
Rivet en acier et tôle d'acier recuite,		$k = 0,785 \frac{32}{45} =$	0,55	1,1

Ces valeurs de k, mises dans (*c*) et (*c'*), avec celles de $d : e$ et de n indiquées en tête du tableau ci-dessous, donnent K et K', ou le pas des rivures d'égale résistance.
Nous avons fait ces calculs pour les valeurs extrêmes de k, en nous limitant aux valeurs de $K < 1,9$ et $K > 11,8$.

PAS DES RIVURES D'ÉGALE RÉSISTANCE, $A = Kd$ OU $K'd$.

Cisaillement				$\frac{d}{e} = 1$				$\frac{d}{e} = 1,5$				$\frac{d}{e} = 2$				$\frac{d}{e} = 2,5$			$\frac{d}{e} = 3$		
		k	$n =$	1	2	3	4	1	2	3	4	1	2	3	4	1	2	3	1	2	3
simple.	fer . . .	0,9	K =	1,9	2,8	3,7	4,6	2,35	3,7	5	6,4	2,8	4,6	6,4	8,2	3,25	5,5	7,75	3,7	6,4	9,1
simple.	acier recuit.	0,55	K =	—	2,1	2,65	3,2	—	2,65	3,5	4,3	2,1	3,2	4,3	5,4	2,4	3,75	5,1	2,6	4,3	6
double.	fer . . .	1,8	K' =	2,8	4,6	6,4	8,2	3,7	6,4	9	11,8	4,6	8,2	11,8	—	5,5	10	—	6,4	11.8	—
double.	acier recuit.	1,1	K' =	2,1	3,2	4,3	5,4	2,65	1,3	6	7,6	3,2	5,4	7,6	9,8	3,75	6,5	9,25	4,6	8,2	11,8

Nous avons calculé la résistance relative C pour des valeurs entières de K ou K'.

Résistance relative	$A : d = K$ ou $K' =$	2	3	4	5	6	7	8	9	10
	$R' = R'$, $C = \frac{K-1}{K}$	0,5	0,66	0,75	0,8	0,83	0,86	0,875	0,88	0,9
	$R' = 0,8\,R'$, $C =$	0,4	0,52	0,6	0,64	0,66	0,69	0,7	0,71	0,72

Il ressort de ces chiffres : 1° que la résistance relative C croît avec le pas A ou K, mais pas en proportion du nombre de rivets correspondants; aussi s'arrête-t-on le plus souvent à 2 ou 3 rangs de rivets; 2° que l'on augmente la résistance relative en augmentant le pas, c'est-à-dire en mettant le plus petit nombre de rivets sur la première ligne, et non en multipliant les rivets sur cette ligne, comme on le fait souvent.

Ainsi, s'il s'agit de river un ou deux fers plats formant tirants, on percera un seul trou sur le premier rang (fig. 144), deux au second rang, trois ou même quatre au troisième, et ainsi de suite jusqu'au milieu du groupe de rivets. Chaque rang peut donc avoir autant de rivets plus un qu'il y en a dans tous les rangs précédents.

183. Avantage et limite des gros rivets. — L'avantage des gros rivets ressort des chiffres précédents, puisque, pour une même valeur de K ou de C, le nombre n de rivets par pas ou par mètre courant diminue à mesure que $d : e$ augmente.

Cet accroissement du diamètre a pour limite la charge d'écrasement de la tôle R_1 qui croît avec $d : e$ (d) (d'). Les valeurs précédentes de R_1 et R'', mises dans les relations (d) et (d') donnent les limites suivantes de $d : e$:

				Cisaillement simple.	double.
Tôles de fer,	$R_1 = 65$,	$R'' = 28$,	$\frac{d}{e} = \frac{65}{0,785 \times 28} =$	3	1,5
Tôle et rivet acier,	$R_1 = 90$,	$R'' = 32$,	$\frac{d}{e} = \frac{90}{0,785 \times 32} =$	3,6	1,8

Il ne faut donc pas dépasser ces rapports si l'on veut avoir l'égalité de résistance entre le rivet et l'écrasement de la tôle pour les qualités ci-dessus. Pour le cas où l'on devrait les dépasser, il faudrait réduire la charge R″ sur le rivet.

184. Diamètre des rivets en fer pour tôles d'acier. — Appelons d_1 le diamètre du rivet en fer pour tôle d'acier de résistance R'_a et admettons que $(A - d) = (A - d_1)$ et que n et e sont les mêmes, on aura :

$$\left.\begin{array}{ll}\text{Tôle de fer} & R'\,(A - d)\,e = R''\,0{,}785\,d^2 n \\ \text{Tôle d'acier} & R_a'\,(A - d)\,e = R''\,0{,}785\,d_1^{\,2} n\end{array}\right\}\ \text{d'où}\ \frac{d_1}{d} = \sqrt{\frac{R_a'}{R'}}.$$

Ainsi, pour des clouures à peu près semblables, les diamètres des rivets en fer sont entre eux comme les racines carrées des résistances, entre rivets, des tôles qu'ils réunissent. Pour les valeurs précédentes de ces résistances (172), on a :

$$\frac{d_1}{d} = \sqrt{\frac{36}{24}} = \sqrt{\frac{45}{30}} = 1{,}22 \qquad \text{ou} \quad d_1 = 1{,}22 \times d.$$

185. Diamètre des rivets. — Dans ce qui précède, le diamètre d est toujours celui du rivet écrasé ou du poinçon. Le diamètre réel du rivet avant son emploi est plus petit que le précédent de 1 ou 2 millim., suivant la précision du travail.

On a proposé plusieurs relations pour déterminer le diamètre initial du rivet en fonction de l'épaisseur e de la tôle, telles que :

$$d = 1{,}5\,e + 4, \quad d = 2\,e, \quad d = 2\,e + 3, \text{ etc.}$$

Mais ces relations ne peuvent être suivies, parce qu'elles ne tiennent pas compte des limites que nous avons établies.

Nous avons vu qu'il y a avantage à adopter de gros rivets, mais sans dépasser, pour l'égale résistance, $d = 3\,e$ dans le cas du cisaillement simple,

ou $d = 1{,}5\,e$ id. id. double.

On n'est limité dans l'établissement d'une série de rivures que par la puissance de l'outillage dont on dispose. Si le rivetage se fait à la main, on ne dépasse pas $d = 26$.

C'est ce qui explique la diversité des séries de chaque atelier (sans parler de la routine). Cette diversité résulte aussi de ce que, pour diminuer les approvisionnements et l'outillage, on emploie un même diamètre pour des épaisseurs variant de 2 à 3 $^m/_m$.

Nous donnons plus loin les proportions des clouures de construction ordinaire et celles des générateurs. Voici la série des rivets employés pour constructions navales.

DIAMÈTRES DE RIVETS EN FER POUR CONSTRUCTIONS NAVALES.

Épaisseur des tôles e =	3	6	8	10	12	14	16	18	20	22	26	30
Tôle de fer	8	12	14	16	18	20	22	24	24	26	28	32
Tôle d'acier.	10	14	18	20	22	24	26	28	28	30	34	»

186. Couvre-joint renforcé. (fig. 147) — La réunion de deux tôles bout à bout par un couvre-joint est plus coûteuse que par recouvrement, mais elle donne une paroi continue et des viroles à peu près cylindriques, partant plus résistantes, surtout aux pressions extérieures. Dans le couvre-joint simple, la possibilité de matter les tôles en J permet d'employer ce joint aux constructions étanches.

Soit m le nombre de rivets de la rangée du bord des tôles à l'écartement $= kd$, le pas est alors $A = mkd = Kd$, et n le nombre total de rivets contenus dans le pas. D'après ce qui précède, en faisant varier A, d, n ou m, on arrivera facilement à l'égalité de résistance de la tôle et des rivets.

Il nous reste à établir l'égalité de résistance entre le couvre-joint d'épaisseur e' et la plus faible des résistances précédentes; si c'est celle de la tôle, on a :

$$(A - md)e' = (A - d)e, \qquad \text{d'où} \quad \frac{e'}{e} = \frac{A - d}{A - md} = \frac{K - 1}{K - m}.$$

Exemple. — Soient : $e = 12$, $d = 18$, section 254, $k = 2{,}5$, $R' = 24$, $R'' = 30$.

Disposition (D). $m = 3$, $K = 7{,}5$, $A = 135$, résistance de la tôle $= 24\,(135 - 18)\,12 = 23700$.

id. $n = 6$, résistance des rivets $= 30 \times 254 \times 6 = 45700$.

Rapport des épaisseurs $\frac{e'}{e} = \frac{6.5}{4.5} = 1{,}44$. Résistance relative $C = \frac{6.5}{7{,}5} = 0{,}86$.

Disposition (B). $m = 2$, $K = 5$, $A = 90$. id. tôle $24\,(90 - 18)\,12 = 20736$.

id. $n = 3$. id. rivets $30\ (254 \times 3) = 22890$.

$\frac{e'}{e} = \frac{4}{3} = 1{,}333$. id. relative $C = \frac{4}{5} = 0{,}8$.

Si, au lieu de considérer le cisaillement, on ne voulait considérer que l'adhérence, on ferait $R'' = 12$ ou 15 k., les résistances précédentes des rivets seraient réduites de moitié, et l'on voit qu'alors la disposition (D) serait seule satisfaisante.

Fig. 147

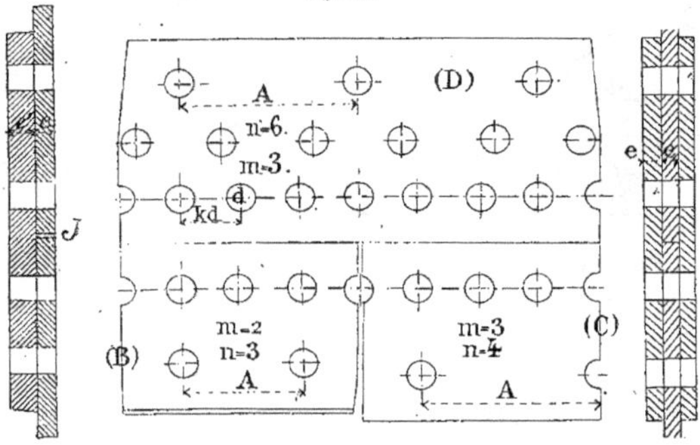

Couvre-joint double. — Cet assemblage (figure 147) ne s'emploie que pour des clouures non étanches.

Si l'on fait chaque couvre-joint d'épaisseur $e' = 0{,}5\,e$, il faut alors, pour que les résistances relatives soient égales, que les rivets soient symétriquement groupés par rapport aux bords des tôles et des couvre-joints, soit en répétant de chaque côté du joint l'une des dispositions de la fig. 144.

Mais si l'on renforce ces couvre-joints en faisant $e' = 0{,}6$ à $0{,}8\ e$, ou même $e' = e$, on pourra adopter les clouures de la fig. 147.

Si l'on voulait tenir compte du double cisaillement, on serait conduit, comme nous le savons, à réduire le diamètre d des trous, afin d'obtenir l'égale résistance. Mais si l'on ne compte que sur l'adhérence et par suite sur la section simple du rivet, les calculs se feront comme précédemment.

187. Distance des files de rivets. — Pour arrêter la division des trous dans une clouure, il faut encore connaître : 1° la distance du premier rang au bord de la tôle, c'est la pince b ; 2° la distance des files de rivets entre elles.

Les essais précédents ont établi que pour les tôles minces et cisaillement simple, la pince $b = 2\ d$ est suffisante et peut être réduite pour les tôles plus épaisses.

On fait habituellement $b = 2\ d$ pour tôles de 4 à 10 millim.
$b = 1{,}75\ d$ id. 10 à 20
$b = 1{,}5\ d$ id. > 20

Souvent même on adopte $b = 1{,}5\ d$ pour toutes les épaisseurs supérieures à 8 millim. Pour le cas de cisaillement double, ces mêmes essais donnent $b = 2{,}25\ d$ avec le rapport $d : e = 1{,}6$. Mais nous avons vu, d'après (d') que ce rapport $d : e$ ne devrait pas dépasser 1,5 ; si donc on se tient dans ces limites, on pourra encore conserver les rapports ci-dessus, soit $b = 1{,}5$ à $2\ d$ au plus.

Dans les clouures à plusieurs rangs de rivets, il faut s'assurer que la ligne de rupture en zigzag (fig. 148) est supérieure à la ligne de rupture $(A - d)$ de la première rangée. On fera cette vérification par un tracé mieux que par le calcul. On trouvera ainsi que, pour la disposition en quinconce (B), la distance $h = 2\ d$ est suffisante.

Fig. 148.

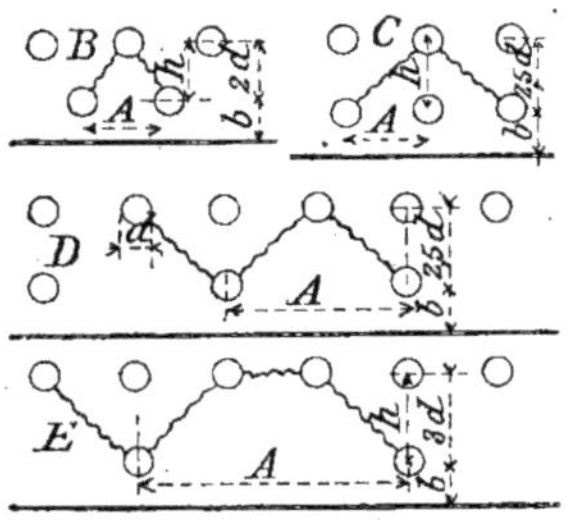

Dans les générateurs, pour diminuer le recouvrement total, on descend à $h = 1{,}33\ d$.

Pour la disposition en chaîne (C), la ligne de rupture en zigzag doit être supérieure à $2\ (A - d)$; on fera $h = 2{,}5\ d$.

Pour la disposition (D), un rivet au premier rang pour deux rivets au deuxième rang, on fera encore $h = 2{,}5.\ d$

Dans la disposition (E), un rivet au premier rang pour trois rivets au deuxième rang, on trouvera qu'il convient de faire $h = 3\ d$, c'est la règle du Lloyd anglais.

RIVURES DES POUTRES

188. Couvre-joints des tables (fig. 149). — Dans les poutres à ⌶, l'une des tables est soumise à la tension, l'autre à la compression; néanmoins on fait les couvre-joints égaux, dans chaque table et de même épaisseur que les tôles des tables, parce qu'il ne faut jamais compter que le champ des tôles comprimées soit en contact; les rivets travaillent donc de même dans les deux tables.

Fig. 149.

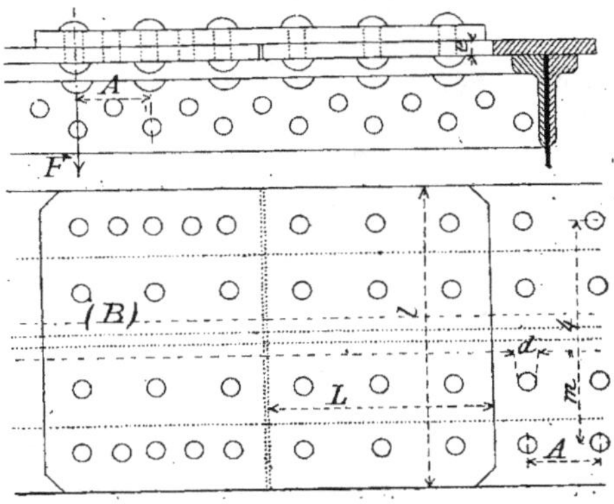

Soient : m le nombre de rangées longitudinales de rivets; l la largeur de la table; sa section utile est

$$(l - md)\,e.$$

Le nombre n de rivets pour l'égalité de résistance entre la tôle et les rivets sera :

$$n = \frac{R'}{R''} \times \frac{(l - m\,d)\,e}{0{,}785\,d^2} = \frac{R'}{R''} \times \frac{\text{section tôle}}{\text{section rivet}} \qquad (a).$$

Si l'on fait $d = 2\,e$, ce qui n'est qu'un cas particulier, on a, suivant le cas :

$$\text{Cisaillement,} \quad R' = R'', \quad n = 0{,}318\left(\frac{l}{e} - 2\,m\right).$$

$$\text{Adhérence,} \quad R' = 2\,R'', \quad n = 0{,}636\left(\frac{l}{e} - 2\,m\right).$$

Exemple : $l = 300$, $m = 4$, $d = 22$, section $= 380$, $e = 14$, $R' = 2\,R''$.
La relation (a) donne :

$$n = 2\,\frac{(300 - (4 \times 22))\,14}{380} = 15{,}6, \quad \text{soit 16 rivets.}$$

Avec les mêmes données, si $e = 12$ et $d = 2\,e = 24$, on a :

$$n = 0{,}636\left(\frac{300}{12} - 8\right) = 10{,}8, \quad \text{soit 12 rivets.}$$

Le nombre réel de rivets devra être évidemment un multiple de m et le pas A de la rivure étant donné, la demi-longueur L du couvre-joint sera déterminée. Cette longueur pourra être réduite ou sera la même pour 16 rivets si l'on peut intercaler des rivets entre ceux des files longitudinales, comme en (B).

Dans les tables formées de plusieurs tôles, les joints sont groupés, sous un même couvre-joint (fig. 150), en escalier (B) ou mieux chevauchés (C). Dans le premier cas, il n'y a qu'une section de cisaillement par rivet. La rupture par cisaillement aurait lieu suivant la ligne *a b c d e*, qui est celle de moindre section. Chaque recouvrement de tôle est égal à la longueur L, déterminée comme ci-dessus. La longueur totale du couvre-joint pour *m* tôles superposées est donc L $(m+1)$. Le double couvre-joint n'ajouterait que la résistance des rivets d'un recouvrement, puisque la ligne de rupture est *a b c d e f* (1).

Fig. 150.

Dans le deuxième cas (*C*), si on voulait considérer les sections multiples de cisaillement, on réduirait la longueur du couvre-joint.

Mais, comme nous l'avons déjà dit, dans le cas de tôles poinçonnées séparément, il est impossible que les trous s'accordent et que les rivets remplissent les vides ; il ne faut donc compter ici que sur l'adhérence, c'est-à-dire sur une seule section par rivet, et calculer le nombre de rivets pour un recouvrement, comme dans l'exemple ci-dessus.

Tous les recouvrements seront donc égaux.

189. Rivure des tables aux cornières (fig. 149). — Les rivets qui unissent les tables aux cornières sont soumis au glissement ou cisaillement longitudinal (7). Dans la table comprimée, il faut, en outre, que les tôles ne fléchissent pas individuellement entre deux rivets. La pratique a indiqué la limite $A = 5$ à $6\,d$ pour les tôles et $A = 6$ à $8\,d$ pour les fers profilés. On vérifie à postériori que le pas adopté A est suffisant pour résister à l'effort de glissement.

Pour le glissement dans les poutres à $\mathtt{I}$ on a (chap. 17) : $d\,Q = F\,dx$.

Si nous supposons F constant sur la longueur du pas, nous ferons $dx = A$; et si n est le nombre de rivets contenus dans le pas et pour les deux tables, on a :

$$Q = F\frac{A}{h} = 0{,}785\ d^2 n\ R'', \qquad \text{d'où} \quad A = 0{,}785\ d^2 n\ R''\frac{h}{F}. \qquad \text{(a)}$$

h étant la distance des centres de gravité des tables seules;

R″ étant ici la charge de sécurité au cisaillement ou mieux à l'adhérence.

On vérifiera ainsi le pas de la rivure aux points où F est maximum, c'est-à-dire sur les appuis, puis on adoptera ce pas sur toute la longueur de la poutre.

Exemple. — Une poutre de 20 mètres (l) porte 4000 k. par mètre (p). Sur les appuis, $F = 1/2\ p\,l = 40000$ k.; $n = 8$ (4 rivets par table): $d = 20$, section $= 310$; $h = 2$ mètres et $R'' = 2$ kg. ou $1/6$ de l'adhérence à 12 k. On a :

$$A = 310 \times 4 \times 2\frac{2}{40000} = 0^{m},124.$$

La limite $A = 5\,d = 100$ étant inférieure, est donc admissible ici.

(1) Certains auteurs supposent que la rupture peut avoir lieu en *a b c d e g* et considèrent le double cisaillement des rivets : c'est évidemment une double erreur.

Rivure des cornières à l'âme. — Le calcul rigoureux conduirait à prendre ici pour h la distance des centres de gravité des sections formées des tables et des cornières ; mais si les tables sont fortes et la poutre haute, le pas A différera peu du précédent. Pour que ces rivets supportent la même charge que les précédents, il faut en mettre deux par pas si l'on considère l'adhérence (on emploie alors des cornières à côtés inégaux), tandis qu'un seul suffit si l'on considère le cisaillement, puisque ici il y a deux sections de cisaillement par rivet.

Rivure longitudinale de l'âme (fig. 151). — Si l'âme est formée de deux tôles dont le joint est au milieu de la poutre, ce qui est le cas le plus défavorable, on vérifiera le pas A de la rivure par la relation (a) ci-dessus en prenant pour h la hauteur des centres de gravité de chaque moitié de la poutre. Encore ici, si l'âme est peu importante par rapport aux tables, le pas A sera peu inférieur à celui des tables.

La rivure sera à simple rang si l'on considère le cisaillement double des rivets ou à double rang si l'on ne considère que l'adhérence.

190. Rivures verticales de l'âme (fig. 151). — La moitié supérieure du joint est comprimée, et si les tôles étaient bien en contact par bout, les rivets fatigueraient peu et un seul rang suffirait. En pratique, on ne doit jamais compter sur ce contact parfait des tôles.

La moitié inférieure du joint est soumise à la traction, qui croît avec l'éloignement de l'axe; de là l'idée peu pratique de donner à ces couvre-joints une forme conique (B). Le plus souvent ces couvre-joints sont de largeur uniforme sur toute leur hauteur, doubles et à deux rangs de rivets, en quinconce ou en chaîne (C). Mais si ces couvre-joints ont même épaisseur que la tôle, ils sont renforcés, et l'on emploierait alors avec avantage les dispositions de la figure 147.

Fig. 151.

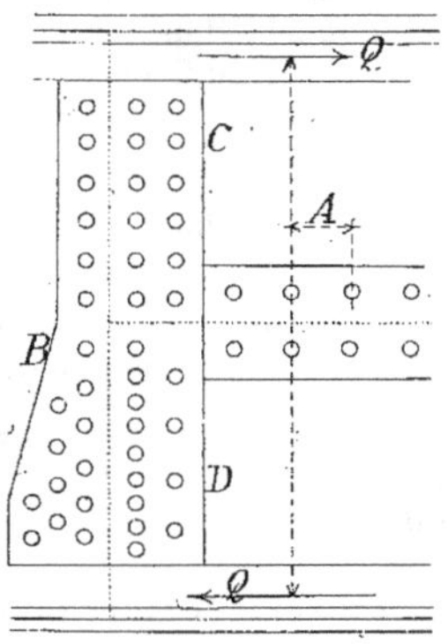

191. Données pratiques. — Pour compléter ce qui a rapport à ces rivures d'assemblage, nous rapportons dans les deux tableaux suivants les données d'atelier.

RIVURES D'ASSEMBLAGE POUR 2 TOLES.

Épaisseur des tôles	1	2	3	4	5	6	7	8	9	10	11	12	13	14	15	16	17	18	19	20	21	22
Diam. des rivets	4	6	8	10	12	14	14	16	18	20	»	»	22	»	»	»	»	25	»	»	26	26
Pas — A	20	25	35	45	50	60	80	90	100	100	110	120	130	140	150	160	170	180	190	200	210	220
Recouvrement	25	30	35	40	45	50	50	55	60	65			70					75			80	

RIVURES D'ASSEMBLAGE DE GROSSE CONSTRUCTION, PLUSIEURS TOLES ET CORNIÈRES.

Epaisseurs à river sur ou sans cornière	3-6	6-10	10-12	12-14	14-16	16-20	20-25	25-35	35-50	50-70	70-100
Diam. du rivet	6	8	10	12	14	16	18	20	22	24	26
Diam. du poinçon . . .	6,5	9	11	13,5	15,75	18	20	22	24,5	28	30
D'axe en axe des trous .	30	50-60	60-70	70-80	80-90	90-100	90-100	100-120	100-120	120-140	120-140
Cornière à employer 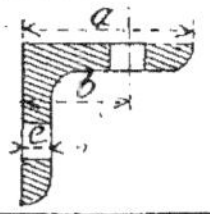 *a* .	30	35	40	45	50	60-65	70-75	80-85	90	100	100
e .	4,5	5 à 6	5 à 7	6-8	6-8	6-10	9-13	9-14	10-16	18	18
b .	16	19	22	25	28	33-35	38-40	45-48	50	58	58

RIVURES ÉTANCHES

192. — Les considérations précédentes s'appliquent à ces rivures, mais la condition de l'étanchéité du joint limite la distance des rivets près des bords mattés ou le pas A. Il faut, en effet, rapprocher ici les rivets pour produire un serrage suffisant des tôles et pour que le mattage ne fasse pas plisser la tôle entre deux rivets.

Voici les limites pratiques :

Pour faibles pressions et à froid.	Tôles minces,	A = 3 *d* à 4 *d*.
	Tôles fortes,	A = 4 *d* à 4,5 *d*.
Pour fortes pressions à froid et générateurs.	Clouure simple,	A = 2,5 *d* à 3 *d*.
	Clouure double,	A = 3,5 *d* à 4 *d*.

Pour les réservoirs, gazomètres, etc., dont les tôles sont trop minces pour être mattées, on obtient l'étanchéité en interposant entre les tôles, avant la rivure, une corde molle ou du papier, puis par des couches de peinture.

193. Rivures des générateurs (fig. 152). — On a proposé plusieurs relations pour proportionner les diverses parties d'une rivure. Celles qui sont le plus fréquemment citées sont les suivantes :

Fig. 152.

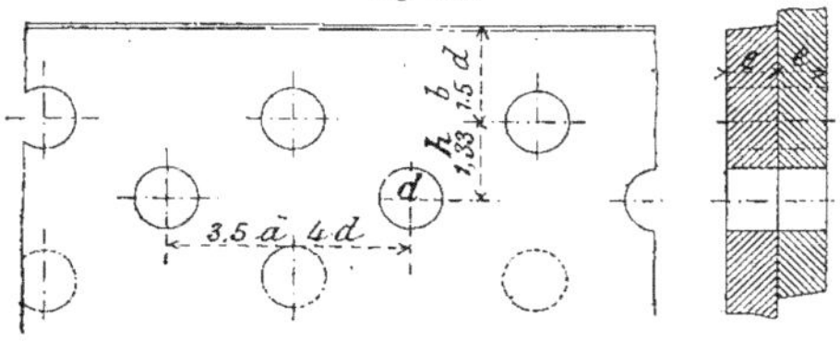

Diamètre : $d = 1{,}5\,e + 4$;
Pince : $b = 1{,}5\,d$,
Rivure simple : $A = 2\,d + 10$;
— Double : $A = 3\,d + 20$.

Nous ne dresserons pas le tableau des dimensions qui en résultent parce qu'elles sont peu usitées.

Nous avons déjà dit que, dans les ateliers, on diminue les approvisionnements et l'outillage en adoptant des diamètres de rivets variant de 2 à 3 millim. et en employant chaque numéro pour des tôles variant de 2 ou 3 millim. d'épaisseur.

Voici une série établie dans cet esprit par un de nos principaux établisssements de construction. Il est clair que ces chiffres n'ont rien d'absolu parce que, au traçage, il faut arriver à un nombre entier de divisions sur chaque tôle.

Dans cette série, le pas $A = 2{,}33\ d$ à $2{,}5\ d$ pour la rivure simple,
et $A = 3{,}5\ d$ à $4\ d$ pour la rivure du double.

RIVURES DE RÉSERVOIRS ET GÉNÉRATEURS DE VAPEUR

Épaisseur des tôles e	3 à 4,5	5 — 6,5	7 — 8,5	9 — 10,5	11 — 12,5	13 — 14,5	15 — 16	17 — 18	19 — 20
Diamètre du trou d Celui du rivet $= d - 1$ m/m	12	15	17	19	21	23	25	28	30
Section s	113	177	227	283	346	415	490	615	706
Long. du rivet $2e +$	14	16	18	20	22	24	25	28	30
Rivure simple — pas A	28	33	38	44	50	56	62	68	74
Rivure simple — pince b	22	24	27	30	33	36	39	42	46
Rivure double — pas A	46	51	59	68	77	89	101	113	126
Rivure double — écart h	16	20	24	28	32	34	36	36	40
Résist. relatives. pour $d =$	4	6	8	10	12	14	16	18	20
Rivure simple — C =	57	55	56	57	58	59	59	59	60
Rivure simple — C′ =	100	89	75	64	58	54	50	50	48
Rivure double — C =	74	70	70	70	73	74	76	75	76
Rivure double — C′ =	123	115	96	83	75	66	60	60	56

Résistance relative. — Puisque, ici, le pas A ne correspond plus à l'égalité de résistance, nous devrons calculer séparément la résistance relative C de la tôle et celle C′ des rivets, par les relations du n° 179. Pour simplifier les calculs, nous ferons $R' = R = R''$ et puisque $s = 0{,}785\ d^2$, on a :

$$\text{pour la tôle,}\quad C = \frac{A - d}{A};\qquad \text{rivure simple,}\quad C' = \frac{s}{A\,e};\qquad \text{rivure double,}\quad C' = \frac{2\,s}{A\,e}.$$

On prendra la valeur de A relative à chaque rivure. Les résistances relatives sont alors simplement les rapports des sections résistantes.

C'est ainsi que pour les proportions précédentes nous avons calculé C et C′. Ces valeurs ont été multipliées par 100, elles expriment donc des centièmes de la résistance de la tôle pleine représentée par 100.

Il résulte de ces chiffres que la clouure double présente ici, pour la tôle, une augmentation de résistance de 0,3 à 0,25 sur la clouure simple. Cette clouure double devrait donc toujours être employée pour les joints longitudinaux des générateurs, qui supportent une tension double de celle que supportent les joints transversaux.

Pour la clouure simple ou double, on voit que C′ décroît à mesure que l'épaisseur de la tôle augmente. Pour la tôle de 12 millim. C′ = C. Il faudrait donc, à partir de l'épaisseur $e = 10$ millim., employer la rivure triple en faisant $n = 3$.

Pour terminer ce qui a rapport à ces rivures, nous indiquons, ci-contre, les proportions adoptées, en 1885, par le 14ᵉ Congrès de l'*Union des associations allemandes pour la surveillance des chaudières à vapeur*.

Les résistances relatives de la tôle et des rivets sont calculées comme précédemment en prenant $R' = R = R''$, ce qui suppose les tôles recuites ou forées.

Pour la rivure simple, l'égalité de résistance a lieu pour la tôle de 9 millim.; il faut donc, à partir de cette épaisseur, employer la rivure double.

Pour cette rivure double, l'égalité de résistance a lieu pour la tôle de 16 millim. Il faut donc, à partir de cette épaisseur, employer la rivure triple.

RIVURE DES CHAUDIÈRES, SÉRIE ALLEMANDE

Épaisseur des tôles.	Diamètre des trous.	Rivure simple			Rivure double.		
		Pas	Résistance relative		Pas	Résistance relative.	
e	d	D	Tôle.	Rivet	D	Tôle	Rivet
7	14	35	60	63	48	70	91
8	15	37	59	62	51	70	88
9	17	41	59	60	57	70	87
10	18	44	»	58	60	»	84
11	19	46	»	56	63	»	82
12	20	48	58	55	66	»	79
13	21	50	»	53	69	»	77
14	22	52	»	52	71	»	76
16	23	53	57	49	74	»	70
18	25	57	56	48	80	69	69
20	26	59	»	45	82	69	64
22	27	61	»	43	85	»	61
24	28	63	»	41	88	»	58
26	29	64	55	39	90	»	57
28	29	64	»	37	»	»	53
30	30	66	»	36	93	»	50

CYLINDRES A PRESSION INTÉRIEURE

194. Résistance longitudinale. — La pression totale qui tend à rompre un cylindre suivant un plan diamétral doit être équilibrée par la résistance des deux sections que détermine ce plan.

Soit : p la pression intérieure effective, en kg., par centimètres carrés;

R le coefficient de résistance à la tension, en kg., par millimètre carré;

D le diamètre intérieur en mètres;

e l'épaisseur du cylindre en millimètres.

Considérant (fig. 153) une portion de cylindre de 10 millim. de longueur, on a :

$$p \times 100\,D \times 1 = R \times 2 \times 10 \times e,$$

d'où

$$e = 5\,\frac{pD}{R} \text{ en millimètres} \qquad (a).$$

Si toutes les quantités sont rapportées à la même unité, au mètre par exemple, ou si la pression est donnée en colonne d'eau h, $p = 1000\,h$, on a :

$$e = \frac{p\,D}{2\,R} \quad \text{ou} \quad e = \frac{500\,h\,D}{R} \qquad (b).$$

Si, des quatre quantités e, p, D, R, trois sont données, on en déduira très facilement la quatrième. A cette épaisseur e on ajoute une épaisseur constante afin de suppléer à l'usure et aux défauts de fabrication.

Pour les valeurs de R ci-dessous mises dans (a), on obtient les relations suivantes :

Tuyaux coulés debout en fonte	$R = 2^k,7$	$e = 1{,}85\ p\,D + 5^m/^m$.
id. étirés ou en tôle de fer	$R = 6{,}0$	$e = 0{,}83\ p\,D + 3$.
id. id. id. d'acier	$R = 8{,}0$	$e = 0{,}625\,p\,D + 2$.
id. id. id. laiton	$R = 3$	$e = 1{,}66\ p\,D + 1{,}5$.
id. id. id. cuiv. rouge. . .	$R = 2$	$e = 2{,}5\ p\,D + 1{,}5$.
id. étirés à la presse, étain	$R = 0{,}6$	$e = 8{,}3\ p\,D + 1$.
id. id. id. plomb	$R = 0{,}5$	$e = 10\ p\,D + 1$.

Exemple. — Un tuyau de vapeur doit avoir $D = 0^m,08$ sous une pression $p = 8$ k. Quelle sera son épaisseur? On a : $e = 2{,}5 \times 8 \times 0{,}08 + 1{,}5 = 3{,}1$ millimètres.

Ces relations ne s'appliquent ni aux cylindres des machines à vapeur ni à ceux des presses hydrauliques.

195. Résistance transversale d'un cylindre ou d'une sphère. — La section droite du cylindre (fig. 153) ou celle de la sphère, par un plan passant par l'axe, doit résister à la pression qui s'exerce sur la surface circulaire de diamètre D.

Fig. 153.

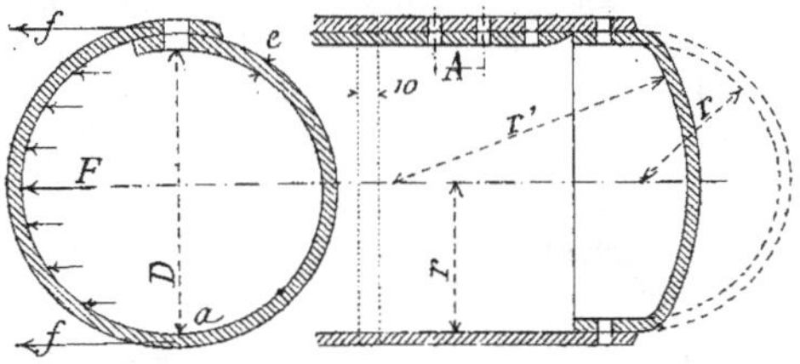

Toutes les quantités p, e, D, R, étant rapportées au mètre, on a :

$$p \times \frac{\pi}{4} D^2 = \pi D\,e\,R,$$

d'où

$$e = \frac{p\,D}{4\,R} = 250\,\frac{h\,D}{R} \qquad (c).$$

Rigoureusement, la section résistante est $\pi\,(D + e)\,e$, au lieu de $\pi\,D\,e$; mais dans les constructions en tôle, e est petit par rapport à D, et cette simplification ne tend qu'à accroître e.

En comparant (b) et (c), on voit que :

1° Dans un cylindre, la tension longitudinale est moitié de la tension transversale;

2° Pour les mêmes valeurs de p, D et R, l'épaisseur d'une sphère n'est que moitié de celle du cylindre;

3° Pour les mêmes valeurs de p, R, e, le diamètre de la sphère est double de celui du cylindre.

Cette relation (c) donnera l'épaisseur de la calotte sphérique d'un générateur, et si l'on fait le rayon r' de cette calotte égal à D, son épaisseur sera la même que celle de la paroi cylindrique. Cependant, en pratique, à cause du travail d'emboutissage de ces calottes, on leur donne généralement une épaisseur supérieure de $1^{mm},5$ à 2 millim. à celle des parois cylindriques, dont nous allons nous occuper.

196. Générateurs. — Toutes choses égales, leur épaisseur doit être supérieure à celle des tubes bien calibrés et sans rivure, en raison de l'affaiblissement occasionné : 1° par la rivure; 2° par la forme non rigoureusement cylindrique.

1° *Par la rivure.* — En supposant la rupture à la rivure, chaque moitié du cylindre se séparera de l'autre en tournant autour de a (fig. 153). R étant toujours la résistance de la tôle entre deux rivets, $A = K\,d$ étant le pas de la rivure, on a :

$$R\,(A - d)\,e \times D = p\,D\,A \times \frac{D}{2} \qquad \text{ou} \qquad R\,d\,(K - 1)\,e = p\,D\,\frac{K\,d}{2}.$$

d'où

$$e = \frac{p\,D}{2\,R}\,\frac{K}{K - 1} \qquad \text{ou, en millimètres,} \qquad e = 5\,\frac{p\,D}{R}\,\frac{K}{K - 1} \qquad (d).$$

2° *Par la forme non cylindrique.* — Supposons un tube à section elliptique. La pression intérieure tend à la ramener à la forme cylindrique, d'où il résulte un moment de flexion dans chaque section. En faisant $D = 507$, $D' = 493$, $e = 10$ et $p = 4$ k., Bélanger a trouvé (1) que la déformation donnait $D = 503$, $D' = 497$, et la tension moléculaire R était augmentée, par rapport à celle du cylindre parfait, dans le rapport de 2,78 à 1. Par conséquent, toutes choses égales, les épaisseurs précédentes devraient être multipliées par 2,78.

Mais ce résultat n'est pas rigoureusement applicable aux chaudières qui, pour n'être pas absolument cylindriques, ne sont pourtant pas elliptiques.

L'ancienne ordonnance de 1843, tenant compte de ces considérations, imposait la relation suivante avec la constante = 3 millim. :

$$e = 1{,}8\ D\,(n - 1) + 3 \text{ millim.}$$

$(n - 1)$ étant la tension de la vapeur en atmosphères, $(n - 1) \times 1{,}033 = p$.

En rapprochant cette relation de (a), abstraction faite de la constante, on a pour la tension moléculaire normale :

$$5\,\frac{p\,D}{R} = \frac{1{,}8}{1{,}033}\,p\,D, \qquad \text{d'où} \qquad R = 5\,\frac{1{,}033}{1{,}8} = 2^{k},87.$$

Les essais se faisaient à une pression $= 3p$ ou $R = 8^{k},61$; et si l'on tient compte de la rivure simple, avec un pas $A = 3\,d$ en moyenne, la tension normale réelle était $3/2 \times 2{,}87 = 4^{k},3$; la tension réelle d'essai était $3/2 \times 8{,}61 = 13$ k.

Le décret de 1880 laisse le constructeur libre de déterminer l'épaisseur des chaudières suivant les circonstances. Les essais se font à la pression $2\,p$ double du

---

(1) Bélanger. — *Théorie de la Résistance des matériaux.*

timbre ; et si l'on veut que sous cette pression d'essai la tension de la tôle, entre les rivets, ne dépasse pas les 2/3 de la limite d'élasticité (10 k. pour le fer et 14 k. pour l'acier), ou atteigne au plus cette limite (14 k. pour le fer, 20 k. pour l'acier), on aura, dans le premier cas, $R = 5$ k. pour le fer ; $R = 7$ k. pour l'acier et dans le deuxième cas, $R = 7$ k. et $R = 10$ k. Ces valeurs, mises dans (d), en faisant $R' = R$ ou $0{,}8\,R$, selon que la tôle est recuite ou non, et en faisant $K = 2{,}5$ pour rivure simple et $K = 4$ pour rivure double, on a les relations suivantes, auxquelles on ajoutera une constante pour tenir compte de l'usure, soit 2 m/m.

	R = 5		R = 7		R = 10	
	K = 2,5	4	2,5	4	2,5	4
Tôles recuites $R' = R$	$e = 1{,}66\,p\,D$	$e = 1{,}33\,p\,D$	$e = 1{,}2\,p\,D$	$e = 0{,}95\,p\,D$	$e = 0{,}833\,p\,D$	$e = 0{,}666\,p\,D$
id. poinçon. $R' = 0{,}8\,R$	$e = 2{,}08\,p\,D$	$e = 1{,}66\,p\,D$	$e = 1{,}5\,p\,D$	$e = 1{,}2\,p\,D$	$e = 1{,}04\,p\,D$	$e = 0{,}83\,p\,D$

DIAMÈTRE DES GÉNÉRATEURS ET RÉCIPIENTS EN FER (pression intérieure)

Pour $R = 7$, $e = 1{,}2\,p\,D + 2$, $D = \dfrac{e - 2}{1{,}2\,p}$.

Épaisseur m/m	Pression effective p en kilogrammes (timbre)													
	1	1,5	2	2,5	3	3,5	4	4,5	5	6	7	8	10	12
	Diamètres en centimètres													
3	83,33	55,55	41,66	33,33	27,27	23,8	20,8	18,5	16,66	13,88	11,9	10,4	8,33	6,944
4	166	111	83	66	54	47	40	37	33	27	23	20	16	13,8
5	250	166	124	100	81	71	62	55	49	51	35	31	25	20,8
6	333	222	166	133	109	95	83	74	66	55	47	41	33	27
7		277	208	166	136	119	104	92	83	69	59	52	41	34
8			249	199	163	148	124	111	99	83	71	62	49	41
10				266	218	190	166	148	133	111	95	83	66	55
12					272	238	208	185	166	138	119	104	83	69
14						285	249	222	199	165	142	121	99	82
16							291	259	232	192	166	143	116	96

DIAMÈTRES DES GÉNÉRATEURS ET RÉCIPIENTS EN ACIER

Pour $R = 10$, $e = 0{,}833\,p\,D + 2$, $D = \dfrac{e - 2}{0{,}833\,p}$.

Épaisseur m/m	1	1,5	2	2,5	3	3,5	4	4,5	5	6	7	8	10	12
3	120	80	60	48	40	34,28	30	26,66	24	20	17	15	12	10
4	240	160	120	96	80	68	60	53	48	40	34	30	24	20
5	—	240	180	144	120	72	90	79	72	60	51	45	36	30
6	—	—	320	192	160	137	120	106	96	80	68	60	48	40
7	—			240	200	171	150	133	120	100	85	75	60	50
8					240	205	180	159	144	120	102	90	72	60
10							240	213	192	160	136	120	96	80
12									240	200	170	150	120	100

197. Réservoirs cylindriques (fig. 154). — Paroi verticale. — Pour chaque virole de la paroi verticale, on emploiera la formule (*b*), en prenant pour h la hauteur du niveau de l'eau au-dessus de la partie inférieure de la virole.

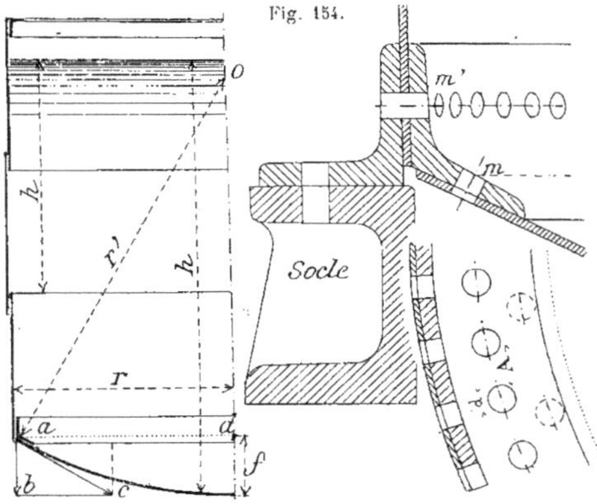

Fig. 154.

Les tôles pour réservoirs, étant de qualité très ordinaire et la rivure étant simple, on fera R = 3.000.000 par mètre, chiffre que nous justifierons bientôt, et la constante = $0^m,001$ pour grands réservoirs et 0,0015 pour les petits. La formule b devient alors :

$$e = 0,00017\,(h \times D) + 0,001.$$

Exemple. — Soit $h = 4$, $D = 6$. On a :

$$e = 0,004 + 0,001 = 5 \text{ mill.}$$

En pratique, on augmente un peu l'épaisseur des viroles supérieures. Ainsi on donne à la première virole 2 millim. pour de petits réservoirs et 3 millim. pour les grands; de plus, on la borde par une cornière intérieure de 50 à 60 millim.

Fond sphérique. — La géométrie donne entre la flèche f, le rayon r' de la calotte et le rayon $r = \frac{D}{2}$, les relations suivantes :

$$(r' - f)^2 = r'^2 + r^2, \quad \text{d'où} \quad r' = \frac{f^2 + r^2}{2f}.$$

La surface de la calotte $= 6,28 \times r' \times f$.

Si l'on fait $r' = 2r = D$, on a : $\begin{cases} f = 0,268\,r = 0,134\,D. \\ \text{surface de la calotte} = 3,366\,r^2. \end{cases}$

La charge sur le fond varie avec la hauteur h du niveau de l'eau au-dessus du point considéré. Nous prendrons la pression maximum au milieu et nous calculerons l'épaisseur uniforme par la formule (*c*) en y faisant R = 3.000.000 et en remplaçant D par $2r'$. On a donc, avec la constante :

$$e = 0,00017\,(h \times r') + 0,001.$$

Exemple : pour $D = 6\ m.$, on a $f = 0^m,8$ et $h = 4 + 0,8 = 4^m,8$, $r' = 6\ m.$

D'où $e = 0,00017 \times 4,8 \times 6 + 0,001 = 0,0049 + 0,001 = 6$ millim.

Rivures du fond. — La charge totale sur le fond est au maximum $1000\,h\,\pi\,r^2$. Représentons par $a\,b$ (fig. 154) une portion élémentaire de cette charge. La tension normale élémentaire, dans la tôle du fond, est alors représentée par $a\,c$. La composante horizontale $b\,c$ est détruite par la résistance de la paroi verticale. Les triangles semblables $a\,b\,c$ et $a\,d\,o$ donnent :

$\frac{ac}{ab} = \frac{r'}{r}$, d'où $ac = ab\frac{r'}{r}$. Si donc $r' = 2r$, on a : $ac = 2ab$,

c'est-à-dire que l'effort sur les rivets m du fond est double de celui qui agit sur les rivets m' de la paroi verticale.

On peut arriver ainsi à la relation (c) n° 195. En effet, la somme des résistances élémentaires ac est $2\pi r e R$ et la somme des efforts ab est $1000\,h\pi r^2$,

$$\text{d'où} \quad 2\pi r e R = 1000\,h\pi r^2 \times \frac{r'}{r} \quad \text{et} \quad e = \frac{500\,h r'}{R}.$$

En remplaçant r' par D : 2, on retrouve bien (c).

Déterminons le pas de la rivure simple m d'après ce que nous avons dit (179).

$$\frac{A}{d} = 0{,}785\,\frac{R''}{R'}\,n\,\frac{d}{e} + 1.$$

La rivure étant simple, $n = 1$. Faisons R″, résistance des rivets, $= 15$ k., pour surcroît de garantie, et R′, résistance de la tôle poinçonnée, $= 24$ k. (172).

Adoptons pour ces tôles minces le rapport limité $d : e = 3$. On a alors : $A = 2{,}47\,d$. La tôle ayant $e = 6$ millim., on a : $d = 18$ millim. et $A = 44$ millim.

Ces dimensions sont exactement celles qui ont été adoptées pour des réservoirs de 6 mètres de diamètre, contenant 100 et 125 mètres cubes d'eau.

La charge réelle de la tôle, entre deux rivets, est donc $\frac{44 \times 3}{44 - 18} = 5$ kg. Ce qui prouve que le chiffre $R = 3$, précédemment admis, n'est pas trop faible.

On accroîtrait la résistance de la rivure du fond, en établissant un second rang de rivets, comme nous l'avons indiqué en éléments sur la figure 154.

Comme détail pratique, nous observerons que la cornière extérieure doit reposer de toute sa largeur sur le socle, pour éviter les efforts de cisaillement et de flexion.

CYLINDRES A PRESSION EXTÉRIEURE

Dans ce cas, le métal résiste à la compression et l'on emploierait les relations précédentes si la forme était et pouvait rester rigoureusement cylindrique ; mais cela est impossible, parce que l'homogénéité de la matière et la forme cylindrique ne sont jamais absolues. Dans les générateurs, ces conditions sont toujours altérées par le chauffage irrégulier des parois, qui produit des dilatations et des usures inégales.

On conçoit que, dès qu'une *déformation* a lieu, elle va constamment en augmentant. Donc la résistance des cylindres dépend moins de leur épaisseur que de la conservation de la forme cylindrique.

198. Formules empiriques. Tubes. — Fairbairn a comprimé des tubes en tôle rivée, pour lesquels la longueur l a varié de $0^m{,}5$ à 2 mètres ; le diamètre D, de $0^m{,}1$ à $0^m{,}4$; l'épaisseur e, de 1 à 3 m/m et le rapport l : D, de 5 à 30.

Les résultats de ces essais sont représentés par la relation suivante :

$$mp = K\frac{e^2}{lD} = 0,4\frac{e^2}{lD} \qquad \text{d'où} \qquad e = \sqrt{\frac{m}{K} \times plD}.$$

p est la pression effective, en kilog. par centimètre carré, m le coefficient de sécurité, d'où mp est la charge de rupture, par centimètre carré ; l et D sont exprimés en mètres et e en millim. Avec $K = 0,4$ qui résulte des essais de Fairbairn, on a :

$$\text{Pour } m = 5, \quad e = 3,5\sqrt{plD}\,; \qquad \text{pour } m = 10, \quad e = 5\sqrt{plD}.$$

Ces relations ne s'appliquent que dans les limites des essais de Fairbairn.

M. Manès (*Ann. des P. et C.*) a observé pour des tubes à fumée en cuivre rouge écrasés pendant l'essai à l'eau froide $K = 0,55$ à $0,86$. Un tube de laiton aurait donné $K = 0,93$. Ces chiffres semblent prouver que les tubes en cuivre et laiton étirés, de section circulaire plus exacte que ceux en tôle rivée, sont aussi plus résistants, quoique en métal plus mou. Il est vrai, aussi, que leur diamètre était plus petit que ceux des tubes écrasés par Fairbairn.

M. Love a déduit des essais, de Fairbairn, une relation peu employée donnant mp en fonction du coefficient de résistance R_r à la rupture.

Pour les tubes à fumée dans lesquels $l : D > 30$, il a proposé la relation suivante dans laquelle e et D sont exprimés en centimètres, p et R_r sont rapportés en centimètres carré.

$$mp = 1,5\,R_r\frac{e^2}{D}, \qquad \text{d'où} \qquad e = \sqrt{\frac{1}{1,5\,R} \times pD}\,; \qquad R = \frac{R_r}{m}$$

Si on prend $R_r = 4000$ k. pour le fer et $R_r = 3000$ k. pour le laiton, et $m = 10$, on a : pour le fer, $e = 0,04\sqrt{pD}$; pour le laiton, $e = 0,047\sqrt{pD}$.

Exemple. — Soit $p = 10$, $D = 6^{c/m}$ extér. on a : fer, $e = 0^{c/m},31$; laiton, $e = 0^{c/m},36$.
id. $p = 5$, $D = 8$ id. $e = 0^{c/m},3$; id. $e = 0^{c/m},25$.

A ces épaisseurs, il convient d'ajouter, pour l'usure, une constante de 0,5 à 1 $^{m/m}$.

Chaudières. — Pour les foyers et chambres de combustion intérieurs, pour lesquels le rapport $l : D$ est plus faible que dans les essais de Fairbairn on ne peut employer les relations précédentes.

L'ancienne règle, en France, consistait à multiplier par 1,5 les épaisseurs trouvées en supposant la pression intérieure. C'est encore aujourd'hui la meilleure règle à suivre ; on multipliera donc par 1,33 ou 1,5 les épaisseurs des tableaux précédents.

Si la forme cylindrique est conservée par des entretoises reliant le foyer à l'enveloppe on peut lui donner la même épaisseur qu'à cette enveloppe.

Morin cite une expérience, faite à Montluçon, sur un tube ayant $l = 1^m,88$, $D = 1,7$, $e = 6^{m/m}$. La déformation a eu lieu pour $p = 5^k,68$, d'où

$$K = \frac{5,68 \times 1,88 \times 1,7}{36} = 0,5.$$

Ce serait le coefficient à introduire dans la relation de Fairbairn.

Règle du « Board of trade » de Manchester. — En Angleterre, il n'y a pas d'essai officiel, mais les autorités locales établissent certaines règles au point de vue de la sécurité et des assurances. Celles de Manchester (1), sont en mesures métriques, en exprimant l et D en mètres, p en kilog., e en millim.

$$p = 0{,}076 \frac{e^2}{l D} \qquad \text{d'où} \qquad e = 3{,}6 \sqrt{p\, l\, D}.$$

Cette relation correspond à celle de Fairbairn en faisant $K = 0{,}5$, $m = 6{,}5$.

Armatures (fig. 155). — D'après ce qui précède, on accroît la résistance d'un tube en diminuant sa longueur libre ou en rapprochant les armatures. On peut régler cette longueur l par rapport à D en posant $l \times D = 1$ ou toute autre valeur. Ces armatures sont des frettes rivées, en fer plat, cornière ou T, ou tout autre fer profilé.

Fig. 155.

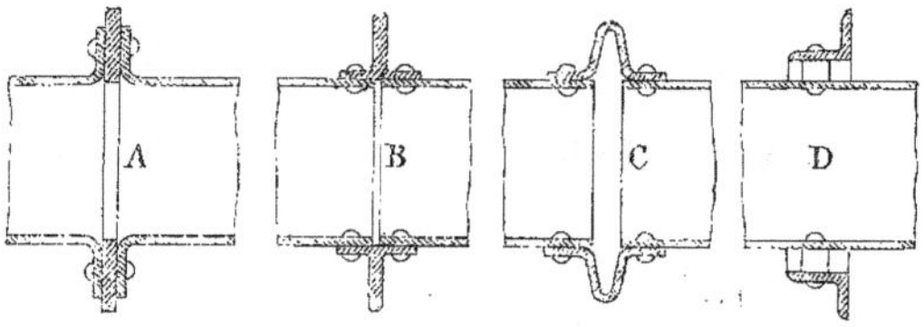

Pour les foyers intérieurs on emploie l'une des quatre dispositions (A), (B), (C), (D). Celle (C) est préférable en ce qu'elle permet aussi la dilatation longitudinale.

Les tubulures Galloway, rivées dans les tubes à fumée, ou celles d'Adamson, soudées à ces tubes, constituent des entretoises ou armatures intérieures, qui permettent de donner à ces tubes une forme aplatie.

Foyers Fox. — Mais, la meilleure solution, surtout pour les foyers de chaudières, est fournie par les tôles ondulées de Fox et soudées sans rivure.

Les essais sur ces foyers ont établi que leur résistance à l'écrasement est environ double de celle des foyers ordinaires; on peut donc leur donner sensiblement la même épaisseur qu'à un cylindre de même diamètre soumis à une pression extérieure.

---

(1) La relation anglaise est $p = 90000 \frac{e^2}{(l+1)\,D}$. Dans laquelle p est la pression, en livres par pouce carré, e et D en pouces et l en pieds.

CHAPITRE IX

PIÈCES CHARGÉES PAR BOUT

COMPARAISON GRAPHIQUE DES ESSAIS ET FORMULES

En France, on emploie pour les bois la règle de Rondelet. Pour la fonte et le fer, on emploie les formules que M. Love a déduites des essais de Hodgkinson.

Les auteurs allemands emploient la formule théorique ou d'Euler, formule développée dans tous les traités de résistance, quoique les hypothèses sur lesquelles elle est basée ne se réalisent pas en pratique.

Les auteurs anglais citent la formule de Rankine et les américains celle de Gordon. Ces deux dernières ne sont qu'une modification de celle de Love, et sont aussi présentées comme déduites des essais de Hodgkinson.

Nous voulons comparer ces diverses lois 1° entre elles, 2° avec les essais récents faits en Amérique et avec les formules que M. Shaler en a déduites. Nous ferons cette étude avec quelques détails, afin de bien justifier les conséquences pratiques et les lois nouvelles que nous en tirons. Nous déterminerons les charges par centimètre carré pour les rapports $l : d$ de la longueur au diamètre de la pièce, compris entre 10 et 40 ; puis, en construisant des courbes de relation entre ces rapports et les charges, nous comparerons facilement les diverses lois et les essais.

199. Essais de Hodgkinson. — Nous laissons de côté les anciennes règles de Tredgoldt pour arriver de suite aux essais plus sérieux que Hodgkinson a faits, de 1830 à 1846, et que M. Love a, le premier, fait connaître en France (1). En voici les conséquences générales les plus importantes :

1° La résistance d'un pilier de *grande longueur* par rapport à sa dimension transversale, et à 2 bouts plats (A, fig. 156). . . . . étant 3,

Celle d'un pilier	(B), à 1 bout plat, l'autre arrondi ou articulé.	= 2,
Celle d'une bielle	(C), à 2 bouts arrondis ou articulés . . .	= 1,
Celle d'un pilier	(D), à bouts plats portant sur angles. . .	= 1.

(1) Mémoire n° 27, *Société des Ingénieurs civils*, année 1851.

2° Les piliers (B) se rompent au 1/3 de l à partir du bout articulé.

3° Le renflement de la section milieu augmente de 1/7 à 1/8 la résistance des piliers pleins A et C, mais non celle des piliers creux.

4° La résistance d'une pièce à section en trèfle (F) est à celle de section annulaire de même surface comme 18 : 40 ou comme 0,45 : 1.

Fig. 156.

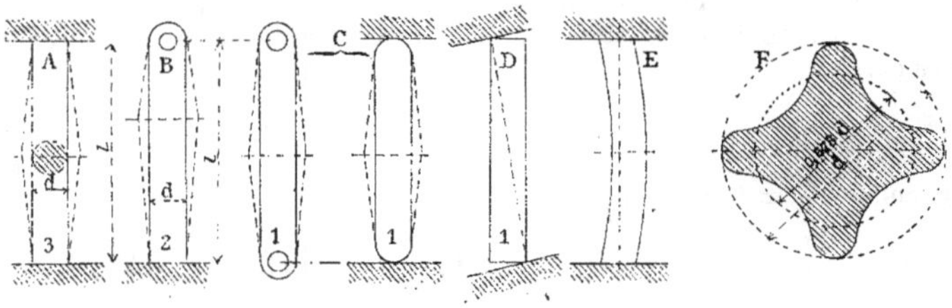

M. Love a constaté que, dans aucun des piliers rompus par Hodgkinson, la flèche n'avait atteint, sous la charge maximum, la moitié du diamètre (E). Il n'y a donc pas extension des fibres d'extrados, c'est-à-dire que la rupture n'a pas lieu par flexion, comme le suppose la théorie (11, chap. I).

Le tableau suivant résume jusqu'au rapport $l : d = 40$, les essais faits par Hodgkinson, sur des tiges rondes à bouts plats, en fonte de Low-Moor, n° 3, à grain gris assez serré. Nous avons rapporté les charges au centimètre carré.

ESSAIS DE HODGKINSON

Numéros.	Dimensions en centimètres. l	d	$\frac{l}{d}$	Rupture par centimètre carré.
1	2,54	1,3	1,9	8130
2	5,08	1,3	3,8	7600
3	9,60	1,27	7,5	6200
4	18,20	1,97	9,2	4760
5	25,60	1,95	13,1	3900
6	18,20	1,27	14,3	4050
7	38,40	2,54	15,1	3600
8	30,7	2,00	15,4	3600
9	38,4	2,00	19,6	3200
10	51,2	2,6	19,7	2730
11	25,6	1,27	20,1	3200
12	30,7	1,27	24,2	2590
13	51,2	2,00	26	2316
14	38,4	1,3	29,6	2358
15	76,8	2,6	30	1780
16	153,7	4,0	38,8	1024
17	76,8	2,0	39,3	1335
18	51,2	1,3	40,3	1335

Si l'on remarque que, pour un même rapport $l : d$, les charges diminuent quand la section ou d augmente, on peut regretter que ces essais n'aient pas été répétés sur des tiges plus fortes. Portons (pl. IV) les rapports $l : d$ en abscisses et les charges correspondantes en ordonnées ; nous aurons les points n° 1 à 18.

Il paraît logique d'admettre en pratique la loi qui résulte des charges minima. Si donc, nous traçons une courbe AB enveloppant ces points, nous aurons la *loi expérimentale*, qui, en attendant d'autres essais, donnera pour tous les rapports $l : d$ des colonnes rondes pleines, les charges par centimètre carré.

Le calcul des colonnes rondes pleines est, dès à présent, résolu pour nous, mais il nous reste à comparer à cette loi les formules données par divers auteurs.

200. Formule théorique ou d'Euler. — En considérant la colonne à 2 bases plates comme offrant un demi-encastrement, on prend la relation (11 — 3°) $P = 20 \frac{EI}{l^2}$. Pour la section circulaire, $I = \frac{\pi d^4}{64}$ et $S = \frac{\pi}{4} d^2 = 0,785\, d^2$.

Pour la section carrée, $I = \frac{d^4}{12}$, $S = d^2$.

Les dimensions d et l étant exprimées en centimètres et en prenant $E = 1.000.000$ par centimètre carré, on a pour valeur des charges de rupture par centimètre carré :

Pour $l : d$ =	10	20	30	40
section circulaire, $\frac{P}{S} = 1250000 \left(\frac{d}{l}\right)^2 =$	12500	3125	1390	781
section carrée, $\frac{P}{S} = 1666666 \left(\frac{d}{l}\right)^2 =$	16666	4140	1890	1040

Les chiffres relatifs à la section circulaire donnent (Pl. IV) la courbe *théorique*, qui, comme on le voit, ne concorde pas avec l'expérience; elle est absolument inadmissible, surtout pour les faibles rapports de $l : d$.

Quelle que soit la section, le coefficient numérique variant seul, les ordonnées seront proportionnelles aux précédentes et les courbes seront semblables; elles ne concorderont jamais avec la loi expérimentale. Néanmoins ces formules sont exclusivement employées par quelques auteurs allemands (1).

Formules de Hodgkinson. — Pour colonnes *rondes ou carrées*, à bases plates, Hodgkinson, partant des relations théoriques précédentes, déduit de ses essais les relations suivantes :

$$\text{Colonne pleine, } P = 44^t,16 \frac{d^{3,6}}{l^{1,7}}; \qquad \text{creuse, } P = 43^t,3 \frac{d^{3,6} - d'^{3,6}}{l^{1,7}}.$$

P, est la charge de rupture en tonnes anglaises de 1015 kg.;

d, d', diamètres ou côtés du carré extérieur et intérieur, en pouces de 2,54 centim.;

l, longueur de la colonne, en pieds anglais de 30,5 centimètres.

La faible différence des termes numériques indique que la charge d'une colonne creuse est sensiblement $P - P'$, P' étant la charge d'une colonne pleine de dia-

(1) Reuleaux, dans le *Constructeur*, traduit par M. Debize, prend pour charge pratique P : 5, soit, par millimètre carré, $P = 4 \times 10000 \frac{3.14\, d^4}{64\, l^2} = 1963 \frac{d^2}{l^2}$, Mais, reconnaissant que les charges croissent trop rapidement quand $l : d$ diminue, il donne une autre relation pour $l : d < 30$.

On arrive ainsi à une méthode mixte, peu pratique et peu exacte.

Dans *Les Constructions civiles*, par l'architecte Wanderley, traduit par M. Bieber, l'auteur est plus absolu ; il calcule toutes les colonnes en prenant P : 6 pour charge de sécurité et pour tous les rapports de $l : d$, ce qui est entièrement inadmissible pour les faibles valeurs de $l : d$.

mètre d'. Si nous adoptons le coefficient moyen $43^t,73$ et si nous exprimons P en kilogrammes, d et l en centimètres; on aura (1) :

$$P = 521900 \frac{d^{3,6}}{l^{1,7}}.$$

Ces relations de Hodgkinson sont données comme se rapportant également à la section ronde, pour laquelle $S = 0,785\ d^2$ et à la section carrée, pour laquelle $S = d^2$.

On a donc :

En faisant $d = 1$ et $l =$	10	20	30	40
section ronde, $\frac{P}{S} = 664800 \frac{d^{1.6}}{l^{1.7}} =$	13300	4100	2050	1250
section carrée, $\frac{P}{S} = 521900 \frac{d^{1.6}}{l^{1.7}} =$	10440	3188	1607	980

Il résulterait de ces chiffres, que la section circulaire serait plus avantageuse que la section carrée, tandis que d'après la loi théorique ci-dessus et celles de Rankine ci-après, c'est l'inverse qui a lieu.

Nous n'avons tracé (pl. IV) que la courbe relative à la section circulaire, celle pour laquelle ont été faits les essais qui déterminent la loi expérimentale. Cette courbe représente la moyenne des essais pour $l:d > 30$. La loi n'est donc pas applicable pour $l : d < 30$, comme quelques auteurs l'ont indiqué. Pour ces derniers rapports, Hodgkinson a donné une autre relation, que nous ne citerons pas, parce que l'on doit préférer à ces relations multiples celles de Love ou de Rankine.

Règle de Rondelet. — Avant les essais de Hodgkinson, on appliquait aux piliers métalliques la règle que cet architecte a donnée pour les bois (209), et qui, pour la fonte à 8100 k., essayée par Hodgkinson, donne les charges suivantes :

Pour $l : d =$	1	12	24	36	48	60
Charges de rupture	8100	6750	4050	2700	1350	850

La loi que représentent ces chiffres, tracée pl. IV, est entièrement inadmissible, et il est inconcevable qu'elle soit encore citée (2).

(1) $$P = 43,73 \times 1015 \frac{\left(\frac{d}{2,54}\right)^{3,6}}{\left(\frac{l}{30,5}\right)^{1,7}} = 44385 \frac{\overline{30,5}^{1,7}}{\overline{2,54}^{3,6}} \frac{d^{3,6}}{l^{1,7}} = 44386 \frac{341}{29} \frac{d^{3,6}}{l^{1,7}} = 521900 \frac{d^{3,6}}{l^{1,7}}.$$

Si l'on exprime l en décimètres, on a : $$P = \frac{521900}{10^{1,7}} \times \frac{d^{3,6}}{l^{1,7}} = 10440 \frac{d^{3,6}}{l^{1,7}}.$$

Bélanger a donné 10400 et Morin 10676. C'est pour justifier notre chiffre que nous avons indiqué le calcul d traduction.

(2) Dans l'ouvrage italien *Corso sulla construzione dei ponti metallici*, du professeur P.-B. Chicchi, Padova, 1881. la règle de Rondelet est citée comme applicable aux piliers métalliques sans commentaire. C'est là une erreur inconcevable, alors que depuis les essais de Hodgkinson, il est prouvé qu'elle est inapplicable aux métaux.

201. Formule de Love. — Dans son mémoire déjà cité, M. Love a représenté les résultats des essais de Hodgkinson, pour $l : d > 10$, par la formule unique suivante :

$$\text{Colonne pleine,} \qquad \frac{P}{S} = \frac{R}{1{,}45 + 0{,}00337 \left(\frac{l}{d}\right)^2} \qquad (a).$$

P est la charge de rupture ou de sécurité, suivant que R est le coefficient de rupture ou de sécurité.

Pour colonnes creuses, si S′ est la section du vide de diamètre d', en faisant $S - S' = 1$, soit $S = 2$ et $S' = 1$,

$$\text{d'où} \quad d'^2 = \frac{1}{2} d^2, \qquad d' = 0{,}7\, d \qquad \text{et} \qquad \left(\frac{l}{d'}\right)^2 = 2 \left(\frac{l}{d}\right)^2, \qquad \text{on a :}$$

$$\text{Colonne creuse,} \qquad \frac{P - P'}{1} = R \left(\frac{2}{1{,}45 + 0{,}00337 \left(\frac{l}{d}\right)^2} - \frac{1}{1{,}45 + 0{,}00674 \left(\frac{d}{l}\right)^2} \right) (b).$$

En prenant, d'après M. Love, $R = 7500$ k., les formules (a) et (b) donnent les chiffres du tableau suivant. Les premiers (a) s'accordent avec la loi expérimentale A B (pl. IV) ; les seconds (b) donnent la courbe correspondant à la section annulaire.

Ces relations, comme celles de Hodgkinson, ne s'appliquent qu'à la section circulaire, et c'est sans raison aucune, qu'on l'applique souvent à d'autres sections.

Formule Gordon. — Cette formule, que l'on trouve citée dans les ouvrages américains, n'est autre que celle de Love, sauf les coefficients numériques du dénominateur. Nous n'en ferons pas d'application, parce que les essais récents que nous rapportons au n° 206, ont établi qu'elle est moins exacte que celle de Rankine.

202. Formule de Rankine. — Le professeur Rankine a heureusement modifié la formule de Love, en substituant à d le rayon de giration r de la section, et en modifiant le coefficient $l : r$ suivant la disposition des extrémités. On a :

$$\frac{P}{S} = \frac{R}{1 + K \left(\frac{l}{r}\right)^2}, \quad \text{et puisque } r^2 = \frac{I}{S}, \quad \frac{P}{S} = \frac{R}{1 + K \frac{S}{I} l^2}.$$

D'après Rankine, pour colonnes à (1)	2 bouts plats	$K = \frac{1}{6400} = 0{,}000156.$
	1 bout plat, 1 articulé	$K = \frac{1}{3200} = 0{,}000312.$
	2 bouts ronds ou articulés (bielles). . . .	$K = \frac{1}{1600} = 0{,}000624.$

(1) Voici comment on déduit K de deux essais : on peut écrire $\frac{P}{S} = p = \frac{R}{1 + K \left(\frac{l}{r}\right)^2} = \frac{R}{1 + KA}$, d'où $R = p\,(1 + KA)$. Pour un 2e essai, on aurait, $R = p'\,(1 + KB)$, d'où, en éliminant R, $K = \frac{p' - p}{pA - p'B}$.

En nous reportant aux valeurs de I (chap. IV), nous avons calculé $r^2 = I : S$ pour les sections suivantes et pour la plus petite valeur de I. Pour la section ⌶ (fig. 157) à côtés égaux et dont l'épaisseur $= 1/10\ d$, on trouve pour r^2 sensiblement la même valeur que pour la section circulaire, en prenant I par rapport à l'axe $x\,x$. En mettant ces valeurs de r^2 et celles de K dans la relation ci-dessus, on obtient les suivantes :

Fig. 157.

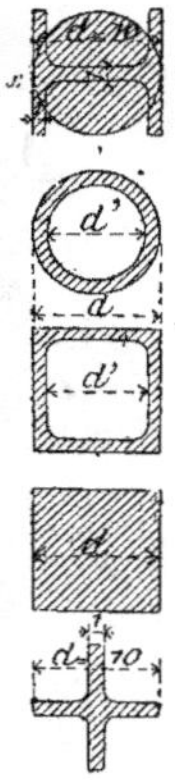

	Colonnes plates.	Bielles.
$r^2 = \frac{d^2}{16} = 0{,}0625\ d^2$	$\frac{P}{S} = \frac{R}{1 + 0{,}0025 \left(\frac{l}{d}\right)^2}$	$\frac{P}{S} \frac{R}{1 + 0{,}01 \left(\frac{l}{d}\right)^2}$
$(d' = 0{,}7$ à $0{,}8\ d)$. $r^2 = 0{,}1\ d^2$	$\frac{P}{S} = \frac{R}{1 + 0{,}00156 \left(\frac{l}{d}\right)^2}$	$\frac{P}{S} = \frac{R}{1 + 0{,}00625 \left(\frac{l}{d}\right)^2}$
$r^2 = \frac{a^2}{12} = 0{,}0833\ d^2$	$\frac{P}{S} = \frac{R}{1 + 0{,}00187 \left(\frac{l}{d}\right)^2}$	$\frac{P}{S} = \frac{R}{1 + 0{,}00748 \left(\frac{l}{d}\right)^2}$
$(d' = 0{,}7$ à $0{,}8\ d)$ $r^2 = 0{,}13\ d^2$	$\frac{P}{S} = \frac{R}{1 + 0{,}0012 \left(\frac{l}{d}\right)^2}$	$\frac{P}{S} = \frac{R}{1 + 0{,}0048 \left(\frac{l}{d}\right)^2}$
$r^2 = 0{,}042\ d^2$	$\frac{P}{S} = \frac{R}{1 + 0{,}0037 \left(\frac{l}{d}\right)^2}$	$\frac{P}{S} = \frac{R}{1 + 0{,}0148 \left(\frac{l}{d}\right)}$

En effectuant les calculs avec $R = 5600$, d'après Rankine, on a les charges de rupture par centimètre carré, suivantes :

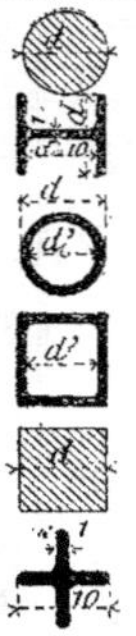

	Colonne à 2 bouts plats				2 articulations. Bielles			
Rapports $\frac{l}{d}$.	10	20	30	40	10	20	30	40
Loi expérimentale . . .	4400k	2700k	1650k	1050k				
Love (a)	4420	2670	1674	1096				
Rankine	4480	2800	1720	1120	2800	1120	560	330
Love (b)	4875	3547	2347	1580				
Rankine	4840	3450	2330	1600	3450	1600	840	510
id.	5000	3780	2700	1900	3780	1900	1060	645
id.	4700	3200	2000	1400	3200	1400	724	430
id.	4056	2260	1300	810	2260	810	400	233

Ces charges donnent les courbes de la pl. IV. Pour colonnes à une base plate et l'autre articulée, on prendra des charges moyennes entre les précédentes.

Les lois Love et Rankine s'accordent avec la loi expérimentale ; elles s'accordent aussi pour la section annulaire, quoique leurs coefficients R soient différents. Si donc on voulait appliquer ces relations à une fonte rompant à $R = 6500$ k. au lieu de 7500 k., il faudrait, pour que la formule de Rankine donnât encore les mêmes résultats que celle de Love, déterminer son numérateur R′ en posant :

$$7500 : 5600 :: 6500 : R', \quad \text{d'où} \quad R' = 4850.$$

En résumé, les formules Rankine, accordant avec les essais de Hodgkinson, et qui tiennent compte de la forme des sections et de la disposition des extrémités, doivent être seules employées pour des sections autres que la section circulaire et pour les bielles de toutes sections.

203. Charges de sécurité. — Les charges de rupture que déterminent les précédentes courbes s'appliquent à une fonte s'écrasant à 8000 k. pour $l : d = 1$ à 2. Il est clair que pour une autre fonte, ces charges seront proportionnelles au coefficient d'écrasement. Les charges pratiques ou de sécurité seront 1/6, 1/8 ou 1/10 de celles de rupture, suivant le degré de sécurité que l'on désire et suivant que l'on doit compter sur une exécution plus ou moins soignée. En raison, précisément, des défauts plus ou moins apparents que présentent les pièces fondues, nous avons adopté, dans les calculs suivants, le 1/8, soit pour la fonte à 8000 kg. une charge de sécurité $= 1000$ k. par centimètre carré et pour $l : d = 1$. Cette charge correspond au 1/6 pour une fonte s'écrasant à 6000 kg ; elle offre donc encore ici une sécurité suffisante.

En prenant donc le 1/8 des charges de rupture de la pl. IV, nous formons le tableau suivant en chiffres ronds. Pour des rapports de $l : d$, compris entre ceux du tableau, les charges seront des moyennes proportionnelles, entre celles de ces rapports, car on peut admettre qu'entre ces rapports, les courbes se confondent avec une droite.

CHARGES DE SÉCURITÉ DES COLONNES EN FONTE, AU 1/8 DE LA RUPTURE A 8000k.

	Colonnes à bases plates.							Bielles.						
$l : d$	10	15	20	25	30	35	40	10	15	20	25	30	35	40
□	625	547	470	400	340	280	240	470	340	240	175	130	100	80
○	600	510	430	350	290	230	200	430	290	200	140	110	80	60
▨	580	480	400	320	260	210	175	400	270	175	120	90	70	56
I	550	430	330	270	200	160	130	350	220	140	95	70	50	40
+	500	380	280	210	160	120	100	280	170	100	70	50	37	28

204. Applications. — En pratique, les dimensions minimum de la section sont souvent données, soit pour satisfaire aux proportions architecturales de la construction, soit pour permettre l'assemblage des autres parties de la construction. On connaît alors le rapport $l : d$ et, par suite, la charge maximum par centimètre carré, d'où on déduit la surface minimum que doit avoir la section, et, s'il s'agit de colonnes creuses, l'épaisseur minimum.

Ce calcul des colonnes conduit à un tâtonnement, et c'est pour le simplifier que nous avons calculé les tableaux graphiques ci-après :

On a souvent cherché à calculer directement la section d'une colonne, connaissant la charge totale à supporter et la hauteur; mais, dans ce cas, si l'on part de la relation Hodgkinson, on a des charges plus élevées que la loi expérimentale que nous avons adoptée et on peut être conduit à un diamètre d tel que $l : d < 30$; alors la formule de Hodgkinson n'étant plus applicable, le résultat est inadmissible.

S'il s'agit de colonnes creuses, le calcul direct conduit souvent à des épaisseurs inadmissibles en fonderie.

Les épaisseurs indiquées dans plusieurs ouvrages sont souvent inexécutables.

En fonderie, il est presque impossible d'obtenir des épaisseurs régulières, surtout pour des colonnes coulées horizontalement. Aussi ne doit-on jamais compter sur moins de 15 à 20 millim. d'épaisseur et faire croître cette épaisseur avec la longueur et le diamètre. Cette épaisseur varie de 1/10 à 1/5 du diamètre extérieur.

On pourrait déterminer l'épaisseur minimum par l'une des relations suivantes :

$$e = 5 + \frac{l}{40} + \frac{d}{2} \quad \text{ou} \quad e = 5 + \frac{l}{30} + \frac{d}{2}.$$

les dimensions l, d et e, étant exprimées en centimètres.

La première relation donne les épaisseurs suivantes :

Diamètre extérieur $d =$		10	15	20	25	30	40
Hauteurs l en centimètres.	200	15 m/m	17,5	20 m/m	»	»	»
	400	20	22,5	25	27,5	30	35
	600	»	27,5	30	32,5	35	40
	800	»	»	35	37,5	40	45

Tableaux graphiques (pl. V à VIII). — D'après le tableau du n° 203, nous avons calculé les charges totales de sécurité pour des colonnes de dimensions courantes et pour les rapports $l : d$ indiqués en tête de chaque tableau. En portant les longueurs l en abscisses et les charges en ordonnées, suivant l'échelle tracée à gauche, nous obtenons 3 ou 4 points pour chaque diamètre. La courbe continue, passant par ces points, donne les charges pour toutes les longueurs intermédiaires, et réciproquement. Pour des diamètres intermédiaires, on peut admettre que les charges ou ordonnées sont proportionnelles aux différences entre les diamètres, et réciproquement.

Pl. V. Sections . — D'après ce qui précède, l'usage de ce tableau est très simple.

Exemple : Une colonne ronde de 5 m. doit porter 60 tonnes, quel sera son diamètre? L'ordonnée de 5 m. et l'abscisse de 60 t. se rencontrent en m, ce point correspond à $d = 183$ millim. Ce tableau peut donner les charges de colonnes creuses.

Exemple : La colonne précédente est creuse au diamètre intérieur $d' = 130$, quelle charge peut-elle porter? L'ordonnée de 5 m. rencontre la courbe 130 en m', point qui correspond à 18 tonnes, la charge de la colonne 183-130 sera : 60-18 = 42 tonnes.

Section . — Pour les proportions adoptées, $e = 0,1\ d$, nous avons admis, en tenant compte des congés, $S = 3\,d \times 0,1\,d = 0,3\,d^2$. Or, les charges par centimètre carré étant les mêmes que pour la section circulaire, les charges totales sont proportionnelles aux surfaces. Pour la section circulaire, $S = 0,785\ d^2$. Donc, le rapport des charges ou des échelles est $0,3 : 0,785 = 0,382$. C'est en multipliant les charges de la première échelle par 0,382 qu'a été tracée la deuxième échelle relative à cette section.

Pl. VI. Sections . — Pour simplifier le calcul précédent des colonnes creuses, nous avons dressé un tableau spécial, et pour simplifier encore, nous avons admis, pour la section carrée creuse, les mêmes charges P : S que pour les colonnes rondes. Le rapport des charges ou des échelles relatives à ces deux sections est comme précédemment celui des surfaces, soit $4 : 3,14 = 1,274$.

Pl. VII. Section . — Cette section est moins employée que les précédentes; cependant elle offre l'avantage de coûter moins cher de moulage et de laisser voir les défauts de fonderie.

Pl. VIII. Bielles — Ce tableau se rapporte surtout aux bielles des fermes Polonceau. Avec les proportions indiquées sur la section, on a, en chiffre rond :

$$S = \overline{0,8\,d}^2 + \overline{0,2\,d}^2 - \overline{0,6\,d}^2 = d^2\,(0,64 + 0,04 - 0,36) = 0,39\ d^2.$$

La construction et l'usage de ces tableaux sont les mêmes que précédemment.

Règle de similitude. — Toutes les colonnes de même section, dont les dimensions homologues sont proportionnelles, c'est-à-dire dont $l : d$ est constant, portent une même charge par centimètre carré, mais la charge totale est proportionnelle à d^2 : elle varie donc comme le carré du rapport de similitude. Ainsi, toutes les dimensions d'une colonne étant doublées, sa charge sera quadruplée. Nos tableaux peuvent donc servir pour des charges quelconques.

Exemple : Une colonne de 4 m. doit porter 80 tonnes, quel sera son côté b?

Cette charge ne se trouvant pas sur le tableau (pl. V), nous en prenons le quart, soit : 20 tonnes et la moitié de la longueur, ou 2 m. L'horizontale de cette charge et la verticale de 2 m. se rencontrent en M correspondant à $d = 126$. Le côté cherché sera donc : $d = 252$ millim. Les problèmes inverses se résolvent avec la même facilité.

COLONNES EN FER

Nous procéderons ici comme pour les colonnes en fonte ; mais, aux essais anciens de Hodgkinson, qui ont fourni les lois Love et Rankine, nous comparerons les essais plus récents, faits en Amérique, sur les types de poutres employés à la construction des ponts. Ces essais n'ont pas été, que nous sachions, publiés en France.

Nous ne rapporterons pas les nombreuses formules et théories données par le professeur Burr et autres, pour représenter ces essais (1), mais nous comparerons les formules Shaler-Smith, parce qu'elles sont reproduites dans certains formulaires (2).

Pour tout constructeur, les résultats d'essais doivent être et sont en réalité préférés aux plus savantes théories, et c'est dans cette voie que nous poursuivons cette étude, d'où nous déduirons des lois simples pour six types de colonnes en fer à bases plates, auxquels tous les autres peuvent se rapporter.

205. Loi Hodgkinson-Love. — M. Love, dans son mémoire déjà cité, a déduit des essais de Hodgkinson pour colonnes pleines et pour $l : d > 10$ la relation suivante, dans laquelle $R = 3800$ k. pour la tôle, $R = 4000$ k. pour fer en barre de bonne qualité (3) :

$$\frac{P}{S} = \frac{R}{1,55 + 0,0005 \left(\frac{l}{d}\right)^2}.$$

Pour $l : d =$	10	20	30	40
$P : S =$	2500	2280	2000	1700

Ces chiffres donnent (pl. IX) la ligne presque droite marquée *Love*, qui, rapportée sur la pl. IV, indique que le fer résiste moins que la fonte pour $l : d < 25$, et plus pour $l : d > 25$.

La formule de M. Love n'a été établie que pour les colonnes rondes ou carrées pleines ; c'est donc encore sans raison qu'on l'applique souvent à toutes les sections.

La résistance des colonnes rondes creuses serait, comme pour la fonte, $P - P'$, P' étant la charge d'une colonne pleine du diamètre d' intérieur, et l'on obtiendrait les charges par unité de section comme pour la fonte.

Nous ne ferons pas ce calcul et nous ne citerons pas celui des piliers carrés creux à parois minces, qu'a indiqué M. Love, parce que ces relations sont avantageusement remplacées par celles de Rankine.

Formule Rankine. — Elle est, comme nous le savons :

$$\frac{P}{S} = \frac{R}{1 + K\left(\frac{l}{r}\right)^2} = \frac{R}{1 + K\frac{S}{I}l^2} \qquad (a).$$

(1) La *Semaine du Constructeur*, 1881, et l'ouvrage plus récent, *Mécanique appliquée à la résistance*, où l'auteur, M. Planat, a réuni les articles déjà parus dans la *Semaine*, citent simplement les essais américains et développent une de ces théories aboutissant à une formule analogue à celle de Love ; mais les différences qu'elle présente ne sont nullement justifiées par la comparaison avec les essais. Sans nous arrêter à critiquer cette théorie et la formule finale, nous dirons seulement que la comparaison qui est faite (page 344) avec la formule Love est erronée, parce que le numérateur de celle-ci est (205) 3800 ou 4000 et non 2500, comme l'a écrit par erreur M. Planat.

(2) *Molesworth's pocket book of engineering formulæ.*

(3) Morin cite, sans le justifier, comme moyenne des essais de Hodgkinson, pour l'écrasement du fer, le chiffre 2500k, chiffre trop faible, d'après les essais rapportés chapitre VI, et qui ne pourrait s'appliquer qu'à des colonnes formées de tôles rivées.

Dans laquelle on fait, d'après Rankine . . . . $R = 2540$.

Pour colonnes à
- 2 bases plates . . . . $K = \frac{1}{36000} = 0{,}0000277$.
- 1 base plate, 1 articulée. . . . . . $K = \frac{1}{18000} = 0{,}000055$.
- 2 bases rondes ou articulées (bielles), $K = \frac{1}{9000} = 0{,}00011$.

En substituant dans (a) ces valeurs et celles de r^2 déjà données pour la fonte, on obtient les relations et les charges suivantes :

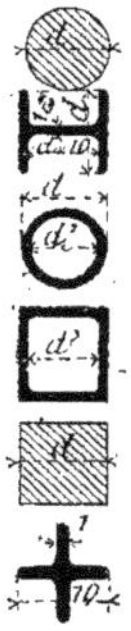

Deux bouts plats					Bielles				
$l : d$	10	20	30	40	$l : d$	10	20	30	40
$\frac{P}{S} = \frac{R}{1 + 0{,}000443 \left(\frac{l}{d}\right)^2}$	2430	2150	1810	1490	$\frac{P}{S} = \frac{R}{1 + 0{,}00176 \left(\frac{l}{d}\right)^2}$	2157	1490	980	665
$\frac{P}{S} = \frac{R}{1 + 0{,}000277 \left(\frac{l}{d}\right)^2}$	2477	2315	2086	1835	$\frac{P}{S} = \frac{R}{1 + 0{,}0011 \left(\frac{l}{d}\right)^2}$	2316	1838	1367	1066
$\frac{P}{S} = \frac{R}{1 + 0{,}000213 \left(\frac{l}{d}\right)^2}$	2490	2363	2176	1990	$\frac{P}{S} = \frac{R}{1 + 0{,}000846 \left(\frac{l}{d}\right)^2}$	2364	1960	1530	1170
$\frac{P}{S} = \frac{R}{1 + 0{,}000332 \left(\frac{l}{d}\right)^2}$	2250	2240	1950	1650	$\frac{P}{S} = \frac{R}{1 + 0{,}00132 \left(\frac{l}{d}\right)^2}$	2240	1660	1160	815
$\frac{P}{S} = \frac{R}{1 + 0{,}00066 \left(\frac{l}{d}\right)^2}$	2680	2007	1587	1234	$\frac{P}{S} = \frac{R}{1 + 0{,}0026 \left(\frac{l}{d}\right)^2}$	3013	1243	760	490

Ces charges donnent les courbes qui sont tracées pl. IX.

Formule théorique et règle de Rondelet (1). — En nous reportant à ce que nous avons dit (200) pour la fonte et en prenant $E = 2.000.000$ par centimètre carré, la formule théorique devient :

$$\frac{P}{S} = 2500000 \left(\frac{d}{l}\right)^2$$

pour $l : d =$	20	30	40
P : S =	6250	2770	1560

Les charges théoriques, pour le fer, seraient donc doubles de celles relatives à la fonte, ce qui n'est pas vrai.

La règle de Rondelet (209) donne :

pour $l : d =$	1	12	24	36	48
P : S =	4000	3330	2000	1333	666

(1) Nous les avons citées parce que, comme nous l'avons déjà dit pour la fonte, la première est seule employée par certains auteurs allemands et que les deux sont citées dans l'ouvrage du professeur italien Chicchi.

Les courbes qui représentent ces lois montrent qu'elles ne sont pas acceptables.

Remarques. — 1° Les lois *Love* et *Rankine*, pour colonnes carrées pleines, s'accordent sensiblement, quoique les valeurs de R soient différentes. Il faut donc, comme pour la fonte, considérer le chiffre R = 2540 de Rankine, comme un coefficient proportionnel à la résistance du fer = 4000.

Ainsi, si, pour de la tôle ordinaire, on prend avec la formule Love R = 3000, la valeur de R pour la formule Rankine sera $R = \frac{3000 \times 2540}{4000} = 1900.$

2° Les courbes ou lois relatives aux colonnes à bases plates, sont convexes par le haut, forme anormale, contraire à celle des bielles, à celle des courbes relatives à la fonte et aux essais que nous citons ci-après.

Donc, non seulement on ne doit pas appliquer ces formules pour $l : d < 10$, comme le recommandent leurs auteurs, mais, même pour ce rapport, elles donnent des charges trop faibles.

La question en était là, lorsque furent faits, en Amérique, les essais dont nous allons rendre compte, et qui nous permettront de poser des règles pratiques simples.

206. Nouveaux essais par M. Bouscaren (1). — En préparant le cahier des charges pour divers ponts, M. Bouscaren, ingénieur principal de Cincinnati (*Southern railway*) et ancien élève de l'École Centrale de Paris, avait prescrit, pour les pièces comprimées, la formule de Gordon avec la condition que le coefficient R serait déterminé par des essais.

Ces expériences ayant établi que la formule de Rankine est plus exacte que celle de Gordon, nous n'avons pas rapporté les calculs faits avec cette dernière.

Appareil à mesurer les compressions (fig. 158). — A une extrémité de la colonne est fixée une griffe A, sur laquelle est assujettie une règle en bois B. Cette règle repose librement sur la griffe C fixée à l'autre bout de la colonne et dont elle suit les déplacements. Un châssis en laiton D, fixé sur la règle B au moyen des pattes à vis E, porte un levier F dont les branches sont dans le rapport de 1 à 10. Le petit bras du levier F est relié par une bielle *m* au bouton K, tandis que le grand bras conduit un vernier *h*, glissant sur la règle divisée *g g*; enfin, un poids *p* assure le contact de *m* et K.

En mesures métriques, le vernier indique $0^{m}/^{m},127$.

Les leviers étant dans le rapport 1 à 10, la plus petite compression totale observée sera $0^{m}/^{m},0127$, soit, en mètre $= 0^{m},0000127$, ce qui, pour une longueur de $6^{m},10$, donne, par mètre, $i = \frac{0,0000127}{6,1} = 0,000002082.$

En prenant E = 1687200 par centimètre carré (moyenne des essais), on trouve $R = Ei = 3^{k},5$. C'est la charge sous laquelle les compressions deviennent appréciables.

Mode d'opérer. — Les colonnes étaient placées horizontalement, sans guides, et comprimées à la presse hydraulique. Un levier, agissant au milieu de leur longueur,

(1) *Transactions Society of civil American Ingineers*, 1880.

servait à équilibrer la moitié de leur poids, qui ainsi n'influait plus sur la flexion dans le sens vertical.

On appliquait une première charge de 350 à 560 k. par centimètre carré, puis, après un certain temps, on augmentait cette charge de 70 à 140 k.

Fig. 158.

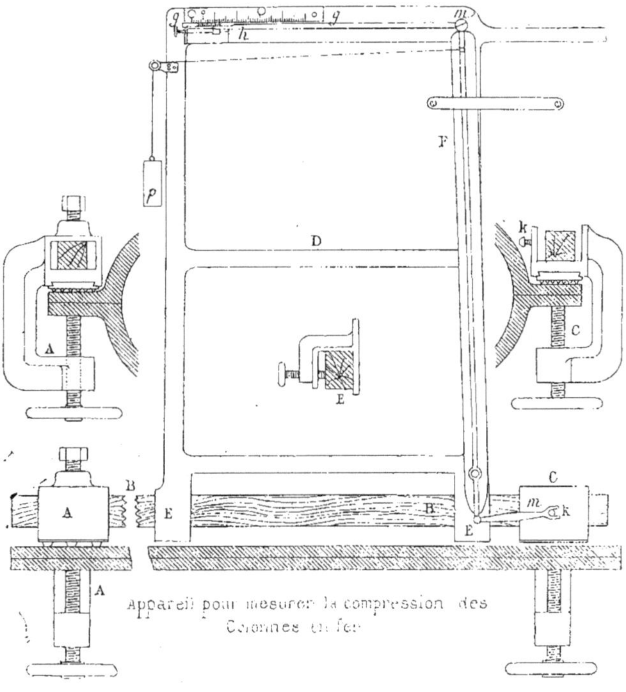

Résultats. — La compression permanente ne devenait appréciable pour les longues colonnes, qu'au delà de 1056 k. par centimètre carré. A ce moment, il se produisait généralement une légère flexion, puis la compression permanente augmentait jusqu'à la déformation de la colonne, qui, alors, cédait rapidement.

Les tableaux suivants, nᵒˢ I, II, III, résument ces essais. Tous les chiffres ont été traduits au système décimal. Nous avons conservé le numérotage des essais tel qu'il a été publié dans les *Transactions*, afin que le lecteur puisse facilement s'y rapporter.

N° 1. — ESSAIS DE COLONNES EN FER. — TYPES DIVERS

Par M. Bouscaren.

TYPE	Numéros	Forme des bouts	Longueur	$\frac{l}{d}$	Dist. des rivets	Section en cent. S	Par centimètre carré Limit. d'élast. R_e	de form. P : S	Form. Rank. R	Coeff. d'élast. E	OBSERVATIONS
Carré 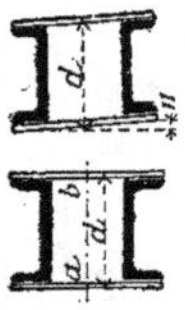	23	Plats	7,3	34	102	88	1050	2337	2800	20030	Tôles gondolées; tordue de 11 m/m avant essai
	22	Plats	7,9	41,6	114	87	1120	2110	2720	19460	
	32	Plats	8,2	31	150	168	1050	2126	2700	21000	
	21	artic.	7,8	31	114	87	1260	1795	2660	21700	
Phœnix 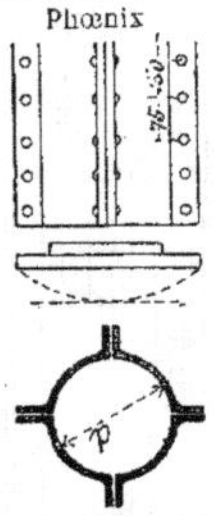	6	Plats, dressés	4,6	22	150	91	2450	2640	2920	19180	Seconde compression.
	10	Plats, dressés	8,2	40	»	88	1260	2180	2890	20300	Patin carré fonte.
	28	Plats, dressés	8,5	40,7	»	87	1540	2450	3300	17800	
	29	Plats, dressés	8,5	id.	»	id.	1260	2576	3470	19900	
	11	artic.		40	»	89	1190	1527	2530	19000	Articulé.
									3520		Arrondi.
Américain 	18	Plats	6,1	25	200	129	1610	2217	2625	16500	Seconde compression.
	19	Plats	8,2	34	»	id.	1680	1957	2372	23000	
	15	Plats	9	45	»	96	910	1668	2780	18200	
	16	articulées en a b	6,1	30	»	80	1050	1880	2977	20000	
	17	articulées en a b	6,1	24	»	137	840	1865	2548	16170	
	13	articulées en a b	7,9	29	»	161	840	1685	2190	21280	
	14	articulées en a b	7,9	31	»	133	980	1548	2500	18200	

N° 11. — ESSAIS DE COLONNES EN FER. TYPE KEYSTONE

Par M. BOUSCAREN.

Numéros	Formes	Longueurs	$\frac{l}{d}$	Dist. des rivets	Section en centim. S	Par centimètre carré: Limit. d'élast. R_e	De Form. P : S	Form. Rank. R	Coeff. d'élast. E	OBSERVATIONS Indication des figures.
	Brides rivées (a)						3168			Signes de boursufiure.
1		0, 228	1, 1	127	91,9	—	3625			Écrasement.
7		4, 57	21, 7	152	94,3	1225	2112	2316	16600	
9		4, 57	20, 3	id.	152	1330	2250	2513	17300	Bouts entretoisés (c) (d).
27		8, 23	37, 6	305	121	1260	1960	2530	16600	Fer mou, mal soudé.
24	Rivure diamétrale (b)	8, 23	34, 1	id.	123	1050	1760	2190	18500	Bouts entret. (c) (d).
26		id.	34, 6	id.	93	1190	1936	2440	19200	Patin fonte (b) (f).
30		id.	34, 1	id.	97	840	2112	2640	13500	Bouts entret. (c) (e).
2	Renflée riv. diamét. (b).	1, 52	6, 5	380	92	—	2365	2390		Boursouf. entre rivets (c-f).
3		4, 57	19, 5	id.	96	—	2027	2200	24200	id.
8		id.	20	id.	95	1050	2600	2820	20700	id. (c-d).
4		8, 23	35, 2	id.	84	1170	1700	2150	—	Semblable au n° 2.
25		id.	33, 7	305	121	840	1485	1865	19670	id. id.
31		id.	34, 1	id.	97	1120	1788	2245	16500	Bouts (c) (e).
5	Artic.	id.	35, 1	380	84	1050	1548	2370	20600	Sur axe et plaque (g).

N° III. ESSAIS DE COLONNES EN FER A TREILLIS, ETC.

Par M. Bouscaren.

Numéros	Forme des bouts	Rapport $\frac{l}{d}$	Dist. des rivets	Section en cent. S	Par centimètre carré — Limite d'élast. R_r	De form. P : S	Form. Rank. R	Coeff. d'élast. E	OBSERVATIONS Figures (A) (B) (C) (D) (E)
20	Articulés suivant *a b*	$\frac{3^m}{0,2}=15$		62,3	560	1408	1500	15120	(A) Construction défectueuse.
33		$\frac{8,7}{0,25}=34$	457	36,6	1477	2230	2956	22680	(B) Déformation des cornières.
34	Plats	$\frac{3,7}{0,2}=18$	id.	38,7	1120	1240	1280	N'a pas été déterminé.	(C) Construction défectueuse.
35	Articulés suivant *a b*	$\frac{1036}{0,2}=51$	566	48,2	616	1410	—		(D) Le fer *a* U s'est fendu.
36		id. id.	id.	id.	1512	1628	3350		N° 35 essayé à nouveau.
43		$\frac{8,09}{0,178}=45,5$	504	41,9	840	1267	2467		(E) Flexion perpendᵉ *a* l'axe *ab*.
37	Plats	$\frac{8,37}{0,305}=27,5$	610	77,9	—	2083	2400		(E) Boursouflure des âmes.
38		$\frac{7,04}{0,305}=23$	533	86,9	1610	2273	2508		(E) Semblable au n° 37.
39		$\frac{610}{71}=8,6$	id.	42,6	—	2492	2480		Fer à U 305 — 71 — 8.
40		$\frac{500}{71}=7$	id.	id.	—	2513	2560		id. id.
41		$\frac{8,38}{0,305}=27$	508	88,6	1456	2280	2617		(F) Boursouflure des âmes.
42		$\frac{8,38}{0,254}=83$	452	71,3	1470	2270	2720		(E)

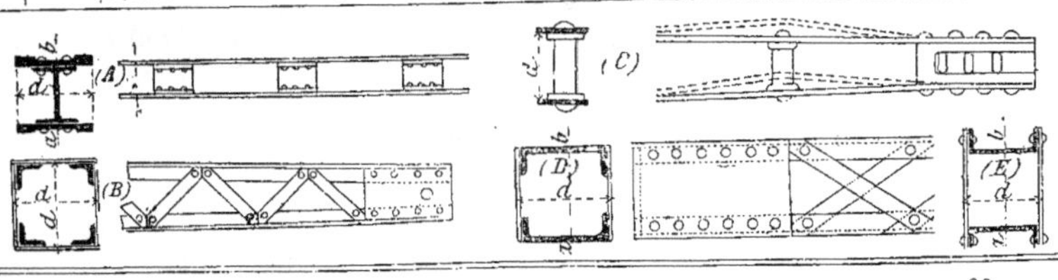

Remarques. — 1° Le module d'élasticité E est inférieur à celui du métal en barres, car une partie de la compression observée était due à la flexion ; mais cette erreur, sensiblement la même pour toutes les colonnes de même longueur, n'empêche pas la comparaison des résultats.

2° Les essais, nos 35 et 36, furent faits pour vérifier si une colonne composée de deux fers à ⊏ offrait la même résistance, soit que ces fers fussent réunis par un treillis ou par une tôle pleine.

3° Les nos 37 et 43 vérifient les essais 35 et 36 et aussi l'influence de l'espacement des barres du treillis et de l'épaisseur des fers à ⊏.

Conclusions. — De ces expériences, quoique incomplètes, M. Bouscaren conclut :

1° Que la formule de Rankine est plus exacte que celle de Gordon.

2° Que le fer le plus résistant ne fait pas les colonnes les plus résistantes (1). Ainsi, pour les colonnes Phœnix et carrées, non seulement R n'est pas proportionnel à R_c, mais le maximum de R (3470 k.) et le minimum (2890 k.) correspondent au même minimum de R_c (1260 k.). Il faut observer que, quoique les moyennes des charges R_c (Phœnix et carrées) soient presque les mêmes, le fer du Phœnix était fibreux, dur, à texture serrée, tandis que le fer des colonnes carrées était plus mou, d'une texture plus grenue, ce qui explique la différence dans les moyennes de R.

3° Il est essentiel de bien relier entre elles les diverses parties d'une colonne, afin de les rendre solidaires. Ainsi, pour les essais nos 3 et 8, 25 et 31 sur des colonnes, type Keystone, de même forme et même longueur, la substitution d'un rivetage serré aux extrémités, aux patins en fonte boulonnés a suffi pour accroître la résistance de 22 % à 17 %.

Les nos 19 et 41 ont fléchi dans le sens du plus grand rayon de giration, probablement à cause de l'insuffisance du rivetage.

4° L'économie de la matière exige que l'épaisseur du métal, et l'écartement des rivets soient tels, que la colonne fléchisse dans son ensemble, avant aucun gondolement local. Les essais nos 37 à 42 ont été faits dans ce but, les nos 37 et 38 ayant manqué par la boursouflure du fer à ⊏ entre deux rivets. Ces mêmes fers à ⊏, égale à l'écartement des rivets, essayés séparément, fléchirent comme dans la de longueur colonne, mais sous une charge plus élevée, ce qui confirme les premiers résultats.

Le n° 41, semblable aux nos 37 et 38, mais plus épais, avec espacement des rivets = 500 millim., a cédé dans son ensemble, en même temps que se produisait la boursouflure du fer à ⊏. Cela prouve que les dimensions étaient bonnes, puisque la colonne présentait une égale résistance entre l'ensemble et chaque élément.

L'essai n° 42 a confirmé le 41, et il a établi que, pour ce rapport de la longueur au diamètre, l'épaisseur du métal ne devait pas être moindre de 1/30 de la distance entre les entretoises.

Ainsi se trouve confirmée la règle de Fairbairn : *Un fer isolé, ayant pour longueur la distance entre les rivets, doit être calculé comme la colonne entière.*

(1) Nous avons vu également (123) que la fonte la plus dure n'est pas la meilleure pour pièces fléchies.

5° Les n°s 13, 14, 16, 17, 21, 36, 43, sur colonnes à deux articulations, confirment aussi la formule de Rankine. Les variations de R sont probablement dues au mode d'ajustage du tourillon, dont le frottement s'oppose à la flexion.

La variation de R, pour les n°s 36 et 42, résulte de ce que le métal ayant une première fois été soumis à une charge supérieure à sa limite d'élasticité, celle-ci s'est élevée dans une seconde épreuve. C'est aussi ce qui a eu lieu pour les essais n°s 36, 6 et 18.

207. Essais sur type Phœnix (B fig. 159). — Ces essais faits à l'arsenal de Watertown, en 1879, et publiés en 1882 (1), ont donné les chiffres suivants. Pour les n°s 1 à 20, les colonnes à 4 segments avaient environ $d = 200$, les n°s 21 et 22 étaient à 6 segments avec $d = 280$ environ.

$\frac{l}{d} =$	42		3,75		33		28,5		24	25,5
N°	1	2	3	4	5	6	7	8	9-10	21
$\frac{P}{S} =$	2460	2390	2470	2450	2490	2400	2475	2580	2560	2520
$\frac{l}{d} =$	19,5		15		10,5		6		1	9
N°	11	12	13	14	15	16	17	18	19-20	22
$\frac{P}{S} =$	2580	2600	2534	2548	2670	3031	3185	3586	4000	2950

Formules Shaler-Smith. — D'après M. Gates (1), M. Shaler-Smith aurait déduit, des essais de M. Bouscaren, les formules suivantes (que nous avons traduites en mesures métriques) applicables aux sections A, B, C, D (fig. 159). En effectuant les calculs pour les rapports $l : d$ ci-après, on obtient les charges correspondantes.

Fig. 159.

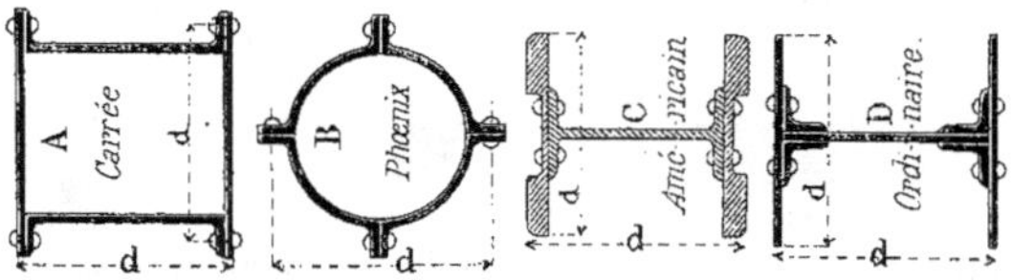

(1) *Transactions Society of Civil Ingineers*, octobre 1880.

Type.	COLONNES A DEUX BOUTS PLATS $l:d=$	10	20	30	40	BIELLES $l:d=$	10	20	30	40
A	$\frac{P}{S}=\frac{2710}{1+0{,}00017\left(\frac{l}{d}\right)^2}$	2665k	2538k	2350k	2130k	$\frac{P}{S}=\frac{2640}{1+0{,}00052\left(\frac{l}{d}\right)^2}$	2510	2185	1880	1440
B	$\frac{P}{S}=\frac{2990}{1+0{,}00022\left(\frac{l}{d}\right)^2}$	2920	2750	2490	2010	$\frac{P}{S}=\frac{2580}{1+0{,}00066\left(\frac{l}{d}\right)^2}$	2420	2040	1618	1254
C	$\frac{P}{S}=\frac{2570}{1+0{,}000266\left(\frac{l}{d}\right)^2}$	2500	2320	2072	1800	$\frac{P}{S}=\frac{2570}{1+0{,}00066\left(\frac{l}{d}\right)^2}$	3430	2093	1706	1344
D	$\frac{P}{S}=\frac{2570}{1+0{,}00037\left(\frac{l}{d}\right)^2}$	2480	2240	1940	1616	$\frac{P}{S}=\frac{2570}{1+0{,}00083\left(\frac{l}{d}\right)^2}$	2347	1930	1478	1117

Ces charges donnent les courbes A, B, C, D, A′, D′, tracées pl. X.

Comparaison graphique (Pl. X). — Nous comparerons les essais précédents et les formules de M. Shaler, en traçant les courbes de relation entre les rapports $l:d$ et les charges P : S.

Les essais de M. Bouscaren ont permis de comparer les formules Gordon et Rankine, mais ils ne présentent pas assez de suite sur un même type pour en tirer une loi certaine. Aussi les lois de M. Shaler-Smith, A, B, C, D, pour colonnes plates et A′, B′ pour les bielles, présentées comme répondant aux essais Bouscaren, ne sont nullement justifiées par ces essais. La loi C, relative au type Américain, est seule justifiée, mais entre $l:d=20$ à 40 seulement, par les essais n°s 18, 19, 15.

La courbe B, type Phœnix, paraît justifiée par les n°s 6 et 10; mais ces essais ne sont pas comparables. Le n° 6 a été comprimé deux fois, ce qui élève la résistance, et le n° 10 est sur patin en fonte, ce qui la diminue.

Ces courbes présentent, outre la convexité tournée par le haut et déjà critiquée, des anomalies tout à fait inadmissibles.

Ainsi, les courbes A et B s'éloignent notablement à mesure que $l:d$ diminue, ce qui est anormal, et pour $l:d=10$ elles présentent un écart d'environ 400 k. Les courbes C, D, au contraire, s'éloignent à mesure que $l:d$ augmente. La moyenne de ces deux lois est très sensiblement la loi *Love* que nous avons rapportée ici.

Quant aux lois de M. Shaler relatives aux bielles, elles sont comprises entre les courbes A′, B′ et sont encore moins justifiées que les précédentes.

Les formules de M. Shaler sont donc moins satisfaisantes que celles de Rankine.

Les essais de Watertown présentent plus de suite et une assez grande régularité entre $l:d=20$ à 40. Dans ces limites, la ligne moyenne, tracée en éléments, est une droite. Ces essais montrent d'une façon irrécusable que la loi de variation des charges pour $l:d<20$ se relève rapidement pour atteindre, à la limite $l:d=1$, la charge d'écrasement de fer en barres, 4000 k. Cette courbe moyenne justifie donc entièrement la critique que nous avons faite des courbes tournant leur convexité vers le bas.

Les nos 6, 28, 29, des essais Bouscaren, sur ce même type, sont un peu supérieurs à cette courbe. Pour le n° 6, cela résulte de ce qu'il a été comprimé deux fois. Le n° 10 est inférieur à cette courbe, parce qu'il était sur patin en fonte, au lieu d'avoir un rivetage serré aux extrémités, comme on l'a déjà observé pour les nos 3, 8, 25, 31.

En ce qui concerne le type Keystone, tableau II, le n° 30, dont les extrémités sont mieux entretoisées, a présenté une résistance supérieure aux nos 24, 26.

La ligne passant par les nos 7, 24 (Pl. X), représenterait la loi de ce type pour les colonnes fermées ou droites à bouts rivés. Pour les colonnes renflées, dont le mémoire de M. Bouscaren ne nous indique pas la construction, le n° 8, à bouts entretoisés, a présenté une résistance égale aux Phœnix, mais le n° 31 n'a pas confirmé cette proportion, tandis que les bouts garnis de sabots en fonte ont en général donné des résistances faibles, les nos 2 et 25 indiqueraient la loi pour cette disposition.

L'infériorité du type Keystone par rapport au Phœnix, doit tenir, en partie, à ce que les rivures des brides étaient plus espacées, et à ce que le fer était moins résistant; ainsi pour $l : d = 1$, la rupture était 3168 à 3625 k. tandis qu'elle est de 4000 k. pour le type Phœnix. Pour une même qualité de fer et même construction, il semble que ce type devrait suivre la loi du type Phœnix.

Bielles. — Jusqu'au rapport $l : d = 40$, la règle de Hodgkinson, pour colonnes longues « *La charge d'une bielle est le tiers de celle de la colonne à bases plates* » ne s'est pas vérifiée. Les charges des bielles dans les essais précédents sont supérieures aux lois de Rankine. Nous adopterons donc ces lois.

208. Lois simples que nous proposons.— De ce qui précède, nous concluons d'une façon certaine, que, pour colonnes à bases plates et pour $l : d = 20$ à 40, les lois des charges peuvent être représentées par des lignes droites qui, prolongées jusqu'à $l : d = 10$, donneront pour ce rapport, des charges inférieures aux charges réelles. Si donc, en nous reportant, Pl. IX, nous prolongeons en ligne droite la loi Love et celle Rankine ($a\,b$) entre $l : d = 20$ et 40, ces lignes se rencontrent sur l'ordonnée de l'origine, en un point correspondant à 2850 k. Ces deux lois pourront être remplacées par celle beaucoup plus simple :

$$\frac{P}{S} = 2850 - 30\,\frac{l}{d}.$$

Maintenant si, pour arriver à des relations faciles à retenir, nous adoptons pour $l : d = 40$ une variation de 200 k. entre les charges des diverses sections, nous aurons les points a_1, a_2, a_3, a_4, en joignant ces points au point 2850 k., sur l'ordonnée de l'origine, nous aurons les lois simples que nous proposons.

Pour le type Phœnix, nous adoptons la même progression, ce qui donne le point a_5, la loi rectiligne passant en ce point a été reportée Pl. X, où l'on voit qu'étant inférieure aux essais, elle est acceptable. En effet, il faut tenir compte de ce que, en pratique, les défauts d'exécution et de montage, peuvent être plus grands que pour les colonnes essayées et de ce que ces défauts doivent augmenter avec la longueur des pièces.

En résumé, nous proposons les relations simples ci-après :

COLONNES EN FER A BASES PLATES

Relations donnant les charges de rupture.

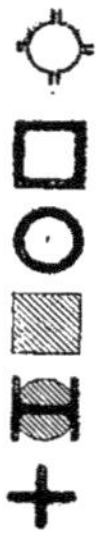

Relations	Charges de rupture par centimètre carré.			
	$l : d = 10$	20	30	40
$\frac{P}{S} = 2850 - 15\frac{l}{d} =$	2700	2550	2400	2250
$\frac{P}{S} = 2850 - 20\frac{l}{d} =$	2650	2450	2250	2050
$\frac{P}{S} = 2850 - 25\frac{l}{d} =$	2600	2350	2100	1850
$\frac{P}{S} = 2850 - 30\frac{l}{d} =$	2550	2250	1950	1650
$\frac{P}{S} = 2850 - 35\frac{l}{d} =$	2500	2150	1800	1450
$\frac{P}{S} = 2850 - 40\frac{l}{d} =$	2450	2050	1650	1250

Application. — En prenant pour charge pratique le 1/6 de la charge de rupture nous avons calculé les charges totales que peuvent porter avec sécurité les colonnes rondes à nervures, type Phœnix, de la série normale allemande (fig. 160).

Le tableau suivant donne les dimensions de cette série, la section totale en centimètres, le poids par mètre de la colonne et les charges totales de sécurité en tonnes.

COLONNES RONDES A AILES, EN FER

Fig. 160.

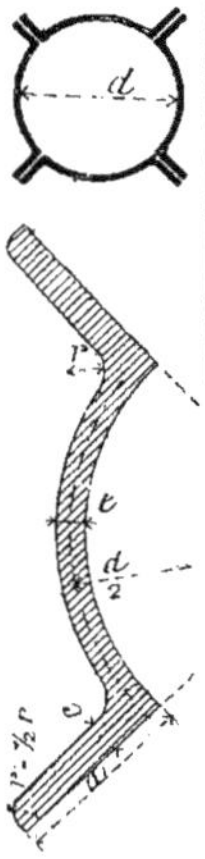

DIAM. moy d	Dimensions en m/m.				Poids de 1 mèt.	Section en centim.	Charges en tonnes.			
	a	r	e	c			$l : d = 10$ P : S = 450	20 425	30 400	40 375
100	35	6	4	6	K 23,6	29,8	T 13,4	T 12,66	T 11,92	T 11,17
			8	8	37,5	48	21,6	20,4	19,2	18
150	40	9	6	8	42,9	54,9	24,7	23,3	21,95	20,50
			10	10	62,8	80,2	36	34	32	30
200	45	12	8	10	68,9	88	39,6	37,4	35,2	33
			12	12	94	120	54	51	48	45
250	50	15	10	12	101	129	58	54,8	51,6	48,37
			14	14	131,6	168	75,6	71,4	67,2	63
300	55	10	12	14	139,6	178	80,1	75,65	71,2	66,75
			18	17	194	248	111,6	105,4	99.2	93

POTEAUX EN BOIS

209. Règle de Rondelet. — Les charges à la compression du n° 133, sont celles de sécurité comptées au 1/10 de la rupture, elles décroissent à mesure que s'élève le rapport $l:a$ de la longueur l du poteau au plus petit côté a de la section.

L'architecte Rondelet a donné pour tous les bois la règle suivante :

Fig. 161.

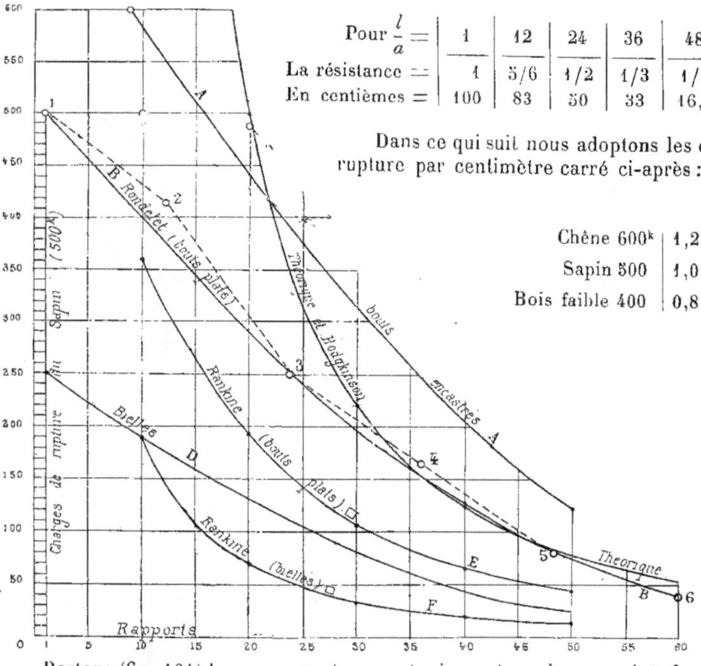

Pour $\frac{l}{a}$ =	1	12	24	36	48	60
La résistance =	1	5/6	1/2	1/3	1/6	1/12
En centièmes =	100	83	50	33	16,6	8,3

Dans ce qui suit nous adoptons les charges de rupture par centimètre carré ci-après :

Chêne 600ᵏ	1,2
Sapin 500	1,0
Bois faible 400	0,8

Portons (fig. 161) les rapports $l:a$ en abscisses et en chaque point, des ordonnées proportionnelles aux résistances indiquées par Rondelet, on obtiendra les points 1, 2, 3, 4, 5, 6. En substituant à la ligne brisée tracée en éléments, la courbe B, nous aurons la loi de variation des charges. Enfin, si l'ordonnée 1 représente 600, 500 k., 400 k., charges de rupture par centimètre carré du chêne, sapin, et bois faibles, cette courbe B nous donnera, pour chaque rapport $l:a$ et sur chaque échelle, la charge de rupture pour ces trois qualités de bois.

Sur la figure nous n'avons établi que l'échelle relative au sapin à 500 k.

Formule théorique et de Hodgkinson. — En substituant dans la formule théorique $P = 20 \frac{EI}{l\,2^2}$, pour colonnes carrées à bases plates, $I = \frac{a^4}{12}$, $S = a^2$ et $E = 120000$ par centimètre carré, on a la relation et les charges de rupture par centimètre carré suivantes.

Pour $l = a \times$	10	20	30	40	50	60
$\frac{P}{S} = 200000 \left(\frac{a}{l}\right)^2 =$	2000^k	500	220	125	80	55

En portant ces charges en ordonnées, par rapport à l'échelle du sapin rompant à 500 kg., on obtient (fig. 161) la loi théorique.

On voit clairement que cette loi ne coïncide avec la règle expérimentale de Rondelet que pour $l : a = 35$ à 50, en dehors de ces limites elle est inadmissible.

Hodgkinson a opéré sur des poteaux à bases plates pour lesquels $l : a$ a varié de 30 à 50 et a représenté les résultats par les relations suivantes, qui ne sont autres que la formule théorique $P = K\,S \left(\frac{a}{l}\right)^2$, en y substituant à S sa valeur a ou $a \times b$.

Section carrée $P = K \frac{a^4}{l^2}$. Section rectang. $P = K \frac{b\,a^3}{l^2}$.

La dimension b et celle a la plus petite dimension transversale, sont exprimées en centimètres; l en décimètres; K coefficient numérique variable de 2560 pour le chêne et 1600 pour le sapin faible.

C'est sous cette forme que, depuis Morin, tous les auteurs ont reproduit ces relations. Exprimons l et a en unités de même ordre, si l est exprimée en centimètres, l^2 sera 100 fois plus grand et on conservera l'égalité en multipliant par 100 les coefficients K donnés par Hodgkinson, on a alors pour les charges de rupture par centimètre carré :

		nomb. proportionnels
Chêne fort	$\frac{P}{S} = 256000 \left(\frac{a}{l}\right)^2$	60
Sapin fort	$\frac{P}{S} = 214000 \left(\frac{a}{l}\right)$	50
Chêne faible . . .	$\frac{P}{S} = 180000 \left(\frac{a}{l}\right)^2$	45
Pin et sapin faible	$\frac{P}{S} = 160000 \left(\frac{a}{l}\right)^2$	37

On voit que les coefficients sont sensiblement proportionnels aux moyennes d'écrasement du tableau (133). Les relations de Hodgkinson, identiques à la formule théorique, sont donc représentées par la même courbe, en faisant les échelles proportionnelles aux coefficients numériques.

Elles sont inadmissibles en dehors des limites $l : a = 35$ à 50.

3° **Formule de Rankine**. — Si dans cette formule déjà citée, on met les valeurs de K ci-après, données par Rankine, pour section carrée $r^2 = a^2 : 12$, pour section circulaire $r^2 = d^2 : 16$ et $R = 500$ k. pour le sapin, on a les relations et les charges de rupture, par centimètre carré, qui suivent.

		Rapport $\frac{l}{a}$ ou $\frac{l}{d}$ =	10	20	30	40	50	
2 bases plates	■	$\frac{P}{S} = \frac{R}{1 + 0{,}004 \left(\frac{l}{a}\right)^2} =$	360	192	109	67.5	45.4	E
$K = \frac{1}{3000} = 0.000333$	●	$\frac{P}{S} = \frac{R}{1 + 0{,}0053 \left(\frac{l}{d}\right)^2} =$	326	160	86,6	53	35	
Bielles	■	$\frac{P}{S} = \frac{R}{1 + 0{,}016 \left(\frac{l}{a}\right)^2} =$	192	67,6	34	18,8	12,2	F
$K = \frac{4}{3000} = 0{,}00133$	●	$\frac{P}{S} = \frac{R}{1 + 0{,}0212 \left(\frac{l}{d}\right)^2} =$	160	53	25	14,3	9	

Les charges E, F, donnent les courbes portant les mêmes lettres. Dans ces limites, la formule de Rankine conduit à des charges inférieures à celles de Rondelet, et les courbes font voir que cette loi est moins satisfaisante que celle de Rondelet; de plus, elle n'est vérifiée par aucune expérience, à notre connaissance du moins.

Résumé. — 1° La loi Rondelet (B), vérifiée en partie par Hodgkinson, doit être seule adoptée, pour poteaux à deux bases plates.

2° Pour les bielles, nous adopterons la loi (D) donnant des charges variant de 1/2 à 1/3 de (B). Loi plus semblable à celle (B) que la loi Rankine.

3° Pour des poteaux à 1 bout plat, 1 articulé, on prendra la moyenne de (B) et (D).

4° Pour les poteaux encastrés complètement aux 2 bouts, tels que ceux qui sont moisés ou armés de jambes de force, on pourra augmenter les charges (B) de 50 %, on aura la courbe (A); cela résulte de l'observation de constructions existantes.

5° Pour des poteaux rectangulaires, a étant le petit côté et b le grand, la charge totale est proportionnelle à b, elle s'obtiendra en multipliant celle du poteau carré de côté a par le rapport $b : a$.

6° Pour poteaux à section circulaire, on pourra prendre pour charge par centimètre carré les 0,8 des charges précédentes.

On obtient ainsi les charges de sécurité suivantes comptées au 1/10 de la rupture pour pièces à bases plates.

CHARGE DE SÉCURITÉ PAR CENTIMÈTRE CARRÉ DES POTEAUX EN SAPIN

Rapports des dimensions, $l : a =$	10	20	30	40	50
2 encastrements, courbe A	57	40	26	16,5	8,5
2 bases plates id. B	40	29	19,5	12,5	7,5
Bielles id. D	19	13	8	5	2,5

Tableau graphique (pl. XI). — Nous avons calculé la charge totale pour une série de poteaux carrés à bases plates (loi B) et pour $l : a = 10$, 20, 30, 40, 50.

En portant les longueurs en mètres comme abscisses et les charges totales en ordonnées, on obtient les courbes sur lesquelles est indiqué le côté a du carré.

Nous avons dit précédemment que, pour une section rectangulaire quelconque $a \times b$, la charge totale s'obtiendra en multipliant celle du poteau carré a par le rapport de $b : a$, et réciproquement.

Loi de similitude. — Les poteaux dont les dimensions analogues sont proportionnelles ont même charge par unité de section, et la charge totale est proportionnelle à a^2; ainsi, un poteau dont toutes les dimensions sont doubles d'un autre, porte une charge quadruple de celle que porte cet autre. On peut ainsi, à l'aide du tableau pl. XI, déterminer les charges ou dimensions de poteaux plus forts que ceux qui y sont indiqués.

Exemples. — 1° Un poteau carré que l'on veut charger à 50 k., ayant $4^m,5$, doit porter 10000 k., quel sera le côté a?

La verticale de $4^m,5$ rencontre l'horizontale de 10000 k. en m qui donne $a = 19$.

2° Un poteau est donné, qualité 50 k., $l = 12\ m$ et $a = 36$, quelle charge peut-il porter? Prenons la moitié des dimensions $l = 6$, $a = 18$ la charge $= 5530$, celle du poteau donné sera $5530 \times 4 = 22120$ k.

3° Une pièce de $l = 4\ m$, qualité 50 k., doit porter 40000 k. Quel sera a? Cette charge n'existe pas dans le tableau, le quart $= 10000$ k. Cette charge et la demi-longueur $= 2$ m. concourent en m'' qui correspond à $a = 163$; le côté cherché sera 326 millimètres.

4° Une pièce rectangulaire, qualité 50 k., $l = 7\ m$ $P = 17600$, quelles seront les dimensions $a\,b$, sachant que $b = 1,6\,a$?

La charge du poteau carré a^2 sera $\dfrac{17600}{1,6} = 11000$ dont l'abscisse rencontre l'ordonnée de 714 en m' correspondant à $a = 235$, le côté b sera $235 \times 1,6 = 376$.

Ces quelques exemples suffisent à montrer l'usage de ce tableau.

CHAPITRE X

PIÈCES RÉSISTANT A LA FLEXION

FERS ET ACIERS PROFILÉS

La résistance d'une pièce ou les dimensions qu'il faut lui donner pour résister au moment μ des forces extérieures se calculent par les relations (2. — Chap. I) :

$$R\frac{I}{v} = \mu, \qquad \text{d'où} \quad \frac{I}{v} = \frac{\mu}{R}.$$

Nous savons déterminer μ par le calcul et graphiquement (chap. II et III).
Les valeurs de $I : v$ sont données au chap. IV et celles de R au chap. VI.

210. Séries françaises. — Chaque forge publie un album donnant les dimensions et les valeurs de $I : v$ de ses fers profilés. Ces profils, établis en séries plus ou moins complètes, varient d'une forge à l'autre, ce qui constitue un inconvénient pour le constructeur. Il serait bien préférable que les constructeurs et maîtres de forge s'entendissent pour arrêter des séries de profils types, comme l'ont fait les Allemands.

Nous avons résumé dans les tableaux (A) et (B) les données relatives aux profils les plus usités que fabriquent les forges françaises.

Les fers à ⌶ se font à petites ailes pour les planchers, et à larges ailes pour la construction. Pour les premiers, les variations de dimensions d'une forge à l'autre sont assez faibles; les hauteurs que nous citons sont généralement suivies; seuls, les épaisseurs et les poids varient, tandis que pour les fers à larges ailes, ces variations sont plus grandes et leurs hauteurs varient de 20 millimètres, au moins. On diminue ainsi le nombre des profils et des cylindres lamineurs.

Pour chaque profil, on augmente la résistance en augmentant les largeurs de 1 à 6 millimètres, ce qui s'obtient en éloignant les cylindres lamineurs; mais il est clair que ces profils épais, dont l'âme est augmentée relativement plus que les ailes, sont moins économiques que les premiers.

Le tableau (A) se rapporte aux fers à planchers de la série du Creusot. Celui (B) aux fers ⌶ de construction de la série des forges de Franche-Comté, et les profils dont la dimension c est donnée appartiennent au Creusot. Le tableau (C) donne les principaux fers à U de la série du Creusot. Celui (D) les fers zorès, que fabriquent les forges de Franche-Comté, pour planchers, tabliers de ponts, colonnes, etc.

Dans ces tableaux et ceux qui suivent, les dimensions sont données en millimètres et les valeurs de $I : v$ sont rapportées au centimètre; elles sont ainsi 10^6 fois plus grandes que si on les rapportait au mètre. Si donc on divise R, pris au mètre carré, par 10^6, ce qui revient à prendre la valeur de R par millimètre carré, le produit $\mathrm{R\,I} : v = \mu$ ne change pas, μ reste rapporté au mètre.

Pour comparer deux sections ou profils différents, on calcule le *coefficient économique*, qui s'obtient en divisant le moment résistant $\mathrm{R\,I} : v$, ou simplement $\mathrm{I} : v$, par le poids du mètre. En d'autres termes, ce coefficient est le moment résistant pour 1 k. de métal. La section qui présente le coefficient le plus élevé est la plus économique.

Séries normales allemandes. — Les ingénieurs et maîtres de forges allemands ont adopté une série normale pour chaque profil et les forges modifient successivement leur outillage pour s'y conformer.

Il nous a paru bon d'indiquer les principales séries, dans les tableaux suivants. La série relative aux fers à colonnes est indiquée page 230, figure 160.

Les cornières et les âmes des fers à ⊏ et ⌶ sont à faces parallèles.

Les faces intérieures des ailes des			⌶	ont une perte de	14 %.
id.	id.	id.	⊏	id.	8 %.
Les faces des fers à		⊥	$a = h$	id.	2 %.
id.	des ailes a des	⊥	$a = 2h$	id.	2 %.
id.	de la nervure h de ces fers			id.	4 %.

Dans toutes ces séries, le grand congé a un rayon r égal à l'épaisseur moyenne et le petit congé du bord $r' = 0{,}5\,r$. Pour les ⌶, $r' = 0{,}6\,r = 0{,}6\,e$.

Application. — Tableau pl. XII. — Pour le cas d'une charge uniforme p par mètre courant, on a (25) :

$$\mathrm{R}\,\frac{\mathrm{I}}{v} = \mu = p\,\frac{l^2}{8}, \qquad \text{d'où} \quad p = \left(8\,\mathrm{R}\,\frac{\mathrm{I}}{v}\right)\frac{1}{l^2} \qquad \text{ou} \quad p\,l = \left(8\,\mathrm{R}\,\frac{\mathrm{I}}{v}\right)\frac{1}{l}.$$

Si on se donne R, le terme entre parenthèses sera, pour $l = 1$, la charge par mètre égale à la charge totale. C'est ainsi qu'ont été calculées les dernières colonnes des tableaux (A), (B), (E), (F), en prenant $\mathrm{R} = 10$. Pour $\mathrm{R} = 6$ ou 8, on multipliera ces chiffres par 0,6 ou 0,8, etc. Pour une portée quelconque l, la charge par mètre p ou totale pl, s'obtiendra en divisant ces valeurs de p par l^2 ou l. Les expressions de p et pl sont celles d'une ligne droite. Si alors, on prend les $1 : l^2$ ou les $1 : l$ pour abscisses et les valeurs correspondantes de p ou pl pour ordonnées, les lignes de relation seront des droites concourant à l'origine des coordonnées; il suffit donc de calculer p ou pl pour une seule abscisse.

C'est ainsi que nous avons établi le tableau graphique (Pl. XII) relatif aux fers à planchers, en prenant pour abscisses les $1 : l$ de préférence aux $1 : l^2$, afin d'avoir une échelle plus grande.

à l'échelle de $0^m,4$ par mètre	Pour l = / l'abscisse =							
		$\frac{1}{400}$	$\frac{2}{200}$	$\frac{3}{133}$	$\frac{4}{100}$	$\frac{5}{80}$	$\frac{6}{67}$	$\frac{7}{57}$

Les trois échelles des ordonnées correspondent à $\mathrm{R} = 6$, 8, 10 k.

L'usage de ce tableau est si simple que nous croyons inutile d'insister, et la construction de tableaux analogues pour tous autres profils ou pour pièces de bois, est si facile, que nous en laissons le soin au lecteur.

FERS ⌶ DES FORGES FRANÇAISES

Au bord, c = e à peu près.

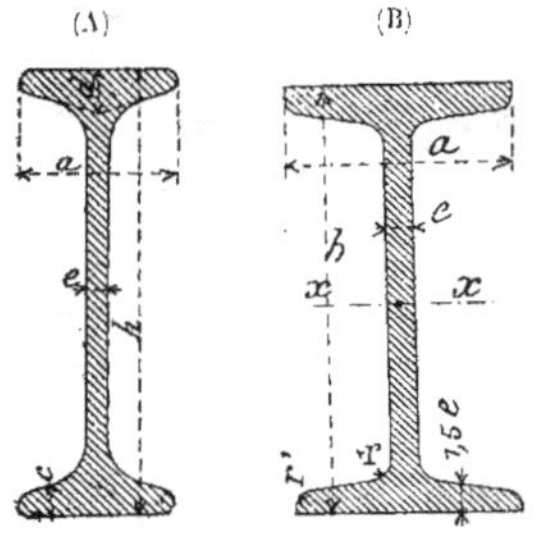

Série du Creusot.

FERS A PLANCHERS (A)

h	a	e	d	Poids	I/v	80 I/v
80	39	4,5	10,5	7	21,08	1686
	44,5	10		10,5	26,86	
100	42	5	11,5	9	32,14	2570
	47,5	10,5		13	41,95	
120	44	5,5	13	10,5	46,97	3757
	49,5	11		16	60,57	
140	47,7	6	14	13	64,8	5184
	53,7	12		19	84,4	
160	52,5	6,5	15	15	88,72	7097
	58	12		23	112,2	
180	56,5	7	16	19,5	121,7	9735
	61,5	15		30	159,5	
200	58,5	7,5	17	22	153,7	12300
	66	15		33	199,8	
220	62,5	8	18	25,5	195,6	15650
	70	15,5		38	260,8	

FERS POUR CONSTRUCTION (B)

h	a	e	c	s	Poids	I/v	80 I/v
120	70	6		23,6	18	92	7360
	76	12		30,8	23,5	106	
125	75	7	8,5	20,5	16	80	6464
		10		24,3	19	88	
140	80	7		28,6	22	130	10400
	87	14		38,4	29,5	153	
160	80	8		30	23	155	12400
	86	14		40,4	31	183	
175	80	8		32,4	22,5	157	12560
	87	15		42	32,5	193	
180	100	10		42,6	32	241	19280
	105	15		51,6	39	268	
200	90	9	11	35,8	28	219	17520
	96	15		48	37,5	259	
	100	10		46	35	291	23280
	106	16		58	44,5	331	
220	110	10		49	36	344	27520
	116			62,5	46	392	
235	95	9	12	41	32	297	23760
	100	14		52,5	41	343	
240	100	9	11,5	42,9	33,5	331	26520
	106			57	44,7	371	
	115	10,5	13	53	41,5	392	31360
	121			67,4	52,7	450	
250	100	10	12,5	47,3	37	357	28560
	105			59,5	46,5	410	
	130	11	13,5	58,9	46	438	35040
	135			71,7	56	490	
260	120	10		59,5	45,5	498	39840
	129	19		83	64	601	
300	120	12		75,7	57	700	56000
	128			99,7	76	820	

FERS PROFILÉS DES FORGES FRANÇAISES

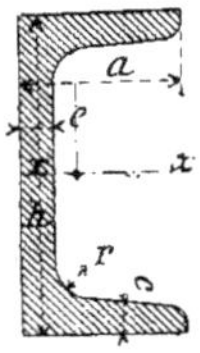

c au milieu = 10 à 13.

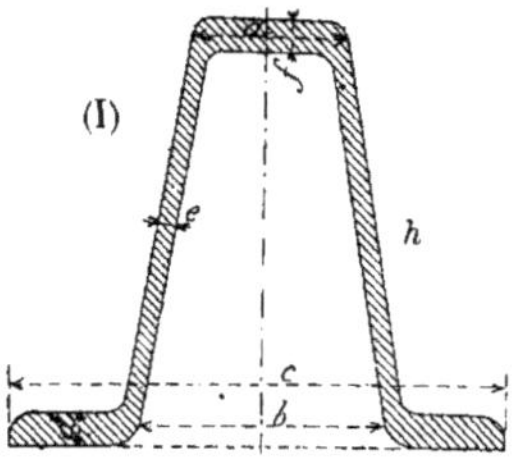

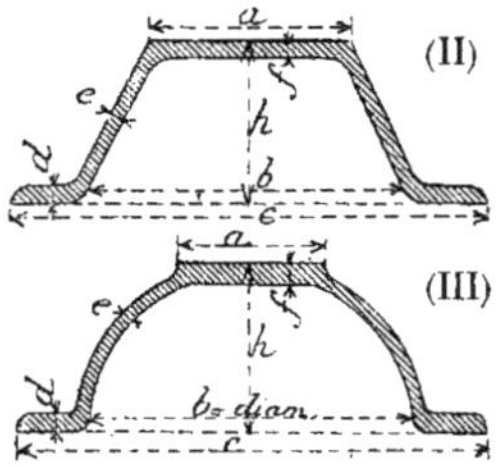

Fers à [(C)				
h	a	e	Poids	I/v
120	51	9	15	63
	55	13	18,7	72,7
	58	10	16,8	72,5
	62	14	20,5	82
140	45	7	13	67,8
	52	8	16	78,2
	50	12	18	84
	57	13	21	94,5
175	60	8	19,25	121.8
	67	15	28,75	157,5
235	85	10	33,65	289
	90	15	42.8	335
250	80	10	32,75	287
	85	15	42	339

Fers zorès. I, II, III. (D)									
h	a	b	c	d	e	f	Poids	S	I/v
(I)									
80	30	45	100	5	3,5	6	7	9,64	18,8
110	35	55	120	6	4	8	11,1	14	38,28
120	40	68,5	140	8	5	10	15,5	20,9	59,6
140	45	80,5	160	9	6	11	20	26,1	89
160	50	89	180	10	7	12	25	35	135
180	55	101	200	11	7	14	32	41,6	183
200	80	109	220	13	7	16	39,5	52	301
120	90		240	7	5	7	18,5	23.6	81,2
(II)									
66	78		226	8	5,5	7,5	14,6	18,5	35.42
66	80		260	7	4,5	6,5	14	17,7	37,38
67	130		260	6	6	7,5	17,5	23.5	42.64
(III)									
43	30	80	110	3,5	2,5	3,5	3,5	45,2	5,17
62	52	120	170	6	4	5,5	8	11,3	20,82
85	65	160	220	8	5	7,5	14,5	18.8	42,12
112	100	208	310	12	10	12	35	48	134,8

SERIES NORMALES ALLEMANDES

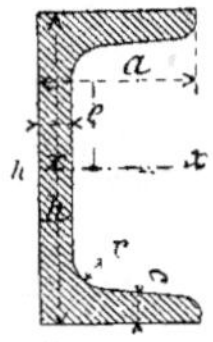

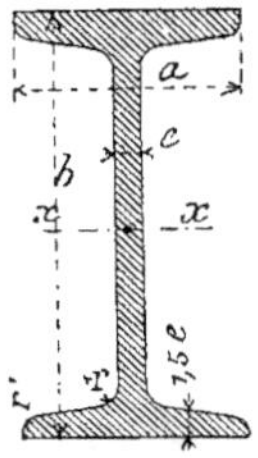

Fers à [(E)

h	a	$e = r$	c	S	Poids	$\frac{I}{v}$	$80 \frac{I}{v}$
30	33	5	7	5,42	4,2	4,3	344
40	35	5	7	6,20	4,8	7,1	568
50	38	5	7	7,12	5,6	10,7	856
65	42	5,5	7,5	9,05	7,1	17,9	1432
80	45	6	8	11,04	8,6	26,7	2136
100	50	6	8,5	13,5	10,5	41,4	3312
120	55	7	9	17,04	13,3	61,3	4904
140	60	7	10	20,4	15,9	87,0	6960
160	65	7,5	10,5	24,1	18,8	117	9360
180	70	8	11	28,0	21,9	152	12160
200	75	8,5	11,5	32,3	25,2	193	15440
220	80	9	12,5	37,6	29,3	247	19760
260	90	10	14	48,4	37,8	374	29920
300	100	10	16	58,8	45,9	538	43040
105	65	8	8	17,5	13,7	55,7	4456
117,5	65	10	10	22,8	17,8	77,3	6184
145	60	8	8	19,9	15,5	81,9	6552
235	90	10	12	42,7	33,3	295	23600
260	90	10	10	42,0	32,8	305	24400
300	75	10	10	43,0	33,5	332	26550

Fers à I (F)

h	a	$e = r$	S	Poids	$\frac{I}{v}$	$80 \frac{I}{v}$
80	42	3,9	7,61	6,0	19,6	1568
90	46	4,2	9,05	7,1	26,2	2096
100	50	4,5	10,69	8,3	34,4	2752
110	54	4,8	12,36	9,6	43,8	3504
120	58	5,1	14,27	11,1	55,1	4408
130	62	5,4	16,19	12,6	67,8	5424
140	66	5,7	18,55	14,3	82,7	6616
150	70	6,0	20,5	16,0	99,0	7920
160	74	6,3	22,9	17,9	118	9440
170	78	6,6	25,4	19,8	139	11120
180	82	6,9	28,0	21,9	162	12960
190	86	7,2	30,7	24,0	187	14960
200	90	7,5	33,7	26,2	216	17280
210	94	7,8	36,6	28,5	246	19680
220	98	8,1	39,8	31,0	281	22480
230	102	8,4	42,9	33,5	317	25360
240	106	8,7	46,4	36,2	357	28560
260	113	9,4	53,7	41,9	446	35680
280	119	10,1	61,4	47,9	547	43760
300	125	10,8	69,4	54,1	659	52720
320	131	11,5	78,2	61,0	789	63120
340	137	12,2	87,2	68,0	931	74480
360	143	13,0	97,5	76,1	1098	87840
380	149	13,7	107,5	83,9	1274	101920
400	155	14,4	118,3	92,3	1472	117760
425	163	15,3	133,0	103,7	1754	140320
450	170	16,2	147,7	115,2	2054	164320
475	178	17,1	163,6	127,6	2396	191680
500	185	18,0	180,2	140,5	2770	221600

SÉRIES NORMALES ALLEMANDES

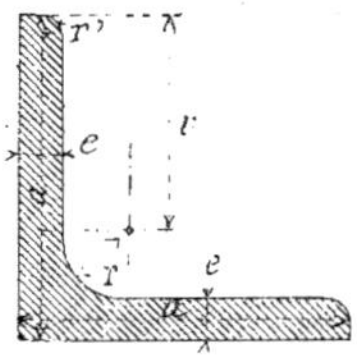

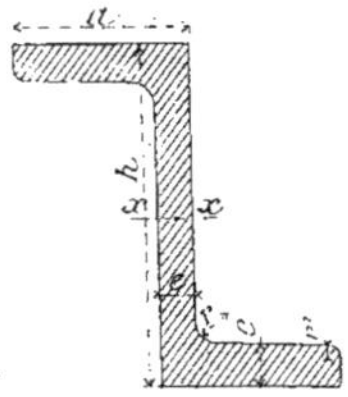

h	*a*	*e*	*c*	Section	Poids	I : *c*
30	38	4	4,5	4,26	3.3	4
40	40	4,5	5	5.35	4,2	6,7
50	43	5	5,5	6,68	5,2	10,4
60	45	5	6	7,8	6,1	14,7
80	50	6	7	10,96	8,6	27,0
100	55	6,5	8	14,26	11,1	43,8
120	60	7	9	17.94	14	65,9
140	65	8	10	21,6	17.6	95.1
160	70	8,5	11	27,13	21,2	130.3

CORNIÈRES

a	*e*	S	Poids	*v*	I : *v*
15	3	0,81	0,63	1,02	0,156
	4	1,04	0,81	0,98	0,199
20	3	1,11	0,87	1,39	0,290
	4	1,44	1,12	1,35	0,370
25	3	1,41	1,10	1,76	0,466
	4	1,84	1,44	1,73	0,599
30	4	2,24	1,75	2,10	0,885
	6	3,24	2,53	2,02	1,25
35	4	2,64	2,06	2,48	1,22
	6	3,84	3,00	2,40	1,74
40	4	3,04	2,37	2,85	1,62
	6	4,41	3,46	2,77	2,32
	8	5,76	4,49	2,70	2,97
45	5	4,25	3,32	3,19	2,53
	7	5,81	4,53	3,11	3,41
	9	7,29	5,69	3,04	4,23
50	5	4,75	3,7	3,56	3,15
	7	6,51	5,1	3,49	4,27
	9	8,19	6.4	3,41	5,3
55	6	6,24	4,9	3,91	4,55
	8	8,16	6,4	3,83	5,85
	10	10,00	7,8	3,76	7,1
60	6	6,84	5,3	4,28	5,45
	8	8,96	7,0	4,21	7,05
	10	11,00	8,6	4,14	8,55
65	7	8,61	6,7	4,62	7,4
	9	10,9	8,5	4,55	9,25
	11	13,1	10,2	4,48	11,05
70	7	9,31	7,3	4,99	8,65
	9	11,8	9,2	4,92	10,85
	11	14,2	11,1	4,85	12,95

SUITE DES CORNIÈRES

a	*e*	Section	Poids	*v*	I : *v*
75	8	11,4	8,9	5,33	11,3
	10	14,0	10,9	5,26	13,8
	12	16,6	12,9	5,19	16,15
80	8	12,2	9,5	5,71	12,9
	10	15,0	11,7	5.63	15,8
	12	17,8	13,9	5,56	18,55
90	9	15,4	12,0	6,42	18.4
	11	18,6	14,5	6,35	22,05
	13	21,7	16,9	6,28	25,6
100	10	19,0	14,8	7,13	25,25
	12	22,6	17,6	7,06	29,75
	14	26,0	20,3	6,99	34,1
110	10	21,0	16,4	7,88	30,85
	12	25,0	19,5	7,81	36,3
	14	28,9	22,5	7,74	41,8
120	11	25,2	19,7	8,59	40,3
	13	29,5	23,0	8,52	46,9
	15	33,8	26,3	8,45	53,5
130	12	29,8	23,2	9,31	51,5
	14	34,4	26,9	9,24	59,5
	16	39,0	30,5	9,17	67
140	13	34,7	27,1	10,02	65
	15	39,8	31,0	9,95	73,5
	17	44,7	34,9	9,88	82,5
150	14	40,0	31,2	10,7	80
	16	45.4	35,4	10,7	90,5
	18	50,8	39,6	10,6	100,5
160	15	45,8	35,7	11,5	97
	17	51,5	40,2	11,4	109,5
	19	57,2	44,6	11,3	121

SÉRIES NORMALES ALLEMANDES

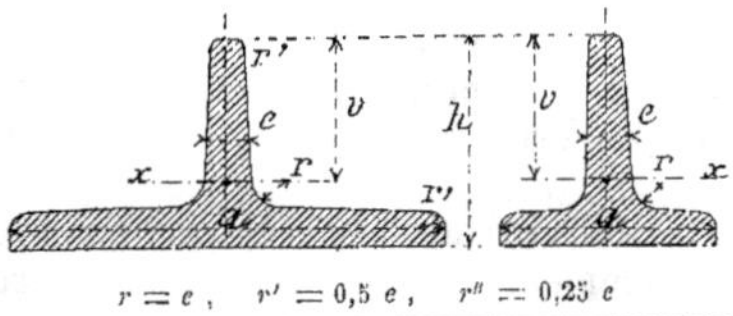

$r = e$, $r' = 0,5\ e$, $r'' = 0,25\ e$

$a = 2\ h$		e	Section	Poids	v	$\frac{I}{v}$
60	30	5,5	4,64	3,6	2,30	1,26
70	35	6	5,94	4,6	2,69	1,90
80	40	7	7,71	6,2	3,07	2,89
90	45	8	10,16	7,9	3,45	4,18
100	50	8,5	12,02	9,4	3,84	5,51
120	60	10	17,0	13,3	4,62	9,35
140	70	11,5	22,8	17,8	5,39	14,17
160	80	13	29,5	23,0	6,17	21,7
180	90	14,5	37,0	28,9	6,95	30,5
200	100	16	45,4	35,4	7,72	41,8

$a = h$	e	Section	Poids	v	$\frac{I}{v}$
20	3	1,11	0,9	1,39	0,29
25	3,5	1,63	1,3	1,75	0,53
30	4	2,24	1,7	2,10	0,88
35	4,5	2,95	2,3	2,46	1,36
40	5	3,75	2,3	2,82	1,97
45	5,5	4,65	3,6	3,17	2,76
50	6	5,64	4,4	3,53	3,71
60	7	7,91	6,2	4,24	6,23
70	8	10,6	8,2	4,96	9,76
80	9	13,6	10,6	5,67	14,4
90	10	17,0	13,3	6,38	20,3
100	11	20,8	16,2	7,10	27,5
120	13	29,5	23,0	8,52	45,6
140	15	39,8	31,0	9,95	73,7

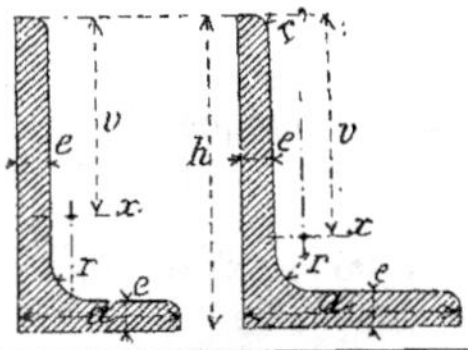

$a = 0,66\ h$		e	Section	Poids	v	$\frac{I}{v}$
20	30	3	1,41	1,10	1,01	0,639
		4	1,84	1,44	1,05	0,828
30	45	4	2,84	2,22	1,50	1,94
		5	3,50	2,73	1,54	2,38
40	60	5	4,75	3,71	1,99	4,33
		7	6,51	5,08	2,06	5,88
50	70	7	8,26	6,4	2,51	3,39
		9	10,44	8,1	2,58	11,8
65	100	9	14,04	11,0	3,37	21,5
		11	16,94	13,2	3,44	25,7
80	120	10	19,0	14,8	3,97	34,7
		12	22,56	17,6	4,05	41,0
100	150	12	28,56	22,3	4,95	65,2
		14	33,04	25,8	5,02	73,1

$a = 0,5\ h$		e	Section	Poids	v	$\frac{I}{v}$
20	40	3	1,71	1,33	1,45	1,11
		4	2,24	1,75	1,49	1,44
30	60	5	4,25	3,32	2,20	4,13
		7	5,81	4,53	2,27	5,59
40	80	6	6,84	5,34	2,90	8,87
		8	8,96	7,00	2,97	11,5
50	100	8	11,36	8,9	3,64	18,4
		10	14,00	10,9	3,71	22,5
65	130	10	18,50	14,4	4,72	39,0
		12	21,96	17,1	4,79	46,0
80	160	12	27,36	21,3	5,79	70,9
		14	31,64	24,7	5,87	81,7
100	200	14	40,04	31,2	7,20	130,0
		16	45,44	35,4	7,27	147,1

POUTRES COMPOSÉES

211. Valeurs de I : v. — Dès que la hauteur d'une poutre dépasse $0^m,3$, il est souvent plus économique de la former de tôles et cornières que d'employer les poutrelles laminées. Ces poutres se font à âme pleine, évidée, ou en treillis, avec ou sans tables.

Dans les tableaux suivants A à D, que nous avons calculés spécialement pour ce manuel, les valeurs de I : v sont, comme précédemment, rapportées au centimètre et elles sont égales à μ : R en prenant R par millimètre carré, et μ calculé en prenant les longueurs en mètres et les charges en kilog.

Les tableaux (A) donnent les valeurs de I : v des 4 cornières seules (fig. 162) calculées par la relation suivante (89, chap. IV).

$$\frac{I}{v} = 2\,\frac{(a h^3 - a' h'^3 - e h''^3)}{6h} = \frac{1}{3}\,\frac{a h^3 - (a - e) h'^3 - e h''^3}{h}.$$

Ces tableaux permettent aussi de déterminer la valeur de I : v des sections non symétriques (fig. 163). A cet effet, on détermine d'abord (88) les distances v et v' de

Fig. 162 — 163 — 164 — 165 — 166

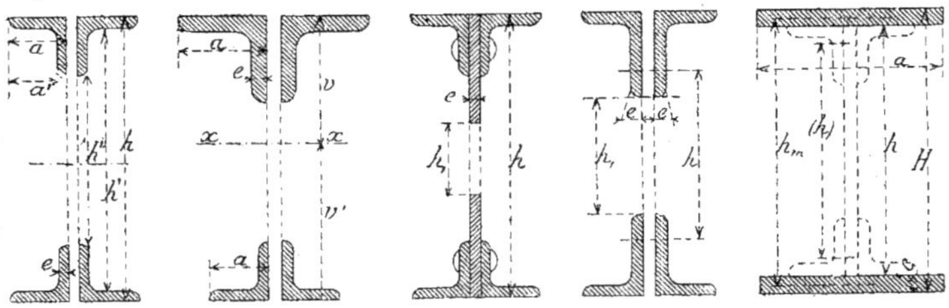

l'axe neutre xx, on cherche la valeur de I : v pour les cornières correspondant à $h = 2v$, puis celle des cornières correspondant à $h = 2v'$: la demi-somme de ces deux valeurs est celle de la section non symétrique.

Au bas de ces tableaux nous donnons les valeurs de I : v de l'âme de 1 centimètre d'épaisseur, $e = 1$. On a donc, si h est pris en centimètres :

$$\frac{I}{v} = \frac{e h^2}{6} = \frac{h^2}{6} \quad \text{et pour R} = 6, \text{ on aurait R I} : v = h^2.$$

Ce tableau donne aussi I : v pour les âmes évidées (fig. 164), on a :

$$I : v = \frac{h^2}{6} - \frac{h_1^2}{6} \quad \text{et pour R} = 6, \text{ on aurait R I} : v = h^2 - h_1^2.$$

Pour toute autre épaisseur de l'âme il suffira, puisque I : v est proportionnel à e, de multiplier les valeurs de I : v, ainsi obtenues, par l'épaisseur e exprimée en centimètres.

Ce qui précède, permet encore de déterminer l'accroissement de $I:v$, dû aux cornières à côtés inégaux (fig. 165). Si h est la hauteur entre les ailes verticales des cornières à côtés égaux et e leur épaisseur, cet accroissement est :

$$2e\frac{h^2 - h_1^2}{6} = \frac{1}{3}e(h^2 - h_1^2).$$

Le tableau (B) donne les valeurs de $I:v$ pour les tables ou plates-bandes seules, de largeur $a = 10$ centimètres (fig. 166) calculées par la relation

$$I:v = 10\frac{H^3 - h^3}{6H}.$$

La valeur de $I:v$, pour toute autre largeur de table, s'obtiendra en multipliant les chiffres de ce tableau par la largeur donnée exprimée en décimètres.

Enfin, nous avons dressé les tableaux (C) (D) d'après les précédents (A) (B); ils donnent $I:v$ total, pour des tables étroites ou larges à deux ou quatre files de rivets et les cornières, mais sans âme.

Le lecteur, pourra facilement, établir des tableaux semblables pour d'autres proportions des tables.

Usage de ces tableaux. — Si le profil est donné, on trouvera la valeur de $I:v$ en additionnant celles relatives à l'âme, aux cornières et aux tables; si, au contraire, c'est le moment μ qui est donné, ainsi que R par millimètre, on a, $\mu : R = I : v$.

Il faut alors se donner la hauteur h qui varie de 1/12 à 1/8 de la portée.

Supposons que la poutre soit à âme pleine d'épaisseur donnée, on retranche successivement de $I:v$ ci-dessus la valeur de $I:v$ relative à cette âme, puis celle relative aux 4 cornières (A) qu'on se donne aussi; le reliquat est la valeur de $I:v$ afférente aux tables; si donc on divise cette valeur par la largeur des tables exprimée en décimètres, le quotient, cherché sur les tableaux (B), donnera l'épaisseur des tables.

Si cette épaisseur ne s'y trouve pas et qu'on ne veuille pas dépasser celle indiquée, on prendra une autre largeur. Le tâtonnement est assez simple et c'est pour le simplifier encore que nous avons calculé les tableaux (C) et (D).

Nous devons dire que le plus souvent les constructeurs calculent l'âme pour résister à l'effort tranchant, tandis que les tables et cornières seules sont considérées comme résistant au moment fléchissant.

Poids des poutres. — Ce poids se compose : 1° de celui des 4 cornières; 2° de celui de l'âme ou du treillis, qui, pour les grandes poutres, croît en allant du milieu aux extrémités de la poutre; 3° du poids des tables qui, le plus souvent, décroît en allant du milieu aux extrémités de la poutre. Si on admet que cette diminution de poids suit la loi de réduction des μ, qui est une parabole pour la charge uniforme, et si q est le poids par mètre des tables d'épaisseur c au milieu et q' le poids par mètre pour celles d'épaisseur c' aux extrémités qui figurent dans nos tableaux, on a sensiblement pour le poids moyen q_m par mètre des plate-bandes;

$$q_m = q' + \frac{2}{3}(q - q') = \frac{2q + q'}{3}.$$

Si donc les tables sont formées de n épaisseurs égales, $q = n\,q'$ et $q_m = q'\,\frac{(2\,n + 1)}{3}$.

Pour $n = 2$	3	4	5	6
Le poids moyen $q_m = q' \times 1{,}666$	2,333	3	3,666	4,333

C'est ainsi qu'ont été calculés les poids moyens des tableaux (C) et (D), en y ajoutant celui des cornières.

Limite de la hauteur. — Pour un moment résistant donné, on trouve évidemment que les dimensions des tables et le poids diminuent à mesure que h est plus grand ; mais si on tient compte du poids de l'âme, pleine ou en treillis, on trouve bientôt une limite au delà de laquelle le poids total augmente pour un même moment. C'est ce qui conduit à limiter h entre 1/8 à 1/12, soit en moyenne 1/10 de la portée.

Poutres hautes. — Pour des poutres de plus de 150 centimètres, on peut se contenter, en pratique, de la relation (91) $I : v = Sh$. Pour les cornières, S est la section des deux cornières et h (fig. 162) la distance des centres de gravité ; pour les tables, S est la section de la table et h_m (fig. 166) la distance des centres de gravité.

Pour nous rendre compte de l'approximation du calcul Sh, appliquons-le à la poutre de $h = 150$ centimètres.

Pour cornières de 80—80—10, les tableaux des séries normales donnent $v = 5{,}63$, d'où $8 - 5{,}65 = 2{,}37$ et $h = 150 - 4{,}74 = 145{,}26$; on a aussi $S = 30$, d'où $Sh = 145{,}26 \times 30 = 4357{,}8$.

Le tableau (A) donne $I : v = 4225$, la différence 132,8 représente pour le calcul Sh une augmentation de 3 % environ sur la valeur exacte de $I : v$.

Pour cornières de 110—110—14 on a de même $v = 7{,}74$ d'où $11 - 7{,}74 = 3{,}26$ et $h = 150 - 6{,}52 = 143{,}5$. On a aussi $S = 57{,}8$ d'où $Sh = 143{,}5 \times 57{,}8 = 8294$.

Le tableau (A) donne $I : v = 7932$, la différence 362 représente pour le calcul Sh une augmentation de 4,5 % environ.

La relation Sh est donc d'autant plus exacte que la cornière est plus petite par rapport à h.

Passons aux tables. Pour $c = 5$, $a = 10$ et $h = 150$, le tableau (B) donne $I : v = 8011$.

Sh donne $50 \times 155 = 7750$, soit 261 ou 3 % en moins de la valeur exacte.

Cette différence décroît avec l'épaisseur de la table, donc le calcul Sh est ici très admissible en pratique.

Puisque ces différences sont, tantôt en plus, tantôt en moins sur le calcul exact, il est clair qu'en définitive il y aura compensation et que la relation Sh donnera pour la poutre entière une approximation plus grande que les précédentes.

Ainsi, pour une poutre ayant $h = 150$, $a = 400$ $c = 50$ avec cornières de 110—110—14.

Les tableaux donnent $I : v = 7932 + 4 \times 8011 = 39976$.

Le calcul Sh donne $I : v = 8294 + 4 \times 7750 = 39294$. La différence 682 représente pour (Sh) une diminution de 1,5 %. On peut donc adopter ce calcul Sh qui sera d'autant plus exact que h sera plus grand.

VALEURS $\frac{I}{v}$ DES 4 CORNIÈRES SEULES ET DES AMES DE 1 CENTIMÈTRE SEULES (A)

Cornières			Hauteur des poutres en centimètres									
a	*e*	Poids des 4	25	28	30	32	35	38	40	42	45	48
		k										
45	5	13,3	173	197	214	231	256	281	298	315	340	366
50	6	17,6	223	256	278	301	334	367	390	412	445	479
55	7	22,7	279	321	349	377	419	462	490	519	561	604
	8	25,5	313	361	382	424	472	520	553	585	633	682
60	7	24,7	300	346	377	407	454	500	531	563	609	656
	9	31,2	374	432	470	509	568	677	660	705	764	824
65	8	30,4	362	418	455	493	550	607	645	684	741	799
	10	37,4	438	507	554	600	670	740	787	834	905	976
70	8	33	385	445	485	526	587	649	690	731	794	856
	10	40,6	467	541	591	641	716	792	843	894	970	1047
	12	48	544	631	690	749	838	928	988	1048	1138	1229
75	10	44	494	573	627	680	761	843	897	952	1034	1116
	13	56	616	716	784	852	955	1058	1127	1197	1301	1406
80	10	46,8	—	—	662	719	805	892	950	1009	1096	1184
	13	60	—	—	829	901	1011	1122	1196	1270	1382	1494
90	12	62,4	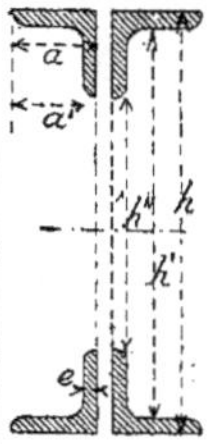		854	930	1045	1160	1238	1316	1433	1551
	14	72,5			973	1061	1193	1320	1415	1505	1640	1775
100	12	70,4			931	1014	1141	1269	1355	1441	1571	1702
	14	81,2			1061	1157	1303	1451	1550	1650	1800	1915
	16	92			1185	1294	1459	1626	1738	1850	2020	2191
110	14	90			—	—	—	—	1680	1790	1954	2120
	16	102			—	—	—	—	1885	2008	2195	2383
Valeur de I : v de l'âme de 1 centimètre d'épaisseur												
$\frac{I}{v} = \frac{h^2}{6} =$			104	130	150	170	204	240	266	294	337	384

(A) *suite.* $\frac{I}{v}$ DES 4 CORNIÈRES SEULES, DES AMES SEULES

Cornières		Hauteur des poutres en centimètres									
a	*e*	50	52.5	55	57,5	60	62,5	65	67.5	70	75
55	7	633	669	704	740	776	812	848	884	920	—
	8	714	754	795	835	876	917	957	998	1038	—
60	7	688	727	766	805	844	884	923	962	1002	1080
	9	863	913	962	1012	1061	1111	1160	1210	1260	1359
65	8	838	886	934	983	1031	1079	1128	1176	1225	1322
	10	1024	1083	1142	1202	1261	1321	1380	1440	1500	1619
70	8	898	950	1002	1054	1106	1159	1211	1263	1316	1421
	10	1098	1168	1227	1291	1355	1420	1484	1548	1613	1742
	12	1290	1365	1441	1517	1593	1669	1745	1821	1897	2050
75	10	1171	1240	1310	1378	1448	1517	1586	1656	1725	1864
	13	1476	1564	1652	1740	1827	1915	2004	2092	2180	2268
80	10	1243	1317	1391	1465	1539	1613	1687	1761	1835	1984
	13	1569	1663	1757	1851	1945	2039	2134	2228	2323	2417
90	12	1629	1728	1827	1925	2025	2124	2283	2323	2422	2621
	14	1866	1980	2093	2207	2322	2436	2550	2665	2780	3010
100	12	1790	1900	2010	2120	2230	2341	2452	2563	2674	2896
	14	2052	2180	2306	2433	2560	2688	2816	2944	3072	3329
	16	2305	2448	2591	2735	2879	3023	3168	3313	3457	3748
110	14	2232	2371	2511	2651	2792	2932	3073	3215	3356	3640
	16	2509	2666	2824	2983	3142	3301	3461	3621	3781	4102
120	14	2405	2557	2709	2862	3016	3170	3324	3478	3633	3943
	16	2705	2877	3050	3223	3397	3571	3746	3924	4096	4447
	18	2996	3187	3380	3573	3767	3961	4155	4350	4546	4937
		Valeur de I : *v* de l'âme de 1 centimètre d'épaisseur.									
$\frac{I}{v}$ =		416	471	504	661	600	651	704	759	816	937

A) *suite.* $\frac{I}{v}$ DES 4 CORNIÈRES SEULES, DES AMES SEULES

Cornières		Hauteur des poutres en centimètres									
a	*e*	**80**	**85**	**90**	**95**	**100**	**110**	**120**	**130**	**140**	**150**
65	8	1419	1516	1613	1710	—	—	—	—	—	—
	10	1738	1857	1977	2097	—	—	—	—	—	—
70	8	1526	1631	1736	1841	1946	2157	2368	2578	2789	3000
	10	1871	2001	2130	2260	2389	2648	2907	3167	3426	3686
	12	2203	2355	2508	2661	2814	3120	3427	3733	4040	4346
75	10	2003	2142	2281	2421	2560	2839	3118	3397	3677	3956
	13	2534	2711	2888	3065	3242	3597	3952	4300	4663	5018
80	10	2133	2282	2431	2580	2730	3028	3327	3626	3925	4225
	13	2702	2892	3081	3272	3457	3849	4230	4600	5000	5370
90	12	2821	3021	3221	2421	3621	4023	4424	4826	5228	5630
	14	3240	3470	3700	3931	4162	4624	5087	5550	6013	6477
100	12	3119	3342	3566	3789	4013	4462	4910	5359	5809	6258
	14	3586	3844	4102	4360	4618	5135	5653	6172	6690	7210
	16	4038	4330	4621	4913	5205	5790	6375	6962	7548	8135
110	14	3924	4209	4494	4779	5065	5637	6210	6784	7358	7932
	16	4424	4746	5068	5391	5715	6362	7011	7660	8309	8959
120	14	4254	4566	4878	5190	5503	6130	6758	7387	8016	9179
	16	4800	5152	5506	5860	6214	6924	7635	8347	9060	9773
	18	5330	5723	6117	6512	6907	7700	8491	9285	10080	10875
		Valeurs de I : *v* de l'âme de 1 centimètre d'épaisseur									
$\frac{I}{v}=$		[illegible]	1204	1350	1504	1666	2016	2400	2816	3266	3750

VALEURS $\frac{1}{v}$ DES TABLES SEULES DE $a = 10$ CENTIMÈTRES (B)

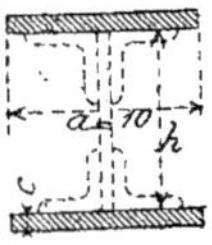

Hauteur h sous tables en centimètres

	25	28	30	33	35	38	40	42	45	48
c = 8	213	237	252	269	293	317	333	349	373	397
10	270	304	320	340	370	400	420	440	470	500
12	330	365	389	413	449	485	509	533	569	605
15	420	466	496	526	571	600	646	676	721	766
18	518	571	607	643	691	751	786	870	876	—
20	584	644	683	723	783	843	882	922	982	1042
26	794	872	988	974	1052	1129	1181	1232	1310	—
30	944	1030	1092	1151	1183	1329	1389	1450	1538	1624
36	1184	1289	1360	1430	1537	1628	1714	1786	1893	—

c	h = 50	52,5	55	57,5	60	62,5	65	67,5	70	75
8	413	432	453	473	493	513	533	553	573	610
10	520	545	570	595	620	645	670	695	720	770
12	629	659	689	720	749	780	809	842	877	929
15	796	833	871	908	946	983	1020	1057	1096	1171
20	1082	1132	1182	1231	1282	1331	1381	1430	1481	1581
30	1687	1761	1836	1981	1986	2060	2136	2210	2285	2435
40	2337	2436	2535	2634	2734	2831	2933	3025	3121	3331
50	3033	3156	3280	3404	3528	3651	3777	3900	4023	4272

c	h = 80	85	90	95	100	110	120	130	140	150
8	652	692	733	773	813	893	973	1053	1133	1213
10	820	870	920	970	1020	1120	1220	1320	1420	1520
12	989	1049	1109	1169	1229	1349	1469	1589	1709	1829
15	1245	1320	1395	1420	1545	1695	1845	1995	2145	2295
20	1681	1781	1881	1980	2081	2285	2414	2681	2880	3080
30	2509	2734	2884	3033	3183	3483	3783	4081	4382	4680
40	2530	3730	3929	4228	4328	4728	5127	5526	5926	6325
50	4520	4770	5018	5266	5516	6000	6512	7013	7512	8011

Épaisseur c =	8 m/m	10	12	15	20	30	40	50
a = 10 c/m. Poids des 2 tables.	12,48	15,6	18,72	23,4	31,2	46,8	62 4	78

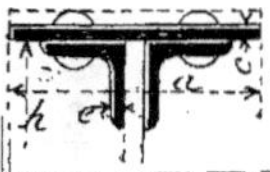

VALEURS $\frac{I}{v}$ DES POUTRES A TABLES ÉTROITES (C)

en centim.		a = 18		20		22		24		26	
		corn. 65—65		70—70		80—80		90—90		100—100	
h	c	e = 8	10	8	12	10	13	12	14	12	16
30	1	1030	1129	1125	1330	1366	1533	1622	1741	1763	2017
	2	1684	1783	1851	2056	2164	2331	2493	2612	2706	2960
35	1	1216	1336	1327	1578	1619	1825	1933	2081	2103	2421
	2	1959	2079	2153	2404	2527	2733	2924	3072	2776	3094
40	1	1401	1543	1530	1828	1874	2120	2246	2423	2447	2830
	2	2232	2374	2454	2752	2890	3136	3351	3531	3643	4026
45	1	1587	1751	1734	2078	2130	2416	2561	2768	2793	3242
	2	2508	2672	2758	3102	3256	3542	3789	3996	4119	4568
50	1	1774	1960	1938	2330	2387	2713	2877	3114	3142	3657
	2	2485	2971	3062	3454	3621	3947	4225	4462	4598	5113
55	1	1960	2168	2142	2581	2645	3011	3195	3461	3292	4073
	2	3061	3269	3366	3805	3991	4357	4703	4969	5078	5659
60	1	2147	2377	2346	2833	2903	3309	3513	3810	3842	4491
	2	3338	3568	3670	4157	4359	4765	5097	5394	5558	6207
65	1	2334	2586	2551	3085	3161	3608	3891	4158	4194	4910
	2	3613	3865	3973	4507	4725	5172	5595	5860	6040	6756
70	1	2521	2796	2756	3337	3419	3907	4150	4508	4546	5329
	2	3886	4165	4278	4859	5093	5581	5974	6332	6522	7305
75	1	2708	3005	2961	3590	3678	4111	4469	4858	4898	5750
	2	4167	4464	4583	5212	5462	5895	6413	6802	7004	7856
80	1	2895	3214	3166	3843	3937	4506	4789	5208	5251	6170
	2	4444	4763	4888	5565	5831	6460	6855	7274	7487	8406
85	1	3082	3423	3371	4095	4196	4806	5109	5558	5604	6592
	2	4721	5062	5193	5917	6200	6810	7293	7742	7970	8958
90	1	3269	3633	3576	4348	4455	5105	5429	5908	5956	7011
	2	4998	5362	5498	6270	6569	7219	7733	8212	8454	9509
95	1	3456	3843	3781	4601	4714	5406	5749	6259	6311	7435
	2	5274	5661	5801	6621	6936	7628	8173	8683	8937	10061
100	1			3986	4854	4974	5701	6069	6610	6665	7857
	2			6108	6976	7308	8035	8613	9154	9421	10613
Poids moyens par mètre, des tables et cornières, sans âme											
c =	1	58,5	65,5	64,2	71,8	81,12	94,3	99,8	110	111	132,6
	2	77,2	84,2	85,2	92,8	104	117,2	124,8	135	138	159,6

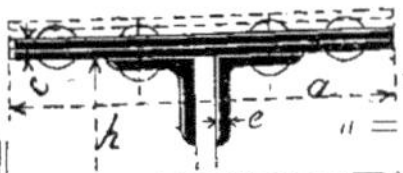

$\frac{1}{v}$ DES POUTRES A TABLES LARGES (D)

en centimètres		$a = 30$		32		35		40		45	
		corn. 80—80		90—90		100—100		110—110		120—120	
h	c	$e = 10$	13	12	14	12	16	14	16	14	18
50	2	4489	4815	5082	5328	5557	6092	6560	6337	7274	7865
	4	8254	8580	9107	9344	9969	10484	11580	11857	12921	13512
55	2	4937	5303	5449	5715	6147	6728	7239	7552	8028	8699
	4	8996	9362	9939	10205	10882	11463	12651	12964	14116	14787
60	2	5385	5791	5127	5424	6717	7366	7920	8270	8785	10536
	4	9741	10147	10773	11070	11799	12448	13728	14078	15319	16070
65	2	5830	6277	6702	6969	7285	8001	8597	8985	9538	10369
	4	10486	10933	11668	11935	12717	13433	14805	15193	16528	17353
70	2	6278	6766	7161	7519	7857	8640	9280	9705	10297	11210
	4	11192	11686	12409	12767	13597	14380	15840	16265	17677	18590
75	2	6727	7160	7680	8069	8429	9281	9964	10426	11057	12051
	4	11977	12410	13280	13669	14554	15406	20728	21190	18932	19926
80	2	7176	7745	8100	8519	9002	9921	10648	11148	11821	12894
	4	12723	13292	14117	14536	15474	16393	18044	18544	20142	21215
85	2	7625	8235	8721	9169	9575	10563	11333	11870	12580	13737
	4	13472	14082	14957	15406	16397	17385	19129	19666	21351	22508
90	2	8074	8724	9240	9719	10149	11204	12018	12592	13342	14581
	4	14218	14868	12793	13272	17317	18372	20210	20784	22458	23797
95	2	8520	9212	9757	10267	10719	11843	12699	13311	14100	15422
	4	15264	15956	16770	17460	18587	19741	21691	22303	24216	25538
100	2	8973	9700	10280	10821	11296	12488	13389	14039	14867	16271
	4	15714	16440	17870	18441	19161	20353	22377	23027	24979	26383
110	2	9883	10704	11335	11936	12459	13787	14770	15502	16416	17986
	4	17212	18033	19152	19753	21010	22338	24549	25274	27406	28976
120	2	10569	11472	12148	12811	13359	14824	15866	16667	18250	20148
	4	18704	19611	20830	21493	22854	24319	26718	27519	30458	32356
130	2	11669	12643	13405	14129	14742	16345	17508	18384	19451	21349
	4	20204	21178	22509	23233	24700	26303	28888	29764	32254	34152
140	2	12565	13640	14042	14766	15889	17628	18878	19819	20976	23040
	4	21703	22778	24189	24974	26550	28289	31062	32013	34683	36747
150	2	13465	14610	15486	16333	17038	18915	20252	31279	23039	24735
	4	23200	24345	25870	26717	28395	30272	33232	34259	37641	39337

Poids moyens par mètre, sans âme

$c =$	2	98,8	112	144	154	161	183	194	206	215	237
	4	140,4	153,6	209	219	233	279	277	289	310	330

BOIS

212. — Les sections des pièces de bois varient à volonté. Mais s'il s'agit de tirer dans la section circulaire d'un arbre, une section rectangulaire, on doit préférer celle que donne $I : v$ maximum.

Fig. 167.

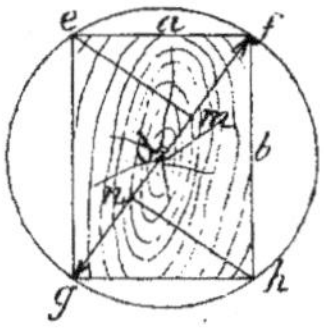

On démontre que ce maximum a lieu pour $b = a\sqrt{2} = 1,4\,a$. Voici comment on trace ce rectangle de résistance maximum : On divise le diamètre $d = fg$ en trois parties égales, par les points de division m, n on mène me, nh perpendiculaires sur d, les points e, f, h, g sont les sommets du rectangle cherché. Les triangles semblables gfe, efm donnent.

$$a : d :: mf \text{ ou } \frac{1}{3} d : a \quad \text{d'où} \quad a^2 = 1/3\, d^2 \quad \text{ou} \quad d = a\sqrt{3} = 1,73\,a.$$

On a aussi : $b^2 = d^2 - a^2 = 2\,a^2$, d'où $b = a\sqrt{2} = 1,4\,a$.

Les dimensions a, b, d sont entre elles comme $1, \sqrt{2}, \sqrt{3}$.

On a donc, pour la section rectangulaire, $I : v = 1/6\, a\, b^2 = 0,333\, a^3$.

Or on a pour la section circulaire, $I : v = \frac{\pi}{32}\, d^3 = 0,517\, a^3$.

Le rapport de ces résistances est donc, $0,517 : 0,333 = 1,5$.

Calcul de résistance. — Tableau (Pl. XIII). — Dans le cas d'une charge uniforme on a :

$$1/8\, p\, l^2 = 1/6\, R\, a\, b^2 \qquad \text{d'où} \qquad p\, l = (1,333\, R\, a\, b^2)\, \frac{1}{l}.$$

Comme précédemment, si les dimensions a, b sont exprimées en centimètres et les longueurs l en mètres, il faudra prendre R rapporté au millimètre carré.

Les valeurs de R ne peuvent être fixées qu'en tenant compte de la nature et qualité du bois (133). — Nous adopterons, pour charges pratiques le 1/10 de la rupture, soit par millimètre carré, $R = 0^k,4$, $0^k,5$, $0^k,6$, pour les bois faibles, moyens ou forts. Pour les bois moyens, tel que le sapin ordinaire, on a donc :

$$p\, l = 0,666\; a\, b^2 \times \frac{1}{l}.$$

Si on calcule la charge $p\, l$, pour des sections carrées $a = b$, il suffira, pour avoir la charge $p\, l$ de la section rectangulaire de même hauteur b, mais de largeur a, de multiplier la première par le rapport $a : b$.

C'est ainsi qu'a été calculé le tableau suivant et pour $l = 1\ m$. Pour une longueur l quelconque, la charge totale s'obtient en divisant celles du tableau par cette longueur l.

CHARGE DES PIÈCES DE SAPIN POSÉES SUR 2 APPUIS, $l = 1\ m$.

Hauteur b	10	12	15	18	20	23	25	28	30	35	40	45
Carré $p\,l =$	666	1150	2250	3880	5320	8100	10400	14600	18000	28550	42600	60700
$\frac{a}{b} = \frac{1}{1,4}, p\,l =$	475	821	1600	2770	3800	5780	7400	10400	12800	20400	30100	43300
Largeur $a =$	7,14	8.5	10,7	12,85	14.28	16.4	17.8	20	21.4	25	28,5	32

Comme nous l'avons déjà dit, la relation qui donne $p\,l$ est celle d'une ligne droite concourant à l'origine des coordonnées, ou pôle. En prenant les $1 : l$ pour abscisses (pl. XIII) et $p\,l$ en ordonnée pour une valeur de l quelconque, les lignes droites concourant au pôle donneront pl pour toute autre valeur de l.

TROISIÈME PARTIE

SYSTÈMES DITS ARTICULÉS
FERMES ET POUTRES

ARCS

ARTICULÉS. — ENCASTRÉS

CHAPITRE XI

SYSTÈMES ARTICULÉS OU TRIANGULAIRES

213. — Ces systèmes comprennent les fermes et poutres composées de barres supposées articulées à leurs points de jonction ou *nœuds*, et formant des triangles situés dans un même plan. Ces systèmes sont donc indéformables. Ils sont encore caractérisés par la condition qu'il n'existe pas de barres surabondantes, c'est-à-dire des barres qui peuvent se supprimer sans compromettre l'indéformabilité du système. Cette condition est remplie tant qu'une section plane du système ne rencontre pas plus de trois barres.

Nous ne considérerons que des charges parallèles entre elles et généralement verticales, situées dans le même plan que celui des barres, et nous admettrons qu'elles sont appliquées sur les nœuds mêmes, au moyen de poutrelles transversales.

Dans ces conditions, les barres travaillent toujours à la traction ou à la compression, jamais à la flexion ; et c'est ainsi que ces systèmes peuvent constituer, mieux que les pièces fléchies, des solides d'égale résistance.

Nous reviendrons bientôt sur les hypothèses de répartition des charges.

Les efforts dans ces barres formant des triangles, se déterminent simplement par la statique. Nous emploierons la *méthode des moments*, méthode *Ritter* des Allemands, et la *méthode graphique*. Nous n'emploierons qu'accidentellement la méthode très laborieuse des projections, que l'on peut s'étonner de trouver encore, exclusivement, dans quelques ouvrages récents ; elle exige la mesure des angles des barres, l'emploi des lignes trigonométriques , et conduit à des calculs inextricables dans les systèmes un peu compliqués.

L'hypothèse des barres articulées en chaque nœud permet de calculer leurs tensions par la statique pure, mais elle est rarement réalisée. Les barres comprimées notamment sont généralement continues ou rivées à leurs extrémités, tels sont les arbalétriers des fermes et les barres supérieures des poutres. Car si ces pièces étaient articulées à chaque nœud, elles constitueraient des *bielles* dont la résistance à la compression étant, comme nous l'avons vu au chap. IX, très réduite, leur section ou leur poids seraient sensiblement accrus.

Quant aux barres tendues, elles peuvent être articulées, mais le forgeage des œils d'articulation dont nous avons donné le calcul au n° 172, en élève le prix et laisse une incertitude à cause des défauts invisibles que peut présenter la soudure et de l'altération possible du fer. Aussi préfère-t-on supprimer tout travail de forge en n'employant que des fers de section constante du commerce et en les rivant.

Les calculs relatifs à ces systèmes, supposés articulés, ne peuvent donc pas être rigoureux et c'est pour cela que les procédés simples de la graphostatique sont toujours suffisants.

Nous distinguerons les *fermes* qui ne supportent que des charges permanentes et les *poutres* qui, outre une charge permanente, peuvent avoir à supporter des surcharges mobiles ; telles sont les poutres de ponts.

MÉTHODE DES MOMENTS. — FERMES

214. — Cette méthode est basée sur le principe de mécanique suivant : *Quand un système plan de barres articulées, soumis à des forces extérieures situées dans ce même plan, est en équilibre, la somme des moments des forces extérieures, autour d'un point quelconque de ce plan, est égale à zéro.* Il résulte de ce principe que :

Si l'on divise en deux parties un système de barres par une section coupant deux ou trois barres au plus, les tensions inconnues de ces barres, considérées comme des forces extérieures, font équilibre aux forces extérieures connues agissant sur l'une des deux parties du système et la somme des moments $= 0$.

La méthode se simplifie si l'on a soin de prendre, dans le cas de trois barres coupées, le moment de la tension d'une des trois barres coupées, par rapport au point de concours des deux autres barres dont le moment est alors nul. Le moment de la tension dans la barre considérée est alors égal à celui des forces extérieures puisque leur somme $= 0$.

En écrivant les moments des forces, on distinguera : 1° les moments *positifs* ; ceux qui tendent à produire la rotation du système de gauche à droite, c'est le sens de la rotation des aiguilles d'une montre ; 2° les moments *négatifs* ; ceux qui tendent à produire la rotation en sens inverse.

On suppose, d'abord, que toutes les barres coupées sont tendues, et alors une tension positive sera une traction, tandis qu'une tension négative sera une compression.

Nous désignons par	$T, T_1, T_2, \ldots$	les tensions	dans les arbalétriers,
id.	$t, t_1, t_2, \ldots$	id.	dans les tirants,
et par les lettres	U et V	id.	dans les barres intermédiaires.

p est une charge uniforme par mètre des arbalétriers,

s étant la longueur de l'arbalétrier entre deux nœuds,

$P = ps$ est la charge totale en chaque nœud.

La charge p comprend : 1° le poids propre de la construction, ossature métallique et couverture ; 2° la surcharge accidentelle (1).

Dans toutes les fermes, les tensions des barres atteignent leur maximum pour la charge totale maximum. Nous admettons donc toujours que la surcharge accidentelle est générale et à son maximum.

(1) Nous donnons à l'appendice quelques valeurs de ces charges.

215. Fermes simples (fig. 168, 169, 170). — Elles se composent de deux arbalétriers AC, CB, de longueur s, d'un tirant ou entrait AB et d'un poinçon CD. La charge totale par ferme est $2\,ps$, dont la moitié $P = ps$ agit sur la panne faîtière et $1/2\,ps$ agit sur chaque appui et est sans effet ; on a donc, $F_0 = 0{,}5\,P$.

Fig. 168.

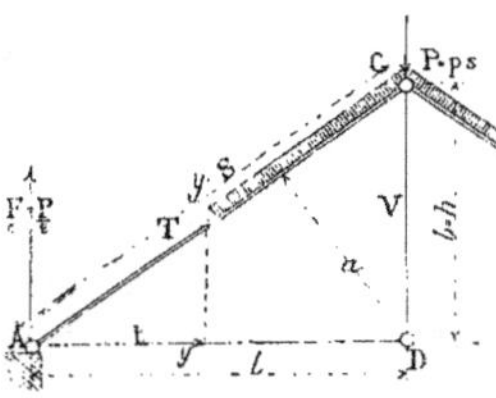

Fig. 169.

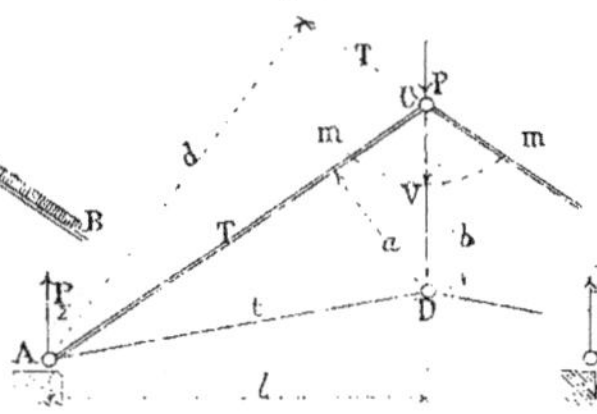

Fig. 170.

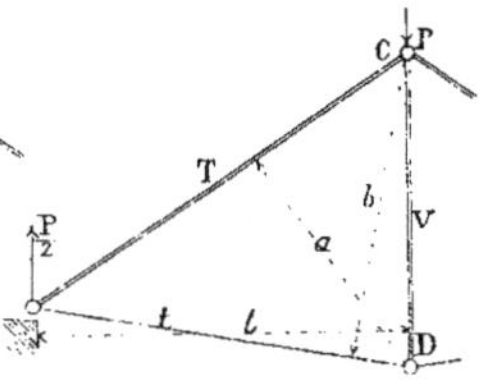

Pour avoir les tensions T et t, faisons la section $y\,y$ et supposons que les barres coupées, à gauche, subissent des tractions comme l'indiquent les flèches. En prenant les moments autour de D, celui de t est nul et on a :

$$Ta + 0{,}5\,Pl = 0 \qquad \text{d'où} \qquad T = -0{,}5\,P\frac{l}{a}, \qquad \text{compression.}$$

Si nous prenons les moments en C, celui de T est nul et on a :

$$0{,}5\,Pl - tb = 0 \qquad \text{d'où} \qquad t = 0{,}5\,P\frac{l}{b}, \qquad \text{traction.}$$

S'il n'y a pas de tirant, t est la poussée qui a lieu sur les appuis.

La tension V du poinçon s'obtient en faisant la coupe $m\,m$. En prenant les moments en A des forces qui agissent en C, et en observant que la valeur de T est négative, on a :

$$Vl + Pl + Td = 0, \qquad \text{d'où } V = -T\frac{d}{l} - P = P\left(\frac{d}{2a} - 1\right)$$

dans le cas de la fig. 168 $\quad d = 2a$, donc $V = 0$.

Dans la fig. 169, $\quad d > 2a \quad$ et $\quad$ V est une tension.

Enfin, fig. 170, $\quad d < 2a \quad$ et $\quad$ V est une compression.

Ferme non symétrique (fig. 171). — La charge P sur la panne faîtière étant déterminée on a :

$$F_0 = P\frac{l_a}{l}$$

puis en prenant les moments, on a successivement :

Coupe yy. moments en B. $P\frac{l_2}{l}l + Ta = 0$ $\qquad T = -P\frac{l_2}{a}$

id. id. C. $P\frac{l_2}{l}l_1 - th = 0$ $\qquad t = P\frac{l_2 l_1}{lh}$

id. $y'y'$, id. A, $Pl_1 + T_1 a_1 = 0$ $\qquad T_1 = -P\frac{l_1}{a_1}$

Fig. 171.

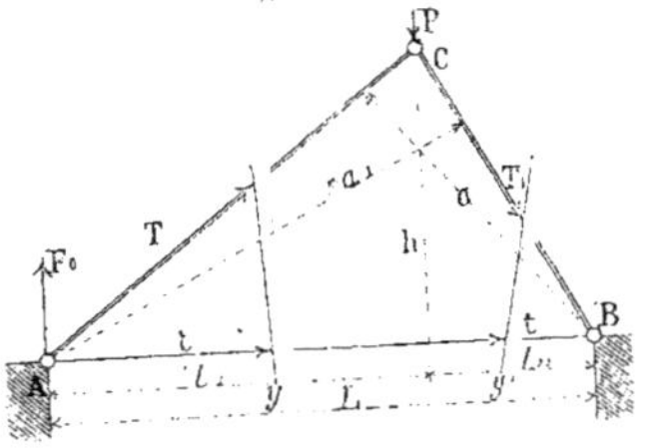

Fig. 172.

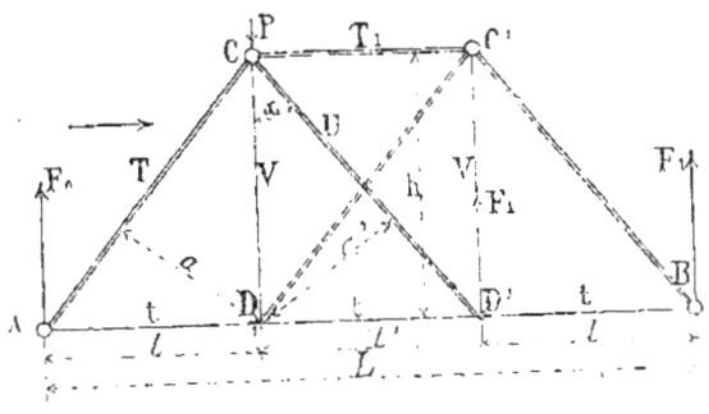

Autre disposition (fig. 172). — Cette ferme n'est qu'une partie de poutre droite (223). Si chaque nœud C, C' porte une charge P, on a :

$$F_0 = F_1 = P \text{ d'où } T = P\frac{l}{a}, \text{ et } t = P\frac{l}{h}.$$

Entre C et C' le moment des forces extérieures reste constant donc $T_1 = t = P\frac{l}{h}$.

Le système étant en équilibre théorique, les diagonales CD', C'D sont inutiles, mais elles deviennent nécessaires si les nœuds C, C' sont inégalement chargés, comme cela a lieu sous l'action du vent ou de toute autre surcharge accidentelle. Soit donc p la pression du vent par mètre carré, la composante verticale sur la surface AC = S est :

$$p\frac{h}{l} \times S. \text{ (appendice) d'où } P = \frac{ph}{2l} \times S.$$

L'effort tranchant négatif, immédiatement à droite de C, est $F_1 = P\frac{l}{L}$, il est constant de C en B. En nous reportant à ce que nous disons des poutres droites (223) on a :

$$U = F_1\frac{1}{\cos\alpha}. \qquad \cos\alpha = \frac{h}{CD'} = \frac{a'}{l'}. \qquad \text{d'où} \quad U = F_1\frac{l'}{a'}. \qquad \text{compression.}$$

Enfin, comme le vent peut agir à droite, on mettra une contre diagonale C'D égale à la première.

Poutres armées (fig. 173-174). — Cette dénomination résulte de ce que, en considérant la poutre AB faite d'une seule pièce, sa résistance est accrue par l'addition des barres et tirants inférieurs. Ces systèmes sont les précédents renversés, et les tensions sont les mêmes, sauf à en changer le signe, les montants supportant une compression V = P. Comme précédemment (fig. 172), les diagonales de la (fig. 174) ne sont tendues que par une charge inégale sur les montants.

Nous citerons d'autres systèmes en parlant de la méthode graphique.

Entrait chargé. — Si l'entrait porte un plafond ou un plancher, pesant p' par mètre ou $P' = p'l'$ en chaque nœud inférieur, on déterminera la nouvelle valeur de F_0, puis on écrira les moments comme précédemment. La tension V du poinçon, qui reporte

Fig. 173

Fig. 174

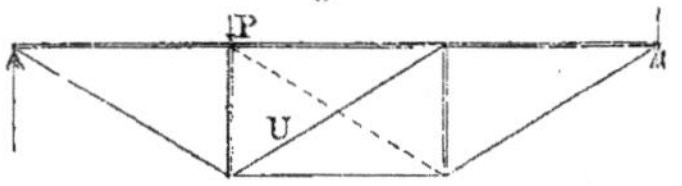

la charge P' sur le nœud supérieur, s'obtient en ajoutant algébriquement P' aux valeurs précédentes de V. On tiendra compte ainsi de la charge sur le tirant pour tous les systèmes ci-après.

216. Fermes à une contrefiche (fig. 175-176). — Soit toujours $P = ps$ la charge sur chaque nœud ou panne, si les distances s ou l des pannes, sont égales, les charges P le sont aussi et on a : $F_0 = 1,5\,P$.

Fig. 175.

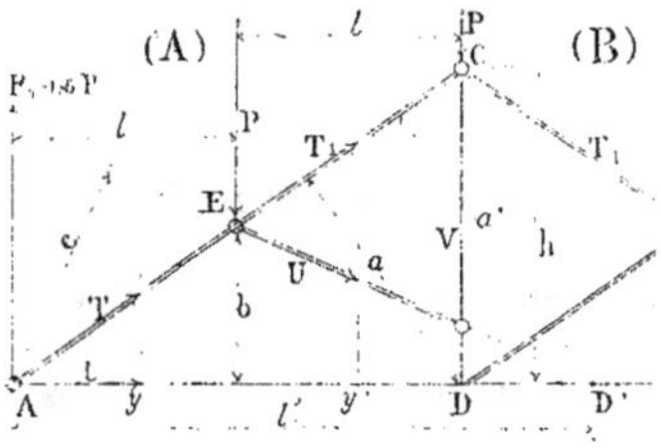

Fig. 176.

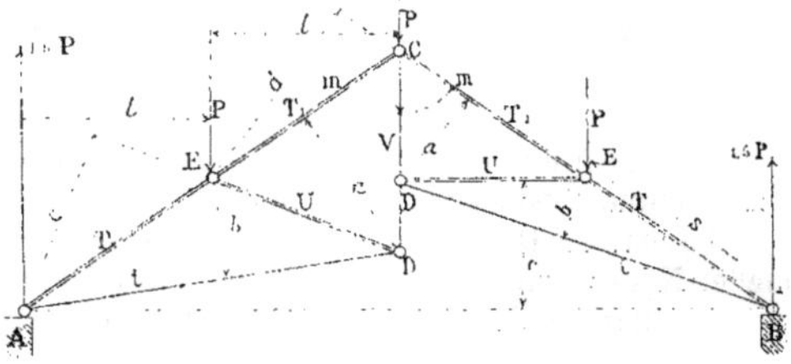

Faisons des sections successives et prenons les moments comme suit, on obtient :

Section en	Moments en	Équations d'équilibre	Relations à employer
y	D,	$1,5\,P2l + Ta = 0$ . . .	$T = -3P\dfrac{l}{a}$. compression
»	E,	$1,5\,P - tb = 0$. . . .	$t = 1,5\,P\dfrac{l}{b}$ traction.
y' (A)	D',	$1,5\,Pl' - P(l' - l) + T_1a' = 0$.	$T_1 = -P\dfrac{(0,5\,l' + l)}{a'}$. compression
(B) et 173	D,	$l' = 2l$.	$T_1 = -2P\dfrac{l}{a}$. id.
»	A,	$Pl + Uc = 0$.	$U = -P\dfrac{l}{c}$. id.
$\dot{m}m$	E,	$Vl + Pl + T_1d = 0$. . .	$V = -T_1\dfrac{d}{l} - P = P\left(\dfrac{2d}{a}\right) - 1$ traction
Dans la fig. (B),		$d = a$ d'où	$V = P$. traction.

Ferme Polonceau à une bielle (fig. 177). — Cette ferme due à Polonceau ingénieur du chemin de fer d'Orléans, constitue le *Type français*. Elle est rationnelle en ce que les barres U, perpendiculaires aux arbalétriers et comprimées, sont réduites au minimum de longueur. A part les arbalétriers, toujours formés de deux poutres continues fortement assemblées au sommet, les tirants et les bielles U sont le plus souvent articulés. Cependant on a fait depuis longtemps et on fait encore ces fermes avec toutes les barres rivées.

Fig. 177.

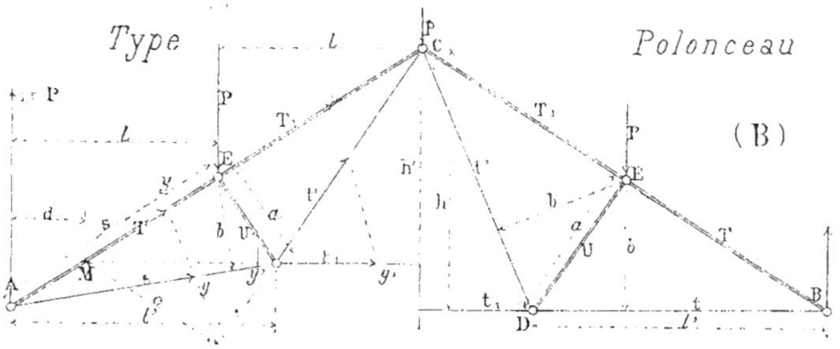

Le type à une bielle n'est qu'un cas particulier de celui à trois bielles (fig. 179), mais comme il est très employé nous le calculerons entièrement.

La barre ED, perpendiculaire sur l'arbalétrier, est souvent articulée, c'est une bielle. Nous avons dressé le tableau (Pl. VIII), pour ces bielles faites en fonte.

Connaissant P et $F_0 = 1,5$ P, on arrive aux relations suivantes :

Section en	Moments en	Équations d'équilibre	Relations à employer	
$y - y$	en D,	$1,5\,Pl' + Ta = 0$	$T = -1,5\,P\frac{l'}{a}$.	compression.
»	E,	$1,5\,Pl - tb = 0$	$t = 1,5\,P\frac{l}{b}$.	traction.
y'	A,	$Pl + Us = 0$	$U = -P\frac{l}{s}$.	compression.
y_1	D,	$1,5\,Pl' - P(l' - l) + T_1 a = 0$.	$T_1 = -P\frac{(0,5\,l' + l)}{a}$.	compression.

Pour avoir t', prenons les moments autour de M point de concours de T_1 et t_1. On a :

id.	M,	$1,5\,Pd + P(l - d) - t'e = 0$.	$t' = P\left(\frac{0,5\,d + l}{e}\right)$.	traction.
id.	C,	$1,5\,P2l - Pl - t_1 h' = 0$	$t_1 = 2P\frac{l}{h'}$.	traction.

Toutes les tensions sont donc déterminées très simplement.

Cas particulier (fig. B). — Si $h' = h$, les tirants t et t_1 sont en ligne droite.

Les relations ci-dessus restent les mêmes ; mais, par suite de la similitude des triangles, que l'on voit facilement sur la figure, on a aussi :

$$b = \frac{h}{2}, \qquad \frac{l'}{a} = \frac{2s}{h} = \frac{BC}{h}, \qquad \frac{l}{b} = \frac{2l}{h}, \qquad e = h, \qquad d = o .$$

217. Hypothèse de chargement (fig. 178). — L'hypothèse que nous avons adoptée d'une charge $P = pl$ sur chaque nœud, est vraie, que la poutre soit continue ou articulée, tant que les longrines ou chevrons n'ont que la longueur l ou s (A).

Elle est encore vraie, si l'arbalétrier étant uniformément et directement chargé est réellement articulé en chaque nœud (B).

Mais si les chevrons ou longrines ont une longueur égale à $2l$ (C) ou si la poutre est uniformément chargée et faite d'une seule pièce, ils peuvent être considérés comme des pièces reposant sur un appui au milieu et libres aux extrémités, c'est le cas des nos 37 et 46. On a sur chaque appui $3/8\, pl$,

et au milieu $2 \times 5/8\, pl$.

Fig. 178.

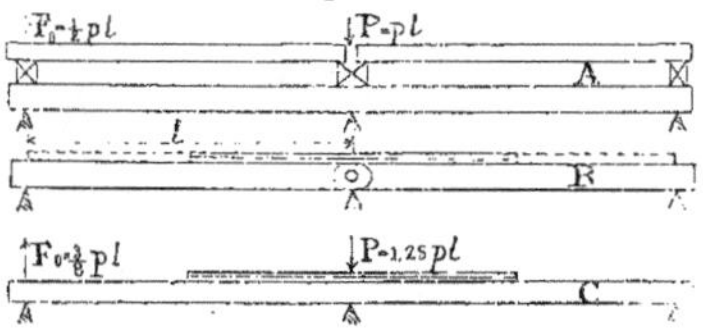

Alors les charges à considérer pour les arbalétriers à une contrefiche sont :

en E, $P = 2 \times \frac{5}{8}\, pl = 1{,}25\, pl$; en C, $P = 2 \times \frac{3}{8}\, pl = 0{,}75\, pl$; en A, $F_0 = \frac{13}{8}\, pl$.

C'est ainsi que quelques auteurs admettent la répartition de la charge, qu'ils supposent toujours uniforme, et sans se préoccuper du mode de construction des longrines.

Si on continuait à considérer une poutre armée ou un arbalétrier à plusieurs nœuds comme une pièce continue uniformément chargée, on déterminerait la répartition des charges comme il est dit aux nos 42 et suivants. Mais c'est là une complication inutile et nous admettrons toujours, en chaque nœud, $P = pl$, car, en réalité, un arbalétrier en fer est aussi bien encastré en C qu'en E.

Effet de la flexion. Dans les cas précédents où la charge est uniformément répartie entre deux nœuds et agit directement sur l'arbalétrier, le tirant ou la poutre armée ; il se produit un moment de flexion μ dont les effets s'ajoutent à ceux de la tension longitudinale (traction t, ou compression T). Dans ce cas il faut s'assurer que le coefficient de résistance R par unité de section des fibres les plus fatiguées, ne dépasse pas la limite que l'on s'impose. Si S est la section de la barre considérée, on a : (10).

Sur une pièce comprimée $\quad R = \frac{T}{S} + \frac{v}{I}\mu \quad$ pour les fibres comprimées

Sur une pièce tendue $\quad R = \frac{t}{S} + \frac{v}{I}\mu \quad$ id. tendues.

218. Ferme Polonceau à trois bielles (fig. 179). — Après avoir déterminé la charge P sur chaque panne, faisons les coupes y, y_1 y', on a de suite :

Fig. 179.

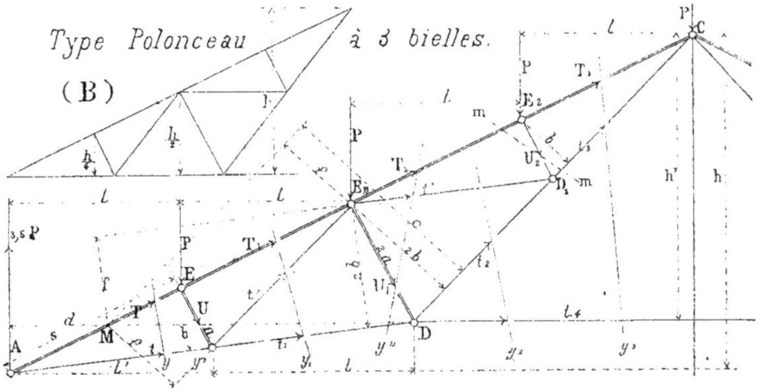

$T = -3{,}5\,P\,\frac{l'}{a}$	$t = 3{,}5\,P\,\frac{l}{b}$	$t' = P\,\frac{l}{2b} = 1/7\,t$
$T_1 = -P\,\frac{(5\,l' + l)}{2\,a}$	$t_1 = 3\,P\,\frac{l}{b}$	$U = -P\,\frac{l}{s}$

Pour avoir U_1 et T_2 faisons la coupe y'' à gauche de D_1 ; on connaît déjà t', car les deux barres t' ayant même bras de levier $= 2\,b$, en A, D_1 ou C, sont égales, $t' \times 2b = Pl$.

Moments en A, $U_1\,2s + t'\,2b + Pl\,(1 + 2) = 0$, $\quad U_1 = -2\,P\,\frac{l}{s} = 2U$

Moments en D, $\quad 3{,}5\,P\,2l' - P\,(2l' - l) - P\,(2l' - 2l) + t'\,2b + T_2\,2a = 0.$

d'où $\quad T_2 = -P\,\frac{(1{,}5\,l' + 2\,l)}{a}$

Pour avoir t_2 et t_4, faisons la coupe y_2 à droite de D ; prolongeons t_4 jusqu'en M et traçons les bras de levier des forces, par rapport à ce point. Les moments en M donnent :

$3{,}5\,Pd + P\,(l - d) + P\,(2l - d) + t'f - t_2 e = 0, \qquad t_2 = \frac{P}{e}\left(1{,}5\,d + 3\,l + \frac{lf}{2\,b}\right)$

Nous avons ici substitué à t' sa valeur ci-dessus ; remarquons aussi que $e = 2\,b + f$.

Moments en C, $\quad 3{,}5\,P\,4l - Pl\,(1 + 2 + 3) - t_4 h' = 0. \qquad t_4 = 8\,P\,\frac{l}{h'}$

Pour avoir T_3 et t_3, faisons la coupe y_3, on a les moments :

en D, $\; 3{,}5\,P\,2l' - P\,(2l' - l) - P\,(2l' - 2l) - P\,(2l' - 3l) + T_3\,2d = 0. \qquad T_3 = -P\,\frac{(0{,}5\,l' + 3\,l)}{a}$

en M, $\; 3{,}5\,Pd + P\,(l - d) + P\,(2l - d) - t_3 e = 0 \qquad t_3 = P\,\frac{1{,}5\,d + 3\,l}{e}$

Enfin la section mm donne en C. $\quad U_2 s + Pl = 0. \qquad U_2 = -P\,\frac{l}{s} = U.$

Les tensions de toutes les barres sont ainsi déterminées.

Cas particulier, $h' = h$ (fig. B). Les relations précédentes subsistent encore et, par suite de la similitude des triangles, on a de plus :

$$b = 1/4\,h \qquad \frac{l'}{a} = \frac{4s}{h}. \qquad \frac{l}{b} = \frac{4l}{h}.$$

219. Ferme anglaise à sept pannes (fig. 180). — En chaque nœud aboutit une barre verticale et une barre oblique. Nous supposons toujours les charges P, agissant sur les pannes ou nœuds, égales et également espacées. Ces charges P étant déterminées, si on trace les bras de levier a, $2a$, $3a$, $4a$; b, $2b$, $3b$; c, c_1, c_2 des différentes barres, et si on fait des sections successives dans chaque panneau, on obtiendra facilement les relations suivantes, que nous donnons complètes pour bien justifier les relations finales à employer.

Sections en	Moments en	Relations d'équilibre	Relations à employer	
y	D_1,	$3{,}5\,P2l + T2a = 0$ . . . . . . d'où	$T = -3{,}5\,P\frac{l}{a}$.	compression
	E.	$3{,}5\,Pl - tb = 0$	$t = 3{,}5\,P\frac{l}{b}$.	traction
y_1	D_1.	$3{,}5\,P2l - Pl + T_1 2a = 0$ . . .	$T_1 = -3\,P\frac{l}{a}$.	c
	A,	$Pl + Uc = 0$	$U = -P\frac{l}{c}$.	compression
y'	A.	$Pl - V_1 2l = 0$	$V_1 = 0{,}5\,P$.	traction
y_2	D_2,	$3{,}5\,P3l - Pl(1+2) + T_2 3a = 0$.	$T_2 = -2{,}5\,P\frac{l}{a}$.	c
	E_1,	$3{,}5\,P2l - Pl - t_1 2b = 0$. . . .	$t_1 = 3\,P\frac{l}{b}$.	t
	A.	$Pl(1+2) + U_1 c_1 = 0$	$U_1 = -3\,P\frac{l}{c_1}$.	c
y''	A.	$Pl(1+2) - V_2 3l = 0$.	$V_2 = P$.	t
y_3	D_3.	$4{,}5\,P4l - Pl(1+2+3) + T_3 4a = 0$.	$T_3 = -2\,P\frac{l}{a}$.	c
	E_2,	$3{,}5\,P3l - Pl(1+2) - t_2 3b = 0$.	$t_2 = 2{,}5\,P\frac{l}{b}$.	t
	A.	$Pl(1+2+3) + U_2 c_2 = 0$. . .	$U_2 = -6\,P\frac{l}{c_1}$.	c

Pour avoir la tension V_3 du poinçon du milieu faisons la section *m-m* et opérons comme précédemment ; ou, ce qui revient au même, appliquons en C un effort de traction égal à T_3 et dans la direction de l'arbalétrier de droite on a :

$$\text{Moments en } E_2, \qquad V_3 l + Pl - T_3 d = 0, \qquad V_3 = T_3 \frac{d}{l} - P = P\left(2\frac{d}{a} - 1\right).$$

La tension V de la barre ED est nulle, aussi on le supprime le plus souvent à moins que le tirant ne soit chargé.

Fig. 180.

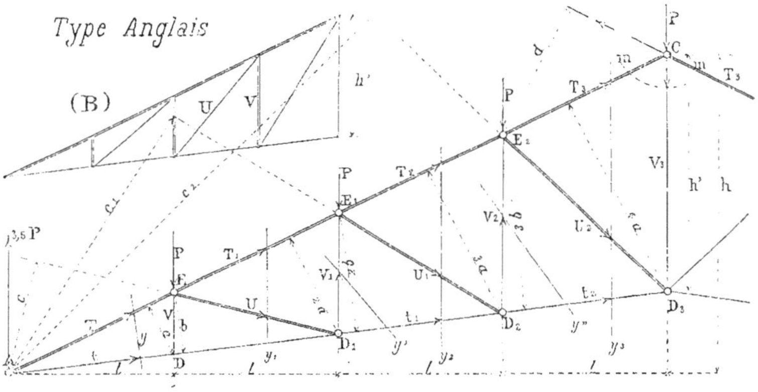

Les efforts, dans les barres, sont donc tous déterminés.

Dans le cas de la disposition (B) les barres verticales V sont comprimées, et celles obliques U sont tendues, et on trouverait facilement toutes les tensions.

Cas particulier, $h' = h$. Les relations précédentes subsistent et on a de plus :

$$b = \frac{h}{4}, \qquad \frac{l}{a} = \frac{AC}{h}, \qquad \frac{l}{b} = \frac{AD_3}{h}.$$

On obtiendrait aussi facilement les relations pour un nombre quelconque de pannes.

220. Ferme belge à sept pannes (fig. 181). — Le type belge diffère du précédent en ce que les barres comprimées sont perpendiculaires aux arbalétriers, elles sont donc, toutes choses égales, moins longues que dans le type anglais et partant plus résistantes. (Voir chapitre IX.) En procédant comme précédemment, on obtient facilement les relations à employer, analogues à celles des deux types précédents.

$T = 3{,}5\,P\,\frac{l'}{a}$	$t = 3{,}5\,P\,\frac{l}{b}$	$V = P\,\frac{l}{s}$	$U = P\,\frac{l}{c}$
$T_1 = P\,\frac{(5\,l' + l)}{2\,a}$	$t_1 = 3\,P\,\frac{l}{b}$	$V_1 = 1{,}5\,V$	$U_1 = 3\,P\,\frac{l}{c_1}$
$T_2 = P\,\frac{1{,}5\,(l' + l)}{a}$	$t_2 = 2{,}5\,P\,\frac{l}{b}$	$V_2 = 3\,V$	$U_2 = 6\,P\,\frac{l}{c_2}$
$T_3 = P\,\frac{(0{,}5\,l' + 2\,l)}{a}$.	$t_3 = 2\,P\,\frac{l}{b}$.		

La tension V_3 du poinçon, est la résultante verticale des deux tensions t_3. Si en D le tirant est horizontal, sa tension est, comme pour la ferme Polonceau, $t_3 = 8\,P\,\frac{l}{h'}$.

Le poinçon V_3 est alors inutile.

Fig. 181

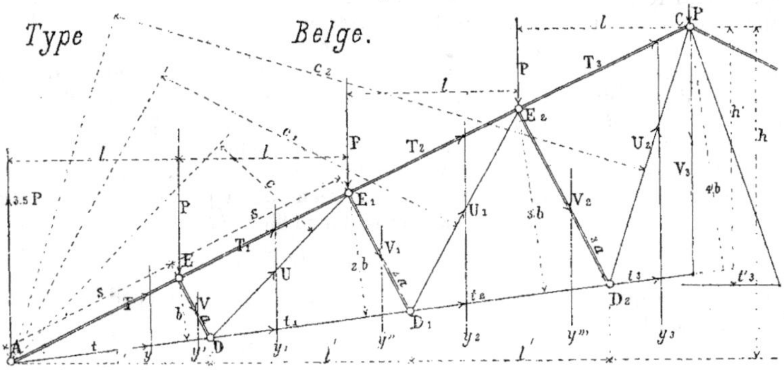

Cas particulier, $h' = h$. Les relations précédentes subsistent et on a de plus :

$$b = \frac{h}{4}\,; \qquad \frac{l'}{a} = \frac{AC}{h} = \frac{l}{b}.$$

Il serait facile maintenant d'appliquer cette méthode des moments à tout autre système de ferme.

Nous parlerons plus loin des fermes polygonales et paraboliques qui s'emploient aussi comme poutres de ponts.

POUTRES

Nous comprenons plus particulièrement sous cette dénomination, les systèmes susceptibles de porter outre des *charges permanentes*, des *surcharges mobiles*. Telles sont les poutres des ponts. La tension totale dans chaque barre sera la somme des tensions dues à ces deux charges.

Dans ces poutres, le groupe des barres supérieures, qui sont toujours comprimées, forme généralement une pièce continue, nous l'appelons la *semelle*. Tandis que le groupe des barres inférieures, toujours tendues, constitue le *tirant*. Nous appelons ces deux groupes réunis les *membrures*. Nous appelons *barres intermédiaires* celles qui relient les membrures, elles comprennent des barres obliques U, *diagonales*, *contre-fiches* ou *bracons*; et des barres verticales V, *montants* ou *poinçons*.

221. Moments. Tension des membrures. — Nous savons déterminer les moments en chaque nœud pour des charges fixes quelconques, et nous avons indiqué, au n° 62, le procédé graphique pour déterminer les moments qu'engendre une surcharge mobile, composée de poids concentrés mais à intervalles constants, telle qu'un attelage, ou les essieux d'un train de chemin de fer. Mais, pour simplifier le calcul de ponts, on substitue généralement à ces surcharges mobiles, une surcharge uniforme, p par mètre, équivalente, c'est-à-dire produisant le même moment maximum (1). La courbe des moments est alors une parabole et si on fait de suite l'addition de la surcharge p avec le poids propre q également uniforme, la flèche de la parabole où le moment maximum au milieu est, à l'échelle que l'on se donne (fig. 182).

$$CD = \mu = 1/8\,(p + q)\,L^2.$$

Une ordonnée quelconque de cette parabole donnera, à la même échelle, le moment total au point considéré.

Fig. 182.

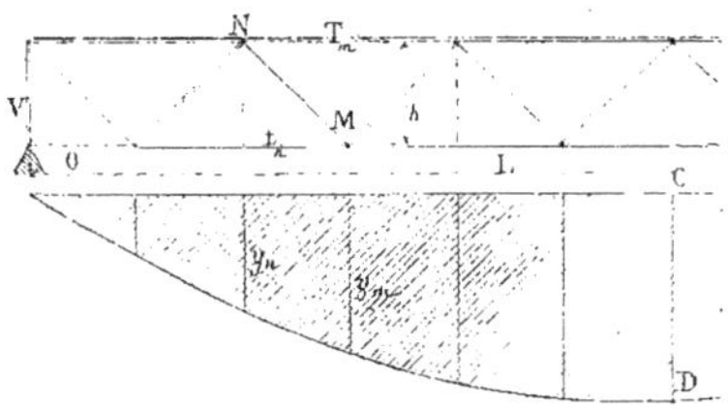

Fig. 183.

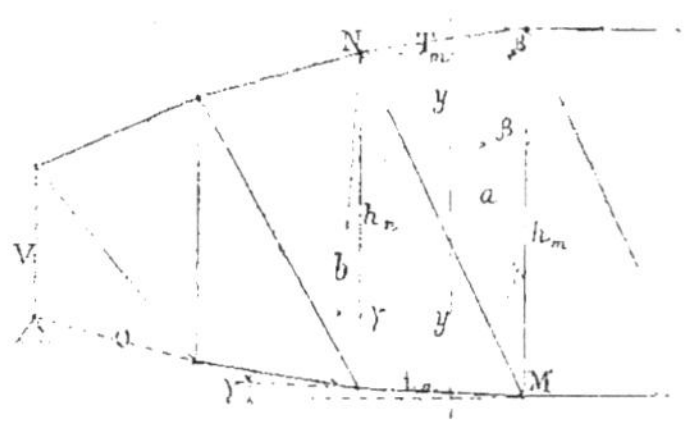

Connaissant le moment total μ en un nœud quelconque, voyons, de suite comment nous en déduirons les tensions dans les membrures d'une poutre quelconque. Et d'abord faisons une observation générale, c'est que sur un appui (fig. 183), on ne doit considérer que les deux barres qui se coupent sur la verticale de cet appui; en effet les autres

(1) Nous donnons, à l'Appendice, quelques valeurs de ces surcharges.

barres V, o, peuvent être supprimées sans détruire l'équilibre. La barre V ne fait que transmettre à l'appui la moitié du poids total. Quant à la barre o dont la tension est théoriquement nulle, on lui donne en pratique la même section qu'au tirant voisin t_1.

Maintenant, faisons dans la poutre, une section y-y quelconque.

Appelons μ_m le moment en M, et μ_n le moment en N.
id. $a = h_m \cos \beta$ le bras de levier, en M, de T_m.
id. $b = h_n \cos \gamma$ id. id. en N, de t_n.

En prenant les moments successivement en M et en N, on a :

en M, $T_m a + \mu_m = 0$ d'où $T_m = -\frac{\mu_m}{a}$. compression

en N, $-t_n b + \mu_n = 0$ d'où $t_n = \frac{\mu_n}{b}$. traction.

En opérant ainsi en toute autre section, on déterminera facilement toutes les tensions dans la semelle ou le tirant, quelle que soit leur forme. Les tensions des membrures atteignent donc leur maximum, comme les moments, pour la plus grande charge totale que supporte la poutre. On voit que, dans le cas de la fig. 183 en allant d'un panneau à l'autre μ_n devient μ_m, donc, pour tout panneau compris entre deux diagonales et en partant d'un appui, on a $T_1 = t_1$, $T_2 = t_2$... Il suffit alors de calculer l'une de ces tensions pour avoir l'autre.

Dans le cas des poutres droites (fig. 182), qui sont de beaucoup les plus employées, la hauteur h est constante, on a :

$$a = b = h \quad \text{d'où} \quad T_m = -\frac{\mu_m}{h} \quad \text{et} \quad t_n = \frac{\mu_n}{h}.$$

Si donc, empruntant les méthodes graphostatiques, on a tracé la surface des moments pour des surcharges quelconques avec une distance polaire H, on a (56).

$$\mu_m = y_m H \quad \text{d'où} \quad T_m = -y_m \frac{H}{h}$$

Or si on prend la distance polaire précisément égale à la hauteur de la poutre, $H = h$, on a $T_m = y_m$; on trouve de même $t_n = y_n$. Donc dans ce cas : *les tensions dans les membrures sont représentées par les ordonnées de la surface des moments.*

222. Efforts tranchants dus aux charges mobiles. — Nous rappellerons ce que nous avons dit au n° 22. Une charge P_1 (fig. 184) située en une section quelconque C', engendre : 1° à gauche de C', un effort tranchant positif, égal à la réaction de l'appui, constant de A en C' et dont la valeur se déduit de l'égalité des moments en B, $F_0 l = P l_n$. 2° A droite de M, un effort tranchant négatif $F_1 = F_0 - P = -(P - F_0)$.

Si P avance vers A, F_0 augmente et F_1 diminue.

Si P recule vers B, F_0 diminue et F_1 augmente.

Ces variations de F_0 et F_1, sont donc représentées par des obliques parallèles, dont la distance verticale est égale à P. Pour ne pas embrouiller la figure, la ligne des F_1 est tracée au-dessus de A A, au lieu d'être au-dessous.

Ainsi pour une section quelconque, l'effort tranchant positif F_0 est maximum quand la charge P est parvenue précisément sur cette section, et ce maximum croît en allant de A_1 en A.

Fig. 184.

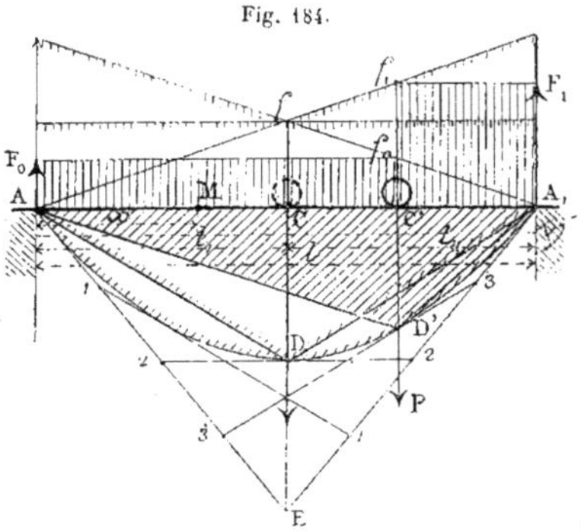

Dans le cas de plusieurs charges (fig. 185), l'effort tranchant positif F_0 s'obtient en prenant les moments en B, on a :

$$F_0 l = P_1 x_1 + P_2 x_2 + P_3 x_3 + \ldots\ldots = \Sigma P x.$$

x désignant la distance variable de chaque charge à l'appui B. On obtiendrait ainsi la surface hachurée des efforts touchants positifs pour la surcharge allant de B en A.

Donc, pour une section quelconque M, F_0 est maximum quand la première charge est précisément sur cette section, toutes les charges étant à droite ; c'est-à-dire pour une surcharge partielle de la poutre. Inversement, F_1 négatif est maximum quand la surcharge est située immédiatement à gauche de M, et en avançant de A en B, on aura un polygone symétrique au précédent.

Afin de simplifier le calcul des ponts on peut, comme pour les moments, déterminer la surcharge uniforme p par mètre équivalente. La courbe des F sera une parabole (1), sur les appuis $F_0 = F_1 = \dfrac{pl}{2}$.

Méthode graphique. — Nous l'avons indiquée dans sa généralité aux n°s 61 et 62, mais on peut la simplifier comme suit. Soit (fig. 185), les charges mobiles 1, 2, 3, 4, 5 dans une position quelconque ; traçons 1° le polygone rectiligne *ab* de ces charges, 2° les rayons à un pôle *o* situé à la distance polaire H quelconque, 3° le funiculaire correspondant limité aux verticales des appuis, 4° menons le rayon *oc* parallèle à la ligne de fermeture AB : on a $bc = F_0$ et $ac = F_1$.

Un côté extrême du funiculaire, celui qui passe en A par exemple étant prolongé jusqu'en C sur la verticale de l'appui B, on a les triangles semblables ABC et *ocb* donc :

$$l : BC :: H : F_0, \qquad F_0 = BC\,\frac{H}{l}. \qquad \text{si } H = l, \qquad F_0 = BC$$

BC est l'effort tranchant positif maximum dans la section M au moment où la charge 1 passe sur cette section.

Donc, *les efforts tranchants maximums sont proportionnels à la distance verticale des points du funiculaire au prolongement de son côté extrême et égaux à cette distance si on fait* $H = l$.

(1) Voir à l'Appendice.

On peut alors établir le tracé de ces efforts tranchants comme suit : on porte les charges sur l'ordonnée de l'appui A, au-dessus de A′ B′, on mène les rayons au pôle B′, $H = l$, puis on porte à partir de B′ les distances respectives des charges. En partant de B′ on forme le funiculaire dont les côtés successifs limités aux verticales passant par les charges 1, 2, 3, 4, 5, sont parallèles aux rayons respectifs.

Fig. 185.

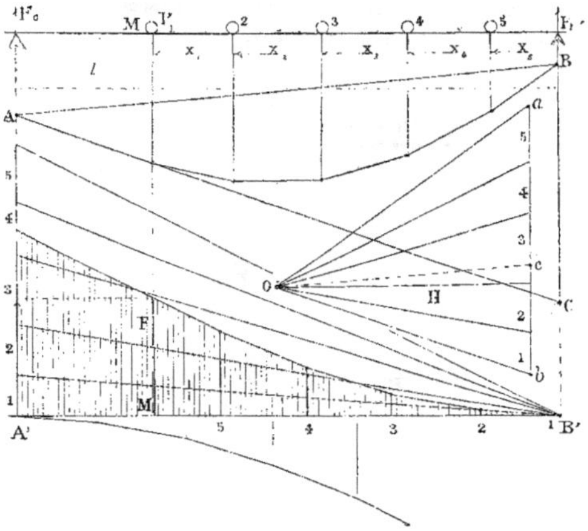

Une ordonnée quelconque de ce funiculaire en M par exemple, représente $F_0 = F$ le maximum de l'effort tranchant positif en cette section M, qui a lieu lorsque la première charge qui s'avance de B en A est parvenue en M.

La polygone symétrique donne les valeurs des efforts tranchants négatifs.

Enfin nous savons que si la charge est uniforme, ce polygone des F devient une parabole.

POUTRES DROITES

223. Barres intermédiaires. — Nous étudions d'abord les poutres droites, parce qu'elles sont de beaucoup les plus importantes. Le calcul des tensions des barres est aussi plus simple que pour les poutres polygonales.

La méthode des moments, que nous avons appliquée aux charpentes, s'appliquerait aussi aux poutres droites en exprimant que la distance du point de concours des membrures parallèles est située à l'infini.

Mais on arrive au même résultat, et plus simplement dans ce cas, en employant la méthode des projections.

Faisons (fig. 186 à 189) une section $y\,y$, puisque le système ainsi coupé est en équilibre, la somme des projections des tensions des barres coupées et des forces extérieures, sur le plan $y\,y$, est égale à o. On a donc :

(fig. 186-188) $\quad F_0 - U\cos\alpha = 0, \quad U = F_0\dfrac{1}{\cos\alpha} = F_0\dfrac{l}{a}$. Traction

(fig. 187-189) $\quad F_0 + U\cos\alpha = 0, \quad U = -F_0\dfrac{1}{\cos\alpha} = -F_0\dfrac{l}{a}$. Compression

On voit en effet que $a = l\cos\alpha$, d'où $1 : \cos\alpha = l : a$.

Pour toute autre section, ces relations subsistent en y remplaçant F_0 par F l'effort tranchant sur le nœud antérieur et que nous savons déterminer quelles que soient les charges, comme nous le rappellerons bientôt.

Que les charges agissent au-dessus ou au-dessous des poutres, les tensions des diagonales restent les mêmes.

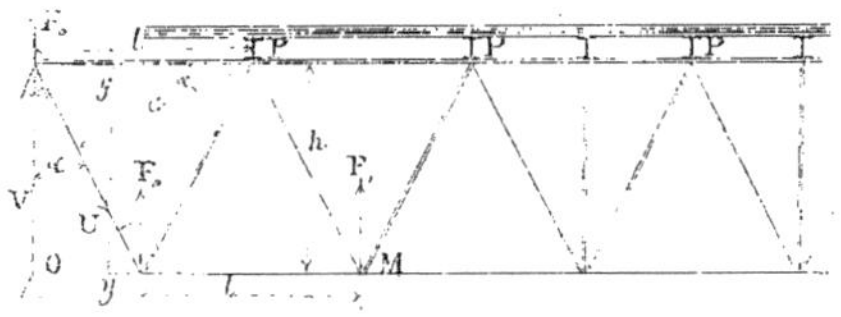
Fig. 186.

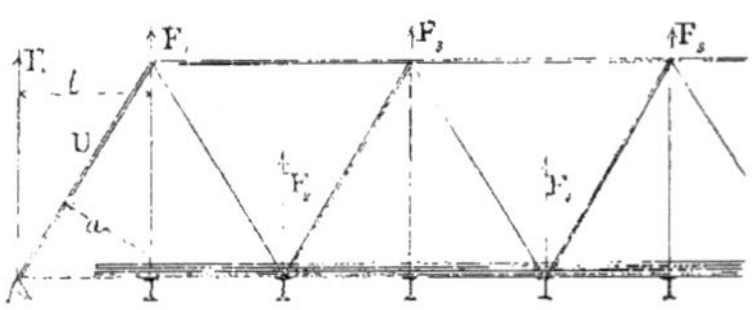
Fig. 187.

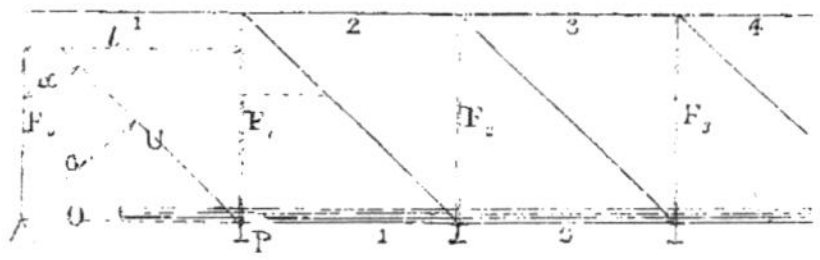
Fig. 188.

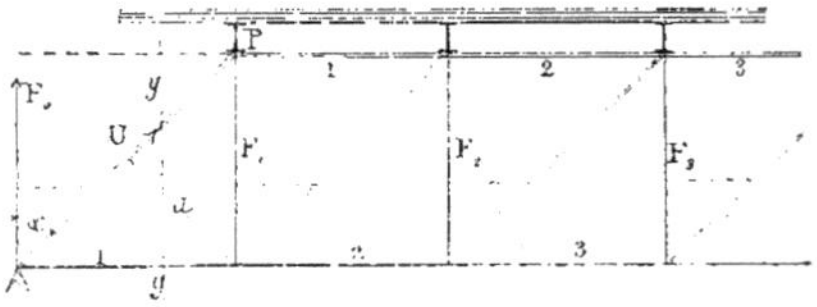
Fig. 189.

Tant que les F sont positifs, les barres montant à gauche sont tendues, celles montant à droite sont comprimées. Si les F changent de signe (fig. 1-2, pl. XIV), les tensions des barres changent aussi de signe.

En résumé, dans l'ensemble d'une poutre, que les charges agissent au-dessus ou au-dessous, *toutes les barres convergeant vers le prolongement inférieur de la verticale menée par le point ou* $F = 0$, *sont tendues*; *celles convergeant vers le prolongement supérieur de cette verticale sont comprimées.*

Si on considère, que les pièces comprimées résistent moins bien que celles tendues (chap. IX), on est conduit à préférer les systèmes où ces barres comprimées sont les plus courtes, c'est-à-dire verticales.

Les barres peuvent être alternativement inclinées et verticales, pour ces dernières,

$$\alpha = 0 \text{ et } \cos \alpha = 1 \text{ d'où } U = F.$$

La tension des barres verticales est donc égale à l'effort tranchant F. Or, F change de valeur en chaque nœud chargé, par suite, cette tension varie suivant que la charge agit au-dessus ou au-dessous de la poutre. Mais F ne change pas en un nœud non chargé, donc : *Les projections verticales des tensions des barres qui se rencontrent en un nœud non chargé sont égales entre elles et à l'effort tranchant en ce nœud, mais de signe contraire*, une barre verticale sera comprimée si la diagonale est tendue et inversement.

En désignant par F_0, F_1, F_2,.... les efforts tranchants sur les nœuds successifs, s'ils sont dus à une charge permanente P en chaque nœud on a : $F_1 = F_0 - P$, $F_2 = F_1 - P$, et ainsi de suite. Si à la charge permanente se joint une charge mobile on fera en chaque nœud l'addition des F dus à ces deux charges, comme nous le verrons bientôt.

Nous avons indiqué sur les fig. 186 à 189 et fig. 1 et 2 (pl. XIV), les tensions des barres en fonction de ces efforts tranchants pour divers cas de chargement.

Dans le cas où la charge est suspendue aux barres verticales entre les membrures (fig. 190), on opère de même ; en chaque nœud non chargé, les projections verticales des tensions sont égales, donc la portion inférieure d'une verticale subit une tension égale à l'effort F qui a lieu immédiatement à gauche, tandis que la portion supérieure subit une tension égale à l'effort F qui a lieu immédiatement à droite.

Fig. 190.

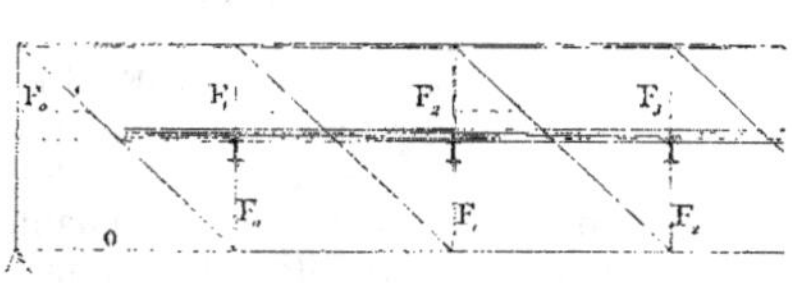

Fig. 191.

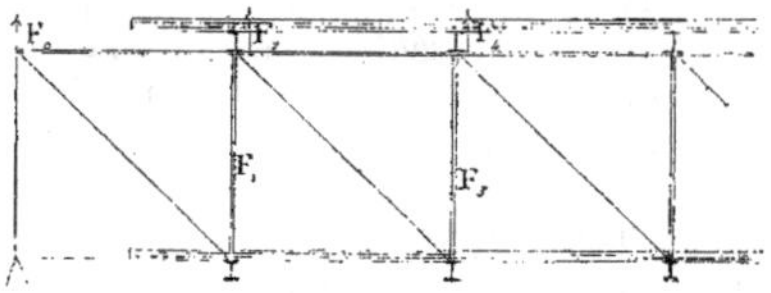

Enfin dans le cas où tous les nœuds sont chargés (fig. 187-191), l'effort tranchant varie en chaque nœud et aussi la tension des barres. Nous reviendrons sur cette disposition pour le cas des charges mobiles.

Il faut bien remarquer que dans les systèmes (fig. 186 et 187), les tirants ou montants verticaux, que l'on emploie quand on multiplie le nombre des traverses, subissent une tension constante égale à P la charge sur une traverse. Ces barres verticales n'ont pour effet que de transmettre la charge P sur le nœud opposé.

Cette tension est une traction si la traverse est inférieure (fig. 187), ou une compression si elle est supérieure (fig. 186).

Remarque. Jusqu'ici nous n'avons considéré comme nœuds chargés, que ceux sur lesquels reposent les poutrelles transversales et nous avons supposé que le poids propre de la construction était tout entier réparti sur ces nœuds. Pour être plus exact, il faut répartir ce poids propre en tous les nœuds ; ainsi ceux opposés aux poutrelles peuvent être considérés comme supportant le poids de leur membrure correspondante et la moitié du poids des barres intermédiaires. On retombe ainsi dans le cas précédent où tous les nœuds sont chargés.

224. Représentation graphique. Charge permanente. — Pour rendre encore plus intelligible ce qui précède, nous allons représenter graphiquement ces calculs.

Nous avons tracé (fig. 3, pl. XIV), la surface des F dus à une charge permanente P en chaque nœud. Nous avons ainsi de suite les tensions des barres verticales, puisqu'elles sont égales à l'effort tranchant en chaque nœud.

Pour avoir la tension des diagonales, il suffit de mener (fig. 3), pour chaque valeur de F, une oblique faisant avec la verticale l'angle α des barres. Sa longueur représente la tension de la diagonale (traction ou compression) à la même échelle que celle des F.

A partir du milieu de la poutre, les F et par suite les tensions des barres changent de signe ; si donc on veut conserver à la poutre une construction symétrique, on changera l'inclinaison des barres à partir du milieu, comme cela est indiqué fig. 1 et 2.

Surcharge mobile. — Nous savons déterminer les efforts tranchants variables dus à cette surcharge, désignons les par F_m. La tension totale d'une barre correspond évidemment à l'effort tranchant total résultant de l'addition algébrique de ces efforts avec ceux dus à la charge permanente que nous désignons par F_q. Nous avons fait cette addition graphiquement (fig. 5, pl. XIV).

Pour une surcharge mobile uniforme la courbe des F_m positifs mesurés au-dessus de A′B′ est une parabole s'élevant à gauche et si nous portons les F_q en sens inverse de la fig. 3 précédente, nous aurons fait la somme algébrique des $F_m + F_q$. Une ordonnée correspondant à un nœud quelconque, comprise entre la parabole et la ligne brisée hachurée, représente F total en ce nœud.

Comme précédemment la tension d'une verticale V_1 (fig. 4) sera égale à F_0 si la charge agit au-dessus, on a F_1 si la charge agit au-dessous. Enfin les obliques 1, 2, 3, 4, 5, 6, parallèles aux diagonales représentent comme précédemment les tensions des diagonales 1 à 6 s'élevant à gauche. Les obliques 7 à 10 correspondant aux F négatifs, nous changeons les directions des diagonales 7 à 10. Mais il n'y a pas intérêt à déterminer ces tensions 7 à 10 qui sont des minimums. En effet, il faut évidemment considérer le cas où la surcharge mobile parcourt le pont en sens inverse, c'est-à-dire de A en B. Alors les F négatifs deviennent successivement égaux aux positifs et il suffit de retourner en la superposant la fig. 4 pour avoir les tensions des barres 1 à 6 s'élevant à droite. On a ainsi des contre diagonales dans les panneaux du milieu.

Dans le cas de la fig. 191 où il y a double tablier, l'un portant une surcharge uniforme p l'autre une surcharge p'; on tracera la parabole des efforts tranchants pour la surcharge $p + p'$, on y ajoutera ceux dus à la charge permanente que l'on répartira sur tous les nœuds et on en déduira comme précédemment les F en chaque nœud et par suite les tensions des barres.

Nous savons maintenant déterminer les tensions dans une poutre droite quelconque et quelles que soient les charges ; il nous reste à signaler quelques types particuliers.

225. Types divers. — Les systèmes précédents employés surtout à l'étranger pour les ponts, portent des noms différents suivant les pays.

Fig. 192.

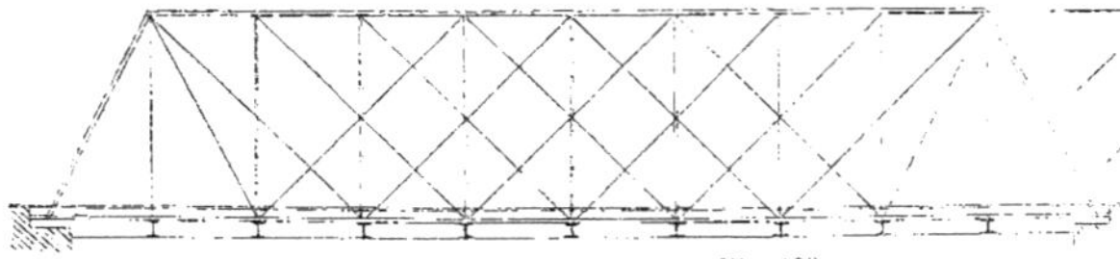
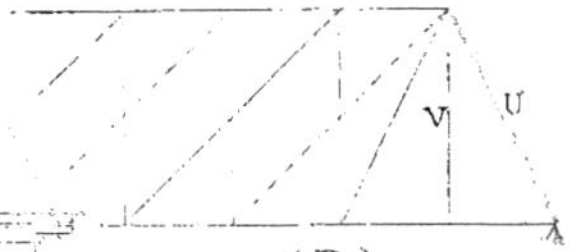

Fig. 193.

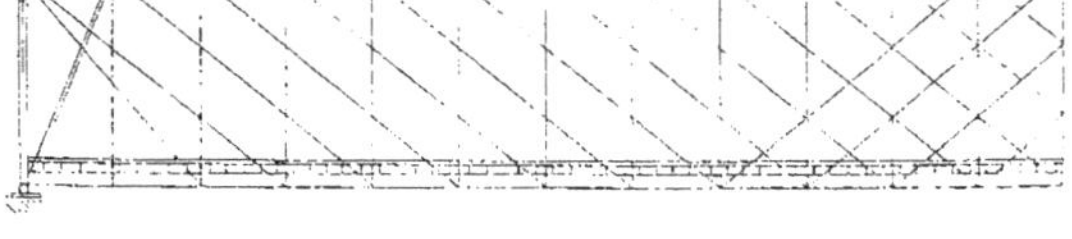
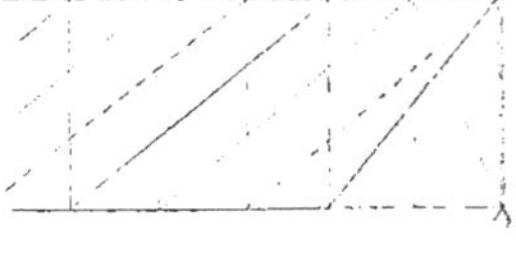

Les fig. 186 et 187 constituent, pour les Américains, le type *Waren*, simple ou modifié par l'addition des barres verticales. Les fig. 188 et 1, pl. XIV, constituent le type *Pratt*; les fig. 189 et 2, pl. XIV, constituent le type *Howe*, qui est exclusivement employé pour les ponts en bois, le bois devant travailler à la compression plutôt qu'à la traction à cause des assemblages.

Ces trois types principaux peuvent se faire doubles ou triples (fig. 192-193). Le calcul de ces systèmes n'offre aucune difficulté, il suffit de les décomposer en systèmes simples, comme nous l'avons fait en (B), de déterminer pour chacun d'eux les charges et par suite les efforts tranchants F en chaque nœud, on aura alors les tensions des barres comme précédemment.

Poutres à croix de Saint-André (fig. 194). — Ce système n'est autre que la superposition de deux types Waren, opposées l'un à l'autre c'est donc un système double. Dans chaque panneau il y a une diagonale tendue, l'autre comprimée; leur tension est, en valeur absolue, $F \frac{1}{2 \cos \alpha}$, c'est-à-dire moitié de ce qu'elle est dans les systèmes simples, toutes choses égales d'ailleurs.

Fig. 194.

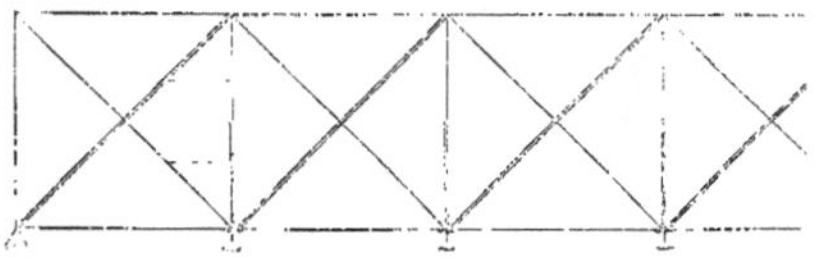

Fig. 195.

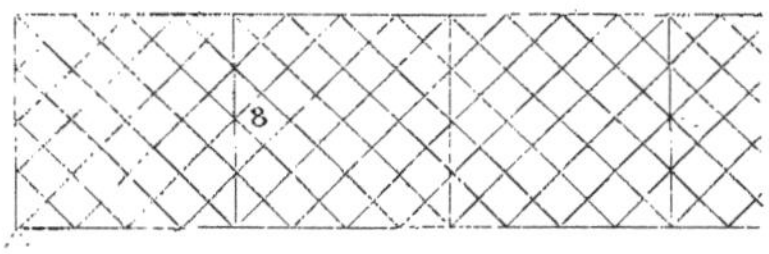

Quant aux barres verticales, on voit que leur action est nulle puisque le système des barres est en équilibre sans elles ; aussi on considère en général que ces verticales sont superflues et qu'elles ne font qu'augmenter le poids et le prix de la poutre. Leur emploi est justifié quand il facilite l'attache de poutres transversales.

Poutres à treillis (fig. 195). — Un treillis n'est que la superposition de n types Warren simples. Ce nombre n est celui des barres coupées par un plan vertical. Si donc F est l'effort tranchant suivant ce plan, la tension de chaque barre, les unes tendues, les autres comprimées, est

$$U = \pm F \frac{1}{n \cos \alpha}.$$

En pratique, on se borne à déterminer l'effort tranchant dans chaque panneau et on donne la même section à toutes les barres d'un même panneau ; les barres tendues sont formées de fers plats, tandis que les barres comprimées offrant une résistance moindre (chap. IX et note I), ont une section plus grande et sont formées de fers profilés L, ⊥, ⊏, ⌶.

POUTRE PARABOLIQUE

226. Tension des membrures. — Le calcul des tensions des membrures d'une poutre polygonale quelconque, indiqué au n° 221, se simplifie quand l'une des membrures est un arc de parabole ou un polygone inscrit dans cette parabole et que la charge est uniformément répartie par mètre de la corde (fig. 196).

Nous savons et nous l'établissons ci-après que pour cette charge uniforme le funiculaire est une parabole (25 et 58). Pour des charges égales et également espacées en chaque nœud (fig. 11), le funiculaire devient un polygone inscrit dans la parabole, la portion de l'arc parabolique comprise entre deux charges est simplement remplacée par sa corde.

Fig. 196.

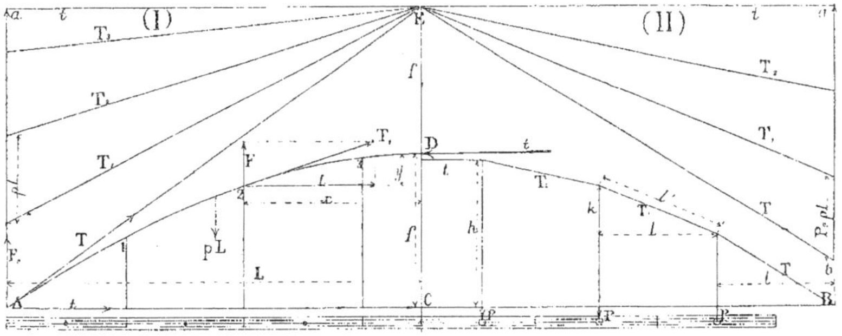

Nous savons aussi, qu'en chaque point de l'arc la tension horizontale représentée par la distance polaire du funiculaire est constante. C'est la tension du tirant.

Il est facile d'établir que l'équilibre d'un arc sous une charge uniforme p répond à la forme parabolique. L'équilibre de la demi-ferme donne en prenant les moments en A et en appelant t la tension horizontale que nous désignons ailleurs par H.

$$t \times f = pL \times \frac{L}{2} = p\frac{L^2}{2} = p\frac{(2\,L)^2}{8}.$$

valeur analogue à celle de la poutre simple uniformément chargée de longueur 2 L.

L'équilibre d'un arc (D — 2) donne :

$$t \times y = p\frac{x^2}{2}.$$

Divisant membre à membre, on trouve l'équation de la parabole

$$\frac{y}{f} = \frac{x^2}{L^2} \quad \text{ou} \quad y = f\frac{x^2}{L^2}.$$

La poutre ou ferme parabolique, uniformément chargée suivant sa projection horizontale, est donc en équilibre d'elle-même, et s'il y a des barres verticales elles ne supportent aucune tension, sauf le poids propre du tirant.

Dans les ponts, le tablier et par suite la charge sont établis sur la corde. Si l'arc est au-dessous il est tendu et les barres verticales qui lui transmettent la charge sont comprimées. Si l'arc est au-dessus, il est comprimé et les barres verticales sont tendues. C'est cette dernière disposition qui a été surtout employée en Angleterre sous le nom de Bow-String. (*Bow*, arc, *string*, corde).

Dans tous les cas, les tensions des membrures restent les mêmes : elles atteignent leur valeur maximum pour la charge totale maximum.

De la relation :

$$t \times f = p\frac{L^2}{2} \qquad \text{on tire,} \qquad t = p\frac{L^2}{2f} = F_0\frac{L}{2f}.$$

Telle est la valeur de la tension horizontale constante, c'est celle de la compression de l'arc au sommet D et c'est aussi la traction du tirant. (p désigne pour le moment la charge uniforme totale comprenant le poids propre et la surcharge.)

La compression maximum de l'arc a lieu suivant la tangente en A, elle est la résultante de $F_0 = pL$ et de t ; on a donc :

$$T = \sqrt{F_0^2 + t^2} = pL\sqrt{1 + \frac{L^2}{4f^2}}. \qquad (a).$$

Pour un autre point, où l'effort tranchant est $F_n = px$, la compression suivant la tangente de ce point est encore,

$$T_n = \sqrt{F_n^2 + t^2}. \qquad (b).$$

Dans le cas de la ferme polygonale (II), si on considère la charge $P = pl$ sur chaque nœud et si m est le nombre total des panneaux, ou $m - 1$ celui des nœuds, on a :

$$F_0 = \frac{m-1}{2}$$

et en prenant les moments en B pour la moitié de la ferme,

$$th = Pl\left(1 + 2 + \dots \frac{m-1}{2}\right).$$

Si m est pair, il y a une verticale au milieu et $h = f$, si m est impair on a $h < f$.

La tension des côtés du polygone pour un panneau de rang n, pour lequel l'effort tranchant est $F_n = F_0 - P$, est toujours donnée par (b) en y mettant les valeurs actuelles de F_n et de t.

Si on représente graphiquement ces calculs, on arrive au même résultat que la graphostatique, comme nous allons le voir. Nous savons que, dans une parabole si on prolonge la tangente extrême, on a $CE = 2f$, si donc F_0 est représenté par $2f = Aa$, t sera représenté par l et T par AE. Pour un autre point 2 où l'effort tranchant est F et t constant, la tension T_2 est représentée par le rayon parallèle à la tangente en ce point 2. Ainsi, en formant les polygones rectilignes Aa (fig. I) et ab (fig. II) des charges P et en menant les rayons au pôle E, situé à la distance polaire t, ces rayons représentent, (fig. I), les tensions T, T_1, T_2, T_3, aux points de tangence A, 1, 2, 3 de l'arc ou, (fig. II), les tensions des côtés du polygone inscrit.

Autre relation. — Puisque les côtés du polygone sont parallèles aux rayons qui représentent leurs tensions, il est clair que, pour des panneaux égaux, les longueurs de ces côtés sont aussi proportionnelles à leur propre tension. En appelant l'_n la longueur d'un côté de rang n et de tension T_n, on voit les triangles semblables qui donnent

$$\frac{T_n}{t} = \frac{l'_n}{l} \qquad \text{d'où} \qquad T_n = t\frac{l'_n}{l} = \frac{P}{h}\left(1 + 2 + \ldots \frac{m-1}{2}\right) l'_n.$$

Il suffit donc, pour avoir T_n, de calculer $l'_n = \sqrt{k^2 + l^2}$, k étant la différence des verticales qui limitent le côté l_n', ou de mesurer simplement les longueurs l' sur l'épure.

227. Tension des diagonales. — L'équilibre de l'arc parabolique articulé, sous une charge uniforme, est théorique, il est instable si cet arc est au-dessus de la corde ; dans tous les cas, il est rompu par une surcharge partielle telle que l'action du vent sur une charpente, ou d'un train sur un pont. Aussi doit-on toujours employer des diagonales, elles ne subiront une tension que sous une surcharge partielle.

Fig. 197.

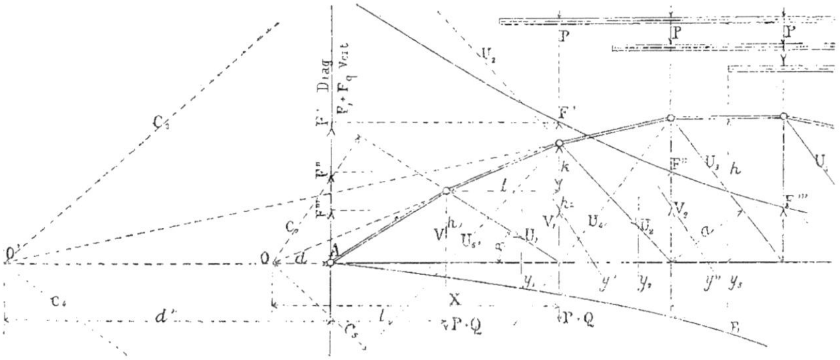

Pour une section quelconque y_1 (fig. 197), par exemple, coupant la diagonale U_1, nous savons d'après ce que nous avons dit en parlant des poutres droites que, 1° si la surcharge n'existe qu'à droite de cette section, U_1 subit une traction ; 2° si la surcharge n'existe qu'à gauche de ladite section, U_1 subit une compression.

Or, pour la surcharge uniforme et totale, la tension d'une diagonale quelconque est nulle. Donc les deux valeurs, positive et négative, de la tension d'une diagonale sont égales et il suffit d'en calculer une.

Dans le cas d'un pont, admettons que la surcharge $P = pl$ par nœud, d'abord générale, recule de gauche à droite ; pour chaque section y_1, y_2, y_3, les nœuds à droite sont donc seuls chargés, nous n'avons alors comme force extérieure, à gauche d'une section, que la réaction F_0 de l'appui. Nous pouvons la calculer ou la prendre sur la parabole des efforts tranchants, tracée comme fig. 5, pl. XIV.

Appelons F', F'', F''' les valeurs de cette réaction ou les ordonnées de la parabole, pour les charges situées à droite des sections successives y_1, y_2, y_3, et appliquons la méthode des moments. Pour la section y_1 prolongeons la membrure supérieure jusqu'à sa rencontre en 0 avec l'inférieure, abaissons de ce point une perpendiculaire c_1 sur la direction de U_1, prenons les moments autour de 0. on a :

$$U_1 c_1 - F'd = 0 \qquad \text{d'où} \qquad U_1 = F' \frac{d}{c_1}, \qquad \text{Traction.}$$

Pour la section y_2 le point de concours des membrures est $0'$ et $U_2 = F'' \dfrac{d'}{c_2}$.

La diagonale U_3 est ici comprise entre des membrures parallèles et on aura comme pour les poutres droites, $U_3 = F''' \dfrac{a}{l}$. Pour U_4 la membrure supérieure converge à droite, on pourrait déterminer F_1 sur l'appui B et prendre les moments autour des points 0 situés à droite. Mais on arrive au même résultat en calculant $U_1' = U_4$ pour la surcharge à gauche; on calculerait de même $U_5' = U_5$. En effet, les diagonales ayant mêmes bras de levier ont même tension.

Fig. 198.

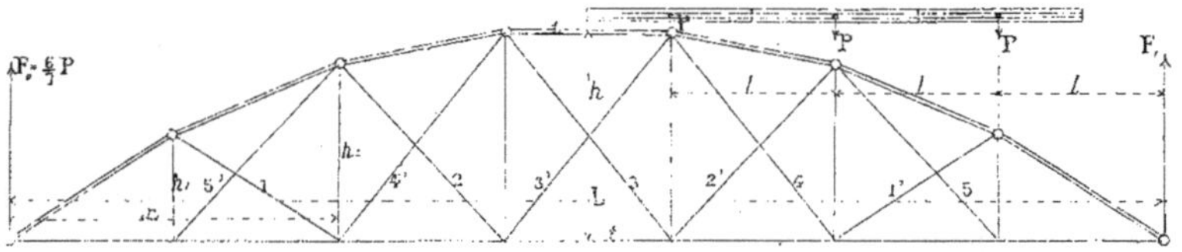

Les tensions des diagonales s'élevant à gauche étant déterminées, comme la surcharge mobile peut circuler en sens inverse, il faudra mettre dans chaque panneau une contre-diagonale dont la traction est connue puisqu'il suffit de retourner en la superposant la figure précédente. On obtient ainsi la fig. 198.

Pour le cas d'une ferme, on considérera une surcharge accidentelle sur la moitié de la ferme, alors la réaction en A est constante ainsi que U pour la demi-ferme.

Pour la figure 198, elle est,

$$F_0 = \frac{P}{7}(1 + 2 + 3) = \frac{6}{7} P.$$

228. Tension des verticales. — Dans le cas d'un pont, le tablier étant établi sur la corde, ces barres subissent l'action de la surcharge mobile P par nœud et de la charge permanente $Q = ql$ par nœud. La charge totale, par nœud chargé, est $P + Q$.

Considérons (fig. 197) la surcharge s'avançant de gauche à droite. La force extérieure en A ou réaction de l'appui se compose de F_1 variable due à la surcharge mobile, représenté par les ordonnées de la parabole symétrique à la précédente, plus de la réaction constante, que nous désignons par F_q, due à la charge permanente.

La réaction variable en A est donc $F_1 + F_q$.

Pour la verticale V, on a évidemment $V = P + Q$.

Pour V_1 faisons la section y' et prenons les moments en 0 on aura :

$$(P + Q)\, l\, (1 + 2) - (F_1 + F_q)\, d - V_1\, (d + 2l) = 0, \qquad \text{d'où on tire } V_1.$$

Pour V_2 et la section y'' en prenant les moments en 0', on a :

$$(P + Q)\, l\, (1 + 2 + 3) - (F'_1 + F_q)\, d' - V_2\, (d' + 3l) = 0, \qquad \text{d'où } V_2.$$

Et ainsi de suite ; puisque la surcharge peut circuler en sens inverse, les verticales symétriques auront des tensions égales, il suffit d'en calculer la moitié.

Pour être rigoureux le poids permanent Q par nœud ne devrait pas comprendre le poids propre de l'arc, puisque cet arc est en équilibre.

229. Calcul des bras de levier. — S'il n'est pas possible de déterminer sur l'épure le point 0, ni par suite les bras de levier des barres U et V, on peut les calculer en fonction des dimensions de chaque panneau. Les hauteurs des verticales peuvent se mesurer sur l'épure, ou se calculer d'après l'équation de la parabole. En appelant x la distance à l'origine A d'une ordonnée h_m quelconque, que l'on cherche, L étant la portée, on a :

1° Pour un nombre pair de divisions, la hauteur $h = f$ la flèche de l'arc,

$$h_m = 4f \frac{x\,(L - x)}{L^2} ;$$

2° Pour un nombre impair de divisions, h étant la hauteur du panneau du milieu et l la longueur d'un panneau,

$$h_m = 4h \frac{x\,(L - x)}{L^2 - l^2} .$$

On fait habituellement la hauteur h égale à 1/6 ou 1/8 de la longueur de la poutre. Connaissant dans chaque panneau, les hauteurs h_1, h_2 et la longueur l d'un panneau, on calculerait facilement la longueur de la membrure inclinée et celle des diagonales. Maintenant prenons par exemple le panneau y_1 (fig. 198), traçons la différence $h_2 - h_1 = k$ et appelons X la distance de la verticale h_2 au point 0 (ici $X = d + 2l$). On voit de suite les triangles semblables qui donnent :

$$k : l :: h_2 : X \qquad \text{d'où} \qquad X = l\frac{h_2}{k}.$$

On calculerait de même, la distance du point 0' à la verticale V_2. Pour le bras de levier c_1 de la diagonale de longueur U_1 on a :

$$c_1 = X \sin \alpha = X \frac{h_1}{\text{long}^r\, U_1} .$$

On calcule ainsi le bras de levier de chaque diagonale. mais la méthode graphique nous donnera plus simplement les tensions des barres.

FERME EN CROISSANT

230. Membrures. — Dans cette ferme (fig. 199), très employée à l'étranger, la membrure supérieure, comprimée, peut être polygonale ou être formée d'un arc de parabole comme nous l'avons fait ici. Mais la membrure inférieure, qui est toujours tendue, doit être un polygone, nous le supposons ici, inscrit dans une parabole.

La traction exercée par le tirant sur un appui fait équilibre à la poussée de l'arc, la tension horizontale a donc même valeur mais de signe contraire. Nous supposons pour le moment la ferme rigide et non élastique ; le tirant polygonal exerce sur chaque verticale une traction qui est une force intérieure et qui s'ajoute à la charge de l'arc pour en accroître la compression.

Fig. 199.

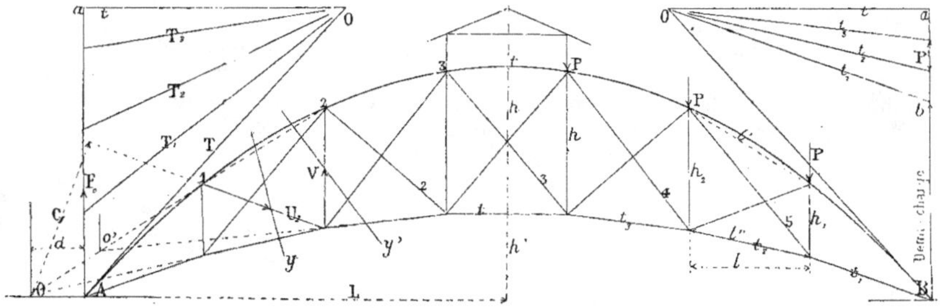

Pour calculer les tensions des membrures nous n'avons qu'à appliquer à chaque parabole de la ferme les relations précédentes (226). Pour la tension horizontale, ou au milieu, prenons les moments d'une demi-ferme, on a :

$$t\,(h + h') - th' = th = Pl\left(1 + 2 + \ldots\ldots \frac{m-1}{2}\right).$$

Pour avoir les tensions des membrures, il nous faut les composantes verticales.

La composante verticale sur un appui ou sa réaction est : pour une charge uniforme p, $F_0 = pL$; pour une charge équivalente, P par nœud, $F_0 = \left(\frac{m-1}{2}\right) P$.

Maintenant appelons F' la composante verticale sur l'appui ou demi-somme des tensions V', due à la traction du tirant. Il résulte de ce que nous avons dit pour la ferme simple, que les deux paraboles ayant même tension horizontale, les composantes verticales sont proportionnelles aux flèches.

La composante verticale de l'extrados est $F_0 + F'$. Celle due au tirant seul est F'. On a donc :

$$(F_0 + F') : F' :: (h + h') : h' \quad \text{ou} \quad F_0 : F' :: P : V' :: h : h' ;$$

d'où

$$F' = F_0 \frac{h'}{h} \quad \text{et aussi} \quad V' = P \frac{h'}{h}$$

Nous avons ainsi les tensions V' des tiges verticales. Finalement la tension des membrures dans un panneau de rang n sera :

$$T_n = \sqrt{(F_n + F'_n)^2 + t^2} \quad \text{et} \quad t_n = \sqrt{F'^2_n + t^2}.$$

Ces tensions peuvent aussi s'exprimer, comme précédemment, en fonction des longueurs l', l'', des côtes des membrures et on a pour un panneau de rang n :

$$T_n = t \frac{l'_n}{l} \quad \text{et} \quad t_n = t \frac{l''_n}{l}.$$

Pour représenter graphiquement ces calculs, prenons, à une échelle quelconque, $Bb = F_0 = pL$, la charge totale uniforme sur le demi-arc. Menons en B la tangente à l'arc et par b menons une parallèle au premier côté du tirant, nous déterminerons ainsi le pôle 0 et $0a$ perpendiculaire sur aB est la distance polaire qui représente à l'échelle adoptée la tension horizontale t commune. C'est aussi la tension horizontale des deux membrures dans l'axe de la ferme. La longueur ba représente la réaction verticale F' qu'engendre le tirant à l'extrémité de l'arc, laquelle s'ajoute à F_0 pour constituer la composante verticale $Ba = F_0 + F_1$ de la compression de l'arc. Si donc on divise ba en autant de parties qu'il y a de verticales dans la demi-ferme, chaque division représente la tension V' des verticales, et les rayons menés de ces points de division représentent les tensions des divers côtés du tirant polygonal. De même si on divise $Aa = Ba$ (à gauche) en autant de parties qu'il y a de panneaux dans la demi-ferme, et si on mène les rayons au pôle 0 à la distance polaire $a0 = t$, ces rayons représentent les compressions de l'arc suivant les tangentes au sommet de chaque verticale.

Si la membrure supérieure est polygonale, $P = pl$ étant la charge totale par nœud et m le nombre de panneaux de la ferme, la charge totale sur la demi-ferme sera $Bb = 1/2\ (m - 1)\ P = F_0$, comme fig. 191 — II. Alors la verticale Aa ne sera plus divisée par $1/2\,m$ le nombre des panneaux de la demi-ferme, mais par $1/2\,(m - 1)$ le nombre de nœuds ou de verticales de la demi-ferme.

Surcharge partielle. — Comme pour la poutre parabolique simple, les diagonales ne subissent aucune tension si la charge est uniforme. Elles ne sont influencées que par une surcharge partielle. Leurs tensions, ainsi que celles des verticales, se détermineraient comme au n° 227 en prenant pour chaque section y, les moments autour du point 0 de concours des membrures coupées. Nous n'insisterons pas sur ce calcul, parce que nous y reviendrons en employant des méthodes graphiques qui résolvent bien plus simplement le problème.

BOW-STRING DOUBLE

231. Membrures. — Le Bow-string double (fig. 200), est la réunion de deux poutres paraboliques simples. La tension horizontale est égale dans chaque poutre, mais de signe contraire; par suite la corde commune ne subit aucune tension.

Nous supposons que les deux paraboles ont des flèches h et h' différentes.

En considérant toujours l'équilibre de la demi-ferme, les moments en B donnent pour la tension horizontale commune, suivant qu'il s'agit d'un arc uniformément chargé, ou d'un polygone portant une charge constante P en chaque nœud.

$$t(h+h') = p\frac{L^2}{2} \qquad \text{ou} \qquad t(h+h') = Pl\left(1+2+\ldots\ldots+\frac{m-1}{2}\right)$$

Supposons un pont dont le tablier est établi sur la corde commune AB. La réaction de l'appui due à la charge totale étant F_0 et F' représentant la composante négative

Fig. 200.

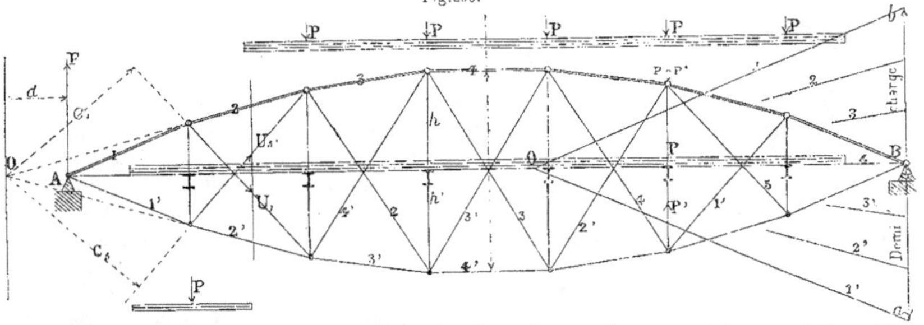

due au tirant, la composante verticale qui agit sur la membrure supérieure est $F_0 - F'$. On a donc en appelant P' la compression des verticales inférieures.

$$(F_0 - F') : F' :: h : h' \qquad \text{ou} \qquad F_0 : F' :: (h+h') : h';$$

$$\text{d'où} \qquad F' = F_0\frac{h'}{h+h'} \qquad \text{et aussi} \qquad P' = P\frac{h'}{h+h'}.$$

La traction des verticales supérieures sera évidemment, $P - P'$. Pour un nœud de rang n la composante F_n devient, pour chaque parabole

$$F_n = (F_0 - F') - (P - P') \qquad \text{et} \qquad F_n = F' - P'$$

La tension des membrures dans un panneau de rang n sera donnée par (b) (226); ou en fonction des longueurs l' et l'' des côtés de chaque polygone.

La poutre *Pauli*, employée en Allemagne, est un Bow-string double, tel que les tensions des membrures et par suite leurs sections, sont constantes.

Si les deux membrures sont symétriques $h = h'$ alors $T_n = t_n$ et $P' = 0{,}5$ P.

C'est ainsi qu'est tracée la fig. 200 et la construction graphique des tensions.

Les tensions des diagonales et des verticales, pour une surcharge partielle mobile, se détermineront comme précédemment, ou mieux par la méthode graphique.

POUTRE SCHWEDLER

232. — La poutre de pont (fig. 201) créée par cet ingénieur, n'est guère employée qu'en Prusse. Elle se compose d'une partie centrale droite avec contre-diagonales et de parties extrêmes polygonales.

Fig. 201.

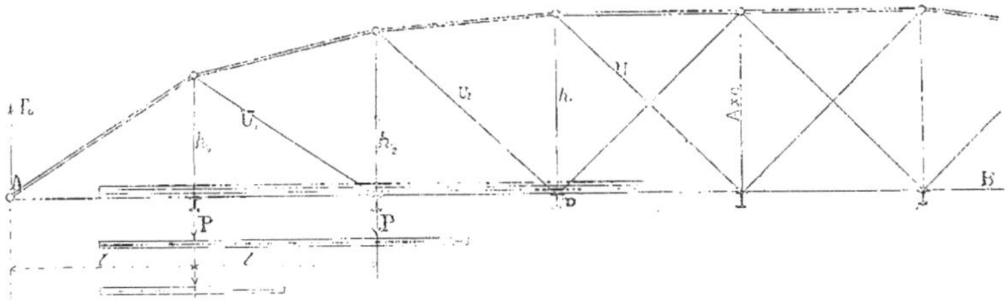

Si on compare la poutre droite à la poutre parabolique, on voit que dans la première les diagonales extrêmes sont toujours tendues, quelle que soit la position de la surcharge, tandis que dans la poutre parabolique ces diagonales subissent une traction ou une compression égale, suivant que la surcharge est située à droite ou à gauche. M. Schwedler s'est proposé de constituer une poutre telle que les diagonales extrêmes, tendues pour la surcharge à droite, ne fussent jamais comprimées ou aient au minimum une tension nulle quand la surcharge est située à gauche.

Fig. 202.

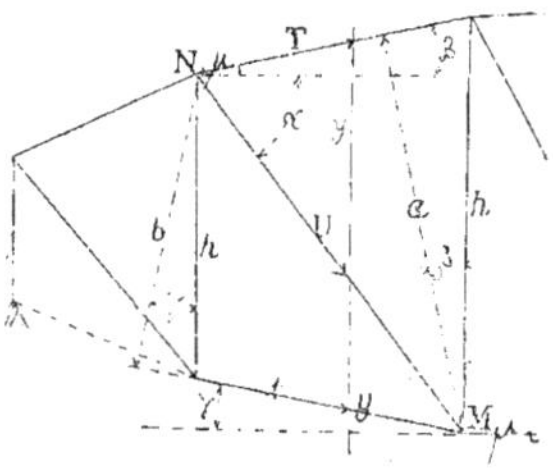

La condition à remplir pour obtenir ce résultat est bien simple.

Faisons dans un panneau (fig. 202) une section yy et supposons d'abord que les trois forces T, U, t sont des tractions; puisqu'il y a équilibre, la somme des projections de ces forces et des forces extérieures sur un même axe est nulle, en les projetant sur un axe horizontal, la projection des forces extérieures verticales est nulle. Il reste :

$$T \cos \beta + U \cos \alpha + t \cos \gamma = 0 \qquad \text{d'où} \qquad U \cos \alpha = - T \cos \beta - t \cos \gamma.$$

Exprimons T et t en fonction des moments μ_1 et μ_2 en N et M. On a :

$$\text{Moments en M.} \qquad Ta + \mu_2 = Th_2 \cos \beta + \mu_2 = 0 \qquad T \cos \beta = - \frac{\mu_2}{h_2}$$

$$\text{id. en N.} \qquad \mu_1 - tb = \mu_1 - th_1 \cos \gamma = 0 \qquad t \cos \gamma = \frac{\mu_1}{h_1}$$

substituant dans la valeur de U, on a :

$$U \cos \alpha = \frac{\mu_2}{h_2} - \frac{\mu_1}{h_1}$$

Tant que $\frac{\mu_2}{h_2} > \frac{\mu_1}{h_1}$, U est une traction. Enfin à la limite $\frac{\mu_2}{h_2} = \frac{\mu_1}{h_1}$, la tension U est nulle; on tire alors :

$$h_1 = h_2 \frac{\mu_1}{\mu_2} \qquad \text{et pour un autre panneau} \qquad h_2 = h \frac{\mu_2}{\mu}.$$

Ainsi, connaissant les moments successifs μ, μ_2, μ_1 en chaque nœud, dus à la charge permanente et à la surcharge à gauche, allant de A en B, et si on se donne la hauteur h de la partie droite de la poutre, on en déduira les hauteurs h_2 et h_1 et, par suite, la forme polygonale de la membrure sera déterminée. Ces hauteurs restent les mêmes si les deux membrures sont polygonales comme fig. 202.

En appelant toujours $P = pl$ la surcharge mobile et $Q = ql$ la charge permanente en chaque nœud, chaque nœud chargé à gauche supporte donc $P + Q$.

Considérons aussi, pour mieux préciser les calculs, une poutre à huit panneaux. La réaction sur l'appui due à la charge permanente est constante, elle est ici $F_q = q\,\frac{L}{2}$, L étant la portée et q la charge par mètre. Appelons F_1', F_1'', F_1''' les réactions dues à la surcharge mobile allant de A en B, occupant successivement 1, 2, 3 nœuds; on aura pour la poutre à huit panneaux :

$$F'_1 = P \times \frac{7}{8}, \qquad F''_1 = \frac{P}{8}(7 + 6) = P\,\frac{13}{8}, \qquad F_1''' = \frac{P}{8}(7 + 6 + 5) = P \times \frac{18}{8}.$$

Maintenant les moments s'établiront facilement, on aura :

$$\mu_1 = (F_q + F_1')\,l$$
$$\mu_2 = (F_q + F_1'')\,2l - (P + Q)\,l$$
$$\mu = (F_q + F_1''')\,3l - (P + Q)\,l\,(1 + 2)$$

Connaissant ces moments pour chaque verticale et la hauteur h de la poutre droite, on en déduira les hauteurs h_2 et h_1 et, par suite, les tensions T et t des membrures. Quant aux tensions des diagonales U et des verticales, elles se calculeront comme pour la poutre parabolique ; ou mieux par le procédé graphique, comme nous le ferons bientôt.

MÉTHODE GRAPHIQUE — FERMES

Cette méthode consiste simplement dans l'application des propriétés du triangle ou du polygone des forces, exposées au chapitre III. Dans ce chapitre III nous avons considéré un polygone funiculaire *fictif*, en équilibre sous des charges données et nous en avons déduit le moment de flexion produit par ces charges. Actuellement le système articulé donné, constitue un polygone *réel* en équilibre sous les charges ou *forces extérieures* données, et il s'agit de déterminer les tensions ou *forces intérieures* développées dans les barres de ce système articulé.

En chaque nœud d'un système de barres en équilibre, les tensions ou forces intérieures (traction ou compression) des barres, font équilibre aux forces extérieures. Les résultantes de ces deux groupes de forces sont égales et opposées; donc toutes les forces qui aboutissent à un même nœud, peuvent former un polygone fermé dont les côtés sont parallèles aux directions des forces et dont les longueurs des côtés sont proportionnelles aux intensités de ces forces.

Pour que la détermination des tensions soit possible, il faut qu'il n'y ait en chaque nœud que deux tensions inconnues, alors, ayant tracé la résultante de toutes les autres forces, il n'y a plus qu'à la décomposer suivant les deux directions des tensions inconnues. Nous savons que *la résultante d'un groupe de forces agissant en un même point, est donnée en grandeur et direction par la ligne de fermeture du polygone de ces forces.* Il faut donc que sur un appui, où il n'existe qu'une force connue qui est la réaction de l'appui, il n'y ait que deux barres y aboutissant. Alors le triangle des forces donnera les tensions de ces deux barres, puis, en reportant ces tensions aux nœuds suivants et les composant avec les forces extérieures connues, on déterminera les tensions de nouvelles barres et ainsi de suite. Cette méthode, appliquée aux systèmes triangulaires, se réduit à la construction du triangle des forces dont nous rappelons le principe :

1° *Trois forces concourant en un même point et en équilibre, forment un triangle;*

2° *Si trois forces forment un triangle, leurs tensions concourent en un même point.*

Au lieu de faire un tracé pour chaque nœud, il est plus simple de tracer d'abord le polygone fermé des forces extérieures sur lesquelles on groupe les polygones des tensions des barres. On forme ainsi un ensemble que nous appelons le *diagramme des forces.* L'unité de charge étant la tonne de 1000 k., on adoptera une échelle simple, soit 1, 2, 3, ... centimètres pour un nombre entier de tonnes.

Avec un peu d'habitude, on tracera ces diagrammes en moins de temps qu'il n'en faut pour les expliquer.

Nous admettons, comme nous l'avons fait voir, que pour des charges uniformes on peut se borner, quel que soit le mode de construction, à ne considérer que des charges égales en chaque nœud et nous admettons aussi que les barres sont articulées en chaque nœud, tandis qu'en réalité elles sont, comme nous l'avons expliqué précédemment, presque toujours assemblées d'une façon rigide.

Pour simplifier, nous nous bornons à désigner, par la suite, les barres ou leurs tensions, ainsi que les charges, par des numéros, et nous désignons par les mêmes numéros les lignes parallèles correspondantes du diagramme. Quand nous dirons la *tension* ou la *barre* 5, on la cherchera sur l'épure des barres ; quand nous dirons la *ligne* 5, on la cherchera sur le diagramme. Dans l'épure d'un système de barres nous indiquons par un trait double les barres comprimées ; tandis que dans le diagramme on ne doit tracer que de simples lignes, afin de bien préciser les points de croisement qui déterminent les longueurs des lignes et par suite les tensions, à l'échelle adoptée.

233. Fermes simples (fig. 203-204-205). — La charge 2, sur la panne faîtière, étant déterminée comme nous l'avons dit pour la méthode des moments, la résultante des actions verticales sur un appui, qui constitue une force extérieure, est 1 = 3 = 0,5 de la charge 2, pour une forme symétrique. Connaissant les trois forces

Fig. 203.

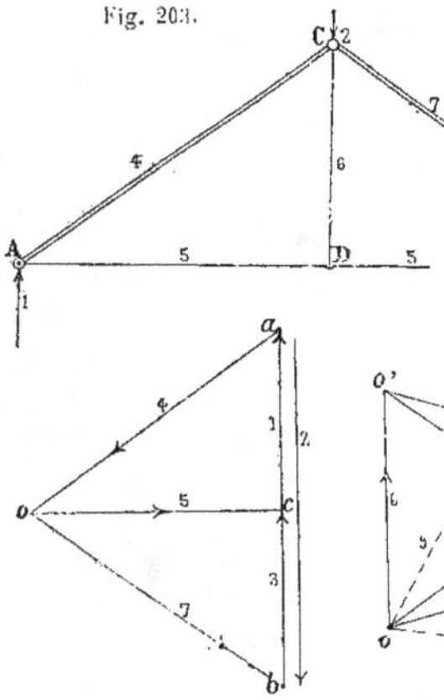

Fig. 204.

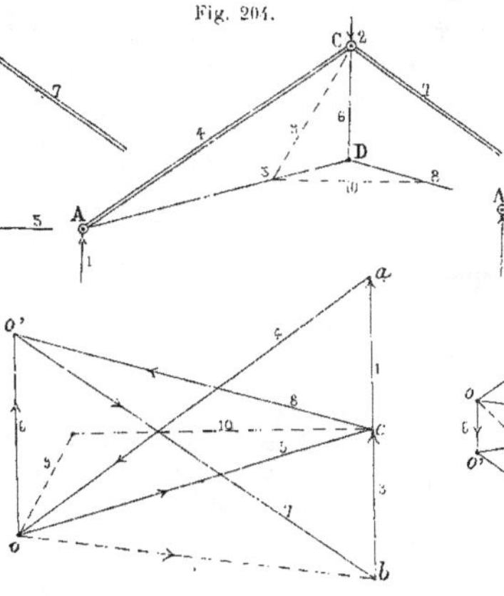

Fig. 205.

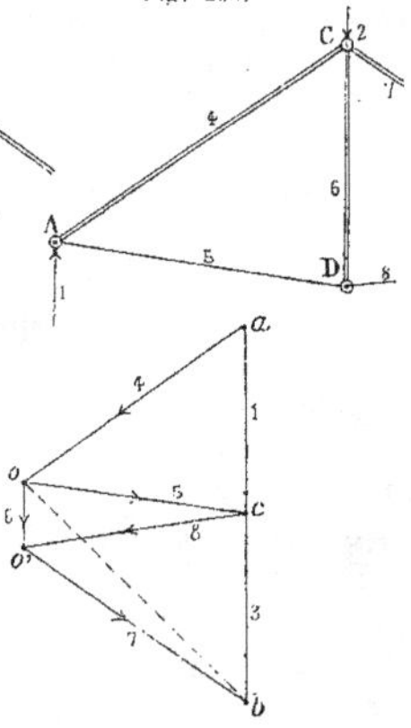

extérieures 1, 2, 3, nous voulons en déduire les tensions des barres 4, 5, 6, 7, 8.

Construisons, à une échelle quelconque, le polygone *ab* des forces extérieures 1, 2, 3. En A décomposons 1 suivant les directions des barres 4, 5 ; pour cela, menons de *a* une ligne 4 parallèle à la barre 4, et de *c* une ligne 5 parallèle à la barre 5. On forme ainsi un triangle dont les côtés successifs sont dans l'ordre inverse ou réciproque de celui des forces agissant en A. Les longueurs *ao* et *co* représentent, à l'échelle adoptée pour les forces, les tensions 4 et 5. Le triangle symétrique *cbo*, se rapporte à l'autre moitié de la ferme.

Pour distinguer les barres comprimées et celles tendues, il suffit de parcourir chaque triangle du diagramme en commençant pour le nœud A par 1, dont la direction de bas en haut est connue, on voit que 4 qui concourt au nœud A, est une compression, tandis que 5 qui s'éloigne de ce nœud A est une traction.

Il nous reste à déterminer la tension 6 du poinçon. Au nœud D concourent trois forces qui se font équilibre, l'une quelconque est égale et opposée à la résultante des deux autres, par suite, leurs directions doivent former un triangle, les lignes oo' que ferment le triangle formé avec les lignes 5-8, représentent donc la tension V.

On voit que pour la fig. 203, le triangle se réduit à une ligne oc et la ligne oo' à un point, donc $V = o$. Pour déterminer le signe de cette tension, il faut remarquer que les barres 5-8, qui exercent une traction sur les appuis, exercent sur le nœud D des tractions en sens inverse, en suivant donc sur le diagramme les triangles en sens inverse des flèches indiquées, on voit que pour la fig. 204, 6 est une traction, et pour la fig. 205, 6 est une compression.

On peut aussi déterminer 6 en construisant le polygone des forces qui agissent en C. Nous connaissons la charge $2 = 1 + 3$ et la tension 4 dont la compression en C est de direction opposée à celle en A; leur résultante est évidemment représentée en grandeur et direction par la ligne ob, tracée en éléments, qui ferme le triangle formé avec 4 et 2. Cette résultante est égale et opposée à celle des deux tensions 6 et 7 inconnues en ce point C et leur fait équilibre, sa direction est indiquée par la flèche, il suffit donc de décomposer ob en menant les lignes 6 et 7 parallèles aux barres. En parcourant le triangle ob, bo', $o'o$, on trouve bien que les tensions 7 et 6 agissant en C, sont de sens opposé à ceux en A et en D, ce qui est évident.

On peut évidemment former le polygone des forces 2, 4, 6 et 7' en C sans tracer la résultante; on connait les côtés $ab = 2$ et $ao = 4$ de ce polygone, si donc on mène par leurs extrémités des parallèles aux tensions 6 et 7 inconnues, dans l'ordre de ces tensions, soit de 6 une parallèle à 7 et de o une parallèle à 6, on ferme en o' le polygone correspondant aux quatre forces en C.

En parcourant ce polygone, en commençant par 2, prise dans sa vraie direction, on trouve aussi pour 4 et 7 des compressions en C et pour 6 une traction; mais de sens opposés à celles trouvées en A, B et D, ce qui a évidemment lieu.

Sur la fig. 204, nous avons indiqué en éléments une variante dans la disposition des tirants et nous avons tracé les lignes 9 et 10 des tensions correspondantes.

Nous avons maintenant complètement indiqué, et avec ses variantes, la méthode de construction d'un diagramme basée sur les propriétés du polygone ou simplement du triangle des forces, tout ce qui suit ne sera, pour chaque nœud, que la répétition de ce qui précède.

Fig. 206.

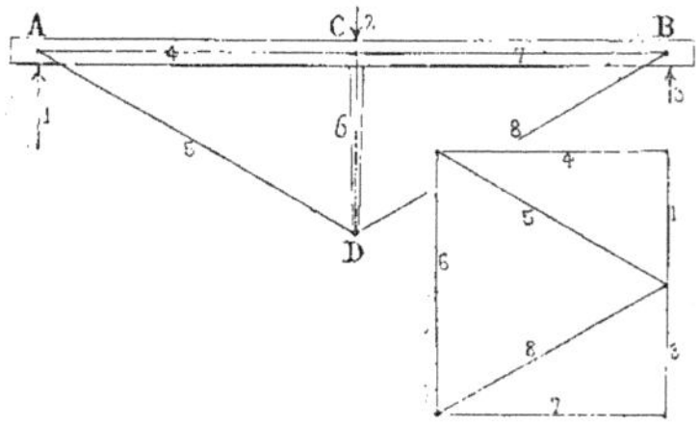

Fig. 207.

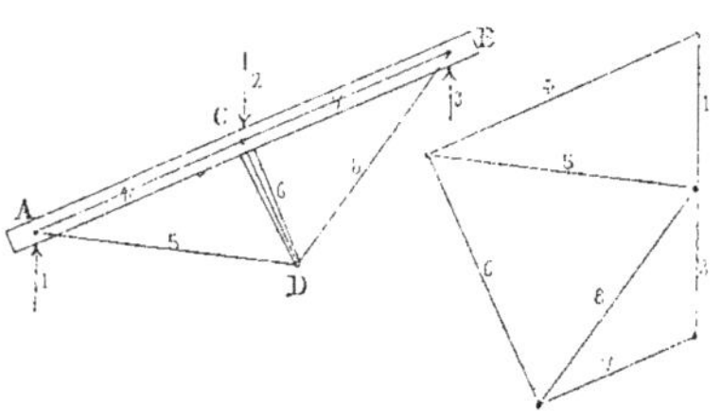

Ferme renversée ou Poutre armée droite (fig. 206-207). — Ce système est l'inverse des précédents et les tensions changent de signe.

La charge 2 placée au milieu engendre sur les appuis des réactions égales 1 = 3.

En A les forces 1, 4 et 5 sont en équilibre, décomposons la ligne 1 suivant 4 et 5; au nœud D non chargé, 5, 6 et 8 sont en équilibre, nous décomposons 5 suivant 6 et 8; enfin, sur l'appui B non chargé, 3, 7 et 8 sont en équilibre, la ligne 7 qui ferme le triangle de 3 et 8 donne la tension de la barre 7.

Au nœud chargé C où agissent quatre forces, correspond, dans le diagramme, le quadrilatère 2 = 1 + 3, 4, 6, 7. Les tensions 4, 6 et 7 sont des compressions.

Système à deux montants (fig. 208). — Supposons les deux charges 2 égales, alors on a 1 = 2 = 3. Le diagramme se trace comme précédemment, il se compose de deux parties entièrement symétriques, et il suffit d'en tracer une.

Cette égalité des charges existe rarement en pratique et alors, si le système est articulé, il tend à se déformer. Mais si la barre supérieure est d'une seule pièce, sa résistance à la flexion empêche, dans une certaine limite, cette déformation; si cependant cette inégalité des charges devient sensible, on doit employer des diagonales pour résister à la déformation.

Fig. 208.

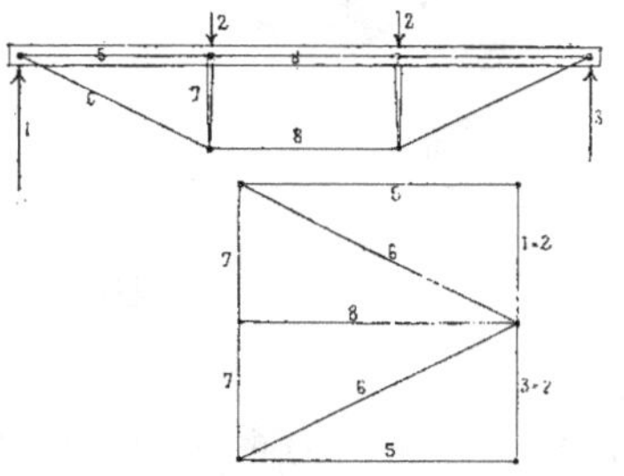

Fig. 209.

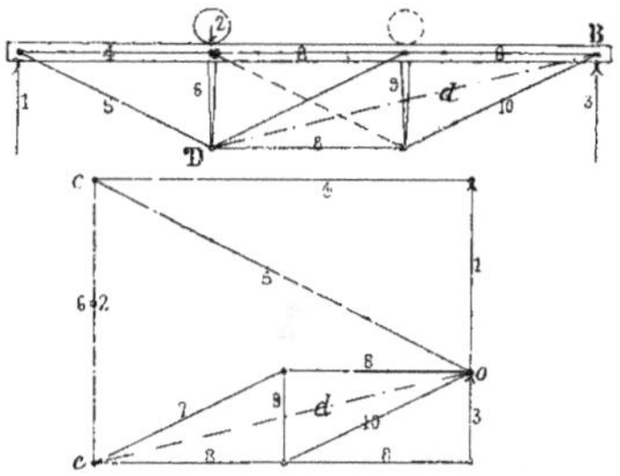

Ces diagonales (fig. 209) ne résistent donc qu'à la différence des charges sur les nœuds ou à la surcharge accidentelle sur un seul nœud. Soit donc 2 cette surcharge; traçons la barre fictive *d*, elle remplace pour l'équilibre du système les barres inférieures tendues, 7, 8, 10.

Si dans le diagramme nous représentons par la ligne *ce* la surcharge 2 et si nous menons les lignes 5 et *d* parallèles aux barres 5 et *d*, le point *o* divisera la verticale égale et parallèle à *ce* en deux parties qui sont dans le rapport des réactions 1 et 3 des appuis. Maintenant décomposons, comme précédemment, 1 suivant 4 et 5 puis la tension 5 suivant celles 6 et *d* qui lui font équilibre en D, on retrouve la ligne 6 = 2. Enfin, décomposons *d* suivant les barres du losange, nous aurons les lignes 7 et 8 ou 8 et 10; ou en décomposant la réaction 3 sur l'appui B on obtient 8 et 10. Enfin la ligne 9 représente la tension du montant 9.

Ce diagramme est le même pour la fig. 172, mais les tensions changent de signe.

Dans tous les cas : pont ou ferme, on détermine les tensions des barres pour la plus grande charge (poids mort et surcharge totale), on a donc deux charges égales sur chaque nœud (fig. 208). Puis on détermine les tensions des diagonales pour la surcharge mobile seule, située sur un seul nœud (fig. 209), et enfin, comme cette surcharge peut être sur un nœud ou sur l'autre, on emploiera une contre-diagonale.

Cette poutre (fig. 209) est un élément des poutres droites

Forces extérieures quelconques. — Quelle que soit la direction des forces extérieures en équilibre, la méthode reste évidemment la même : 1° former d'abord le polygone de ces forces extérieures; 2° tracer la résultante des forces connues en chaque nœud et 3° décomposer cette résultante, suivant les directions des deux barres aboutissant à ce nœud, dont les tensions sont aussi déterminées.

Dans les divers cas de la fig. 210, formons le polygone des charges 1, 2, 3 ; puis, par les extrémités de ce polygone, menons les lignes 4-5 parallèles aux directions données des réactions; ces lignes ferment le polygone des forces extérieures et déterminent l'intensité des réactions.

Fig. 210.

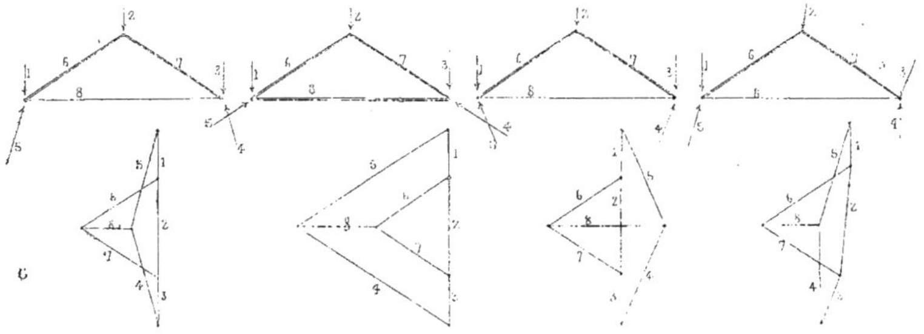

Maintenant sur l'appui de gauche, la résultante de 1 et 5 serait la ligne joignant, dans le diagramme, les extrémités de ces lignes 1 et 5 (ligne non tracée) et les tensions 6 et 8 s'obtiennent en décomposant cette résultante suivant ces directions. Cela revient à compléter le polygone 1, 5, 8, 6 des forces agissant sur l'appui de gauche.

Sur l'autre appui, on aurait le polygone 3, 4, 8, 7, symétrique au premier, si tout est symétrique; non symétrique dans le cas de la figure de droite.

234. Construction des diagrammes des pl. XV à XXVI. systs nos 1 à 4.

— Les réactions des appuis sont obliques et tous les nœuds chargés, nous supposons tout symétrique. Ces réactions obliques peuvent résulter de poteaux inclinés ou d'une surface d'appui inclinée, les réactions sont alors perpendiculaires à la surface d'appui.

Traçons d'abord le polygone fermé des forces extérieures, en suivant un ordre continu : 1, 2, 3, 4, 5, 6, 7. Il est bien clair que si on connaît les charges verticales sur les nœuds et les directions des réactions, ce polygone déterminera l'intensité de ces réactions. En effet, portons sur la ligne ab, les charges supérieures, à une échelle quelconque, menons par les extrémités de cette ligne des parallèles aux directions données des réactions; ces lignes devront se limiter à une verticale $a'b'$ représentant, à l'échelle adoptée, les charges inférieures. Les inclinaisons des réactions peuvent ne pas être semblables, la construction reste la même. Ce polygone étant tracé, le diagramme des forces intérieures se construit comme précédemment.

N° 1. La résultante des forces 7 et 1 qui agissent sur l'appui, donne les lignes ou tensions 8 et 9 des barres correspondantes, en suivant un sens continu autour du nœud, soit le sens : 7, 1, 8, 9. La résultante des forces 6 et 9 qui agissent au nœud 6 donne les tensions 10 et 11, et ainsi de suite. On n'a pas chiffré les barres et leurs lignes qui sont symétriques aux précédentes. On voit que les cinq forces qui agissent au nœud 2 forment bien un polygone fermé. On tracerait de même les diagrammes n°s 2 à 4.

Fermes à 2 pannes, n°s 5 et 6. — Les charges 1 et 2 étant supposées symétriques par rapport aux appuis, les réactions verticales sont égales aux charges. Nous les désignerons par la suite, pour plus de généralité, par les lettres A et B. Décomposons dans le diagramme n° 5, A = 1 suivant 3 et 4, la résultante de 1 et 3, égale à 4, agissant au nœud 1 donne les lignes 5 et 6. Les barres symétriques ont même tension.

Dans le n° 6, au nœud 2, la résultante de 6 et 2 donne 9 et 7. Enfin la tension 8 est celle qui ferme le triangle avec B = 2 et 9, ou le polygone des tensions 4, 5 et 7.

Fermes à 3 pannes (Pl. XVI et XVII). — Dans toutes ces fermes, les charges 1, 2, 3 sur les pannes étant égales et symétriques par rapport aux appuis, les réactions verticales A et B sont égales à la demi-somme des charges, elles sont indiquées au n° 7.

N°s 7 à 16. — Décomposons A suivant 4 et 5, les lignes 4 et 5 donnent les tensions. Au nœud 1, on connaît 4 et 1, leur résultante donne 7 et 6, en suivant le sens 4, 1, 7, 6 on voit que 7 est toujours comprimé, tandis que 6 est comprimé ou tendu dans les n°s 11, 12, 13. Au nœud 2 les forces connues 7 et 2 donnent 7′ et 8′ sur le diagramme. Les autres lignes sont symétriques aux précédentes.

Le n° 10 est le *type Polonceau* à entrait relevé ou horizontal. Les chiffres avec accents se rapportent à ce dernier type.

N° 17. — Ayant décomposé A en 4 et 5, on passe au nœud inférieur où concourent trois forces, celle 5 qui est connue donne de suite, par la construction du triangle, les forces 6 et 7. Maintenant revenons au nœud 1, 4, 6, leur résultante détermine 8 et 9. Passons au deuxième nœud inférieur, on connaît 7 et 8, en fermant le quadrilatère par les lignes 10 et 11, toutes les tensions sont déterminées.

N°s 18, 19, 20. — Ces fermes s'emploient pour ateliers, le versant 12 étant vitré et orienté au nord. On tracera les diagrammes en procédant comme précédemment.

N°s 21 à 24. — Sur un appui nous avons trois barres, nous ne pouvons donc pas opérer comme précédemment. Commençons au nœud 2, en décomposant la charge 2 suivant les deux barres qui aboutissent à ce nœud nous avons les forces 7 et 7′. Maintenant passons au nœud 1, la résultante de 7 et 1 donne les forces 4 et 8. Enfin, sur l'appui la résultante de 4 et A nous permet de déterminer 5 et 6.

Dans la fig. 22, la ligne 6 se réduit à un point, donc la tension des barres 6 est nulle ; ces barres sont donc inutiles au point de vue de l'équilibre statique.

Fermes à 4 pannes, nos 25 à 29. — Nous admettons encore, pour les nos 25 à 28, que les charges 1, 2, 3, 4 sur les pannes sont égales et symétriques par rapport aux appuis; les réactions A et B sont donc encore égales à la demi-somme des charges.

N° 25. — On décompose A en 5 et 6, puis au nœud 1, la résultante de 1 et 5 donne 7 et 8 ; au nœud 2, la résultante de 2 et 8 donne 9 et 10. Les autres tensions sont symétriques.

Nos 26 et 27. — Après avoir tracé les lignes 5, 6, 7, 8, on passe au premier nœud inférieur. La résultante de 6 et 7 donne 9 et 10. Maintenant revenons au nœud 2, la résultante de 2, 8 et 9 donne 11 et 12 : ainsi toutes les tensions sont déterminées.

Remarque. D'après la disposition des barres de la ferme 27, celles 9 sont comprimées, tandis que toutes les autres barres inférieures, sont tendues. Or, il est important de remarquer l'avantage que présente le tracé d'un diagramme sur les autres méthodes de calcul ; c'est que l'on peut voir de suite sur ce diagramme, quelles modifications il faut apporter au tracé des barres pour que la barre 9 ne soit que peu ou point comprimée, et alors supprimée. Dans le cas présent, en faisant 7 parallèle à 11, sans changer 6, la barre 10 change d'inclinaison et la ligne 9 devient presque nulle.

N° 28. — Cette ferme, non symétrique, se fait pour ateliers comme les nos 18 à 20. Nous avons supposé les charges égales, mais habituellement il n'en est pas ainsi, les charges 3 et 4 diffèrent entre elles et avec 1 et 2, puisque les pans sont inégalement inclinés et diversement couverts. On déterminera les réactions inégales A et B.

Ayant tracé comme précédemment les lignes 5, 6, 7, 8, 9, 10, on passe au nœud 3, la résultante 3 et 10 donne 11 et 12; au nœud 4, la résultante de 4 et 12 donne 13 et 14. On voit que les forces 6, 7, 9, 11, 13 et 15, qui concourent au même point, forment bien un polygone fermé.

N° 29. Pl. XVIII. — Cette ferme se fait comme la précédente pour ateliers, avec le pan 18 vitré et orienté au nord. La portion de gauche est une demi-ferme du type Polonceau à 3 bielles dont nous parlerons bientôt.

Dans cette ferme 29 les charges ne sont pas symétriques par rapport aux appuis ; de plus la charge 4 est plus forte que les autres. On détermine A et B en traçant un funiculaire (56) ou en prenant les moments par rapport aux appuis, comme dans le cas d'une poutre simple.

Ces réactions connues on trace de suite les lignes 4, 5, 6, 7, 8 et 9. Sur chacun des nœuds de la barre 10 nous avons trois forces inconnues : 10, 11, 12 au nœud supérieur et 10, 13, 17 au nœud inférieur. Nous ne pouvons donc pas continuer d'appliquer la marche ordinaire. Pour lever la difficulté, il suffit de déterminer la tension 10. Cette force reste la même si la charge 3 est, pour un moment, supprimée et répartie par moitié sur chacun des nœuds voisins, les barres 12 et 14 ne supportent aucune tension. La charge au nœud 2 est actuellement 2′ et la résultante de 2′, 7 et 8 nous donne 10 et 11'. Maintenant rétablissons la charge 3. Au nœud 2, la résultante de 2, 7, 8 et 10 nous donne 12 et 11. Au nœud inférieur, la résultante de 9 et 10 nous donne 13 et 17. Au nœud 3, la résultante de 3 et 11 nous donne 14 et 15. Au nœud 4, la résultante de 4 et 15 nous donne 16 et 18. Toutes les tensions sont donc déterminées.

Fermes à 5 pannes (Pl. XVIII). — Comme précédemment nous supposons les fermes symétriques, les charges égales sur les pannes, par suite A = B = la demi-somme des charges. Il suffit de ne considérer qu'une moitié de la ferme.

N° 30. — Cette ferme n'offre aucune particularité, tous les nœuds étant à 3 barres, les lignes de diagramme se tracent comme précédemment.

N° 31. — On trace encore facilement les lignes 4, 5, 6 et 7. Mais arrivé là, on trouve la même difficulté qu'au n° 29. On opère alors comme au n° 21, on passe au nœud 3 et on détermine 10 et 11 ; maintenant revenant au nœud 2, la résultante de 10, 2, 7 donne 8 et 9. Les autres lignes sont symétriques aux précédentes.

N° 32. — Après avoir décomposé A suivant 4 et 5, on retrouve la même difficulté qu'au n° 29 et on la résoud comme nous l'avons dit. On suppose que la charge 2 est enlevée et répartie par moitié sur les nœuds 1 et 3, les barres 8 et 11 ne supportent plus aucune tension : alors la charge du nœud 1 est 1' et la résultante de 1' et 4 donne 6 et 7'. Au nœud inférieur la résultante de 5 et 6 donne 9 et 10. Maintenant rétablissons la charge 2, au nœud 1 la résultante des forces 1, 4, 6 donne 7 et 8; au nœud 2, la résultante de 2 et 7 donne 11 et 12 au deuxième nœud inférieur la résultante de 11, 8 et 9 donne 13. Remarquons que au nœud supérieur 3, la charge qui agit sur la moitié gauche de la ferme est 1/2 de 3. Or la résultante de cette force est de 12 et 13 qui agissent au même point est précisément égale à 10; c'est la poussée horizontale qu'exerce au sommet 3, une demi-ferme sur l'autre.

N°s 33 et 34. — Les diagrammes de ces deux fermes où tout est symétrique, ne présentent plus aucune difficulté, nous n'insisterons pas sur leur construction.

Fermes à 7 pannes (Pl. XIX-XX). — Ces fermes sont tracées avec la même pente, la portée est égale à 3 fois la hauteur. En raison de l'importance qu'elles présentent, nous avons tracé les diagrammes à une même échelle, cela permet de comparer de suite les tensions produites dans chaque système.

Type Français ou Polonceau, n°s 35 et 36. — Ce type est très rationnel en ce que les barres comprimées (7, 11, 16) présentent, ensemble, une longueur moindre que dans les autres systèmes. La construction des diagrammes ne présente plus rien de particulier, après ce que nous avons dit du n° 32. On trace facilement les lignes 5 à 10. En chaque nœud de la barre 11 nous avons trois tensions inconnues, pour lever la difficulté, répartissons pour un moment la charge 3 sur les nœuds voisins, les barres 13 et 16 ne supportent plus aucune tension. Maintenant les forces connues au nœud 2 sont 2', 8 et 9, leur résultante décomposée suivant les barres 11, 12 donne les lignes 11, 12'. Connaissant la force 11, rétablissons la charge 3 à sa place, alors au nœud 2 la résultante des forces connues 2, 8, 9, 11 donne 13 et 12 et ainsi de suite. Au sommet de la ferme les forces, un demi de 4, 17 et 18 ont aussi pour résultante la force 15, c'est la poussée horizontale qu'une moitié de la ferme exerce sur l'autre.

Nous avons indiqué en éléments une modification au n° 35 ; le tirant 15 est relevé en 19, 19' à l'aide du poinçon 20. Les lignes 19, 19' et 20 donnent les tensions.

Type Belge, n°s 37-38. — L'arbalétrier et l'entrait rectiligne sont reliés par des barres ou bracons 7, 11, 15, perpendiculaires à l'arbalétrier et par les tirants 9, 13, 17. On peut ainsi multiplier à volonté le nombre des bracons. Le tracé des diagrammes n'offre absolument aucune particularité, puisqu'en chaque nœud nous n'avons jamais que deux tensions inconnues. Au n° 38, le tirant 18, relevé par le poinçon 19, est souvent remplacé par le tirant horizontal 21 ; sa tension est donnée par la ligne 21 et celles des barres 17 devient 17'.

Type Anglais n°s 39 à 42. — Il consiste à relier l'arbalétrier et l'entrait par des barres verticales et des tirants dont l'obliquité varie. On peut, mieux que précédemment, multiplier à volonté ces barres pour en avoir une sous chaque panne.

Les systèmes 39 et 40 sont préférés pour construction métallique, et les systèmes 41 et 42 pour constructions bois et fer, parce que, dans les premiers, les barres verticales comprimées sont moins longues que les bracons comprimés des derniers.

Dans les fig. 39 et 41, nous avons tracé, en éléments, les fermes avec tirant horizontal et leurs lignes correspondantes dans les diagrammes.

Dans les n°s 40 et 42, nous avons supposé que le tirant supportait un plancher ou plafond donnant en chaque nœud inférieur les charges 5, 6, 7, 8.

N° 40. — La réaction A est toujours égale à la demi-somme des charges de toute la ferme. En décomposant A suivant les directions 9 et 10, les lignes 9-10 donnent les tensions. Maintenant au nœud 1, la résultante de 1 et 9 donne 11 et 12 ; au nœud inférieur 8, la résultante de 11, 10, 8, donne 13 et 14. Au nœud 2, la résultante de 2, 12, 13, donne 15 et 16, et ainsi de suite. On trouvera, ce qui est évident à priori, que la tension du poinçon 23 est précisément égale à la charge inférieure 5.

On trace de même le diagramme 42. Après avoir tracé 9 et 10, on passe au nœud inférieur 8, la résultante de 8 et 10 donne 11, tension précisément égale à 8, et $14 = 10$, ce qui est évident à priori ; puis on continue en chaque nœud comme précédemment.

Fermes à pannes multiples (Pl. XXI). — Le n° 43 est une combinaison des types Polonceau et Belge, le tracé en éléments est une modification qui laisse un plus grand vide au milieu, en diminuant les longueurs des barres comprimées.

La construction du diagramme n'offre rien de particulier. Ayant décomposé A en 7 et 8, on passe aux nœuds suivants et on détermine facilement les tensions 9 à 16. Arrivé là, on trouve, comme pour la ferme Polonceau, trois tensions à déterminer en chaque nœud extrême de la barre 17. Nous lèverons la difficulté par le moyen que nous avons déjà appliqué. Supposons les charges 4 et 5 reportées en 3 et 6. La charge au nœud 3 se compose alors de $3 + 4$, traçons la résultante R de cette charge et des forces connues 14 et 15, en la décomposant suivant la barre 17 et l'arbalétrier, on obtient les lignes 17 et 23. Maintenant rétablissons les charges 4 et 5 sur leurs nœuds. Au nœud 3, la résultante de 3, 14, 15 et 17 nous donne 20 et 21, et on continue le tracé du diagramme dont les lignes sont symétriques aux précédentes.

N° 44. — Pour de grandes portées, on a établi des types multiples. Chaque portion BE, ED est formée d'une des fermes précédentes où chaque portion de l'arbalétrier est armée comme une poutre indépendante. Le tracé du diagramme ne présenterait aucune difficulté, mais il deviendrait un peu compliqué. Il est préférable de diviser l'opération en deux opérations simples, puis d'ajouter ensemble les résultats obtenus. A cet effet, on suppose d'abord la charge totale reportée sur les nœuds C, D, E. Pour le n° 44, si P est l'une des charges, on aurait en D et en E une charge 4 P et sur l'appui, $B' = 6P$. Nous avons fait 4 P égale à trois charges de la fig. 43. En décomposant B' on a les lignes 10' et 16 ou les tensions de l'arbalétrier BE et de l'entrait, passant au nœud E, la résultante de 4 P et de 10' nous donne 17' et 23'.

Maintenant, rétablissons les charges 1 à 8 sur chaque nœud, traçons fig. (B-E) le diagramme de la poutre BE, considérée seule et portant les charges 1, 2, 3, puis celui E-D) de la poutre ED. Il est clair que les divers tronçons de l'arbalétrier BE auront pour tension $10' + 1'$, $10' + 2'$, $10' + 3'$, $10' + 4'$. De même, pour la portion ED, on ajoutera successivement à 23' les tensions du diagramme (E-D) 5', 6', 7', 8'.

Ces additions peuvent se faire graphiquement : il suffit de transporter le diagramme (B-E) parallèlement à lui-même, de façon que le point m vienne coïncider avec m à l'extrémité de 10', puis le diagramme (E-D), de façon que n vienne en n à l'extrémité de 23', puis en prolongeant les lignes 1' à 8' on complétera le diagramme.

On peut traiter ainsi la ferme 43, la charge totale reportée en C, D, E donne 3 P en chaque nœud (P étant la charge sur un nœud), on en déduit les lignes 10, 17 et 23, puis on trace les diagrammes (A-C) et (C-D), et, en les reportant, le premier en m, le second en n', on retrouve le diagramme complet déjà tracé.

On pourrait traiter ainsi la ferme Polonceau à trois bielles.

Action du vent (Pl. XXI). — Pour des constructions importantes, il est utile de se rendre compte de l'accroissement de tension que peut produire un vent violent dans les barres d'une ferme. Nous admettons, pour simplifier les calculs, que la direction du vent est horizontale.

Soit q la pression qu'exerce le vent, par mètre carré ou totale, sur une surface verticale, la composante Q normale à la surface de la toiture sera :

$$Q = q \sin \alpha = q \frac{h}{s}.$$

Connaissant la pression normale, par mètre ou totale, on en déduira la pression sur chaque nœud de l'arbalétrier. Cette pression totale est équilibrée par les réactions des appuis. Nous distinguerons trois cas, n°s 45, 46 et 46 bis.

N° 45. *Les deux extrémités de la ferme sont fixées.* Les réactions A et B sont alors parallèles à Q et on a :

$$A : Q :: x' : (x + x'), \qquad \text{puis} \qquad B = Q - A.$$

Formons le polygone de ces forces extérieures, $a'b' = Q$, $a'c = A$, $cb' = B$, à une échelle quelconque. Maintenant traçons comme d'habitude le diagramme des forces intérieures ou tensions des barres. Sur l'appui A la réaction effective se réduit à *ac*, menons de ses extrémités les lignes 1 et 2 qui déterminent les tensions des barres 1 et 2. Sur l'appui B, la réaction effective est *cb'*, décomposons-la suivant les directions des barres 3 et 4. La résultante des tensions 3 et *cb* donne 5 et 6, puis, complétons le diagramme; nous aurons toutes les tensions dues au vent et que l'on devra ajouter, avec leur signe, aux tensions dues à la charge permanente.

N° 46. *L'extrémité* A *est fixe, celle* B *est mobile*. La réaction B est verticale, celle A passe en 0 où B et Q se rencontrent. Si donc $a'b' = Q$, les parallèles menées de ses extrémités aux directions A et B déterminent ces réactions. Cela fait, on trace le diagramme comme précédemment, en remarquant que la réaction résultante en A est *ac*.

N° 46 bis. *L'extrémité* B *est fixe, celle* A *mobile*. La réaction en A est verticale et celle B passe en 0. Décomposons $a'b' = Q$ suivant ces directions, on aura A et B. La résultante des actions en A étant *ac*, on construit le diagramme comme ci-dessus. Dans ce troisième cas, le tirant 4 est comprimé comme l'arbalétrier 3; cette compression est à déduire de la tension produite par les charges permanentes.

Dans les trois cas, les barres intermédiaires du côté de la ferme opposé au vent ne subissent aucune tension due au vent. On voit que le deuxième cas est celui qui donne les tensions les plus fortes, puisque, dans ce cas, la ferme tend à s'ouvrir par l'action du vent.

Consoles (Pl. XXII, n°s 47-48). — Nous avons tracé les diagrammes pour diverses dispositions de consoles, ces tracés ne présentent aucune particularité. Nous avons supposé la charge 1 égale à la moitié des charges 2, 3, 4, mais, quelle que soit la valeur des charges, la construction du diagramme ne change pas. On forme le polygone des charges 1, 2, 3, 4, fermé par la réaction verticale de l'appui, égale à la somme des charges. On décompose la charge 1 suivant les deux barres 5-6, puis on passe aux nœuds suivants et on trace toutes les lignes sans difficulté.

Grue tournante (n° 49). — La volée d'une grue n'est autre qu'une console.

Soit P le poids que doit supporter la grue, négligeons pour le moment le poids propre des pièces. L'appareil repose sur un pivot *i* et un contrepoids Q équilibre le poids P, de telle sorte que l'arbre porte-pivot n'est pas soumis à la flexion. On demande de déterminer les tensions dans les barres 1 à 20 et aussi la valeur du contrepoids Q?

Solution. — Traçons, commme base du diagramme, une verticale représentant à l'échelle voulue le poids P. Par ses extrémités, menons les lignes 1, 2 parallèles aux barres 1, 2, ces lignes déterminent les tensions des barres. Maintenant décomposons 1 suivant 3 et 4; puis, passant au nœud inférieur, la résultante de 2 et 3 donne 5 et 6; continuant ainsi d'un nœud à l'autre, nous trouvons enfin les tensions 12, 13, 15 et 17. Au nœud *i*, les forces 12, 13, 15 ont pour résultante la force 16. Maintenant décomposons 16 suivant les directions 18 et 19, la longueur 19 représente, à l'échelle adoptée pour les forces, le contrepoids Q. Enfin les forces 17 et 18 ont pour résultante la verticale 20, qui représente la charge totale $P + Q$ reportée par les barres verticales 20 sur le pivot *i*. Ainsi tout le problème est résolu. Si on voulait tenir compte du poids propre des pièces, on opérerait comme pour le pont tournant suivant.

Pont tournant (n° 50). — Un pont tournant se compose d'une volée utile et d'une volée d'équilibre pouvant tourner autour de AB. Nous supposons données les charges supérieures 1 à 5 comprenant la surcharge et le poids propre, ainsi que les charges inférieures 5 à 9 dues au poids propre en chaque nœud, évalué d'abord approximativement. Nous voulons déterminer les tensions des barres 16 à 33 de la volée et le contrepoids Q, dont nous donnons la distance à l'axe AB. Ce contrepoids Q étant la résultante des poids qui agissent en tous les nœuds de la volée d'équilibre, si nous connaissons les poids propres 10 à 15 en chaque nœud, nous en déduirons les contrepoids q et q' à ajouter aux charges 11 et 12.

Solution. — Considérons d'abord la volée utile. La barre verticale extrême V supporte la charge supérieure 5 et la transmet au nœud inférieur, la barre horizontale o a une tension nulle. Portons en ab, à une échelle quelconque, les charges 1 à 9; puis, en partant du nœud 5, décomposons cette charge suivant 16 et 17; au nœud 4, la résultante de 16 et 4 donne 18 et 19; au nœud 6, la résultante de 18, 17, 6, donne 21 et 22; et ainsi de suite nous trouvons toutes les tensions jusqu'à celles 31, 32, 33. Si on voulait connaître la position de la résultante P de toutes les charges 1 à 9, il suffirait de mener dans le diagramme la ligne ac, puis, sur le tracé de la poutre, la ligne parallèle AC. Le point C, de rencontre avec le prolongement de la barre 33, est un point de la verticale de la résultante P. Cela revient à remplacer les barres 31, 32 par la barre fictive AC dirigée suivant leur résultante.

Connaissant les tensions 31, 33, nous pouvons déterminer la section de ces barres et vérifier si le poids propre 9 est exact. Actuellement nous pouvons déterminer la valeur de la résultante Q qui fait équilibre à P. La distance BD étant donnée, menons AD qui représente une barre fictive; puis, dans le diagramme, menons la ligne parallèle cd, la longueur de la verticale bd représente à l'échelle des charges la résultante Q. La tension cd est aussi la résultante des tensions des barres 34, 35 ou de ac et $P+Q$; par conséquent, les lignes 34, 35 donnent ces tensions. Au nœud 10, la résultante de 10, 33, 35, donne 36 et 37; puis au nœud 15, la résultante de 15, 34, 36 donne 38 et 39. Au nœud 14, la résultante de 14 et 39 donne 40 et 42, en menant mn parallèle à la barre 42. En effet, la barre o a une tension nulle et la barre V comprimée transmet la charge 13 au nœud inférieur 12. Enfin, si nous menons par n une horizontale parallèle à la barre 41, elle donne la tension 41 et découpe sur la verticale bd des charges, des longueurs représentant $q = 11$ et $q' = 12 + 13$.

Fermes avec auvent (Pl. XXIII, n°s 51-52). — Traçons les polygones ab des charges 1 à 8, équilibrées par la réaction de l'appui, puis, traçons les lignes du diagramme relatives à l'auvent. Comme pour les consoles, la charge 1 donne les ligne 9 et 10, et ainsi de suite jusqu'à l'appui. Sur le nœud inférieur de la barre 19 agit la force $18 = ac$ sur le diagramme et la réaction verticale de l'appui égale à la charge sur la demi-ferme et représentée par ad, nous en déduisons de suite les tensions 19 et 22 des deux barres 19-22. Au nœud 4, la résultante des forces 4, 16, 17, 19, tracée en éléments, donne 20 et 21. Au premier nœud inférieur, la résultante de 21 et 22, aussi tracée en éléments, donne 23 et 26. En continuant ainsi, on détermine facilement toutes les tensions.

Quelle que soit la disposition des barres de l'auvent et de la ferme, le tracé du diagramme n'offre pas plus de difficulté.

POUTRES

Poutres droites (Pl. XXIII, n° 53). — Le diagramme pour la *charge totale*, dont nous n'avons tracé que la moitié, est le même pour les deux dispositions à gauche, que les charges soit supérieures ou inférieures. Pour les deux dispositions de droite, on a aussi un même diagramme. Leur construction est si simple, qu'il nous paraît inutile d'insister; elle reste la même si les charges sont inégales en chaque nœud, il suffit de déterminer d'abord les réactions sur les appuis.

Les barres intermédiaires aboutissant à un nœud non chargé ont même tension.

Dans le cas d'une *charge unique*, à une distance quelconque des appuis, l'effort tranchant reste constant à droite et à gauche de la charge ; par conséquent, les tensions des barres intermédiaires 6, 7, 9,... restent constantes de chaque côté de la charge.

De même, si la *charge est partielle*, les barres intermédiaires de la partie non chargée ont même tension.

Dans le cas où on considère *tous les nœuds chargés*, la modification du diagramme est bien simple, les exemples pl. XX et suivants indiquent assez la marche à suivre.

Dans le cas d'une *surcharge mobile*, nous savons que les tensions des barres intermédiaires sont seules influencées; elles atteignent leur tension maximum quand tous les nœuds, à leur droite, par exemple, sont seuls chargés. La variation de l'effort tranchant qui détermine cette tension est donnée par la courbe des F_m, tracée pl. XIV, et qui tient compte de la charge permanente et de la surcharge mobile.

Poutres armées (n°s 54, 55, 56). — Nous supposons toujours les charges égales et symétriques par rapport aux appuis. (Nous désignons ici les charges par les chiffres I, II, III, afin de conserver les mêmes numéros de barres dans les quatre figures.) Par suite A = la demi-somme des charges. Ayant décomposé A suivant les barres initiales 1 et 2, on passe ensuite aux nœuds voisins et on obtient facilement toutes les lignes. Les n°s 54, 55, 56, représentent chacun deux dispositions de barres auxquelles correspondent une moitié du diagramme.

Ces poutres peuvent être retournées, les charges restant à la partie inférieure ; les diagrammes ne changent pas, mais toutes les tensions changent de signe, les barres comprimées sont tendues et réciproquement.

Nous examinerons, en parlant de la poutre mixte, l'effet de la surcharge mobile.

Poutre parabolique (Pl. XXIV). Le n° 57 est la poutre simple. Dans le diagramme, les rayons ou lignes parallèles aux côtés de la membrure polygonale inscrite dans une parabole, aboutissent en un même point *o* et *oc* représente, à l'échelle des charges, la tension horizontale constante en chaque nœud ; c'est celle du tirant et de la barre 8 au sommet. Les verticales et les diagonales ne subissent aucune tension pour la charge totale supérieure. Si les nœuds inférieurs sont chargés, les barres verticales sont tendues, elles transmettent ces charges aux nœuds supérieurs et les tensions des membrures augmentent dans la même proportion que la charge totale.

Cas d'une surcharge mobile. — Supposons qu'il s'agisse d'une poutre de pont dont le tablier est établi sur la corde AB. Les tensions des membrures atteignent leur maximum pour la surcharge totale du pont, les charges 1 à 6 comprenant donc le poids propre et la surcharge, ces tensions sont données par le diagramme. Mais, pour les barres intermédiaires, nous devrons distinguer le poids propre du pont ou poids mort et la surcharge mobile. Le poids mort uniforme n'a d'influence que sur les verticales, leur tension est égale à ce poids en chaque nœud inférieur; tandis que la surcharge mobile partielle influence les diagonales et les verticales. La tension totale de ces dernières sera celle produite par la surcharge partielle, plus le poids mort constant. Nous savons que la tension de deux barres quelconques est maximum quand tous les nœuds d'un même côté de ces barres sont seuls chargés. Si la surcharge 6′ par exemple, est supérieure, les barres 21 et 18 subissent leur tension maximum. Si la surcharge 6′ est inférieure ce sont les barres 18 et 20 qui subissent leur tension maximum. Supposons donc la surcharge s'avançant de droite à gauche et traçons la courbe F_m des efforts tranchants. Si cette surcharge est uniforme et égale à P par nœud, on aura, pour le cas de 7 panneaux, les valeurs successives :

$$F_6 = 1/7\ P; \quad F_5 = 3/7\ P; \quad F_4 = 6/7\ P; \quad F_3 = 10/7\ P; \quad F_2 = 15/7\ P;$$

enfin pour la surcharge totale, $F_1 = F_0 = {}_3P$. Les ordonnées de F_m varient donc comme les numérateurs des coefficients de P, leurs différences, 2, 3, 4, 5, croissent de une unité. Actuellement traçons un diagramme en supposant une surcharge unique 6′, telle que la réaction F_0 en A soit égale à une tonne l'unité de charge et ne considérons dans chaque panneau que la diagonale tendue s'élevant à gauche, nous obtenons ainsi les lignes ou tensions 11′ à 21′. Maintenant les tensions réelles maximum des diagonales 18 à 11 seront, à mesure que la surcharge avance :

$$18' \times F_6; \quad 17' \times F_5; \quad 16' \times F_4; \quad 14' \times F_3; \quad 11' \times F_2.$$

Les tensions des verticales 20 à 9 deviennent successivement, pour la surcharge mobile inférieure :

$$20' \times F_6; \quad 19' \times F_5; \quad 15' \times F_4; \quad 12' \times F_3; \quad \text{les tensions } 9 = 21 = 0.$$

A ces tensions des verticales il faut ajouter le poids mort.

Enfin comme la surcharge peut circuler en sens inverse, on munira chaque panneau de contre-diagonales dont les tensions seront égales aux précédentes, en retournant la figure bout par bout. Si la surcharge mobile n'agit que sur les nœuds supérieurs les tensions des diagonales restent les mêmes, mais celles des verticales 21 à 12 deviennent

$$21' \times F_6; \quad 20' \times F_5; \quad 19' \times F_4; \quad 15 \times F_3; \quad 12' : F_2.$$

Observation. Dans le tracé du diagramme pour $F_0 = 1$ tonne, le professeur Mohr, dont nous avons déjà cité le nom en parlant de la poutre continue, a fait voir qu'en prolongeant les lignes 11′, 14′, 16′, 17′, 18′; elles découpaient sur la verticale *a′ b′* prolongée des segments égaux à F_0. Cette observation fournit un contrôle utile dans le tracé du diagramme.

Nous ferons une autre observation, c'est que, une verticale quelconque, *mn* par exemple, est coupée en parties égales par les lignes 7, 10, 13... parallèles à la membrure polygonale.

Poutre en croissant (Pl. XXIV). — Nous supposons que les deux polygones des membrures sont inscrits à des paraboles. Supposons les charges agissant sur les nœuds supérieurs et formons le polygone *ab* de ces charges. Décomposons A suivant 7 et 8, puis au premier nœud inférieur décomposons 8 suivant 9 et 12 ; au nœud supérieur 1, les forces connues 1, 7, 9 ont pour résultante 10. Les diagonales sont comme précédemment sans tension sous une charge totale. On complète ainsi le diagramme. Si les charges agissaient sur les nœuds inférieurs les tensions des verticales seraient augmentées de ces charges, celles des membrures restant les mêmes.

Surcharge mobile. — Les tensions des diagonales et des verticales dues à la charge mobile se déterminent comme précédemment en traçant la courbe des F_m et le diagramme des tensions pour $F_0 = 1$ tonne. On a alors, en supposant comme dans le cas d'un pont, la surcharge agissant sur les nœuds inférieurs, pour les diagonales 23 à 11, s'élevant à gauche :

$$23' \times F_6 ; \quad 21' \times F_5 ; \quad 19' \times F_4 ; \quad 15' F_3 ; \quad 11' \times F_2$$

et pour les verticales 22 à 9 on a :

$$22' \times F_6 ; \quad 20' \times F_5 ; \quad 17' \times F_4 ; \quad 13' \times F_3 ; \quad 9' \times F_2 .$$

A ces tensions des verticales il faut ajouter le poids mort inférieur.

Enfin la surcharge mobile pouvant circuler en sens inverse on munira chaque panneau de contre-diagonales en retournant la figure précédente bout par bout.

Nous remarquerons, comme précédemment, que dans le diagramme pour $F_0 = 1$, une verticale quelconque *mn* par exemple, est coupée en parties égales par les lignes parallèles aux membrures.

Poutre mixte (Pl. XXV). — Les poutres droites, et les poutres paraboliques dont nous nous sommes occupé, constituent des cas particuliers de la poutre polygonale quelconque. Dans celle-ci, toutes les barres intermédiaires sont influencées par la surcharge mobile et par le poids mort. La méthode reste la même, il suffit de la généraliser : aussi ce que nous allons dire de la poutre mixte, s'appliquera à une poutre quelconque et nous ne multiplierons pas, inutilement, les exemples. La poutre mixte (pl. XXV), est formée de parties droites et de parties polygonales quelconques ou déterminées comme pour la poutre Schwedler. Nous supposons qu'il s'agit d'une poutre de pont et que le tablier est situé à la partie inférieure. Les charges 1 à 8 sur ces nœuds inférieurs comprennent le poids propre du tablier, celui du tirant et la moitié du poids des barres intermédiaires, plus la surcharge maximum totale du pont. Les charges supérieures, 9 à 16 ne comprennent que le poids propre de la semelle et la moitié du poids des barres intermédiaires.

Le diagramme tracé pour les charges totales, donnera les tensions maximum des membrures. Formons le polygone des charges ou forces extérieures, la réaction A est évidemment égale à la demi-somme des charges (1 à 4 + 13 à 16), décomposons la suivant les directions 17, 18. Au nœud 1, la résultante de 1 et 18 donne 19 et 18'. Au nœud supérieur la résultante des forces connues 19, 17, 16, donne 20 et 21 et ainsi de suite on complétera le diagramme en considérant des diagonales symétriques.

Surcharge mobile. — Nous savons que les tensions des barres intermédiaires, sont seules influencées par cette surcharge et leur tension totale sera celle due au poids mort jointe à celle due à la surcharge partielle. Les tensions de ces barres, dues au poids mort q, seront données par le diagramme précédent des charges $p+q$ en chargeant l'échelle des charges dans le rapport de $p+q$ à q.

Quant aux tensions dues à la surcharge partielle, elle s'obtiendront comme précédemment en traçant la courbe des efforts tranchants F_m et le diagramme des tensions pour une réaction en A égale à $F_0 = 1$ tonne, puis en multipliant les tensions 38′ à 21′, par la valeur de F_m correspondante. Nous avons tracé ce diagramme en considérant, dans la partie droite de la poutre les diagonales tendues, celles s'élevant à gauche. Enfin comme la surcharge peut circuler en sens inverse, on établira des contre-diagonales en retournant bout par bout la figure précédemment obtenue.

Poutre en double triangle (Pl. XXV). — Nous supposons tous les nœuds supérieurs également chargés. Les nœuds A, B, C, étant articulés, comme tous les autres, pour que la poutre soit en équilibre, il faut que les réactions des appuis soient précisément dirigées suivant AC et BC. Dans ces conditions, chaque moitié triangulaire est exactement dans la même situation que si elle était posée sur deux appuis (fig. D). En effet, les composantes horizontales des réactions étant détruites par la résistance des appuis, chaque demi-poutre n'est plus soumise qu'aux réactions verticales agissant à ses extrémités. La charge P, située sur le nœud C, n'a d'effet que sur les barres AC et BC, qu'elle comprime ; de même les charges 0,5 P situées sur les verticales des appuis n'ont d'effet que sur les barres V qu'elles compriment, les barres O de la portion à gauche, ont une tension nulle. Les réactions verticales pour chaque demi-poutre, sont donc (fig. D) : $A = B = 0{,}5\ (1+2+3)$. On trace facilement le diagramme de cette demi-poutre de gauche, et celui de la demi-poutre de droite, présentant une modification dans la construction. Actuellement, il n'y a plus qu'à ajouter à la compression 5, celle due à la charge P agissant en C, pour avoir la compression totale des barres AC et BC. A cet effet, reportons les diagrammes de chaque demi-ferme sur la même ligne *ab* des charges. Les forces 4, 4, et P qui agissent en C, donnent les tensions 15, 15, donc $oa = od$ représente la compression des barres AC, CB et la ligne *oc* du diagramme représente la poussée horizontale en C et sur les appuis.

Les surfaces des appuis devront être évidemment perpendiculaires aux directions A — 2, B — 2′ ou *of* qui résultent de la composition de *oa* ou *ob* avec la charge 0,5 P.

Poutre à jambages (Pl. XXV). — Cette poutre, dont tous les nœuds sont également chargés, est du type Warren modifié, mais les triangles extrêmes forment des jambages qui reposent sur des surfaces d'appui obliques. Les réactions de ces appuis auront la direction que nous voudrons, soit, suivant A et B′. Pour avoir leur intensité, formons le polygone *ab* des charges 1 à 5, puis menons par ses extrémités des parallèles à A et B, nous les limiterons à la verticale *cd*, qui représente la somme des charges inférieures 6 à 9. Maintenant la construction du diagramme nous est familière ; décomposons A suivant 10 et 11, puis, au nœud 1, la résultante de 10 et 1 donne 13 et 12, et ainsi de suite en chaque nœud. Les charges 1 à 9 comprennent le poids mort et la surcharge, elles sont toutes égales et les verticales ne font que transmettre le poids du tablier et de la surcharge au nœud supérieur. Notre poutre étant symétrique, nous n'avons tracé que la moitié du diagramme.

Les surfaces des appuis, seront perpendiculaires aux directions *ae* et *bf*, qui résultent de la composition de *ad* et *bc* avec les charges *de* et *cf* sur chaque nœud des appuis. La poussée horizontale H est représentée par la distance horizontale *be*.

Poutre en arc (Pl. XXVI). — Nous supposons, comme dans la poutre en croissant, que le système est absolument indéformable, et que par conséquent, la poussée sur les appuis, qui résulterait de la déformation élastique, est nulle.

Nous déterminerons au chapitre suivant, la poussée d'un arc élastique.

Dans ces conditions, la réaction totale des appuis sera toujours normale à leur surface. Sur une surface horizontale, en négligeant le frottement, la réaction sera verticale et égale à la moitié du poids total ; la composante horizontale sera nulle. En inclinant la surface de l'appui, la réaction normale à cette surface a toujours pour composante verticale la moitié du poids total, elle est donc déterminée, la composante horizontale H est aussi déterminée, et comme elle résulte de l'inclinaison de l'appui, on pourra lui donner telle valeur que l'on voudra.

La poutre porte un tablier supérieur et nous considérons le poids propre afférent aux nœuds inférieurs, ainsi tous les nœuds sont chargés. Soit A et B les réactions sur la poutre, résultant de la composante H précédente et de $F_0 = \frac{1}{2}$ somme des charges 1 à 14. Formons le polygone des forces extérieures, portons sur une verticale *ab* les charges supérieures, menons par les extrémités de cette ligne, des parallèles aux réactions A et B et limitons-les à une verticale *cd*, à la distance H, représentant la somme des charges sur les nœuds inférieurs. Nous avons ainsi le polygone formé des forces extérieures prises dans un ordre continu.

Cela fait, le diagramme se trace facilement, considérons la construction indiquée à gauche du dessin, la barre V supporte la demi-charge du nœud supérieur, et la barre O a une tension nulle. Décomposons A suivant 15 et 16, puis au nœud supérieur la résultante de 15 et 1 donne 18 et 17 et ainsi de suite. Si tout est symétrique, il suffit de tracer la moitié du diagramme.

Pour se rendre compte des barres tendues et comprimées nous avons tracé à part le polygone des forces agissant au nœud 1, en parcourant ces lignes en commençant par la charge 1 qui agit de haut en bas, soit de *a'* en *b'* ; puis de *b'* en *c'*, on voit que 18 est une compression ; puis de *c'* en *d'*, on voit que 17 est une traction, enfin de *d'* en *a'* on a pour 15 une compression.

La portion à droite de notre dessin, indique un autre mode de construction, les diagonales y sont tendues, au lieu d'être comprimées comme dans la portion à gauche. La résultante B des actions sur l'appui se décompose suivant 16 et la barre V. La force V ainsi obtenue est la force effective qui agit sur le nœud supérieur et se décompose suivant 15 et 18. La compression réelle de la barre V comprend la précédente ligne, plus la charge 1/2 située sur le nœud supérieur. Le reste du diagramme se tracerait facilement, nous n'avons pas fait ce tracé complètement pour ne pas embrouiller la figure.

Le diagramme de cet arc rigide, soumis à des réactions obliques, est le même dans le cas d'une poutre de pont suspendu, les forces A et B sont alors des tractions produites par les câbles de suspension et les tensions des barres sont de signe contraire à celles de la poutre en arc.

Arc parabolique. — Si le polygone de l'arc est inscrit dans une parabole, et les charges égales en chaque nœud, si de plus, les réactions A et B se confondent avec les côtés 16. Le diagramme devient celui de l'arc parabolique. Les verticales subissent une compression égale à la charge qu'elles transmettent à l'arc. Les diagonales ne subissent aucune tension pour une surcharge totale, elle ne sont influencées que par une surcharge partielle, et on déterminerait ces tensions comme précédemment.

Arc articulé à la clef (Pl. XXVI). — Nous parlerons dans le chapitre suivant des arcs articulés proprement dits. Le système que nous considérons ici, se compose de deux poutres arquées, formées de barres articulées. Ces deux poutres se réunissent sur une articulation située au sommet de l'arc. Dans ces conditions, quelle que soit la charge qui agit sur la poutre de gauche, par exemple, la réaction B de droite, a sa direction déterminée par les deux articulations. Si le nœud 1 est seul chargé, en prolongeant B jusqu'en O_1 sur la verticale de 1, il est clair que la réaction A' de l'appui de gauche, doit passer par ce point O_1, puisque les deux réactions B et A , doivent équilibrer la charge 1. Ces deux réactions sont donc bien déterminées dans tous les cas. On voit aussi qu'une charge P, agissant directement sur la charnière à la clef est reportée sur les appuis, par les réactions A et B concourant à cette charnière, elle n'a d'effet que sur la poussée de l'arc et n'en a aucun sur les barres qui composent les poutres. La barre V à la clef supporte la charge 0,5 P et la barre O a une tension nulle.

Maintenant, nous supposons que la poutre de gauche est entièrement chargée, la résultante des charges 1, 2, 3, 4, 5, 6, 7, 8 ou ΣP étant déterminée, on a le point O de rencontre avec B et la réaction A passe en ce point O. Formons donc le polygone des forces extérieures, traçons la verticale des charges 1, 2, 3, 4 ; par ses extrémités, menons des parallèles A, B aux réactions et limitons-les à une verticale représentant les charges inférieures 5, 6, 7, 8. Actuellement décomposons A suivant les barres V et 11, puis V, suivant 9 et 10, puis la résultante de 10, 11 et 8 donne 15 et 12, et ainsi de suite.

La compression réelle de la barre V sur l'appui, est celle de la ligne V, plus la charge 0,5 P.

CHAPITRE XII

ARCS

Nous entendons ici par *arcs*, des pièces ayant une courbure plane quelconque, située dans le plan des forces et une section pleine ou évidée ; mais dont la hauteur, normale à la courbe moyenne, est faible par rapport à la distance des appuis. On peut donc considérer un arc comme réduit à sa courbe moyenne, alors la surface sur les appuis est réduite à un point. C'est aussi l'hypothèse que l'on fait dans la théorie des arcs, donnée dans les traités de résistance des matériaux.

Quand on donne à un arc une base d'appui large, on n'est jamais certain du point où passe la réaction de cet appui, ou résultante des pressions. En effet, supposons même, ce qui n'est pas facile à vérifier, que, au moment du montage, la base de l'arc repose très exactement sur l'appui, cet arc métallique étant élastique et dilatable, il est clair que la surcharge jointe à un abaissement de température, produiront un raccourcissement de l'arc et par suite un bâillement du joint d'appui à l'extrados. Si le calage de l'arc est fait sous une surcharge et à basse température, l'enlèvement de cette surcharge, joint à une élévation de température produiront un allongement de l'arc et par suite un bâillement du joint d'appui à l'intrados.

C'est pour lever cette incertitude sur les conditions de résistance des arcs qu'on les construit avec *rotules*, réalisant le point d'appui unique. Enfin pour réaliser aussi l'hypothèse que les réactions à la clef, passent par la fibre moyenne, on a établi la *charnière* à la clef.

Nous aurons donc à étudier les méthodes de calcul des *arcs à trois articulations* ; des *arcs continus articulés sur les appuis*, et nous en ferons les applications à quelques constructions récentes importantes. Enfin nous indiquerons le calcul des *arcs encastrés*, par la méthode graphique de Eddy, quoique les résultats obtenus au pont Saint-Louis, à arcs encastrés, n'aient pas provoqué de nombreuses applications de ce mode de construction. Nous ne nous occuperons pas des combinaisons que l'on peut faire de ces systèmes, telles que : *arcs encastrés d'un bout et articulés de l'autre ; arcs encastrés aux deux bouts avec une ou deux charnières*, dont Eddy a donné la solution graphique, parce que nous n'en connaissons pas d'application.

ARCS A TROIS ARTICULATIONS

Un arc ainsi constitué (fig. 211), se calcule simplement par la statique, et sa résistance n'est pas influencée par les variations de température. Ce sont là les avantages de ce système. Depuis longtemps déjà, on a construit en Allemagne, des ponts et des fermes de charpente à trois articulations et c'est dans ce système, que sont établies les fermes de 110 mètres de la galerie des machines et celles de 50 mètres de la galerie des Beaux-Arts de l'exposition de 1889, dont nous donnons ci-après les conditions d'établissemement.

235. Charge unique. — Supposons d'abord un arc réduit à sa fibre moyenne portant une charge unique quelconque P. Cette charge peut être concentrée, ou résulter d'une charge uniforme sur une portion élémentaire de l'arc ou de sa corde. Nous voulons déterminer, en une section quelconque de l'arc, le moment fléchissant, la compression tangentielle ou normale à la section et l'effort tranchant perpendiculaire à cette compression.

Fig. 211.

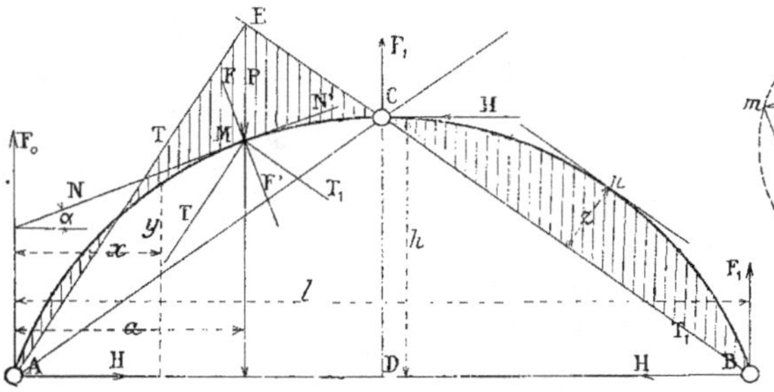

Fig. 212.

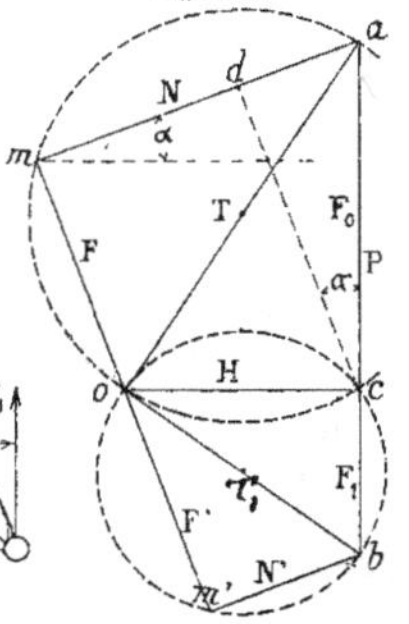

Quelle que soit la disposition de la surcharge sur une moitié de l'arc AC, par exemple, la réaction T_1 de l'appui B est évidemment dirigée suivant la corde BC, qui passe par les articulations. Le point E, où BC prolongée rencontre la verticale de P, détermine la direction AE de la réaction T de l'appui A. En effet, les réactions T et T_1, devant faire équilibre à la charge P, doivent avoir une résultante égale et opposée à cette charge. Les appuis A et B étant de niveau, les composantes horizontales H de ces réactions sont égales et opposées, c'est la poussée de l'arc. Les composantes verticales F_0 et F_1 sur les appuis, ont exactement la même valeur que pour une poutre simple, on a donc :

$$H = P\frac{a}{h}; \qquad F_0 = P\frac{l-a}{l}; \qquad F_1 = P\frac{a}{l} = P - F_0.$$

F_0 est constant de A en M et F_1 est constant de B en M.

Si on voulait déterminer la valeur de T et de T_1, on aurait :

$$T = \sqrt{F_0^2 + H^2} \qquad \text{et} \qquad T_1 = \sqrt{F_1^2 + H^2}.$$

Moments. — Maintenant il est facile de déterminer les moments de flexion μ. Pour tout point dont les coordonnées, par rapport à l'appui A ou B sont x et y, on a :

$$\text{de A à M,} \qquad \mu = F_0 x - Hy.$$

$$\text{de B à M,} \qquad \mu_1 = F_1 x - Hy.$$

$$\text{En M on aura} \quad \mu_1 = \mu \quad \text{et} \quad \text{en C,} \quad \mu_1 = 0 = F_1 \frac{l}{2} - Hh.$$

Pour l'arc BC, non chargé, les moments peuvent encore s'écrire $\mu = T_1 z$, son maximum a lieu au point n, déterminé par la tangente parallèle à T_1.

Si la charge P reste constante, mais se déplace sur un demi-arc, la réaction de l'autre demi-arc conserve une direction constante qui est la ligne passant par ses deux articulations, par conséquent le lieu des points E est sur le prolongement de BC ou de AC, suivant que la charge se déplace sur l'arc de gauche ou de droite.

Quel que soit le nombre des charges agissant sur une moitié de l'arc, on obtiendra de même F_0, F_1 et H. La somme de ces quantités, pour les charges agissant sur les deux moitiés de l'arc, donnera les valeurs totales qui serviront à calculer le moment μ en un point quelconque.

Compression, effort tranchant. — Si maintenant on appelle α l'angle que fait avec l'horizon la tangente à l'arc en un point quelconque, la valeur de la compression tangentielle N, et celle de l'effort tranchant F, qui lui est perpendiculaire, s'obtiendront en projetant sur cette tangente et sur sa perpendiculaire les forces extérieures F_0 et H. Ces projections sont indiquées sur la figure 212, on a :

$$N = F_0 \sin \alpha + H \cos \alpha = ad + dm, \qquad \text{et} \qquad F = F_0 \cos \alpha + H \sin \alpha.$$

Enfin dans le cas de plusieurs charges, les valeurs de N et F s'obtiendront en prenant, comme pour les moments, les valeurs totales de F_0 et de H correspondantes à la somme des charges, puis en projetant sur les directions de N et de F, ces forces et toutes les charges situées à gauche de la section considérée, on aura :

$$N = (F_0 - \Sigma P) \sin \alpha + H \cos \alpha \qquad \text{et} \qquad F = (F_0 - \Sigma P) \cos \alpha + H \sin \alpha.$$

Représentation graphique. — Dans les expressions des moments μ, μ_1, les termes $F_0 x$, $F_1 x$, ne sont autre chose que les moments qui se produiraient dans une poutre simple fictive de longueur l. Ces moments sont donc représentés par les ordonnées du triangle A E B ; tandis que les termes négatifs — Hy sont représentés par les ordonnées mêmes de l'arc, puisque H est constant. Les moments réels μ, μ_1 sont donc représentés par les ordonnées de la surface hachurée. On voit que cette surface est déterminée quelle que soit la valeur absolue de la charge, il n'y a plus qu'à déterminer à quelle échelle ces moments sont représentés sur le dessin, ce qui est facile. Puisque en C, $\mu = Hh$ est représenté par h, si $1 : n$ est l'échelle des longueurs adoptée pour le tracé, l'échelle des moments sera :

$$\frac{1}{m} = Hh : \frac{h}{n} = nH.$$

Ainsi pour $H = 2000$ k., si l'échelle des longueurs est $1 : n = 1 : 20$, on aura $1 : m = 20 \times 2000 = 40000$; c'est-à-dire que 1 mètre représente un moment de 40000 k.m, ou 1 centimètre représente un moment de 400 k.m.

Remarque. — Nous pouvons faire de suite une remarque commune à tous les arcs ; c'est que la surface des moments réels varie beaucoup moins d'un appui à l'autre que pour une poutre droite portant la même charge, et celà reste vrai quel que soit le nombre des charges. Lorsque nous supposons donc, comme nous le ferons toujours, que le moment fléchissant, et par suite le moment d'inertie d'un arc est constant, cette hypothèse qui a suffi pour la poutre droite suffit à fortiori pour un arc.

Pour obtenir graphiquement T, T_1, F_0, F_1, H, N, N', F et F', traçons (fig. 212) une verticale *ab* représentant à une échelle donnée la charge P, par ses extrémités menons des parallèles aux directions connues de T et T_1 nous déterminerons ainsi le pôle *o* et la distance polaire *oc*, on a alors à la même échelle que P, $oc = H$, $ac = F_0$, $cb = F_1$, $ao = T$ et $ob = T_1$.

Maintenant en une section quelconque de AM, la tension normale ou effort tangentiel N et l'effort tranchant F qui lui est perpendiculaire ont pour résultante T, ainsi pour une section immédiatement à gauche de M, si on mène de *a* une parallèle à N et de *o* une parallèle à F perpendiculaire sur la première, $am = N$ et $om = F$. Pour toute autre section de l'arc entre A et M, T est constant, le lieu des points *m* est la circonférence tracée sur $ao = T$ comme diamètre. De même pour la section immédiatement à droite de M, en décomposant T_1 on a, $bm' = N'$ et $om' = F'$ et pour tout l'arc BM, le lieu des points *m'* est la circonférence tracée sur $ob = T_1$ comme diamètre.

On voit enfin que toutes les forces agissant en M forment bien un polygone fermé *abm'm a*, ce qui devait être puisqu'il y a équilibre.

236. Charge uniforme totale (fig. 213). — Soit *p* la charge uniforme par mètre de la projection de l'arc ou de sa corde que nous désignons par $2l$; on a alors, $F^{\circ} = F_1 = pl$. Au point C la composante verticale est nulle, comme l'effort tranchant dans la poutre droite, il ne s'y produit que la poussée horizontale H, et puisque la résultante *pl* sur une moitié de l'arc agit au milieu de *l* on a :

$$Hh = pl\frac{l}{2} = p\frac{l^2}{2} \qquad \text{d'où} \qquad H = p\frac{l^2}{2h}.$$

Le moment en un point quelconque *m* dont les coordonnées sont *x* et *y* par rapport à l'appui A sera :

$$\mu = plx - px\frac{x}{2} - Hy = px\left(l - \frac{x}{2}\right) - Hy.$$

Le premier terme est le moment qui aurait lieu pour une poutre droite de portée $2l$, il est représenté par les ordonnées d'une parabole, le second terme est le moment négatif de H, représenté par les ordonnées *y* de l'arc, d'où μ est représenté par les portions d'ordonnées comprises entre ces deux courbes. La compression N et l'effort tranchant F s'obtiendront en appliquant les relations déjà indiquées. Ainsi pour une section quelconque dont les coordonnées sont *x* et *y*, on aura :

$$N = p(l - x)\sin\alpha + H\cos\alpha \qquad \text{et} \qquad F = p(l - x)\cos\alpha + H\sin\alpha.$$

Méthode graphique. Dans le cas d'une charge uniforme sur l'arc entier, le tracé de la parabole représentative des moments positifs est facile puisque cette courbe doit passer par les trois points ACB.

Fig. 213.

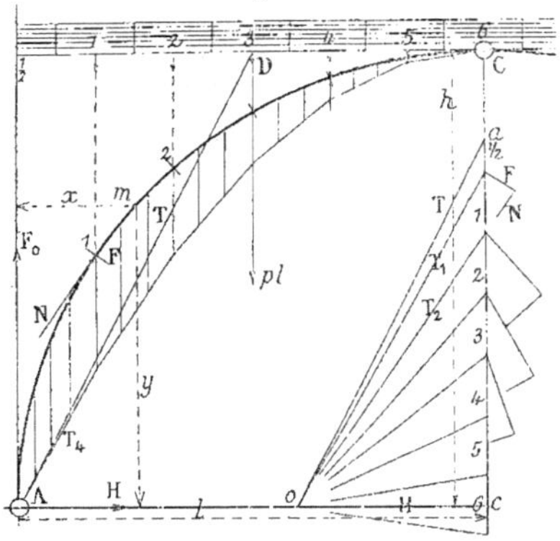

Nous savons que la résultante pl, de la charge uniforme sur la moitié de l'arc, passe au milieu de l, et qu'elle est équilibrée par les réactions en A et en C : or la réaction en C est horizontale, cette direction détermine, sur la verticale élevée au milieu de l, le point D et par suite la direction AD de la réaction en A. Les lignes CD et AD sont les tangentes extrêmes de la parabole et peuvent servir à la tracer comme nous le savons. Si maintenant nous représentons à une échelle donnée, la charge pl sur le demi arc par la longueur ac et si nous menons de a une parallèle à AD et de C une parallèle à CD nous aurons à l'échelle adoptée, $ao = T$ et $oc = H$.

Au lieu de tracer la parabole par ses tangentes extrêmes, on se contente souvent du polygone inscrit. Pour le tracer divisons la longueur l en un certain nombre de parties égales (6 sur notre figure), portons de a en c les charges 1/2, 1, 2, 3.... correspondantes aux verticales de chaque division, puis traçons les rayons au pôle o, enfin en partant de A ou de C nous tracerons le funiculaire dont les côtés sont parallèles à ces rayons. Les ordonnées de la surface hachurée représentent les moments à l'échelle nH comme nous le savons,

Compression. Effort tranchant. Chaque rayon concourant au pôle o représente en direction et en intensité, à l'échelle de ab, la résultante de translation, qui agit en chacune des sections 1, 2,... déterminées par les divisions de l'arc, de toutes les forces agissant à gauche de ces sections. Ainsi pour la section 1, T_1 est la résultante de T et de la charge 1/2 qui agissent à sa gauche. Si donc en cette section 1 on décompose T_1 suivant la tangente à l'arc et suivant une perpendiculaire à cette tangente, on aura la compression N normale à la section et l'effort tranchant F dans cette même section. On opérerait de même pour toutes les autres sections. Au point C. $F = o$ et $N = H$; au point A, $N = F_o = ab$ la charge totale et $F = H$.

Section de l'arc. — Actuellement si on se donne à priori la section S de l'arc, on vérifiera que le coefficient de résistance R par unité de section ne dépasse pas une limite convenable, par la relation :

$$R = \frac{N}{S} \pm \frac{v}{I}\mu.$$

Si la hauteur de l'arc est grande on a (91) en appelant S la section d'une membrure et b la distance des centres de gravité de ces sections, $I : v = Sb$, la relation ci-dessus devient

$$R = \frac{N}{2S} \pm \frac{\mu}{Sb} \quad \text{ou} \quad RS = \frac{N}{2} \pm \frac{\mu}{b}.$$

Cette dernière relation permet de déterminer directement la section S pour une valeur donnée de R et permet en faisant R constant de constituer un arc d'égale résistance en tous points. Nous ferons bientôt des applications de cette relation.

Arc parabolique. — Si donc dans le cas d'une charge uniforme p par mètre courant de la corde d'un arc, on donne à cet arc la forme d'une parabole ayant son sommet en C, il devient évident que la parabole des μ positifs et celle de l'arc se confondant, les moments de flexion et les efforts tranchants seront nuls. En chaque section il se produira simplement une compression N que l'on calculerait par la relation précédemment donnée, en mesurant l'angle α que fait avec l'horizon la tangente à la parabole menée en chaque section ; ou plus simplement par la construction graphique.

Action de la température. — Par suite de l'articulation intermédiaire, l'allongement ou le raccourcissement que chaque moitié de l'arc éprouvera, par une variation dans la température, aura pour effet d'accroître ou de réduire un peu l'ordonnée de cette articulation intermédiaire, mais il n'en résulterait aucune variation du moment fléchissant. Seule, la poussée serait un peu diminuée ou accrue, mais ces variations ont si peu d'importance qu'il est inutile d'en tenir compte.

237. Charges quelconques, méthode graphique (fig. 214). — La forme de l'arc peut être quelconque. Supposons un arc circulaire articulé aux naissances et à la clef. Divisons la corde en un certain nombre de parties égales, soit en douze parties, et menons des verticales par les points de division. Maintenant supposons qu'on connaisse la charge totale (poids mort et surcharge) et qu'elle s'étende sur les deux tiers de l'arc à gauche, tandis que le dernier tiers à droite ne porte qu'une charge moitié de la première. Représentons par p la charge totale sur chaque verticale et par p' la charge sur les verticales de la portion moins chargée. Portons sur une verticale quelconque à gauche les charges 6/2, 5, 4, 3, 2, 1, agissant aux points de division de la moitié gauche de l'arc et sur une verticale à droite, également éloignée de l'axe, les charges 6/2, 7, 8, 9, 10, 11 de la moitié droite de l'arc, la charge 7 est égale à $1/2\,(p+p')$.

Cela revient au même que si nous portions les charges sur une même verticale mais la figure est plus simple. Maintenant prenons le point D pour pôle, traçons les rayons en chaque point de division des charges, puis, partant encore du point D ou de tout autre point sur l'axe de l'arc, traçons les deux portions DA′ et DB′ du funiculaire. La ligne Dc' parallèle à la ligne de fermeture A′B′ du funiculaire divise en c' la ligne des charges (supposées tracées sur une même verticale) en deux parties qui sont les réactions des appuis. Toute cette construction nous est bien connue.

C'est ce funiculaire A'DB' qui devrait passer par les trois points A, C, B de l'arc, puisque en ces points le moment est nul. Pour obtenir ce résultat, il faudrait réduire toutes les ordonnées du funiculaire A'DB' dans le rapport CD : De, ce qui s'obtiendrait en augmentant dans la proportion inverse la distance polaire adoptée D*f*. Mais pour opérer plus exactement, si l'arc est surbaissé, augmentons d'abord toutes ses ordonnées dans la même proportion, en doublant ces ordonnées de l'arc nous le remplaçons par le polygone elliptique A*d*B. Il sera très simple de tenir compte de cette amplification.

Fig. 244.

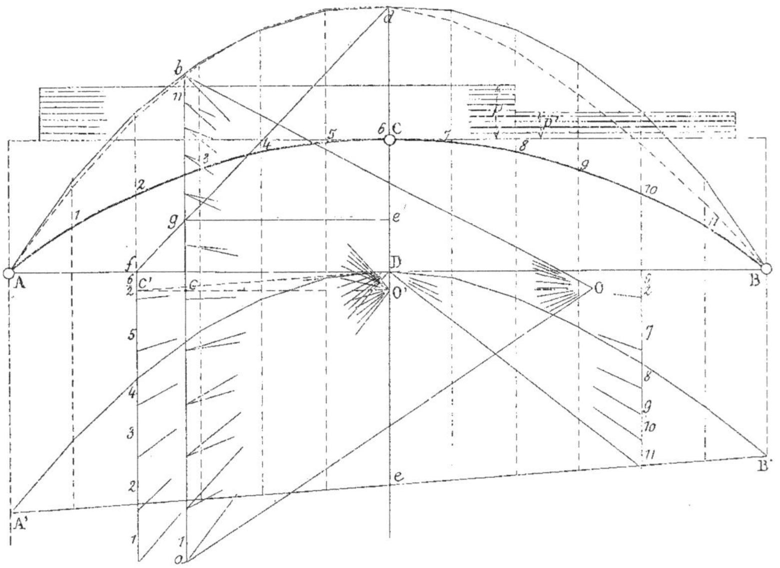

Actuellement c'est par les trois points A, *d*, B. que doit passer le funiculaire des charges A'DB'; pour cela il faut augmenter toutes ses ordonnées dans la proportion *d*D : D*e*; ce qui s'obtiendra en réduisant la distance polaire dans la proportion inverse. Pour obtenir cette réduction menons la ligne *df* à l'extrémité de *f* la distance polaire première; prenons sur l'axe *de'* = D*e* et menons par *e'* une horizontale qui coupera *df* en un point *g* tel que *e'g* est la nouvelle distance polaire demandée. On a en effet :

$$e'g : Df :: De : Dd.$$

Portons donc sur une verticale *ab* passant par le point *g* les charges précédentes et puisque la nouvelle ligne de fermeture devra être horizontale le nouveau pôle sera en *o'* sur l'horizontale menée par le point *e'*, la nouvelle distance polaire sera *eo'* et les réactions des appuis seront ca sur l'appui A et cb sur l'appui B. Menons les rayons au pôle o', puis en partant de A ou de B traçons le funiculaire correspondant à ces rayons. Si l'épure est exacte ce funiculaire passera en d.

Cette construction est évidemment applicable à un arc de forme quelconque symétrique ou non et dont l'articulation intermédiaire ne serait placée dans l'axe.

Les moments fléchissants sont représentés par les portions d'ordonnées comprises entre le funiculaire tracé en éléments et l'arc amplifié, à l'échelle nH.

Actuellement pour avoir en chaque section de l'arc ACB la résultante de translation réelle et par suite la compression normale et l'effort tranchant il faut, puisque, les ordonnées de l'arc ont été doublées, doubler aussi la distance polaire, prenons donc $co = 2\,co'$. Les rayons menés des points de la ligne ab au nouveau pôle o représentent donc les résultantes de translation en chaque section de l'arc réel et fourniraient comme précédemment la compression normale et l'effort tranchant. La poussée réelle de l'arc est représentée par oc. L'échelle à laquelle ces forces sont représentées sera celle adoptée pour les charges.

La poussée, la compression atteignent leur valeur maximum quand la surcharge règne sur l'arc entier.

On voit que tout ce tracé peut se faire sans connaître la valeur absolue des charges, il suffirait de connaître les rapports de ces charges ou $p : p'$. Tant que ces rapports ne changent pas, l'épure peut servir pour des charges quelconques en changeant simplement l'échelle.

APPLICATION. — ARC DE 110^{m}60, EXPOSITION DE 1889

238. — Cet arc (Pl. XXVII et fig. 215) (1), articulé aux pieds et à la clef forme, avec le tympan triangulaire qui lui est adossé, les fermes de la galerie des machines, de l'exposition de 1889. Ces fermes ont une portée de 110^{m},60 et l'articulation de la clef est à 45 mètres au-dessus du sol. Ces dimensions exceptionnelles ont été adoptées que par le désir de *faire grand*, sans se préoccuper de la question de remploi.

Ces fermes, sont espacées de 21^{m},50 et entretoisées pour chaque demi-arc, par cinq grandes poutres, auxquelles on a donné la position verticale pour éviter toute flexion transversale. Ces cinq entretoises reçoivent des poutrelles parallèles à l'arc, enfin les pannes qui supportent la couverture, reposent sur ces poutrelles et aussi directement sur l'arc. Les travées 1 à 5 sont vitrées, celle 5-6 est couverte en zinc, avec double voligeage.

Il résulte de cette disposition, que l'arc supporte aux points d'attache des entretoises, des charges concentrées, plus entre ces points, cinq petites charges, provenant de l'appui direct des 5 rangs de pannes.

L'arc est divisé en grands et petits panneaux et c'est précisément sur la diagonale verticale de ces petits panneaux, que sont attachées les entretoises. Ces arcs supportent

(1) Nous donnerons, dans l'album de notre ouvrage *Les Constructions métalliques*, les détails d'exécution de ces arcs et des autres fermes de l'exposition.

encore sur la paroi verticale extérieure du pilier, le poids dû aux constructions qui sont adossées à la galerie des machines. Le bras de levier de ce poids est la demi-longueur du pilier ou $1^{m},85$, son moment négatif soulage l'arc, mais comme il est assez faible, les constructeurs n'en ont pas tenu compte et nous ferons de même. Le tympan adossé à l'arc n'est pas compté pour la résistance de l'arc.

Fig. 215.

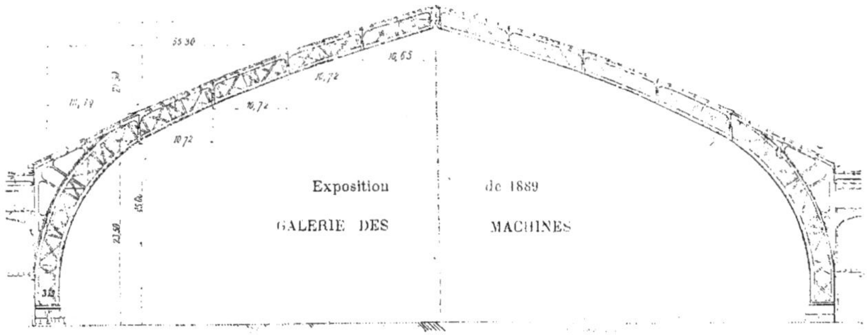

La construction de ces arcs a été adjugée aux Sociétés de *Fives-Lille* et des *anciens établissements Cail*, et c'est dans les bureaux de Fives-Lille sous la direction de M. Lantrac que les plans d'exécution ont été dressés. L'étude nouvelle qui a été faite a amené à une transformation complète du projet primitif dressé par l'administration des travaux de l'exposition. La répartition des entretoises, les proportions des membrures de l'arc, le mode de construction des pivots et de la charnière ont été totalement changés. Il n'est resté du projet primitif que les grandes lignes.

Nous donnons dans la pl. XXVII, les distances des entretoises, les sections des membrures, des barres de treillis et des montants, telles qu'elles ont été exécutées, ainsi que nous nous en sommes rendu compte dans les ateliers de Grenelle.

Voyons donc comment on dresse le projet d'un pareil arc. Les détails dans lesquels nous rentrons au sujet de cette application, sont communs à tout projet de construction et nous croyons bon de les indiquer ici une fois pour toutes.

Étant donné la portée, la hauteur des piliers, ainsi que la pente de la toiture, qui ne dépend que de la nature de la couverture, on détermine la hauteur du faîtage. On se donne ensuite la hauteur de l'arc d'après l'effet architectural que comporte la destination de la construction. Ici la hauteur des arcs mesurée à l'extérieur des cornières, aux reins et aux piliers, est de $3^{m}.70$ soit 1/30 de la portée ; cette hauteur est réduite à 3 mètres à la clef. En définitive, on se donne la courbe moyenne de l'arc, composée de parties droites et courbes et que la géométrie permet de déterminer. On fixe ensuite l'écartement des fermes, qui est ici de $21^{m},5$ soit 1/5 de la portée. On arrête la position des axes des entretoises 1 à 5, celle des poutrelles et enfin celle des pannes.

Ceci fait, on pourrait, en déterminant d'abord le poids de la couverture, calculer les dimensions et le poids des pannes, puis celui des poutrelles parallèles à l'arc et enfin celui des entretoises. On aurait ainsi le poids mort supérieur reposant sur la volée. Enfin le poids propre de la volée, comptée de la bissectrice au faîtage, peut s'évaluer, pour une première approximation, égal à la moitié du poids mort supérieur.

Cette première évaluation étant faite, on fait un premier calcul des sections de l'arc et on en déduit son poids, lequel va en augmentant de la clef aux reins. Puis, avec ces nouveaux poids, on détermine les coefficients réels de travail du métal et on modifie, s'il y a lieu, les sections primitivement déterminées. Telle est la marche à suivre.

M. Contamin, ingénieur du contrôle des constructions de l'Exposition, a fait ces calculs par la méthode analytique, qui se borne du reste à l'application des relations de simple statique, que nous avons indiquées au n° 235.

Les ingénieurs de Fives-Lille, au contraire, ont employé la méthode graphique pure. A cet effet, on considère l'arc comme un système articulé et on répartit les charges et poids de l'arc, déjà évalués approximativement, en chacun des nœuds supérieurs et inférieurs. Cela fait, on détermine la position de la résultante verticale de toutes les charges, immédiatement à droite de l'appui, le point D où elle rencontre la réaction horizontale, passant par l'articulation de la clef, l'arc étant entièrement chargé, détermine la direction AD de la réaction du pied. Le triangle des forces, ou le calcul, détermine les intensités de ces réactions. Enfin on trace à une grande échelle le diagramme des forces intérieures ou tensions des diverses barres, comme nous l'avons fait, au chapitre précédent, pour plusieurs systèmes triangulaires.

Ces deux méthodes, sans présenter de difficultés, sont très laborieuses, surtout si on tient compte de la répartition exacte des charges, que nous avons indiquée. Nous suivrons une méthode différente.

Simplifications. Réduisons l'arc à sa courbe moyenne, ce qui est très admissible, si on considère le grand rapport de sa longueur à sa dimension transversale.

Nous considérons séparément la partie supérieure de l'arc, celle qui est au-dessus de la bissectrice et qui constitue la *volée* ; puis la partie inférieure, au-dessous de la bissectrice, qui constitue le *pilier*. Cette distinction est importante, comme on le verra.

Enfin supposons toutes les charges supérieures uniformément réparties sur la volée, que nous calculons d'abord. Nous déterminons les éléments du calcul statique dans ces conditions; Mais nous développerons la méthode simple consistant à tracer le polygone des pressions qui donne aussi la représentation graphique des moments.

Et nous ferons voir que ces hypothèses et cette méthode graphique, quoique appliquée à une très petite échelle, à cause de notre format, nous conduisent à des dimensions qui sont exactement celles qu'on a données à l'arc.

Puis la section de la volée, aux reins, étant déterminée, nous évaluons du premier coup le poids des panneaux du pilier et par suite sa section en descendant de la bissectrice à l'articulation du pied.

Nous évaluerons le poids total de l'ossature par la comparaison de constructions existantes. En ne comptant par le poids du pilier au-dessous de la bissectrice, qui peut être plus ou moins élevé, on peut évaluer le poids par mètre carré de projection horizontale de l'ossature et de la couverture en vitrage à 110 ou 120 kil.; en y ajoutant pour la neige 50 k., ce qui est un maximum pour la région de Paris, nous arrivons au poids total de 170 k., soit, par mètre courant de la corde de l'arc, $170 \times 21{,}5 = 3655$ k.

Nous prenons 3600 k., en chiffre rond. Le poids total supposé uniforme, sans le pilier, est donc $3600 \times 55,3 = 199000$ k.

Il en résulte aux points 1 à 6 les charges suivantes :

1	3600 (5,03 + 0,59) = 20170 k.		4	3600 × 10,72 = 38590 k.
2	3600 (5,03 + 5,36) = 37400		5	3600 (5,36 + 6,245) = 41770
3	3600 + 10,72 = 38590		6	3600 × 6,244 = 22480

Indication de la méthode analytique. — La résultante 199000 kil., de la charge uniforme sur la partie supérieure de l'arc, passe au milieu de la projection de AC, et puisque nous supposons les deux demi-fermes chargées, il n'y a en C qu'une poussée horizontale, qui a pour valeur :

$$H = \frac{199000}{45} \times \frac{55,3}{2} = 122274.$$

La réaction verticale immédiatement à droite de 6 est :

$$F_o = 199000 - 22480 = 176520 \text{ k.}$$

Elle est constante pour toutes les sections entre 6 et 5, et ainsi de suite. Entre 5 et 4, $F_o = 134750$; entre 4 et 3, $F_o = 96160$. Ces réactions verticales ne sont autre chose que l'effort tranchant qui aurait lieu en chaque section, dans la poutre droite fictive égale à la corde de l'arc. Actuellement, connaissant H constante n° 236, et les composantes verticales F_o, on pourrait, en appliquant les relations du n° 235, déterminer en une section quelconque, la compression tangentielle N, dont la direction ferait l'angle α avec l'horizon et l'effort tranchant F perpendiculaire sur N. Ces efforts sont égaux à la projection sur leur direction, de H et de la composante verticale immédiatement à gauche de la section considérée. Puis on calculerait la section S et la tension des diagonales par les relations connues :

$$R\,S = \frac{N}{2} \pm \frac{\mu}{b} \qquad \text{et} \qquad U = \pm \frac{F}{\cos \alpha},$$

α étant ici l'angle que font les diagonales sur la direction de l'effort tranchant F, normal à la courbe moyenne.

Mais la représentation graphique de ces calculs est bien plus expéditive et tout aussi exacte, comme on va le voir.

Méthode graphique. — Pour déterminer H graphiquement, portons sur la verticale *ac*, les charges 6 à 1, à l'échelle de 1 $^m/_m$ par 1000 kg., menons par *c* une horizontale ou parallèle à CD, et puisque la résultante des charges passe au milieu du demi-arc en D, AD est la direction de la réaction en A, menons donc de *a* une parallèle à AD, elle détermine, sur l'horizontale menée de C, le pôle O et par suite :

$$H = OC = 122000 \text{ kg.}$$

C'est donc à moins de 0,003 près, le même chiffre que celui obtenu précédemment par le calcul. Maintenant menons du pôle O les rayons pour chaque charge et traçons le funiculaire correspondant ABC, il est inscrit à la parabole qui représenterait la charge uniformément répartie. Chaque rayon représente la résultante de translation T_1, T_2... ou résultante de H et de la réaction verticale, pour chaque intervalle entre les charges 1 à 6.

On pourrait mesurer sur le diagramme, l'intensité de ces résultantes, mais nous n'en avons pas besoin.

Membrures. — Actuellement nous calculerons la section S des membrures, de M à C, par la relation connue :

$$RS = \frac{N}{2} \pm \frac{\mu}{b}.$$

Au point M où la tangente à la courbe moyenne est parallèle à T_1 on a :

$$N = T_1 = 215000 \text{ kg.}$$

Le moment fléchissant est maximum et par suite, l'effort tranchant F est nul.

Ce moment μ est représenté par l'ordonnée de M, égale à 59 m/m comprise entre la courbe moyenne et le funiculaire. L'épure de l'arc étant à l'échelle $\frac{1}{n} = \frac{1}{250}$, l'échelle des moments est $122000 \times 250 = 30500000$ ou 1 m/m représente un moment = 30500 kil. d'où :

$$\mu = 30500 \times 59 = 1799500 \text{ km.}$$

Il nous reste à connaître la distance b des centres de gravité des sections des membrures, si ces sections étaient connues comme dans le cas d'un arc existant, b serait facile à déterminer et on en déduirait par la relation précédente, la valeur de R à l'intrados et à l'extrados. Mais nous ne connaissons que la hauteur intérieure des tables, qui est de $3^m,70$. Comme première approximation nous ferons, sauf vérification a postériori $b = 3^m,6$. On a alors :

$$RS = \frac{215000}{2} \pm \frac{1799500}{3,6} = 107500 \pm 486350.$$

Pour tenir compte de la moindre résistance de la membrure d'intrados comprimée et aussi de sa courbure, conditions sur lesquelles nous reviendrons bientôt, nous prendrons, dès à présent, une valeur de R moindre à l'intrados qu'à l'extrados, soit donc R = 7 kil. à l'intrados et R = 8 kil. à l'extrados.

On a alors :

Intrados, $S = 593850 : 7 = 84835$ m/m;
Extrados, $S = 378850 : 8 = 57356$ m/m;

Nous pouvons maintenant arrêter la composition des sections.

Les sections réelles, dessinées pl. XXVII, ont les surfaces suivantes, d'où on tire la valeur nouvelle de R.

Intrados	table		$900 \times 68 = 61200$	
	2 corn.	$160 - 90 - 13 = 6170$		86090 $^m/^m$. d'où $\frac{593850}{86090} = 6$ k., 9.
	2 corn.	$100 - 100 - 12 = 4520$		Les ingénieurs de Fives-Lille ont trouvé 6 k., 86.
	2 nervures		$450 \times 10 = 9000$	
	2 corn.	$100 - 70 - 10 = 3200$		
	2 plats		$100 - 10 = 2000$	
Extrados	table		$770 \times 30 = 23100$	
	4 corn.	$100 - 100 - 12 = 9040$		
	2 nervures		$450 \times 10 = 9000$	46340 d'où $\frac{378850}{46340} = 8$ k., 17.
	2 corn.	$100 - 70 - 10 = 3200$		
	2 plats		$100 - 10 = 2000$	

Les cornières extérieures aux tables d'extrados ne sont pas comptées pour la résistance de l'arc, elles appartiennent au tympan.

Nous trouvons donc à l'intrados, une section plus faible de 1255 $^m/^m$ que celle adoptée, soit moins de 1,5 $^0/_0$; ce qui pour la table de 900 $^m/^m$ correspondrait à 1 $^m/^m$,4 d'épaisseur en moins.

A l'extrados nous trouvons une section supérieure de 1016 $^m/^m$ à celle adoptée, ce qui, pour la table de 770, correspondrait à 1 $^m/^m$,3 d'épaisseur en plus. Enfin, pour la section entière de l'arc, nous trouvons $1255 - 1016 = 239$ $^m/^m$ de moins que celle adoptée, qui est de 132430 $^m/^m$, soit moins de 2 millièmes. Nous pouvons donc dire que nous trouvons exactement la section adoptée pour l'arc.

Actuellement on pourrait déterminer la valeur exacte de b, distance des centres de gravité des sections des membrures, et par suite les valeurs exactes de RS et de S. Nous ne nous arrêterons pas à refaire ces calculs très simples.

Continuons la détermination des sections d'intrados et d'extrados. Tant que le moment μ est négatif, c'est-à-dire de M en B, l'intrados est comprimé et il faut prendre le signe +, l'extrados est tendu et on prend le signe — ; de B en C, μ est positif, alors l'extrados est comprimé et l'intrados tendu, on intervertira les signes.

Au milieu du panneau 16, on a :

$$N_1 = 203500 \text{ kg.}$$

$$\text{et } \mu = 50 \times 30500 = 1525000 \text{ km.}$$

en prenant encore $b = 3^m,6$ on a donc :

$$RS = \frac{203500}{2} \pm \frac{1525000}{3,6} = 101750 \pm 423610.$$

Pour $R = 7$ k. à l'intrados, $S = 525360 : 7 = 75050$ $^m/^m$.
$R = 8$ à l'extrados, $S = 321860 : 8 = 40230$ $^m/^m$.

Les sections réelles sont : intrados 73640 ; extrados 35750.

Cette dernière section serait plus élevée si on comptait les tôles et cornières du tympan qui en ce point font, en réalité, partie de la membrure.

On continuerait ainsi sans difficulté aucune le calcul des membrures pour toute la volée.

Diagonales. — L'effort tranchant, nul en M, croît à mesure qu'on s'élève. Au milieu de 16, il est représenté par la ligne F_{16} perpendiculaire sur N_{16} ; si donc, des extrémités de cette ligne, on mène des parallèles aux diagonales 16, on trouve, pour leur tension, ± 49000 kg. On trouve de même pour les diagonales 15, ± 54000 kg. ; ces dernières sont à âme pleine, comme les montants, et comme toutes les diagonales des petits panneaux, à cause de l'attache des entretoises.

Au panneau 12 on a pour tension des diagonales, ± 55000 kg. et comme elles sont doubles dans chaque panneau, leur section pour R = 7 kg. doit être 27500 : 7 = 3930 m/m. Or, on a adopté précisément jusqu'à ce panneau 12, un fer ⊥ 200 — 100 — 14 — section = 4000 m/m, d'où R = ± 6 kil. 875. Au panneau 8, la tension des diagonales = 35500 kil. pour les deux, d'où la section = 17750 : 7 = 2536 m/m. Or, on a adopté pour tous les panneaux de 11 à 1, des fers ⊥ 170 — 90 — 11 — section = 2850 m/m. Nos calculs sont donc d'accord avec l'exécution, étant donné que l'on doit prendre les fers existants dans les albums des forges.

Pour ne pas revenir sur cette question, passons de suite aux diagonales du pilier, l'effort tranchant, nul en M, croît en descendant, et pour la section horizontale au milieu de 24, on a F_{24} = H et les tensions des deux diagonales atteignent ± 93000, la section pour une étant 5000 mm on en tire R = 9 k., 3. Les barres comprimées devraient donc être renforcées.

L'accroissement du travail du fer pour les barres comprimées s'obtient par les relations de la note I (appendice) comme nous le dirons bientôt au sujet de la *compression* et *flexion locale* des membrures.

Pilier. — Actuellement on peut, en faisant le poids de la volée, voir si l'évaluation première n'est pas trop faible, si le poids total de 199 *t* doit être modifié.

Pour toute section du pilier, inférieure à M, nous admettons qu'elle supporte 1° le poids supérieur de 199000 k. ; 2° Le poids du tympan qu'on peut évaluer à 8000 k. ; 3° La charge, ossature et neige = 3600 k. correspondant à la demi-largeur du pilier, 1m85, que nous portons à 2m,50 avec le chéneau, soit 3600 × 2,5 = 9000 k. plus enfin le poids propre de l'arc compris entre M et la section considérée. Ce poids se calcule exactement en M, on peut prendre en moyenne 6000 k. pour un grand panneau et 3000 k. pour un petit. La charge au milieu de 22 serait donc en tonnes, 199 + 8 + 9 + 15 = 231 *t* ; si on porte cette charge sur la verticale *ea* prolongée, puis, que de son extrémité supérieure on mène une parallèle au rayon de l'arc, et du pôle *o* une parallèle à la tangente à l'arc, on aura F_{22} et N_{22} ; puis on calculera les sections comme précédemment. Le calcul du pilier devra se faire encore pour le cas du vent dont nous parlons ci-après. Il faudrait encore dans ce calcul tenir compte, s'il y a lieu, de la charge verticale produite sur la paroi extérieure de l'arc par les annexes. Si cette charge est de 90000 k., par exemple, la réaction verticale de l'articulation sera de 231 + 90 = 321 tonnes.

Action du vent. — Il est bon de se rendre compte des tensions produites par le vent agissant sur un seul côté de l'arc. Comme nous l'avons dit à l'appendice, un vent violent, et c'est le seul à considérer, ne peut agir sur la ferme en même temps que la neige, l'un exclut l'autre, contrairement à ce qu'ont écrit certains auteurs ; même sur la face opposée au vent, la neige ne séjourne pas sous l'action des tourbillons ou remous qu'y produit un vent violent. Il convient donc de considérer séparément l'action du vent n'agissant que d'un côté.

Pour les arcs qui nous occupent, l'administration des travaux de l'exposition avait demandé aux constructeurs que les calculs fussent faits pour un vent de 220 k. ; mais, en présence des dimensions qu'exigeait une pression aussi exagérée pour des constructions de ce genre, on réduisit ce chiffre à 120 k., c'est encore une pression qu'on a rarement vu se produire dans la région de Paris.

Cette pression horizontale de 120 k. $= q'$ (note V) produit une pression verticale

$$q'' = q' \frac{h}{l} = 120 \frac{21,5}{55,3} = 46\text{k},65.$$

Cette pression est presque équivalente à la surchage de neige adoptée précédemment.

Pour une travée ayant $21^{m},5$ de longueur, et puisque h est ainsi de $21^{m},5$ la pression verticale totale uniforme pour un arc est donc :

$$120 \times 21,5 \times 21,5 \frac{21,5}{55,3} = 120 \times 180 = 21600 \text{ kg}.$$

La résultante de cette charge agissant au milieu de la corde $= 55^{m},3$ de l'arc à gauche, les réactions des appuis seront :

$$F_0 = 21600 \times \frac{3}{4} = 16200 ; \qquad F_1 = 21600 \frac{1}{4} = 5400.$$

Et la poussée horizontale sera :

$$H = \frac{21600}{45} \times \frac{55,3}{2} = 13272 \text{ k}.$$

H et F_1 sont les composantes à la clef de la réaction du demi-arc de droite. Il faut maintenant ajouter à ces valeurs de F_0, F_1 et H celles qui résultent du poids propre total de l'ossature, alors ayant les valeurs totales on appliquerait les relations du n° 235.

On tracerait aussi comme au n° 237 le polygone des pressions pour chaque demi-arc, ces deux polygones sont inscrits à deux paraboles ayant une tangente commune à l'articulation de la clef, ils passent eux-mêmes par cette articulation.

La surface des moments ainsi obtenue, et superposée à la précédente, relative à la surcharge de neige et tracée pour l'arc entier, fera voir en quels points il y a augmentation.

Remarque. — Au sujet du calcul de cessections, nous ferons de suite remarquer qu'il n'y a aucun intérêt à multiplier les points où on veut les déterminer. En effet la variation de section d'une membrure porte principalement sur l'épaisseur de la table, or, quand une fois on a arrêté la distance des rangées transversales de rivets, pour une épaisseur moyenne de table, d'après les règles données au n° 191, on ne peut pas adopter à l'intrados des tôles minces qui se plisseraient entre deux rangs de rivets : l'économie de fabrication conduit aussi à adopter, à l'extrados, les mêmes divisions de rivets et des tôles fortes. C'est ainsi que, dans l'arc qui nous occupe, la plus faible épaisseur des tôles d'intrados, à sa plus grande courbure est $10^{m}/^{m}$ et la tôle extérieure a $12^{m}/^{m}$; la plus faible épaisseur des tôles d'extrados est $7^{m}/^{m}$. Il en résulte que la variation des tensions correspondant à une épaisseur de tôle est approximativement :

A l'intrados $900 \times 10 \times 7 = 63000$ k.
A l'extrados $770 \times 7 \times 8 = 43100$ k.

Epaisseurs des tables. — Voici, du reste, les épaisseurs des semelles de 900 à l'intrados et de 770 à l'extrados, pour chaque panneau 0 à 24, non compris les couvre-joints. Les autres dimensions des membrures sont données sur les sections Pl. XXVII.

ÉPAISSEURS DES SEMELLES DES ARCS DE 110 *m* P/.					
Panneaux	Intrados 900	extrados 770	Panneaux	Intrados 900	Extrados 770
0, 1, 2	8	8	15	45 à 56	25
3, 4. 5	8	16	16, 17	56	23 à 30
$\frac{1}{2}$ 6, 7, 8	10	16	18 à $\frac{1}{2}$ 22	68	30 à 23
9, 10. $\frac{1}{2}$ 11	17	16	$\frac{1}{2}$ 22	56	16
$\frac{1}{2}$ 11, 12, 13	23 à 34	16	23	45	16—8
14	34 à 45	23	24	23	8

Les tôles formant les tables d'intrados et d'extrados sont toutes rabotées sur les champs des joints.

Ces épaisseurs tiennent compte de l'action du vent sur une seule moitié de l'arc.

Compression. — Flexion locale. — En considérant la membrure d'intrados correspondant à un grand panneau, comme une pièce encastrée à ses deux extrémités, nous déterminerons sa résistance par les relations simples que nous proposons dans la note I de l'appendice.

En assimilant la section des membrures à celle en croix +, à cause de la faiblesse des nervures comparées à la table ; et comme la longueur d'un grand panneau ou de la pièce comprimée est d'environ $l = 3^{m}.6$ et la plus petite dimension de la section de la membrure est $d = 0.51$, on a :

$$\frac{P}{S} = 3600 - 55\frac{l}{d} = 3600 - 385 = 3215 \text{ k.}$$

Le rapport 3215 : 3600 = 0,87, d'où la diminution de résistance = 0,13. Ce qui signifie que le travail du fer est augmenté de 0,13, il est donc :

$$6,\text{k}.\,9 + (0,13 \times 6.9) = 6,9 + 0.9 = 7 \text{ k}.\,8 \text{ en chiffre rond.}$$

On voit combien ce calcul est simple, et comme il ne s'agit ici que d'une approximation, il sera toujours suffisant et préférable à la formule théorique (chap. IX).

Les ingénieurs de Fives-Lille ont employé, pour ce calcul, une formule analogue à celle de Rankine, et que MM. Laissle et Schuebler donnent dans leur ouvrage sur les ponts.

Le rapport de la résistance R′ d'une pièce comprimée à sa résistance R à la traction serait donné par la relation suivante :

$$\frac{R'}{R} = \frac{1}{1 + 0{,}00008 \frac{S}{I} l^2}.$$

Pour une pièce encastrée aux deux bouts, la longueur l est la demi-longueur de la pièce, c'est la distance des points d'inflexion de la courbe théorique de voilement. S et I sont la surface et le moment d'inertie de la section de la membrure. En effectuant ces calculs, on trouve $R' = 0{,}137$ R et, par conséquent, l'accroissement du travail du métal est $6{,}9 \times 0{,}137 = 0{,}94$, résultat qui, pratiquement, est identique au précédent. C'est donc une confirmation des relations que nous avons données. Mais cette dernière méthode est beaucoup plus laborieuse.

Il nous reste à évaluer l'accroissement de travail du fer résultant de la courbure propre de la membrure. La compression totale $RS = Q$, qui agit à une extrémité de la membrure d'un grand panneau peut se décomposer suivant la diagonale qui part de cette extrémité et la corde qui passe par les centres de gravité des sections extrêmes ou d'encastrement de la membrure. Mais, à cause de la faible courbure des membrures, on peut prendre la composante suivant la corde égale à Q, alors, si f est la flèche de courbure pour la membrure d'un grand panneau, le moment fléchissant est $\mu' = Q \times f$. Ce moment produit une traction sur les fibres d'extrados de la membrure et une compression R″ sur celles d'intrados ou la table. On a alors, en appelant v la distance du centre de gravité de la section, par rapport à la surface d'intrados, $I : v = 16400$ en centimètres $f = 0{,}08$ et pour la compression sur la section M de l'arc ou $Q = 594000$ k.

$$R'' = \frac{v}{I} \mu' = \frac{594000 \times 0{,}08}{16400} = 2 \text{ k. } 9.$$

Cette tension sera à ajouter à la valeur de R correspondant au milieu du panneau n°18. Enfin, puisque la compression normale Q varie peu en allant de M au milieu du panneau 18, on peut dire que le travail maximum des tôles d'intrados est :

$$7 \text{ k. } 8 + 2{,}9 = 10 \text{ k. } 7.$$

Ce cœfficient est très admissible pour des constructions qui n'ont à supporter que des efforts statiques ; il correspond, du reste, à la surcharge de 50 k. de neige, qui n'est qu'accidentelle, de plus, il ne s'applique qu'à la tôle extérieure de l'intrados. Enfin il faut encore remarquer que le tympan dont on a négligé la résistance, en présente pourtant une qui a pour effet de soulager l'arc aux reins. On pourrait faire les mêmes calculs pour la membrure d'extrados qui est tendue ; ici la traction maximum a lieu pour les fibres d'intrados de cette membrure, puisque cette traction tend à redresser ladite membrure.

239. Fermes de 51m,3. Exposition de 1889. (Pl. XXVIII) (1). — Cette ferme appartient aux galeries des Beaux-Arts, et des Arts libéraux. Elle est, comme la précédente, articulée aux appuis et à la clef. La surface de la couverture, ou la courbe d'extrados de l'arc, est circulaire au rayon de 91m,45. La courbe d'intrados est une ellipse. La distance des fermes est de 18m,10.

Nous avons tracé la parabole des moments positifs dus à une charge uniforme.

En prenant pour la partie supérieure de ces fermes, non compris le pilier, un poids de 90 à 100 k. par mètre carré, et en y ajoutant 50 k. pour la surcharge de neige nous arrivons au poids de 140 k. par mètre carré, soit par mètre courant de la corde :

$$140 \times 18,1 = 2534 \text{ k. et pour une demi-ferme } = 2534 \times 25,65 = 65000 \text{ k.}$$

La poussée horizontale est : $65000 \dfrac{25,65}{28,87} = 5770$ kg.

L'échelle des longueurs étant 1/200, celle des moments est $5770 \times 200 = 1154$ par millimètre.

Actuellement on déterminerait facilement, par les formules du n° 235 ou plus simplement par la méthode graphique n° 236, en un point quelconque de la courbe moyenne, la compression tangentielle N et l'effort tranchant F normal à la courbe. Pour cela, on divise la courbe en un certain nombre de parties, de préférence on prend la division adoptée pour les pannes, on trace le polygone rectiligne *ac* des charges, et on mène les rayons parallèles aux tangentes à la parabole, on détermine ainsi la poussée H, puis on décompose chaque rayon en N et F suivant la tangente et la normale au point considéré.

Enfin la relation $R\,S = \dfrac{N}{2} \pm \dfrac{\mu}{b}$ permettra de déterminer les sections S.

Comme pour l'arc précédent, il sera bon de tracer la courbe des moments positifs dus à l'action du vent de 100 à 120 k. en plus, sur un seul côté, cette surcharge étant ajoutée au poids propre 100 k. on aura la nouvelle surface des moments, que l'on comparera avec la précédente pour voir quelles sont les sections qui doivent être augmentées.

On calculerait, comme ci-devant, les barres de treillis en une section quelconque.

Pilier. — Le calcul du pilier est bien simple puisque son axe est vertical. En chaque section transversale, la compression normale N comprend la charge supérieure, plus le poids propre du pilier au-dessus de la section considérée. Le moment fléchissant $\mu = Hy$ est proportionnel à y, hauteur de la section au-dessus de l'articulation, que l'on peut évaluer en mètres à l'échelle du dessin, ou bien encore en déterminant l'échelle des moments. Ce moment est celui qui a lieu dans une poutre droite soumise à un effort H normal et situé à son extrémité. Finalement on applique aux diverses sections la relation précédente.

Les barres de treillis ont la même tension, positive pour celles qui s'élèvent à gauche, négative pour celles qui s'élèvent à droite, sur toute la hauteur du pilier ; puisque l'effort tranchant H est constant sur toute cette hauteur.

(1) Nous donnerons dans notre Album *Les Constructions métalliques*, les détails d'exécution de ces fermes.

ARC CONTINU, ÉLASTIQUE

MÉTHODE ANALYTIQUE

Nous supposons l'arc articulé sur les appuis. Tout arc métallique est plus ou moins élastique, déformable. Si donc les appuis sont de niveau et si on néglige le frottement sur ces appuis, les charges ou la réaction verticale qu'elles engendrent sur un appui auront pour effet d'ouvrir l'arc et, par suite, d'agrandir la corde. Pour empêcher cette déformation, il faut que l'appui oppose une résistance H égale et opposée à la poussée qu'exerce l'arc. La réaction verticale F_o se calcule comme pour l'arc articulé, par la statique ; cette réaction et la poussée H sont les composantes de la réaction totale de l'appui. Quand donc on connaîtra H, toutes les forces extérieures seront connues et le calcul des moments, de la compression et de l'effort tranchant en une section quelconque de l'arc, ne présentera aucune difficulté, il se fera comme pour l'arc articulé.

Tout le calcul des arcs élastiques réside donc dans la détermination de cette poussée.

240. — Déformation horizontale. — Si on exprime la déformation élastique horizontale, en fonction des forces extérieures F_o et H, puis, qu'on l'égale à zéro, on en déduira la valeur de la poussée H.

En raison de l'intérêt de cette question nous en résumons la théorie complète.

L'ensemble des forces agissant sur un arc engendre, en chaque section de cet arc :

Fig. 216.

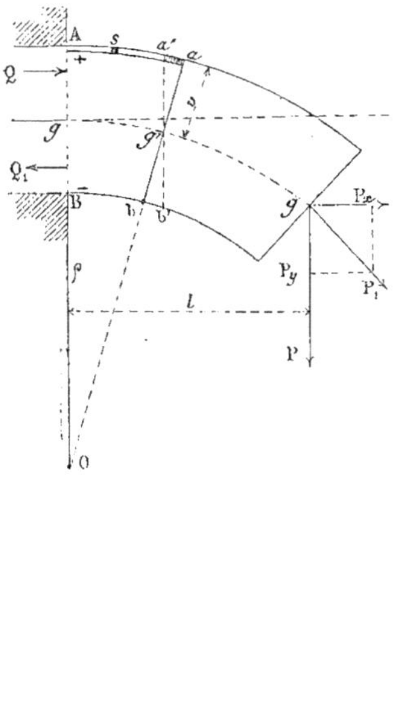

1° Un moment fléchissant μ ;

2° Une compression N normale ;

3° Un effort tranchant F.

Nous négligeons la déformation très faible due à la compression et à l'effort tranchant, il suffit, en pratique, de considérer la déformation due au moment fléchissant.

En nous reportant au n° 4, relatif à la flexion plane, nous savons que le moment fléchissant μ (fig. 216) fait tourner la section *ab* en *a'b'*. L'angle de rotatation se mesure par l'arc décrit à l'unité de distance, c'est-à-dire en divisant l'arc élémentaire *aa'* par le rayon correspondant v. On a, d'après les notations connues :

$$\alpha = \frac{aa'}{v} = \frac{i}{v} gg' = \frac{i}{v} ds.$$

Un point m de l'arc (fig. 217) subira donc un déplacement angulaire $mm' = Am \times \alpha$, mm' étant perpendiculaire sur Am. La projection horizontale de ce déplacement s'obtient en considérant les triangles semblables $mm'n$ et Amo : et puisque $mo = y$ l'ordonnée primitive du point m de l'arc, on a :

Fig. 217.

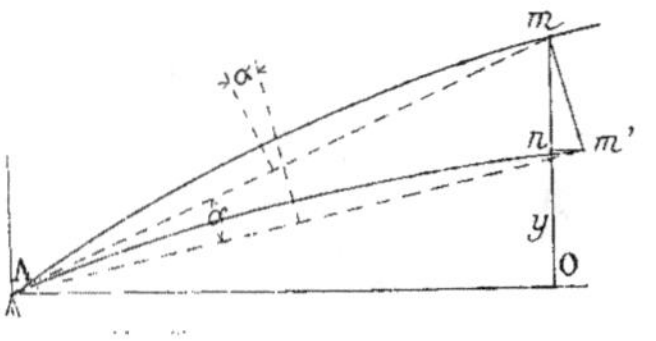

$$m'n : mm' :: y : Am, \quad \text{d'où } m'n = mm' \frac{y}{Am} = y \times \alpha.$$

En prenant pour α la valeur ci-dessus et puisque $\frac{i}{v} = \frac{\mu}{EI}$, valeur donnée au n° 4 ; on a enfin :

$$m'n = \frac{i}{v} ds\, y = \frac{\mu}{EI} \cdot y \cdot ds.$$

Le déplacement total u pour l'arc entier dont la projection est l, sera la somme intégrale des déplacements élémentaires, où :

$$u = \int_0^l \frac{\mu}{EI} \cdot y \cdot ds.$$

Si l'arc est formé d'une même manière, le coefficient d'élasticité E est constant, si de plus on admet, comme pour la poutre continue, que la section, la hauteur, et par suite le moment d'inertie I est constant, ces deux quantités E et I sortent de signe de l'intégration et on a :

$$u\, EI = \int_0^l \mu \cdot y \cdot ds \qquad (a).$$

Enfin si au lieu d'éléments infiniment petits, ds, nous divisons l'arc en un certain nombre de parties égales de longueur s, on remplacera le signe $\int$ par le signe Σ, et puisque la déformation ou l'allongement de la corde doit être nul par suite de la résistance des appuis, on a, en définitive :

$$\sum_0^l \mu \cdot y \cdot s = 0. \qquad (\alpha).$$

Poussée. — Pour trouver l'expression de la poussée, il faut, dans la relation précédente, exprimer μ en fonction des forces F_0 et H.

Soit donc (fig. 218) P une charge verticale située aux distances a et $l - a$ des appuis, F_0 et F_1 les réactions verticales des appuis et H la poussée horizontale inconnue que nous cherchons. Les réactions sur les appuis sont :

$$F_0 = P\frac{l-a}{l} \qquad \text{et} \qquad F_1 = \frac{a}{l} \ldots$$

Pour toute section de la portion a de l'arc, on a :

$$\mu = F_0 x - Hy = P\frac{l-a}{l} x - Hy.$$

Pour toute section de la portion $(l - a)$ de l'arc, on a :

$$\mu = F_1(l - x) - H y = P \frac{a}{l}(l - x) - H y.$$

Ces moments sont représentés par les ordonnées de la surface hachurée.

La relation (α) peut s'écrire sous la forme suivante :

$$\sum_0^l \mu \cdot y \cdot s = \sum_0^a \mu\, y\, s + \sum_a^l \mu\, y\, s = 0.$$

Substituant dans cette équation les valeurs de μ en chaque portion a et $l - a$, on a :

$$\sum_0^a P \frac{l - a}{l} x \cdot y \cdot s + \sum_a^l P \frac{a}{l}(l - x)\, y \cdot s - \sum_0^l H\, y^2 s = 0. \qquad (b).$$

D'où on tire pour la poussée H, constante pour une même charge, en remarquant que le facteur s commun à tous les termes disparaît.

$$H = P \frac{\frac{l - a}{l} \sum_0^a x \cdot y + \frac{a}{l} \sum_a^l (l - x)\, y}{\sum_0^l y^2} \qquad (c).$$

Le numérateur de cette expression peut s'écrire comme suit (fig. 218) :

$$a \sum_0^l \frac{l - x}{l} y - \sum_0^a \left(\frac{l - x}{l} a - \frac{l - a}{l} x\right) y$$

ou enfin, toutes réductions faites dans la parenthèse :

$$a \sum_0^l \frac{l - x}{l} y - \sum_0^a (a - x)\, y.$$

Or si l'on considère l'ordonnée y comme représentant une charge fictive sur une poutre simple ayant la longueur l de la corde de l'arc, on voit de suite que le premier terme sous le signe Σ_0^l n'est autre chose que la réaction sur l'appui de gauche qui ré-

Fig. 218.

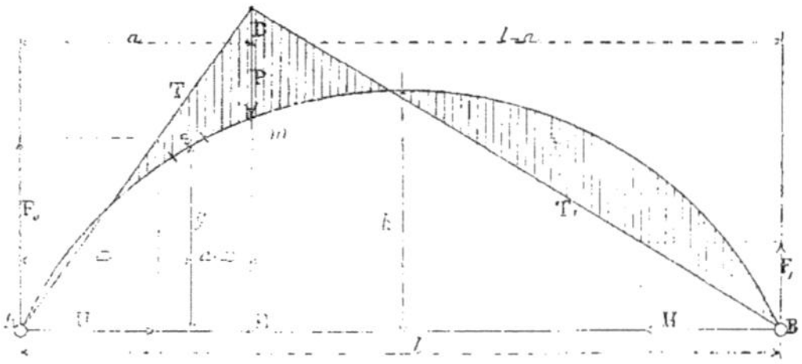

sulte de cette charge fictive y. Cette réaction $\times\ a$, c'est son moment par rapport au point m d'application de la charge P. Le second terme, sous le signe Σ_0^a, est évidemment le moment de y par rapport à ce même point m. Si donc nous appelons μ_y, le moment de cette charge fictive y, par rapport à m, on aura :

$$H = P \frac{\mu_y}{\Sigma y^2} \qquad (d).$$

Le signe Σ s'appliquant à toute la longueur de l'arc.

Cette expression remarquable de la poussée, dont nous ferons bientôt une application, peut se formuler par le théorème suivant.

Théorème. — *La poussée produite par une charge P agissant en un point m quelconque d'un arc symétrique articulé aux naissances, est égale à cette charge P multipliée par le moment statique des charges fictives représentées par les ordonnées y de l'arc et divisée par la somme du carré de ces ordonnées.*

Cette relation (d) est remarquable en ce qu'elle est indépendante des dimensions de l'arc, elle ne tient compte que de sa forme, des ordonnées de la courbe moyenne.

Elle se réduit à calculer le coefficient numérique $\mu_y : \Sigma y^2$ par lequel on multiplie la charge P quelconque. Pour calculer ce coefficient, les y peuvent être exprimés en mètres ou en millimètres. Alors, suivant que P sera exprimé en kilog. ou en tonnes, H représentera des kilog. ou des tonnes.

Cette relation (d) permet de déterminer la poussée d'un arc articulé, quelles que soient les charges qui le sollicitent. S'il s'agit de charges uniformes, réparties suivant la surface d'extrados de l'arc, ou suivant sa corde, il sera toujours possible de diviser l'arc en parties égales et de déterminer la charge P concentrée au milieu de chaque partie et résultant de la charge uniforme, puis de calculer μ_y pour chacune de ces charges, de faire la somme des $P \times \mu_y$ et de la diviser par le dénominateur commun Σy^2, le quotient sera la poussée qui résulte de l'ensemble des charges P agissant sur l'arc.

Effet de la compression. — Si l'on veut tenir compte de la compression normale que produit la charge P en chaque section de l'arc, b désignant la demi-hauteur constante de la section normale de l'arc, l la portée et s la longueur d'une des divisions de l'arc, la relation (c) qui donne la poussée se modifie comme suit (1) :

$$H = P \frac{\mu_y}{\Sigma y^2 + l \dfrac{b^2}{s}} \qquad (e).$$

Nous n'avons pas développé les calculs dans ce cas, parce que le terme qui s'ajoute ici au dénominateur n'a qu'une faible influence sur la valeur de H, comme nous le ferons voir par un exemple, et que en pratique la relation (d) est parfaitement suffisante.

La déformation due à la compression est d'autant plus faible que l'arc est plus surbaissé.

(1) Calcul de la poussée de l'arc élastique à deux pivots, par M. J. Rothlisberger. — *Revue polytechnique schweizerische bauzeitung.* Mars 1887.

241. Arc parabolique. — Avant d'appliquer les relations très générales qui précédent, à un arc quelconque, voyons ce qu'elles deviennent dans le cas d'un arc parabolique. Cette question présente un grand intérêt parce que les *arcs circulaires surbaissés*, ceux dont la flèche n'est guère que le 1/5 ou le 1/10 de la portée, peuvent être assimilés à un arc parabolique, avec une approximation bien suffisante en pratique.

Si on multiplie les termes de la relation (c) par dx, qu'on remplace les signes Σ par les signes $\int$, et qu'on substitue à y sa valeur en fonction des dimensions de l'arc, donnée par l'équation de la parabole ; h étant la flèche de l'arc et x l'abscisse de y, on a pour la valeur de y :

$$y = 4\frac{h}{l^2}(lx - x^2).$$

Enfin si on intègre cette expression (c) ainsi modifiée, on obtient en définitive, pour la poussée, l'expression suivante :

$$H = P\,\frac{5}{8}\,\frac{a}{h\,l^3}\,(l - a)\,(l^2 + a\,l - a^2) \qquad (f).$$

Les autres relations qui donnent T, μ, N et F restent les mêmes.

Moment. – Compression. — Effort tranchant. — Actuellement connaissant les composantes F_0 et H de la réaction T sur l'appui, on calculera T, μ, N et F comme dans le cas de l'arc articulé, on a :

$$T = \sqrt{F_0^2 + H^2}. \qquad \mu = F_0\,x - H\,y.$$
$$N = F_0 \sin\alpha + H\cos\alpha. \qquad F = F_0\cos\alpha + H\sin\alpha.$$

Dans le cas de plusieurs charges quelconques, les valeurs de T, μ, N et F seront la somme des valeurs obtenues pour chaque charge séparément.

242. Charge mobile. — Représentation graphique. — Si la charge P se déplace sur l'arc (fig. 219), le lieu des points D de concours des réactions des appuis se trouve sur une courbe A'B', appelée par Winckler : *Ligne des réactions des appuis*. Elle est facile à tracer, on a, en effet :

$$DE : a :: F_0 : H \qquad \text{d'où} \qquad DE = a\,\frac{F_0}{H}.$$

La valeur de H est donnée par (f), et $F_0 = P\,(l - a) : l$, d'où en substituant :

$$DE = \frac{8}{5}\,\frac{h\,l^2}{l^2 + a\,l - a^2}.$$

Pour	$a =$	0	$\frac{l}{8}$	$\frac{l}{4}$	$\frac{3l}{8}$	$\frac{l}{2}$
On trouve	$DE = h \times$	1,6	1,442	1,348	1,298	1,28

Cette courbe A'B' est indépendante de la valeur absolue de P, par conséquent, une fois tracée, elle permet de trouver de suite, pour une charge quelconque, toutes les forces extérieures comme nous allons le voir. Pour $a = o$, on a $F_0 = P$. Si donc on représente la charge P par l'ordonnée extrême AA', puis qu'on mène BA' qui coupe la vertiale de P au point m, on a :

$$mE : P :: l - a : l \qquad \text{d'où} \qquad mE = P\,\frac{l-a}{l} = F_0.$$

De même puisque $B'B = P$, la ligne AB' détermine le point m_1 tel que $m_1E = F_1$. Connaissant F_0 et la direction de T, on aura H en complétant le parallélogramme.

Fig. 219.

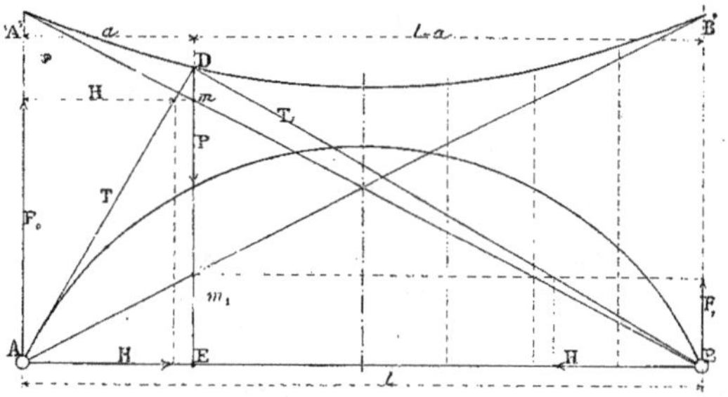

H est donc représenté par la portion de l'horizontale menée du point m qui se trouve découpée par les directions de F_0 et T. Les moments fléchissant, $\mu = F_0\,x - Hy$ pour chaque position m de la charge (fig. 218), sont représentés par les ordonnées de la surface hachurée à l'échelle nH, $1 : n$ étant l'échelle des longueurs adoptée pour le tracé de l'arc.

243. Effet de la température. — Il peut être intéressant de connaître l'accroissement de la poussée correspondant à une élévation de la température par rapport à celle existant au moment du clavage de l'arc.

Soit $\delta = 0{,}000012$ le coefficient de dilatation du fer ;

τ l'élévation de la température en degrés.

En nous reportant aux relations (a) et (b) et faisant $P = o$, le déplacement horizontal dû à l'élévation de température sera :

$$u\,EI = l\delta\tau\,EI = H\,\Sigma\,y^2 s.$$

d'où :

$$H = \delta\tau E\,\frac{l \times I}{s\,\Sigma\,y^2}.$$

S Étant la section totale de l'arc et b sa demi hauteur, on a $I = Sb^2$; prenons $E = 18000000$ tonnes par $m.\ c.$ et $\tau = 30$, on trouve alors :

$$H = 6480\,\frac{l S b^2}{s\,\Sigma\,y^2}$$

relation facile à calculer, puisque toutes les quantités sont des dimensions de l'arc. Ces dimensions étant exprimées en mètres, H sera donnée en tonnes de 1000 kg.

Fig. 220.

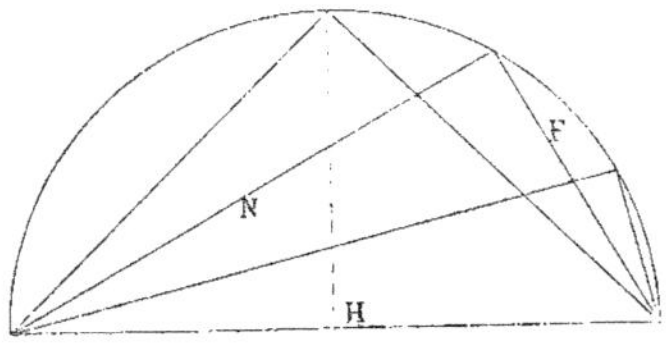

Actuellement, en une section quelconque de l'arc, les composantes N et F, de cette poussée H, étant toujours perpendiculaires l'une sur l'autre, se trouveront toujours inscrites dans le demi-cercle tracé sur H comme diamètre (fig. 220). Ces forces N et F sont à ajouter à celles qui résultent des charges, pour avoir les efforts totaux en chaque section.

APPLICATION. — PONT DU DOURO

244. Cet ouvrage remarquable (Pl. XXIX), établi, vers 1875, près de Porto en Portugal, est dû à M. Eiffel, constructeur à Paris, ancien élève de l'École centrale, dont M. Seyrig, également ancien élève de la même École, était l'ingénieur. C'est après un concours, ouvert aux ingénieurs de tous pays, que le projet de M. Eiffel a été préféré.

Nous n'avons à nous occuper ici que de l'arc circulaire qui franchit le fleuve.

La distance horizontale entre les axes des articulations sur les appuis est de 160 mètres, la flèche moyenne de l'arc est de $42^m,50$.

Ce grand arc est formé de deux arcs inclinés l'un sur l'autre, de façon à offrir une large base, comme on le voit sur le plan de l'arc de Garabit. Ces deux arcs sont formés de panneaux à membrures droites à deux diagonales et montants verticaux. Ils sont fortement entretoisés au droit de ces montants et de plus contreventés, à l'intrados et à l'extrados.

Nous voulons déterminer la poussée pour diverses surcharges, par la relation :

$$H = P \frac{2y}{\Sigma y^2} \qquad \text{ou pour plusieurs charges,} \qquad H = \Sigma P \frac{2y}{\Sigma y^2}.$$

Calculons d'abord $2y : \Sigma y^2$ en supposant $P = 1$. A cet effet, divisons l'arc en un certain nombre de parties égales ; l'arc étant symétrique, il suffit d'en considérer la moitié que nous divisons en 10 parties égales. Mesurons les abcisses x et les ordonnées y du milieu de chaque division. Un tracé, fait à une grande échelle, nous a donné les chiffres suivants et nous écrivons de suite les y^2.

$x_1 = 2^m.7$	6	$y_1 = 4$	$y_1^2 = 16$
$x_2 = 8.7$	6.6	$y_2 = 11$	$y_2^2 = 121$
$x_3 = 15,3$	7.4	$y_3 = 18$	$y_3^2 = 324$
$x_4 = 22,7$	7.8	$y_4 = 24$	$y_4^2 = 576$
$x_5 = 30,5$	8.3	$y_5 = 29$	$y_5^2 = 841$
$x_6 = 38.8$	8.7	$y_6 = 33.4$	$y_6^2 = 1115$
$x_7 = 47.5$	9.10	$y_7 = 37$	$y_7^2 = 1369$
$x_8 = 56.6$	9.3	$y_8 = 40$	$y_8^2 = 1600$
$x_9 = 65.9$	9.4	$y_9 = 41.6$	$y_9^2 = 1730$
$x_{10} = 75.3$		$y_{10} = 42.5$	$y_{10}^2 = 1806$
		280,5	9498

On a donc, pour l'arc entier, en chiffre rond :

$$\Sigma\, y^2 = 9500 \times 2 = 19000$$

Actuellement calculons μ_y, c'est-à-dire les moments au milieu de chaque division, des charges fictives représentées par les ordonnées y, appliquées à l'extrémité de leurs abscisses. La réaction sur un appui, due à ces charges fictives symétriques, est égale à leur demi-somme, à 280. On a alors les moments μ_1 à μ_{10} suivants ; puis, en les divisant par 19000, on a la poussée pour chaque charge $P = 1$, appliquée en chaque ordonnée y.

$\mu_1 = 280 \times 2,7$	$= 756$	H_1	$= 0,040$
$\mu_2 = 280 \times 8,7 - 4 \times 6$	$= 2412$	H_2	$= 0,127$
$\mu_3 = 280 \times 15,3 - (4 \times 12,6 + 11 \times 6,6)$	$= 4161$	H_3	$= 0,219$
$\mu_4 = 280 \times 22,7 - 367$	$= 5989$	H_4	$= 0,315$
$\mu_5 = 280 \times 30,5 - 811$	$= 7739$	H_5	$= 0,407$
$\mu_6 = 280 \times 38,8 - 1525$	$= 9339$	H_6	$= 0,491$
$\mu = 280 \times 47,5 - 2564$	$= 10736$	H	$= 0,565$
$\mu_8 = 280 \times 56,6 - 3987$	$= 11861$	H_8	$= 0,624$
$\mu_9 = 280 \times 65,9 - 5814$	$= 12638$	H_9	$= 0,665$
$\mu_{10} = 280 \times 75,3 -$	$= 13036$	H_{10}	$= 0,686$
		Total :	4,139

Ces coefficients H_1 à H_{10} vont nous permettre de déterminer la poussée pour toutes les hypothèses de surcharge que l'on voudra faire.

Charge permanente. — La charge permanente, que l'on évaluerait approximativement par la comparaison d'autres contradictions est, pour le demi-arc du Douro, d'environ 400000 kil., soit en moyenne $P = 40000$ kil., par division de $9^m,4$ (1).

La poussée est donc, pour l'arc entier, $P \times 2 \times 4,139$, où :

$$40000 \times 4,139 \times 2 = 331120 \text{ kg.}$$

M. Seyrig a trouvé par la méthode rigoureuse : 341336 kg.

La différence 10216 kil., ne représente donc qu'environ 3 %; elle serait moindre si nous avions tenu compte de la compression et multiplié les divisions. Néanmoins on peut dire que, pratiquement, ces résultats sont égaux.

Surcharge totale. — La surcharge du tablier horizontal est reportée sur l'arc : 1° par la poutre continue du sommet à 5 travées de $10^m,40$; 2° par les poutres latérales, qui se continuent sur les piles hors de l'arc et forment, l'une 4 travées, l'autre 5 travées. Nous les supposerons toutes deux à 4 travées.

Pour le calcul des réactions, égales à la somme des efforts tranchants, qui se produisent sur ces divers appuis, nous n'avons donné au n° 49, que les relations pour la

(1) Nous empruntons les éléments de nos calculs, à l'important mémoire présenté par M. Seyrig à la Société des Ingénieurs civils en 1878.

poutre à 4 travées. Mais la méthode graphique permet de les déterminer facilement pour un nombre quelconque de travées.

Voici, au reste, pour le cas qui nous occupe, les relations exactes.

Pour la poutre à 5 travées du sommet, en appelant p la charge uniforme par mètre, et l la longueur d'une travée, on a (Pl. XXIX) :

$$\text{à l'extrémité,}\quad P_1 = 0{,}395\ pl;\qquad P_2 = 1{,}131\ pl;\qquad P_3 = 0{,}974\ pl.$$

Pour les poutres continues latérales à 4 travées, on a, d'après M. Piarron de Mondésir, pour 4 travées et charges inégales :

$$P_1' = 0{,}434\ pl + 0{,}0193\ p_2\, l_2 - 0{,}0509\ p_1\, l_1 - 0{,}00615\ p_3\, l_3.$$

En faisant, comme c'est le cas, $p = p_1 = p_2 = p_3$; $l = l_1$; $l_2 = l_3$, on a :

$$P'_1 = p\,(0{,}383\ l + 0{,}01384\ l_2).$$

Pour la palée placée sur les reins de l'arc, on a :

$$P = 3{,}25\ pl + 0{,}25\ p_1 l_1 - 6\,P_1' ;$$

relation qui, pour $p = p_1$ et $l = l_1$, devient :

$$P = 3{,}5\ pl - 6\,P_1'.$$

En prenant $p = 4000$ kil., pour la surcharge, on trouve donc :

$$\left.\begin{array}{rll}
P_3 = 0{,}974 \times 4000 \times 10{,}4 & = & 40518\text{ k.}\\
P_2 = 1{,}131 \times 4000 \times 10{,}4 & = & 47050\text{ k.}\\
\left.\begin{array}{r} P_1 = 0{,}395 \times 4000 \times 50{,}4 = 16432\\ P'_1 = 4000\,(0{,}383 \times 28{,}75 + 0{,}01384 \times 37{,}37) = 46100 \end{array}\right\} & & 62532\text{ k.}\\
P = 4000 \times 3{,}5 \times 28{,}75 - 6 \times 46100 & = & 125900\text{ k.}
\end{array}\right\}\ 276000.$$

Actuellement, nous pouvons calculer la poussée résultant de ces surcharges. Nous voyons (Pl. XXIX), qu'elles ne correspondent pas aux verticales y ; si on voulait opérer rigoureusement, il faudrait déterminer les charges équivalentes, au point de vue des moments par rapport à l'appui, situées sur les verticales les plus voisines, ou répartir ces charges sur les verticales voisines en raison de leurs distances à ces verticales. Nous pouvons considérer la charge P sur la palée comme située au milieu de y_4 et y_5 et admettre que la charge sur chacune de ces verticales est 63000 kil. en chiffre rond.

Quant aux charges près du sommet, nous les supposons appliquées aux ordonnées les plus voisines, y_8, y_9, y_{10} ; il en résultera une certaine augmentation de la poussée, puisque ces charges sont ainsi rapprochées du sommet. La poussée sera donc, en appliquant les coefficients H précédents :

$$\left.\begin{array}{l}
63000 \times 0{,}315 = 19840\\
63000 \times 0{,}407 = 25660\\
62500 \times 0{,}624 = 39000\\
47000 \times 0{,}665 = 31250\\
40500 \times 0{,}685 = 27780
\end{array}\right\}\ \begin{array}{l} = 143530\text{ k.}\\ \text{et pour l'arc entier.}\qquad H = 287060\text{ kg.}\end{array}$$

M. Seyrig a trouvé . . . . H = 280700 kg.

Nous avions prévu que de nos évaluations approximatives résulterait une augmentation de la poussée, néanmoins la différence : 6460 kil. ne représente que 2,3 $^0/_0$.

On peut donc encore considérer ces chiffres comme pratiquement égaux.

On déterminerait tout aussi facilement la poussée horizontale résultant de toute autre hypothèse sur la répartition de la surcharge.

Calcul des tensions et des sections. — Pour ce calcul il suffit de ne considérer qu'un des arcs constituant l'arche. Les composantes de la réaction d'un appui, sont donc, pour cet arc simple et pour la surcharge totale :

$$H = 0,5\,(331000 + 287000) = 309000 \text{ kg.}$$
$$F_0 = 0,5\,(400000 + 276000) = 338000 \text{ kg.}$$

Actuellement le calcul des tensions dans les membrures et les diagonales peut se faire de deux manières : 1° en traçant le polygone des pressions, puis en opérant comme pour l'arc de 110 m. (Pl. XXVII) ; 2° en traçant le diagramme des forces intérieures, comme nous l'avons fait (Pl. XXVI). Connaissant les efforts dans chaque barre, on en déduit sa section en se donnant le coefficient de résistance R.

Pour l'arc du Douro et pour la surcharge totale, R varie de 2 à 3 kg. à l'intrados comprimé et de 3 à 4 kg. à l'extrados tendu. En tenant compte de l'action du vent, comme nous le dirons ailleurs, R s'élève à 6 kg.

On se rendrait compte de la perte de résistance ou de l'accroissement de R qui résulte de la tendance ou *voilement* des membrures d'intrados encastrées comprimées, par les relations de la note I, comme nous l'avons fait pour l'arc de 110 mètres.

Elévation de température. — On néglige souvent de calculer la poussée due à l'élévation de température, parce que les tensions qui en résultent sont moindres que celles dues au vent et que ces deux causes ne se produisent jamais simultanément. Pour donner une idée de l'accroissement de la poussée horizontale pour une élévation de température de 30°, nous appliquerons la relation donnée précédemment. En ne considérant qu'un des arcs latéraux, la section des deux membrures est en moyenne $S = 0^{mc},094$. Prenons pour hauteur moyenne de l'arc, $b = 6$ mètres ; sur le dessin $s = 9^m,40$; donc :

$$H = 6480\,\frac{l \times S \times b^2}{s\,\Sigma\,y^2} = 6480\,\frac{160 \times 0,094 \times 36}{9,4 \times 19000} = 19^t,7 \qquad \text{ou} \qquad 19700 \text{ kg.}$$

Comparaison des méthodes. — Si on compare les calculs excessivement laborieux qu'exige la méthode rigoureuse et dont les tableaux contenus dans le mémoire de M. Seyrig ne donnent qu'une faible idée, aux calculs simples que nous venons de faire et qui nous donnent les mêmes résultats à 2 ou 3 $^0/_0$ près, on reconnaîtra l'énorme avantage que présente la méthode que nous avons suivie.

Mais il y a plus : la méthode rigoureuse ne peut que vérifier à posteriori la résistance de l'arc, puisqu'elle exige la connaissance des sections de cet arc. On est donc obligé de déterminer l'arc par un calcul approximatif préalable, en supposant par exemple, que pour l'arc entièrement chargé, la poussée horizontale passe à la clef, et en prenant pour R des valeurs assez faibles.

Tandis que, par la méthode qui précède, nous n'avons à évaluer à priori que le poids moyen de l'arc ; après quoi nous calculons exactement et directement la section S de chaque membrure. Et si on fait R constant, on aura un arc d'égale résistance.

C'est ce que nous avons fait pour l'arc de 110 mètres.

APPLICATION AU VIADUC DE GARABIT (PL. XXIX)

245. Cet ouvrage plus imposant encore que le pont du Douro, a été établi également par M. Eiffel, sur la ligne de Marvejols à Neussargues, près de Saint-Flour (Cantal), pour la traversée de la vallée de la Trueyre (1).

L'arc central, dont la ligne moyenne est une parabole du 2e degré, est constitué, comme celui du Douro, par deux arcs articulés aux naissances, et inclinés l'un sur l'autre, de telle sorte que leur distance horizontale, qui est de $6^m,25$ à l'extrados et à la clef, est de 20^m aux articulations. Les palées qui transmettent à l'arc la charge du tablier, sont plus rapprochées de la clef qu'elles ne l'étaient pour l'arc du Douro. Les petites palées près de la clef étant peu éloignées, on les a attachées au tablier central qui forme ainsi, avec l'arc, un tout rigide. L'ensemble de l'arc peut donc être assimilé à une poutre armée formant une clef à peu près indéformable liée à deux contrefiches constituant des supports sensiblement rectilignes. Enfin une dernière disposition, différente de celle adoptée au Douro, consiste en ce que le tablier supérieur est formé de poutres simples interrompues au droit des palées, au lieu de poutres continues. On supprime ainsi la fatigue que produisent dans un tablier continu les déformations verticales de l'arc, sous une surcharge non symétrique.

L'arc parabolique soumis à une charge uniforme, telle que le poids propre du viaduc, ne supporte, comme nous le savons, que des efforts de compression.

Les seuls moments fléchissants qui se produisent sont dus aux charges isolées produites par le tablier au droit des grandes palées.

Poussée. — La poussée horizontale se calcule simplement par les relations précédemment données, supposons la charge permanente ou poids propre $p = 4000$ k. f étant la flèche de l'arc et l la demi-portée, on a :

$$H = p\frac{l^2}{2f} \qquad \text{ou} \qquad H = 4000\frac{\overline{82,5}^2}{2 \times 65} = 209260 \text{ k.}$$

(1) Mémoire présenté par M. Eiffel à la Société des ingénieurs civils en octobre 1880.

Prenons aussi pour la surcharge par mètre, $p = 4000$ k. Le tablier étant formé de poutres simples, la charge sur les petites palées extrêmes est :

$$4000 \times 24.67 = 98700 \text{ k.}$$

Sur les grandes palées la charge est :

$$4000\,(12,385 + 25,925) = 4000 \times 38,31 = 153240 \text{ k.}$$

La poussée horizontale se calcule par la relation du n° 241 ou l est la portée entière :

$$H = P \times 0,625 \frac{a}{fl^3}\,(l - a)\,(l^2 + al - a^2).$$

on a :

$$l = 165 \quad \text{d'où} \quad l^2 = 27200 \quad l^3 = 4492000\ ;$$
$$f = 65 \quad \text{d'où} \quad fl^3 = 292000000.$$

Petites palées :

$$a = 70.16\ ; \quad a^2 = 4922\ ; \quad l - a = 95\ ; \quad al = 11576$$

d'où :

$$H = 98700 \times 0,625 \frac{70,16}{292000000} \times 95\,(27200 + 11576 - 4922) = 49670 \text{ k.}$$

Grandes palées :

$$a = 45,5\ ; \quad a^2 = 20,70\ ; \quad l - a = 119\ ; \quad al = 7500$$

d'où :

$$H = 153240 \times 0,625 \frac{45,5}{292000000} \times 119\,(27200 + 7500 - 2070) = 37950 \text{ k.}$$

Les surcharges sur les palées étant symétriques, la poussée totale due à ces surcharges est :

$(49670 + 37950) \times 2 = 211240$ k.

En y ajoutant la poussée permanente $=$ 209260 k.

La poussée totale pour l'arc entier $=$ 420500 k.

Actuellement on calculerait les sections des membrures et des diagonales dans un arc simple, en procédant comme nous l'avons dit pour l'arc du Douro.

Les membrures de l'arc et les treillis travaillent en moyenne aux charges suivantes :

	Membrures	Treillis
Sous la charge permanente	2 k.	1 k.
Surcharge totale	2	1
Sous l'action du vent (270 à 150 k.).	2	3

L'effort maximum à la clef dû à une variation de température de 30° n'est ici que de 0 k.63. Cet effort diminue, comme la poussée, à mesure que le rapport de la flèche à la corde de l'arc augmente.

FERME DES ANNEXES, EXP^{ON} 1878. PL. XXVIII

246. Quelle que soit la ligne moyenne d'une ferme, en la divisant en parties égales et appliquant la méthode indiquée au n° 240, comme pour l'arc du Douro, on déterminerait facilement la poussée H, et toutes les autres quantités.

Dans le cas d'une charge uniforme p par mètre, la seule à considérer dans les fermes de charpente, nous savons que le funiculaire des moments positifs est une parabole, comme pour une poutre droite. Or, la condition de l'équilibre de l'arc est :

$$\int \frac{\mu}{I} y \, ds = 0.$$

Cette intégrale étant prise pour l'arc entier, il faut évidemment, pour qu'elle soit nulle, que μ change de signe, c'est-à-dire que la parabole passant par les appuis ou $\mu = 0$, coupera l'arc en 2 points. Soit **K** ce point pour une demi-ferme.

Remplaçons $\frac{\mu}{I}$ par son égal $\frac{R}{v}$ ou $\frac{R}{h}$, $h = 2v$ et si nous supposons R constant on aura donc pour l'arc entier :

$$\int_a^c \frac{y\,ds}{h} = \int_a^k \frac{y\,ds}{h} - \int_k^c \frac{y\,ds}{h} = 0 \qquad \text{ou} \qquad \int_a^k \frac{y\,ds}{h} = \int_k^c \frac{y\,ds}{h}.$$

M. Maurice Lévy dans sa statique graphique, a résolu cette intégrale en considérant comme droites les lignes moyennes AB $= H_1$ du pilier et BC de l'arbalétrier. Appelant h_1 la hauteur moyenne de l'arbalétrier, h celle du pilier, enfin en faisant $Cc = H$ et $Ac = l$, on a :

$$\text{Hauteur du point K} = 0{,}707 \sqrt{H^2 - H_1^2 \left(1 - \frac{h}{h_1} \times \frac{H - H_1}{l}\right)}.$$

Ces quantités peuvent être exprimées en mètres ou relevées sur l'épure en millimètres, on a ainsi, sur notre dessin fait au 1/100e :

$$H = 112 ; \quad H_1 = 60 ; \quad l = 117 ; \quad h = 6 : \quad h_1 = 7$$

d'où :

$$\text{Hauteur de K} = 0{,}707 \sqrt{\overline{112}^2 - \overline{60}^2 \left(1 - \frac{6}{7} \times \frac{52}{117}\right)} = 86^{\text{mm}}.$$

Cette hauteur, que nous retrouverons par la méthode graphique ci-après, est exactement celle qui a été trouvée à posteriori par MM. Molinos et Seyrig dans la notice sur M. de Dion, présentée à la Société des ingénieurs civils, année 1879, mais par une série de calculs laborieux et en considérant le moment d'inertie en chaque section.

Ce point K étant déterminé, voici comment on trace la parabole. Joignons les points AK par une droite qui, prolongée, rencontre en E l'axe vertical. Sur AK, comme diamètre, traçons une demi-circonférence ; par le point E menons la tangente en m

projetons m en n sur AK et n en a sur l'axe vertical. Le sommet de la parabole se trouve alors au milieu de aE, au point C'.

On peut aussi calculer la distance $C'c = x_1$ ou l'abcisse du sommet de la parabole au-dessus du point A, d'après l'équation de la parabole. Soit $y_1 =$ Ac l'ordonnée de A, x et y les coordonnées du point K;

Les carrés des ordonnées, y^2, y_1^2 sont entre eux comme leurs abscisses x, x_1 :

$$y_1^2 : y^2 :: x_1 : x \qquad \text{ou} \qquad y_1^2 - y^2 : y_1^2 :: x_1 - x : x_1$$

d'où :

$$x_1 = y_1^2 \frac{x_1 - x}{y_1^2 - y^2}.$$

En relevant les données sur le dessin on trouve. $(x_1 - x) = 86$; $y_1 = 117$, $y = 65$, d'où :

$$x_1 = C'c = \overline{117}^2 \times \frac{86}{\overline{117}^2 - \overline{65}^2} = 124^{m},4.$$

La verticale Dd passant au milieu de Ac, étant la direction de la résultante de la charge totale pl sur la demi-ferme, si nous menons une horizontale de C', elle déterminera le point D et par suite la direction AD de la réaction en A. Ces lignes C'D et AD sont les tangentes extrêmes de la parabole que nous pouvons tracer comme nous le savons.

Si donc, Dd représente la charge totale, C'D $= 0,5\ l$ représente la poussée H, d'où (cette lettre H désignait précédemment la hauteur Cc, mais il n'y a pas de confusion possible).

$$H : pl :: \frac{l}{2} : C'c \qquad \text{ou} \qquad H = p\,\frac{l^2}{2C'c} = p\,\frac{\overline{117}^2}{2 \times 124,4} = 54,76 \times p.$$

Voici les poids de cette ferme :

Ossature métallique	= 15 k.	100 k.
Pannes et voliges	= 33	
Tuiles métalliques	= 8	
Surcharge de neige	= 44	

L'écartement des fermes étant de 5^{m} ; $p = 500$ k. et $H = 54,76 \times 500 = 27380$ k.

La parabole ou courbe des pressions étant tracée nous en déduirons, comme nous l'avons fait pour l'arc articulé, la compression normale N, l'effort tranchant F et le moment fléchissant réel en un point quelconque, puis la section d'une membrure (en prenant h ou h_1 pour hauteur de l'arc), par la relation :

$$RS = \frac{N}{2} \pm \frac{\mu}{h}.$$

Si on fait R constant, comme nous l'avons fait dans le calcul de l'arc articulé de 110^{m}, on constituera une ferme d'égale résistance.

ARC CONTINU ÉLASTIQUE

MÉTHODE GRAPHIQUE DE EDDY

247. Principe de la méthode. — Cette méthode très générale (1) s'applique, comme nous le verrons, à un arc quelconque, circulaire, elliptique, ogival, etc., portant des charges quelconques.

Elle est entièrement basée sur ce que nous savons déjà des méthodes graphiques.

La condition d'équilibre, pour un arc dont E et I sont constants est :

$$\int \mu \, ds \, y = 0.$$

Nous savons que le moment fléchissant μ se compose :

1° D'un moment positif représenté par les ordonnées d'un funiculaire semblable à celui d'une poutre droite fictive égale à la corde de l'arc ; mais en prenant pour distance polaire ou force horizontale, agissant suivant la ligne de fermeture de ce funiculaire, non pas une force quelconque, mais précisément la poussée horizontale H due à l'élasticité de l'arc.

2° D'un moment négatif, qui est le produit de cette même poussée horizontale H agissant suivant la ligne de poussée de l'arc, par les ordonnées mêmes de l'arc.

Pour un arc articulé aux appuis, la ligne de poussée passe par ces appuis.

De sorte que, si y est une ordonnée de l'arc et y_0 celle du funiculaire de la poutre droite, au même point, le moment en ce point est :

$$\mu = \mathrm{H}\,(y_0 - y).$$

Maintenant, traçons, avec une distance polaire quelconque H', un funiculaire correspondant aux charges de l'arc et à une poutre droite égale à sa corde. Le moment au même point que précédemment, de cette poutre fictive est représenté par l'ordonnée y' du funiculaire multipliée par la distance polaire H'. Il est égal au moment positif précédent. Donc :

$$\mathrm{H}'y' = \mathrm{H}y_0, \qquad \text{d'où} \qquad \mu = \mathrm{H}'y' - \mathrm{H}y\,;$$

Mettons cette valeur de μ dans l'équation d'équilibre et remplaçons $\int$ par Σ : on a :

$$\Sigma\,(\mathrm{H}'y' - \mathrm{H}y)\,y\,ds = 0 \qquad \text{ou} \qquad \mathrm{H}'\Sigma y'ds \times y = \mathrm{H}\Sigma y ds \times y.$$

La distance polaire ou poussée H, ou une ordonnée y_0 du funiculaire ont donc pour valeur :

$$\mathrm{H} = \mathrm{H}'\,\frac{\Sigma\, y'\,ds \times y}{\Sigma\, y\,ds \times y}, \qquad \text{et} \qquad y_0 = y'\,\frac{\Sigma\, y\,ds \times y}{\Sigma\, y'\,ds \times y}.$$

---

(1) La *Méthode générale pour la détermination graphique de la poussée*, donnée par M. M. Levy dans son ouvrage : *La statistique graphique*, 1887 ; n'est autre chose que la *méthode* que *M. Eddy*, professeur à Cincinnati, a indiquée dans son ouvrage : *Researches in graphical statics*, New-York 1878 et que nous résumons ici.

Il s'agit donc de déterminer deux longueurs proportionnelles aux termes du coefficient de H' ou de y'.

Or si on considère, comme nous l'avons fait au n° 67, d'après Mohr, les surfaces de moments comme des surfaces de charge, $\Sigma\, y'ds \times y$ est la somme des moments de charges fictives $y'ds$ représentées par la surface du funiculaire arbitraire, agissant horizontalement aux extrémités des ordonnées y de l'arc; $\Sigma y\, ds \times y$ est la somme des moments des charges fictives yds, représentées par la surface des moments négatifs ou de l'arc même, agissant horizontalement aux extrémités des ordonnées y de l'arc.

Si donc on forme les polygones rectilignes de ces charges fictives, puis qu'on trace les funiculaires correspondants, on aura les *seconds polygones funiculaires* (67-69) dont les ordonnées représentent les flexions ou déplacements horizontaux des divers points de l'arc. Et si on prend, pour ces deux funiculaires, une même distance polaire, leurs ordonnées maximum, ou les flexions seront dans le rapport des deux termes du coefficient de H'. Enfin, si cette distance polaire est égale à la flèche de l'arc, la flexion totale sera la même que celle d'une poutre verticale fictive égale à la flèche de cet arc.

Si la charge que l'on considère est appliquée directement sur l'arc, comme pour une toiture, en divisant l'arc en parties égales de longueur ds, les charges fictives yds ou $y'ds$ seront proportionnelles aux y ou y'. Mais si, comme dans le cas des ponts, on considère une charge répartie suivant une horizontale ou la corde de l'arc, et si alors on divise cette corde en parties égales de longueur dx, ce sont les charges fictives représentées par les tranches $y'dx$ des surfaces des moments, qui sont proportionnelles aux y. C'est cette dernière hypothèse que nous admettrons.

248. Application à un arc circulaire. (Pl XXX). — Soit ABC la courbe moyenne de l'arc, divisons sa corde en 12 parties égales par exemple. Soit p la charge totale par mètre (poids mort et surcharge) que nous supposons régner à gauche sur les 2/3 de la portée. Représentons la charge totale $P = p\, dx$ sur chaque ordonnée d'une division, par 16 $^m/^m$ et la charge $Q = q\, dx$ (poids mort seul) régnant sur le 1/3 de droite, par 8 $^m/^m$. Traçons, avec une distance polaire quelconque, le funiculaire de ces charges; pour cela prenons par exemple le pôle o sur l'axe et les distances polaires $om = om' = H' = 1/3$ AB. Sur la verticale mn portons les charges situées à gauche de l'axe, la première sera $6/2 = 1/2$ P, c'est la moitié de la charge sur l'ordonnée CD, puis les charges 5 à 1 égales à P. Sur la verticale $m'n'$, portons les charges situées à droite de l'axe, la première sera $6/2 = 1/2$ P, la charge $7 = P$; $8 = 0{,}5\,(P + Q)$; puis, $9 = 10 = 11 = Q$: Enfin menons les rayons au pôle commun o. Cette façon d'opérer revient au même que si nous avions porté toutes les charges sur la même verticale. Pour tracer le funiculaire, partons encore du point o comme origine et traçons successivement, à gauche les divers côtés parallèles aux rayons de gauche, puis à droite les divers côtés parallèles aux rayons de droite. On obtient ainsi le funiculaire A'oB' dont la ligne de fermeture est évidemment A'B' puisque les moments sont nuls sur les appuis. Numérotons de y'_1 à y'_{11} les ordonnées de ce funiculaire.

Nous considérons chaque tranche $y'dx$ de la surface de ce polygone, comme une charge fictive proportionnelle à l'ordonnée y', (puisque dx la largeur d'une division est constant), et agissant horizontalement à l'extrémité des ordonnées y de l'arc ACB.

Pour tracer les *seconds funiculaires* $\Sigma y'dx \times y$, il est préférable, si l'arc est surbaissé, d'amplifier toutes ses ordonnées dans un rapport constant ; sur notre épure nous les avons doublées, on a ainsi les ordonnées numérotées y_1 à y_{11} d'un polygone elliptique AcB. Il sera très simple de tenir compte de cette amplification.

Prenons la flèche amplifiée *c*D pour 2e distance polaire commune et portons les charges fictives y' à gauche et à droite de D. Pour limiter l'épure nous réduisons au quart les longueurs de ces ordonnées. Ainsi à droite et à gauche de D, portons D — 6 = 1/8 de y'_6; puis à gauche, 6 — 5 = 1/4 y'_5; 5 — 4 = 1/4 y'_4, et ainsi de suite, enfin, 2 — 1 = 1/4 y'_1. Portons à droite, 6 — 7 = 1/4 y'_7 et ainsi de suite, enfin 10 — 11 = 1/4 y_{11}. Menons les rayons (en éléments) au pôle *c*, puis partant de ce même point *c* comme origine des deux branches du 2e funiculaire, traçons les côtés de ce funiculaire parallèles aux rayons et limités aux horizontales menées par les points 1 à 11, des extrémités des *y* amplifiées. Nous obtenons ainsi les deux branches polygonales cf' et cf' (tracées en éléments), ff' représente $\Sigma y'dx \times y$.

Pour avoir $\Sigma y\, dx \times y$, nous procéderons de même, mais à cause de la symétrie de l'arc il suffit de considérer un côté, soit le côté gauche ; portons alors D — 6_1 = 1/8 de y_6 puis $6_1 - 5_1$ = 1/4 y_5; $5_1 - 4_1$ = 1/4 y_4 et ainsi de suite, enfin $2_1 - 1_1$ = 1/4 y_1 ; menons les rayons au même pôle *c* (lignes pleines) et traçons le funiculaire *cf*, on a donc à cause de la symétrie, $\Sigma ydx \times y = 2\,\mathrm{D}f$.

Si nous appelons z' la demi-longueur $f'f'$ et z la longueur D*f* on aura maintenant pour la poussée ou distance polaire réelle qui donnera le polygone des pressions ou des moments positifs

$$\mathrm{H} = \mathrm{H}'\frac{z'}{z} = 0\,m\frac{z'}{z} \qquad \text{ou} \qquad y_0 = y'\frac{z}{z'}.$$

Pour obtenir graphiquement ces résultats, portons $od = \mathrm{D}f = z$, menons de *d* une horizontale jusqu'en *e* sur le polygone rectiligne des charges et menons le rayon *eo*; puis, prenons $od' = z'$ et menons une horizontale *d'e'* qui coupe *eo*, en *e'*, on aura évidemment $d'e = \mathrm{H}$. En effet :

$$de : d'e' :: od : od' \qquad \text{ou} \qquad \mathrm{H} : \mathrm{H}' :: z' : z \qquad \text{ou} \qquad y_0 : y' :: z : z'.$$

Maintenant rapportons sur la verticale *ab* passant par *e'*, les charges *mn* et *m'n'* et comme le funiculaire réel doit avoir sa ligne de fermeture horizontale, comme AB, menons (55) *ok* parallèle à A'B', l'horizontale du point *k* nous donne le pôle o_1. Menons les rayons à ce pôle, puis, en partant de A ou de B, nous trouvons les côtés successifs du funiculaire réel dont les ordonnées sont les y_0 et dont les distances verticales au polygone amplifié $(y_0 - y)$ sont proportionnelles aux moments fléchissants réels qui se produisent sur l'arc pour la répartition donnée des charges. On a donc enfin les moments $\mu = \mathrm{H}\,(y_0 - y)$ à l'échelle *n*H, 1 : *n* étant l'échelle des longueurs.

Enfin pour avoir les pressions réelles sur l'arc, il faut, puisque ses ordonnées ont été doublées, doubler aussi la distance polaire ; on prendra donc $ko' = 2\,ko_1$. Les rayons menés du pôle *o'* représenteront alors à l'échelle des charges, l'intensité des résultantes de translation qui donneront N et F en chaque section.

Le calcul des sections de l'arc se fera maintenant comme d'ordinaire.

249. Application à la ferme de l'Annexe 1878. (Pl. XXX). — Soit ABC, la ligne moyenne de la demi-ferme que nous supposons de hauteur constante. Supposons la ferme entière chargée uniformément ; tout étant symétrique, il suffit de ne considérer qu'une moitié. Divisons la corde AD en 6 parties égales, y_1 à y_6 sont les ordonnées de la ligne moyenne, correspondantes à ces divisions. Formons le polygone rectiligne ac des charges 1 à 5, égales sur les ordonnées y_1 à y_5 et de 6/2 qui existe au faite ; aa' étant la charge sur la verticale de A, $a'c$ est la charge totale sur la demi-ferme. Prenons un pôle o' sur l'horizontale de c, à une distance quelconque, menons les rayons et traçons le funiculaire correspondant Am, dont les ordonnées sont y'_1 à y'_6.

Maintenant portons à partir de D, 1/4 des ordonnées, soit D — 6 $= 1/4 \times 1/2\, y'_6 = 1/8\, y'_6$; 6 — 5 $= 1/4\, y'_5$... puis en prenant C pour pôle traçons le 2e funiculaire Cf'.

En opérant de même pour les ordonnées y_6 à y_1 de l'arc, nous obtenons le 2e funiculaire Cf.

Actuellement les ordonnées y' doivent être augmentées dans le rapport de Df à Df' ; menons donc $f'm$ et par f menons une parallèle à $f'm$, elle nous donne C' pour sommet du funiculaire réel. Menons l'horizontale C'E qui coupe en E la résultante de la charge totale $pl = a'c$, puis menons de a' une parallèle à AE, elle détermine le pôle o. En menant les rayons de ce pôle, nous compléterons le funiculaire AC'. Enfin, en une section quelconque, on pourra déterminer N et F et par suite la section des membrures de la ferme, comme nous l'avons fait dans les applications précédentes.

Nous trouvons, par ce procédé, une hauteur C'D un peu plus faible que précédemment, cela tient au petit nombre de division (6 seulement) de la corde et à l'hypothèse de la hauteur constante de la section. Mais la différence est absolument insignifiante au point de vue pratique.

ARC ENCASTRÉ

MÉTHODE ANALYTIQUE

250. Principe. — Les deux extrémités d'un arc étant encastrées, la tangente à la fibre neutre en ces points ne varie pas, quelles que soient les charges. L'arc étant en équilibre sous les charges qui le sollicitent et les couples correspondants aux moments d'encastrement, la rotation en une section quelconque est nulle. On a donc :

$$\frac{i}{v}\, ds = \frac{\mu\, ds}{\mathrm{E\,I}} = 0.$$

De plus, le déplacement vertical et celui horizontal sont aussi nuls. On a donc, en faisant les sommes intégrales pour l'arc entier, et en considérant E et I comme constants, les trois conditions :

$$\int \mu ds = 0 \,; \qquad \int \mu ds\, x = 0 \,; \qquad \int \mu ds\, y = 0.$$

Or, si nous considérons encore les μds comme des charges fictives, ces relations signifient que l'arc encastré est en équilibre *astatique*. La 1re signifie que la somme de ces charges agissant verticalement est nulle. $\int \mu ds x$, signifie que la somme des flexions dans le sens vertical est nul, ce qui est évident en raison de la symétrie, comme cela aurait lieu pour une poutre droite égale à la corde de l'arc.

La dernière relation est la même que pour l'arc articulé, elle signifie, comme nous le savons, que la somme des flexions dans le sens horizontal ou pour une poutre fictive égale à la flèche de l'arc, est nulle.

251. Application. — Ferme encastrée de 35m. — Expn 1878. (Pl. XXVIII). — Comme toujours, nous considérons qu'une ferme est soumise à une charge uniforme, alors quelle que soit la valeur absolue de cette charge, la courbe des pressions ou des moments positifs est une parabole.

Puisque le pilier de la ferme est encastré, cette parabole coupera la courbe moyenne à une certaine hauteur AK_1 dont l'ordonnée représente le moment d'encastrement, et pour que la première condition ci-dessus puisse être satisfaite, μ devra changer de signe de K_1 en C, donc la parabole coupera encore la courbe moyenne en un certain point K. Ces points une fois connus, la parabole sera déterminée.

La seconde des relations précédentes est satisfaite par la symétrie de l'arc et des charges. Pour la 1re et la 3e condition, si, comme précédemment, on remplace μ par sa valeur en fonction de R, I et $v = 0,5h$;

$$\mu = R\frac{I}{v} = R\frac{I}{0,5\,h}.$$

Ces relations deviennent, en prenant les sommes pour l'arc entier et en négligeant les constantes R, I et 0,5.

$$\text{la 1}^{\text{re}} : \int_0^{k_1}\frac{y\,ds}{h} - \int_{k_1}^{k}\frac{y\,ds}{h} + \int_{k}^{c}\frac{y\,ds}{h} = 0 ; \qquad \text{la 3}^{\text{me}} : \int_0^{k'}\frac{ds}{h} - \int_{k}^{k'}\frac{ds}{h} + \int_{k}^{c}\frac{ds}{h} = 0.$$

Ce sont ces intégrales que M. Maurice Levy a résolues, dans son traité déjà cité, en posant $h_1 = h \sin i$, h_1 hauteur moyenne transversale du pilier, h la hauteur moyenne transversale de l'arbalétrier et i l'angle de son inclinaison à l'horizon, ou inclinaison de la toiture. On trouve alors pour les distances verticales des points K_1 et K :

$$AK_1 = 0,25\ Cc ; \qquad ck = 0,75\ Cc ; \qquad \text{ou} \quad k_1k = 0,5\ Cc.$$

Cc, hauteur de la courbe moyenne sur l'axe, k_1 et k projections de K_1 et K.

Les points K_1 et K étant connus, on déterminera le sommet de la parabole par l'un des moyens indiqués pour la ferme de l'annexe. Mais le procédé graphique peut ne pas être commode à appliquer ; le second que nous avons donné sera préférable : En relevant sur le dessin les coordonnées $y = 98$, $y_1 = 133$, $x_1 - x = 87$ de ces points, par rapport à l'axe Cc de la ferme pris pour axe des x, on a :

$$x_1 = y_1^2\frac{x_1 - x}{y_1^2 - y^2} \qquad \text{d'où} \qquad x_1 = \overline{133}^2\frac{87}{\overline{133}^2 - \overline{98}^2} = 190\ ^m/^m.$$

Telle est la hauteur verticale x_1 du sommet C′ de la parabole, au-dessus de K_1.

Actuellement du point C′ on mènera une horizontale qui, rencontrant en D la verticale Dd direction de la résultante de la charge élevée sur le milieu de la demi-portée Ac, détermine la direction K_1D de la tangente en K_1 à la parabole. Cette courbe étant tracée on opérera exactement comme pour l'arc articulé de 110 mètres ; on évaluera les poids de la couverture, des pannes, puis celui de l'arbalétrier compté jusqu'à la bissectrice, c'est-à-dire sans le pilier. On fera un tracé analogue à celui de la pl. XXVII, qui donnera la compression normale N et l'effort tranchant F en chaque section voulue, puis en se donnant R on déduira la section d'une membrure de la relation :

$$RS = \frac{N}{2} \pm \frac{\mu}{h}.$$

h étant la distance des centres de gravité des sections des membrures au point considéré, distance que l'on prendra, un peu inférieure à la hauteur totale de l'arc.

Si la hauteur de l'arc est faible et qu'on se donne sa section totale = 2 S, on pourra calculer le moment d'inertie I, on en déduit alors très exactement le coefficient R de travail du métal, par la relation :

$$R = \frac{N}{2S} \pm \mu \frac{v}{I}; \qquad v \text{ étant la demi-hauteur de la section.}$$

Voici quelques données relatives aux fermes de l'exposition de 1878.

Poids par mètre de projection horizontale	de la couverture métallique et voliges.	27 k.	= 120 k.
	de l'ossature sans le pilier	52	
	Surcharge de neige , ...	41	

L'écartement de deux fermes étant de 15 mètres, le poids par mètre courant est $p = 120 \times 15 = 1800$ kil. et le poids total, $1800 \times 17{,}7 = 31860$ kil.

La poussée horizontale a alors pour valeur :

$$H = 31860 \frac{K_1 d}{x_1} = 31860 \frac{66{,}5}{190} = 11150 \text{ k.}$$

Cette poussée déterminera le moment μ en chaque point du pilier.

Au point K_1 où ce moment est nul, la section du pilier résistera à la compression normale N composée de la charge supérieure 31860 kil., plus le poids propre du pilier au-dessus de K_1.

Tous ces calculs n'offrent plus aucune difficulté.

ARC ENCASTRÉ

MÉTHODE GRAPHIQUE DE EDDY

252. Principe de la méthode. — Nous venons de voir que pour un arc encastré à ses deux extrémités, les seules conditions d'équilibre qu'il suffit de considérer sont :

$$\int \mu ds = 0 \ ; \qquad \int \mu ds y = 0.$$

La première signifie que la somme des charges fictives μds est nulle, c'est-à-dire que la surface des moments positifs est égale à celle des moments négatifs. C'est la même condition que au n° 75, pour une poutre droite encastrée aux deux bouts. (*Les surfaces des moments situées de chaque côté de la ligne de fermeture, dans le premier funiculaire sont égales entre elles*). Mais ici la surface des moments se compose, comme pour l'arc précédent, de la surface des moments (ordonnées y_0) limitée par un funiculaire tracé comme pour une poutre droite encastrée, mais avec une distance polaire égale à la poussée élastique de l'arc ; moins la surface des moments limitée par la courbe moyenne de l'arc même (ordonnées y).

Il faut donc déterminer dans chacune de ces deux surfaces composantes, la ligne de fermeture comme pour une poutre droite encastrée, puis en les superposant de telle façon que leurs lignes de fermeture coïncident, leurs différences, ou la surface des $\mu = H(y_0 - y)$ satisfera à la première condition $\int \mu ds = 0$.

Mais la surface des moments (y_0) nous est inconnue puisque nous ne connaissons pas la distance polaire ou poussée H. Pour la déterminer nous n'avons qu'à satisfaire à la seconde condition d'équilibre $\int \mu ds y = 0$. Or cette condition est la même que pour l'arc précédent. Si donc nous traçons encore un funiculaire des charges avec une distance polaire H' quelconque, et que nous tracions sa ligne de fermeture comme pour une poutre droite encastrée, nous aurons les ordonnées y' et en raisonnant comme précédemment on trouve les mêmes expressions pour H et y_0 :

$$H = H' \frac{\Sigma y' ds \times y}{\Sigma y ds \times y}, \qquad \text{et} \qquad y_0 = y' \frac{\Sigma y ds \times y}{\Sigma y' ds \times y}.$$

Nous emploierons donc le même procédé que précédemment pour déterminer deux lignes z, z' ayant le même rapport que les termes des coefficients de H' et de y'.

La méthode étant ainsi bien définie, sa mise en pratique se composera d'une série d'opérations simples que nous avons déjà effectuées séparément dans le chapitre III.

253. Application. — Arc circulaire (Pl. XXXI). — Soit ACB la courbe circulaire de l'arc encastré à établir. Nous avons pris, comme Eddy, les proportions de l'arc du pont Saint-Louis : portée 150 m., flèche 15 m., à l'échelle de 1/150.

Tracé du funiculaire arbitraire. — Divisons la corde AB en parties égales, 16 par exemple. Supposons que sur la moitié de gauche règne une charge totale (poids mort et surcharge) de p par mètre, et que la charge sur chaque point de division de l'arc soit représentée par 16 $^m/^m$. Sur la moitié de droite règne une charge q par mètre moitié de la précédente.

Maintenant, traçons un funiculaire de ces charges avec une distance polaire quelconque, prenons le pôle en D et pour distance polaire $H' = AD = DB$ (il en résultera une simplification des opérations ultérieures), puis, portons sur la verticale de A, les charges qui règnent à gauche de l'arc sur les lignes de division 8 à 1, la première charge à gauche, celle qui règne sur l'axe 8, est moitié des autres, elle est représentée à partir de A par une longueur de 8 $^m/^m$, les charges égales 7 à 1 sont représentées par des longueurs égales de 16 $^m/^m$. Portons de même sur la verticale de B les charges 8 à 15 qui règnent à droite de l'arc.

Menons les rayons au pôle D, puis, partant de ce même point D, pris pour sommet du funiculaire, traçons comme d'ordinaire les deux branches du funiculaire A'DB' dont les côtés successifs sont parallèles aux rayons précédents. Les charges p et q étant uniformes, chaque branche du funiculaire polygonal est inscrite dans une parabole, si alors Am représente la charge totale $p \times AD$ régnant à gauche, le point A' de la parabole doit être au milieu de Am. De même si $Bm' = q \times BD$, le point B' doit être au milieu de Bm'.

Actuellement, nous devons considérer ce polygone A'DB', comme appartenant à une poutre droite de longueur AB, et encastrée à ses deux extrémités ; la surface des moments A'DB'A', devra donc être partagée par une certaine ligne de fermeture de telle façon que la surface des moments positifs soit égale à celle des moments négatifs. Supposons pour le moment que cette ligne de fermeture soit connue et soit $a'b'$; alors la surface du rectangle A'$a'b'$B' ou des moments négatifs résultant des encastrements des extrémités doit être égale à la surface A'DB'A' ou des moments positifs.

Tracé de la ligne de fermeture $a'b'$. — Pour déterminer cette ligne de fermeture, nous procéderons comme au n° 69, en considérant les surfaces de moments comme des surfaces de charges. La surface du rectangle A'$a'b'$B', peut être considérée comme formée de deux triangles ayant pour bases, l'un A'a', l'autre B'b', et une hauteur commune AB, leurs centres de gravité sont donc situés sur leurs verticales GG' situées au 1/3 de leur hauteur AB à partir de chaque base.

A son tour, la surface polygonale A'DB'A' peut être considérée comme composée du triangle A'DB' dont le centre de gravité est sur la verticale de D ; plus du secteur parabolique A'D dont le centre de gravité est sur la verticale 4 milieu de AD ; plus du secteur parabolique B'D dont le centre de gravité est sur la verticale 12 au milieu de DB.

Toutes ces surfaces composantes, pour être comparables entre elles, doivent être rapportées à des triangles ou rectangles ayant une base commune. Prenons pour base commune la demi-portée AD, alors Dd représentera la charge ou surface du triangle A'DB ; portons cette longueur en ee' sur la verticale de son centre de gravité. La surface des secteurs paraboliques est égale à la base commune AD multipliée par les 2/3 de leur hauteur, ces surfaces sont donc représentées, à la même échelle que la précédente, par les hauteurs h que nous portons en ee_1 et h' que nous portons en $e'e_1'$.

Pour trouver la résultante de ces 3 charges, traçons un funiculaire avec une distance polaire quelconque, cette résultante passera par le point de concours des côtés extrêmes de ce polygone. Prenons donc o pour pôle, menons les rayons oe, oe_1, oe', oe_1' et puisque o est sur la verticale du poids h, oe_1 est aussi le prolongement du côté extrême du funiculaire, *oe* est le second côté, *es* parallèle à *oe'* sera le troisième côté, enfin *sr* parallèle à oe_1' sera le quatrième côté. La résultante de ces trois charges où le centre de gravité de la surface ploygonale passe donc par *r*.

Or (69) le centre de gravité du rectangle $A'a'b'B'$, que nous cherchons, passe aussi par cette verticale du point *r*, et sa surface ou la charge négative est aussi représentée par e_1e_1', puisque cette charge ou surface négative fait équilibre à la surface ou charge positive. Mais cette charge e_1e_1' ou surface du rectangle se compose des charges ou surfaces de deux triangles ayant même hauteur AB que le rectangle et dont les centres de gravité sont sur les verticales G et G'; par conséquent leurs surfaces, proportionnelles à leurs bases, sont en raison inverse de la distance de leur centre de gravité à la résultante. Pour obtenir ce résultat graphiquement, menons par *e'* l'horizontale *ii'*, limitée aux verticales de G et G', puis menons e'_1j, joignons *j* et *i'* qui coupe la verticale de *r* au point *r'*; en projetant *r'* en *k* on aura $jk = B'b'$ et $ki = A'a'$. La ligne de fermeture *a'b'* est donc déterminée et par suite aussi les ordonnées *y'* numérotées de 1 à 15 qui représentent les moments ou charges fictives positives et négatives, arbitraires.

Ligne de fermeture de l'arc. — Il reste à tracer la ligne de fermeture de l'arc lui-même. considéré comme le funiculaire d'une poutre encastrée; mais cet arc étant très surbaissé, il est préférable de lui substituer un polygone dont les ordonnées soient celles de l'arc amplifiées dans un rapport constant. En multipliant par 3 les ordonnées de l'arc ACB, on obtient le polygone elliptique AcB. Il sera facile, comme nous l'avons fait pour l'arc précédent, de tenir compte ultérieurement de cette amplification.

Par suite de la symétrie de l'arc, sa ligne de fermeture sera évidemment horizontale; soit a_1b_1 cette ligne, nous n'avons qu'à déterminer la hauteur $Aa_1 = Bb_1$ de façon que la surface de ce rectangle soit égale à celle de l'arc amplifié AcB. La géométrie nous apprend que pour une division de la corde AB en 16 parties égales, cette hauteur est égale à 1/8 de la somme des ordonnées. On trouve ainsi $Aa_1 = Bb_1 = 51$ m/m. La ligne a_1b_1 nous donne maintenant pour une moitié de l'arc les ordonnées y_1 à y_8.

A présent on déterminera les coefficients de H' ou de *y'*, comme pour l'arc précédent, en traçant les *seconds polygones funiculaires* ou polygones des *y* et des *y'*, qui donneront les flexions *z* et *z'* de la poutre verticale fictive égale à la flèche Dc de l'arc.

Polygone des flexions z. — Pour le construire, nous porterons sur une horizontale menée du point *c*, les charges fictives représentées par les ordonnées $Aa_1, y_1, y_2 \ldots$ comprises entre l'arc amplifié et sa ligne de fermeture a_1b_1. A cause de la symétrie de l'arc, il suffit de n'en considérer que la moitié. La charge sur l'appui A, correspondant à la moitié d'une division, sera $1/2\, Aa_1$. Portons donc $c - o = 1/2\, Aa_1$; $o - 1 = y_1$; $1 - 2 = y_2$; $2 - 3 = y_3$; les *y* qui suivent changeant de signe, nous les porterons en sens inverse des précédents, soit $3 - 4 = y_4$; $4 - 5 = y_5 \ldots$ enfin $7 - c$ doit être égal à $1/2\, y_8$. Menons les rayons au point D pris pour pôle, le rayon D—*o* limité à l'horizontale du point 1', donne le premier côté du funiculaire, on tracera de même les autres côtés. parallèles aux rayons précédents, et limités aux horizontales menées des points de l'arc amplifié. On obtient finalement $cf = z$.

Polygone des flexions z'. — Son tracé s'effectue comme le précédent, mais. pour ne pas surcharger la figure, nous l'avons porté à droite.

Les charges fictives $A'a', y_1', y_2' \ldots B'b'$ ou les ordonnées du funiculaire arbitraire, limitées à sa ligne de fermeture $a'b'$, n'étant pas symétriques, nous tracerons le deuxième funiculaire des ordonnées de gauche, et celui des ordonnées de droite.

Portons donc $co = 1/2\, A'a'$; $o - 1 = y_1'$; $1 - 2 = y_2'$; $2 - 3 = y_3'$; puis, en revenant sur la droite, nous porterons $3 - 4 = y_4'$ et ainsi de suite, finalement on doit trouver $15 - c = 1/2\, B'b'$. Menons les rayons au pôle D, et, en partant de ce même point D, on trace comme précédemment les deux polygones Df', Df et $1/2\, ff' = z'$.

Funiculaire réel. — Actuellement nous pouvons effectuer la réduction de la distance polaire H' ou l'augmentation des ordonnées y'.

A cet effet, portons sur la verticale du pôle D, $Dn = z'$ et $Dn_1 = z$, menons de n une horizontale nn' limitée à un quelconque des rayons primitifs, au rayon $3 - D$ par exemple, puis menons une verticale de n' et une horizontale de n_1, le point n_2 ainsi déterminé fixe la position du rayon $D - E$, limité au point E situé sur l'horizontale du point 3. La distance EF est la distance polaire H cherchée, et les ordonnées y du funiculaire tracé avec cette distance polaire seront bien amplifiées dans le rapport ci-dessus. En effet on a :

$$3 - F : EF :: (n_2\, n_1 = n'n) : n''n :: z : z' \quad \text{ou} \quad H = H' \frac{z'}{z}.$$

Une ordonnée quelconque du rayon $3 - D$ est à une ordonnée du rayon ED, comme $z' : z$. Si donc nous portons $Du' = A'a'$, en projetant u' sur $3 - D$, on aura l'ordonnée réelle uu_1, que nous porterons en a_1A_1; la ligne de fermeture a_1b_1 étant aussi celle du funiculaire réel. Le point A_1 est donc l'origine du funiculaire réel et AA_1 mesure le moment d'encastrement en A. De même en portant $Dv' = B'b'$ on trouve vv_1 que l'on porte en b_1B_1; B_1 est l'autre origine du funiculaire et BB_1 mesure le moment d'encastrement en B. L'ordonnée y_8' sur l'axe de l'arc amplifiée devient de même, ww' que l'on porte en c_1c'.

On pourrait amplifier ainsi toutes les ordonnées y', mais on peut opérer plus simplement. Sur la verticale ab menée par le point E, c'est-à-dire à une distance polaire H de D, rapportons toutes les charges 1 à 15 et puisque le funiculaire réel doit avoir sa ligne de fermeture se confondant avec a_1b_1, menons DK parallèle à A'B', puis une horizontale de K qui déterminera le nouveau pôle o_1. En menant de ce pôle o_1 les rayons aux points de division de ab, puis en partant de A_1 ou de B_1 on tracera facilement le funiculaire réel (tracé en éléments) dont les distances verticales à l'arc amplifié mesurent les moments réels en chaque point de l'arc. Comme vérification, les points t', t' ou la ligne $a'b'$ coupe le funiculaire arbitraire, doivent se trouver sur les verticales des points t, t, ou la ligne a_1b_1 coupe le funiculaire réel.

Compression N. *Effort tranchant* F. — Puisque nous avons opéré sur un arc dont les ordonnées ont été multipliées par 3, il faut aussi multiplier par 3 la distance polaire. Si donc on prend $ko' = 3\, ko_1$, les rayons menés du pôle o' aux points de division de ab représenteront, à l'échelle des charges, les efforts T en chaque section, puis, en les décomposant suivant la normale à la section et sa perpendiculaire, on aura les valeurs de N et de F à la même échelle que celle des charges portées sur ab.

On pourra maintenant calculer la section de l'arc comme nous l'avons fait déjà.

Cas d'une charge uniforme. — Dans le cas d'un arc ainsi chargé ou si on voulait appliquer la méthode précédente à une ferme de charpente encastrée et uniformément chargée comme la ferme de 35 m. du n° 251, les opérations que nous venons de faire se simplifieraient beaucoup. En effet, dans ce cas, le funiculaire arbitraire A'DB' appartient à une même parabole, et la ligne A'B' est horizontale. Or la surface du segment parabolique est égale à sa base A'B' multipliée par les deux tiers de sa hauteur D*d*. Donc la hauteur du rectangle équivalent est $A'a' = B'b' = 2/3\ Dd$ ou $y'_s = 1/3\ Dd$, la ligne de fermeture $a'b'$ est donc de suite déterminée.

Comme tout est symétrique, il suffit de tracer la moitié de l'épure pour obtenir z et z'.

On trouverait ainsi une courbe ou parabole des moments positifs, un peu différente de celle trouvée par la méthode analytique n° 251, mais la différence serait négligeable en pratique; cette différence résulte surtout de ce que la méthode graphique suppose constante la hauteur de la ferme.

DOME SPHÉRIQUE

254. — Soit ABC (Pl. XXXII) la ligne moyenne ou quart de cercle d'un méridien, dont la rotation autour de l'axe CD engendre une demi-sphère. Rappelons qu'on appelle : *Méridien* tout plan passant par l'axe de la sphère et la coupant suivant un *grand cercle*; *parallèle* tout plan perpendiculaire à cet axe coupant la surface suivant un *petit cercle*; *fuseau* la surface comprise entre deux méridiens; *calotte* la surface au-dessus d'un parallèle; *zone* la surface comprise entre deux parallèles.

La surface d'une sphère de rayon R est égale à la circonférence d'un grand cercle $\times$ le diamètre ou à quatre fois la surface d'un grand cercle.

$$2\pi R \times 2R = 4\pi R^2 = \pi D^2$$

Nous supposons la surface sphérique assez mince pour n'avoir pas à tenir compte de son épaisseur.

Au lieu de considérer une surface sphérique continue, nous considérons, comme cela a lieu en pratique, un dôme composé d'un certain nombre de cercles méridiens AC, A'C, A"C réunis par des pannes situées dans les parallèles. Nous remplaçons ainsi la section continue de la sphère suivant un parallèle, par les sections des arcs méridiens; et la section continue suivant un méridien, par les sections des pannes.

Dans un dôme ou surface de révolution mince, la seule poussée qui ait lieu en un point quelconque d'une section méridienne est forcément dirigée suivant la tangente à la courbe méridienne. Cette poussée a pour composante verticale le poids supérieur et pour composante horizontale la résultante des tensions des pannes, située dans le parallèle du point considéré. Il suffit donc de déterminer le poids du dôme aux divers points voulus pour que la poussée et sa composante horizontale en ces points soient déterminées. La détermination de ces efforts est donc un simple problème de statique.

Nous diviserons le dôme par un certain nombre de parallèles équidistants, 8 par exemple, qui divisent l'axe CD en 9 parties égales. Les parallèles passant par les points de division d_1 à d_8, coupent l'arc méridien aux points $a_1 \ldots a_8$. On pourrait aussi diviser l'arc ABC en parties égales, cela ne changerait rien à la méthode. Maintenant supposons que le poids total (couverture et ossature) soit uniforme sur la surface sphérique et égal à p par mètre carré, et représentons par CD à une échelle quelconque, à déterminer, le poids total correspondant à un demi-fuseau CA'A, poids qui agit sur un arc méridien AC. Ce poids est égal à celui du 1/2 dôme $= p \times \pi D^2$, divisé par le nombre de fuseaux. Or, la surface d'une calotte sphérique étant égale à la circonférence d'un grand cercle multipliée par la hauteur de la calotte, on voit que les hauteurs égales cd_1, $d_1d_2 \ldots$ représenteront à l'échelle adoptée, pour le poids total CD, les poids égaux de chaque portion de zone correspondant au fuseau.

Actuellement, menons par le point C des parallèles aux tangentes en $a_1, a_2 \ldots$, nous obtenons ainsi les points $b_1, b_2 \ldots$ qui appartiennent à une courbe continue. Si on prends CD = R pour axe des x et AD pour axe des y, l'équation de cette courbe est :

$$y^2 : x^2 :: R - x : R + x.$$

Sa tangente en C est horizontale et sa tangente en D est à 45°, si nous menons une tangente verticale et par le point de contact b une horizontale, nous obtenons sur l'arc un point B dont le rayon BD fait avec l'horizon un angle de 38° environ.

Considérons maintenant la portion supérieure Ca_1 du fuseau, dont le poids est représenté par Cd_1. Ce poids est tenu en équilibre par la poussée tangentielle N_1 et par la résultante Q_1 des tensions des pannes, située dans le plan $a_1 d_1$, par conséquent Cd_1b_1 est le triangle de ces trois forces en équilibre; donc $Cb_1 = N_1$ et $b_1d_1 = Q_1$. La section de l'arc sera $S = N_1 : R$, R étant ici le coefficient de résistance du métal.

En se reportant au plan du dôme, il sera facile de décomposer Q_1 suivant les directions a_1a_1' et a_1a_1'' des pannes et par suite de déterminer leurs sections en tenant compte de ce que nous avons dit des piliers.

Si le dôme était surmonté d'une lanterne EE, on déterminerait le poids P afférent à un fuseau Ca_1, et si $C'd' = P$ on aura encore $C'b_1 = N_1$ et $b_1d' = Q_1$.

Passons au parallèle a_2, le poids total est Cd_2 d'où $Cb_2 = N_2$. Mais, par suite de l'existence des pannes en a_1, la composante horizontale est ici $Q_2 = b_2d_2 - b_1d_1 = b_2c_2$, en portant dans le plan $a_2c_2 = b_2c_2$ on obtient a_2e pour les compressions des pannes. Leur section et celle de l'arc s'en déduiront simplement.

On trouve de même en a_3, $N_3 = Cb_3$ et $Q_3 = b_3c_3$.

On voit que la poussée horizontale absolue croît de C en b, puis décroît de b en A où elle est nulle. La poussée effective, qui constitue une compression des pannes au-dessus de b, décroît de C en b; au-dessous de ce point, cette poussée horizontale effective, qui est la différence des poussées absolues dans deux parallèles consécutifs, change de signe, elle constitue donc des efforts de traction pour les pannes, efforts que l'on détermine par la simple construction du parallélogramme comme en a_1.

La section de l'arc ira donc en croissant comme les compressions normales N depuis le sommet C jusqu'à la base A qui supporte le poids total CD du demi-fuseau

De ce qui précède, on conclut que s'il s'agissait d'un dôme en matière inextensible, en maçonnerie par exemple et mince, il ne serait stable, c'est-à-dire comprimé, que sous un angle de 52° à partir du sommet, de C en B, au-dessous de cet angle, c'est-à-dire de B en A, il serait soumis à l'extension et se fendrait suivant des plans méridiens.

APPENDICE

NOTE I

RÉSISTANCE DES PIÈCES COMPRIMÉES

Pièces articulées. — Au sujet des pièces articulées à leurs extrémités (chap. IX), nous devons remarquer que, toutes choses égales, la flexion se produira de préférence dans le plan perpendiculaire à l'axe de l'articulation. Le moment d'inertie de la section de la pièce, pris par rapport au plan passant par cet axe, devra donc toujours être plus grand que celui pris par rapport au plan perpendiculaire à cet axe d'articulation.

Pièces encastrées, fer. — Dans le chap. IX, nous ne nous sommes occupé que des pièces à deux bases plates qui constituent un encastrement plus ou moins complet, suivant leur étendue : mais souvent les pièces comprimées sont complètement encastrées, tels sont les piliers continus reliés au plancher de chaque étage ; la membrure continue d'une poutre et aussi les barres de treillis rivées à leurs extrémités.

Nous ne connaissons pas d'essais sur les piliers encastrés, et nous avons fait voir que les formules théoriques ou d'Euler sont inadmissibles, surtout pour les faibles rapports de $l : d$.

Il est naturel d'admettre que cette résistance est supérieure à celle des pièces à bases plates. Nous admettons aussi que la loi de variation de résistance est, comme pour ces dernières, une ligne droite.

D'après celà, comme conséquence de ce que nous avons déjà dit sur les colonnes en fer et aussi des nombreuses comparaisons que nous avons pu faire sur des constructions existantes, nous proposons de déterminer la charge de rupture des pièces encastrées, de diverses sections, par les relations suivantes, analogues à celles que nous avons données au n° 208. Ces relations donnent les charges par centimètre carré indiquées au tableau suivant. Dans ce tableau, nous donnons aussi le rapport de ces charges de rupture à celle du fer à la traction prise, pour unité et égale à 3600 kg. par centim.

Ces rapports sont donc aussi ceux qui doivent exister entre les charges de sécurité, celle à la traction étant 1. Enfin la différence entre ces rapports et l'unité constitue l'augmentation du coefficient de résistance pour une pièce comprimée par rapport au coefficient qu'elle supporte dans le cas de la traction. Nous avons eu occasion d'appliquer ces résultats au calcul des membrures et des barres de treillis des arcs de 110 mètres de l'Exposition de 1889.

PIÈCES ENCASTRÉES EN FER. — CHARGES DE RUPTURE ET RAPPORTS

Relations	pour $l:d=10$		20		30		40	
$\frac{P}{S} = 3600 - 30\frac{l}{d} =$	3300	0,90	3000	0,83	2700	0,75	2400	0,60
$\frac{P}{S} = 3600 - 35\frac{l}{d} =$	3250	0,89	2900	0,80	2550	0,70	2200	0,56
$\frac{P}{S} = 4680 - 40\frac{l}{d} =$	3200	0,88	2800	0,78	2400	0,66	2000	0,52
$\frac{P}{S} = 3600 - 45\frac{l}{d} =$	3150	0,87	2700	0,75	2250	0,62	1800	0,48
$\frac{P}{S} = 3600 - 50\frac{l}{d} =$	3100	0,06	2600	0,72	2100	0,58	1600	0,44
$\frac{P}{S} = 3600 - 55\frac{l}{d} =$	3050	0,85	2500	0,70	1950	0,54	1400	0,40

NOTE II

POIDS ET CHARGES DES PLANCHERS

Ces charges comprennent : 1° le poids propre de la construction, variable suivant la composition du plancher et du hourdis ; 2° la surcharge variable suivant la destinati on 3° enfin le poids des cloisons que les planchers peuvent avoir à porter.

Le poids du béton, carrelage, ciment ou pierre, se compte à. 2000 kg. le m.c.
Le poids propre des poutrelles en fer varie de 10. . . . à. 35 — id.
Celui des fantons est constant. . . . . à. 5 — id.
Le hourdi varie suivant qu'il est plus ou moins épais et fait en platras, en briques pleines ou creuses ou de forme spéciale de 100 à 200 — id.
Les lambourdes se comptent à 30 kg. et le plancher chêne à 20 — id.

Pour la surcharge, on compte le poids d'un homme à 70 kg. et on admet, pour une foule serrée, 4 hommes par mètre carré ; on doit distinguer les maisons privées et les salles publiques où cette foule peut exister. Le tableau suivant résume ces données.

Pour les magasins, la surcharge varie suivant la nature des marchandises.

Voici les surcharges adoptées aux magasins généraux de la Seine, à Bercy-Conflans. 1er étage 1,500 kg. ; 2e étage 1,250 kg. ; 3e à 5e étage 1,000 kg. ; 6e étage 800 kg. Soit 6,550 kg. par mètre carré de projection horizontale.

CHARGES PAR MÈTRE CARRÉ DES PLANCHERS

		Épaisseur	Poids propre		Surcharge	Charge totale	
Maisons ordinaires		30	225	375	75	300	350
Grandes maisons	Planchers sous combles						
	Chambres à coucher						
	Cabinets						
	Salons 3ᵉ 4ᵉ étage	35	250	300	100	350	400
	Grands salons 1ᵉʳ 2ᵉ étage	»	270	320	130	400	450
	Magasin, rez-de-chaussée	»	250	300	200	450	500
Édifices publics	Bureaux, salles ordinaires	30	225	275	175	400	450
	Salons, assemblées ordinaires	35	250	300	200	450	500
	Salons, grandes assemblées	40	270	320	280	550	500

NOTE III

POIDS ET CHARGES DES CHARPENTES

Quand on se propose de calculer une charpente, on arrête : 1° la distance entre les deux fermes, c'est aussi la longueur des pannes ; 2° la distance entre les pannes, mesurée suivant la pente de la couverture ; puis on établit le poids p' par mètre carrée de la toiture comprenant : la couverture, le voligeage et chevrons, le plafond s'il y en a et la surcharge accidentelle due à la neige ou au vent. La charge par mètre courant des pannes est alors $p=p's$ d'où on calcule leurs dimensions par la relation $V=8\ R$ et par suite, leur poids. La charge totale sur un nœud de la ferme est donc $P=pl$, plus le poids de la panne, en admettant qu'il n'y ait pas de pannes entre les nœuds.

On évaluera aussi le poids propre de la ferme par mètre carré et en chaque nœud, par la comparaison de constructions existantes, analogues à celle que l'on veut établir ; ce poids peut être pris égal à la moitié du précédent. Nous donnons ci-après quelques chiffres relatifs à ces charges.

	Poids propre				Charges totales avec 20k voliges et 40k neige pour portées		
	Couverture	Ossature métallique pour portées					
		< 15m	15 à 30m	> 30m	< 15m	15 à 30m	> 30m
Couverture légère, métal...	6 à 10k	20	30	50	90	100	120
» moyenne, ardoise	30k	30	45	60	120	135	150
» lourde, tuiles....	80k	40	60		180	200	

Couverture. — Il nous paraît inutile de donner une énumération plus détaillée de leurs poids, car les mêmes noms de tuiles ont des poids variables suivant les localités et le mode d'emploi.

Voligeage. — Il se fait généralement en bois blanc, pesant environ 600 kg., soit 6 kg. le mètre carré par chaque centimètre d'épaisseur. Pour couvertures légères, le voligeage sans chevrons se fait de 2,5 à 3 centimètres d'épaisseur, soit 15 à 18 kg. le mètre carré. Pour couvertures lourdes, le voligeage sur chevrons se fait en 2 centimètres, soit, avec les liteaux, 20 à 25 kg. par mètre. Nous avons adopté 20 kg.

Plafond. — Un plafond en plâtre sur simple lattis pèse 18 à 20 kg. le mètre carré. Nous ne l'avons pas compté dans le tableau précédent.

Neige. — Son poids constitue la surcharge accidentelle, soit *ab* (fig. 221), l'épaisseur ou le poids q de la couche de neige qui tombe dans la région sur une surface horizontale, le poids *cb* normal à la toiture est

Fig. 221.

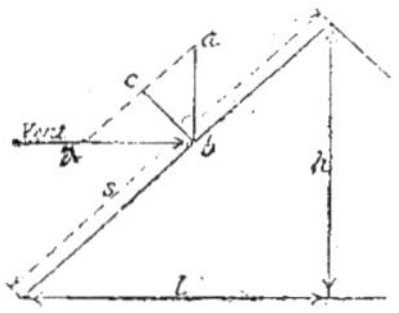

$$cb : ab :: l : s, \quad \text{d'où} \quad cb = ab\,\frac{l}{s}.$$

On a aussi $s = \sqrt{l^2 + h^2}$; posons $l : h = K$, $h = \frac{l}{K}$; on trouve :

$$cb = ab\,\frac{1}{\sqrt{1 + \left(\frac{K}{1}\right)^2}}$$

pour les différentes pentes, $l : h = K =$		1	1,33	2	4
On trouve	$cb = ab \times$	0,7	0,8	0,9	0,97
Pour $ab = 50$ k.	$cb =$	35 k.	40 k.	45 k.	48 k.,5

Si on admet pour la région de Paris une couche de neige de $0^m,40$, le poids de la neige étant 1/8 de celui de l'eau, c'est donc $ab = 50$ kg., ce qui donne les charges ci-dessus. Dans les charges totales nous avons compté pour la neige 40 kg.

Vent. — Le vent annule la neige; il ne faut donc pas, comme l'ont fait plusieurs auteurs, ajouter la pression due à un vent violent à celle de la neige.

La pression Q qu'exerce le vent sur une surface plane perpendiculaire à sa direction, s'évalue en fonction de sa vitesse V, $Q = 0,12$ à $0,13\,V^2$. La vitesse ordinaire pour la France ne dépasse guère 5 à 10 m. En faisant au plus $V = 30$ m., on trouve $Q = 115$ kg. On admet aussi que la direction du vent fait un angle de 10° sur l'horizon, mais il suffit de la supposer horizontale. Si *db* représente cette pression Q, la composante *cb* normale à la toiture sera

$$cb : Q :: h : s \quad \text{d'où} \quad cb = Q \times \frac{h}{s}$$

Et la composante verticale *ab* sera :

$$ab : Q :: h : l \quad \text{d'où} \quad ab = Q\,\frac{h}{l}\,.$$

NOTE IV

POIDS ET CHARGES D'ÉPREUVE DES PONTS

POIDS PROPRE DES PONTS EN TOLE

Ouverture moyenne des travées (1)	Chemins de fer		1 mètre superficiel (3)	Voies de terre 1 mètre superficiel (4	Observations :
	1 mètre linéaire (2) Voie				
	double	simple			
5	1,156ᵏ	635ᵏ	114	100	
10	1,425	783	178	121	(1). Les ouvertures sont prises entre les parapets. Le mètre linéaire et le mètre superficiel s'appliquent à la longueur totale de la superstructure.
15	1,716	943	214	144	
20	2,029	1115	253	169	
25	2,359	1296	295	197	(2). Le rapport des poids
30	2,703	1485	337	226	$\dfrac{\text{voie double}}{\text{voie simple}} = \dfrac{800}{440} = 1,82$
35	3,061	1682	382	257	Dans le cas de deux voies indépendantes ce rapport est égal à 2.
40	3,429	1884	428	289	
45	3,807	2092	475	322	(3). Ces poids sont déduits des précédents en divisant par 8 ceux de la double voie par 4,4 ceux de la simple voie.
50	4,195	2305	524	356	
55	4,59	2522	573	391	(4). Les largeurs étant trop variables on n'a pas donné le poids par mètre linéaire.
60	4,99	2742	623	427	
65	5,396	2965	674	463	Ces poids ne comprennent pas les appareils d'appui, ni la chaussée, ni le platelage et la voie
70	5,808	3191	725	500	qui peut s'évaluer pour $\begin{cases} 1 \text{ voie à } 400\text{ k.} \\ 2 \text{ voies à } 700\text{ k.} \end{cases}$
75	6,224	3420	777	537	
80	6,643	3650	830	575	Ces poids sont extraits d'une note de M. l'inspecteur général Croisette-Desnoyers, publiés en mars 1681.
85	7,063	3881	882	613	
90	7,491	4116	935	652	Les valeurs les plus exactes sont celles des ouvertures de 10 à 100 m. pour chemins de fer 20 à 60 m. pour routes.
95	7,919	4351	989	691	
100	8,350	4588	1043	730	
105	8,783	4826	1097	769	
110	9,218	5065	1151	809	
120	10,095	5547	1261		
130	10,976	6031	1371		
140	11,864	6519	1481		
150	12,756	7009	1593		
160	13,652	7501	1705		

SURCHARGES D'ÉPREUVE PAR MÈTRE COURANT DE VOIE SIMPLE PONTS DE CHEMINS DE FER

PORTÉE	SURCHARGE	PORTÉE	SURCHARGE	PORTÉE	SURCHARGE	PORTÉE	SURCHARGE	PORTÉE	SURCHARGE
2	12000k	9	7800k	16	5500k	35	4200k	80	3400k
3	10500	10	7300	17	5400	40	4100	90	3300
4	10200	11	6900	18	5200	45	4000	100	3200
5	9808	12	6500	19	5100	50	3900	125	3100
6	9500	13	6200	20	4900	55	3800	150	3000
7	8900	14	5900	25	4500	60	3700		
8	8300	15	5700	30	4300	70	3500	et plus	

Ces surcharges d'épreuve sont déterminées par la circulaire ministérielle du 9 juillet 1877. Elles sont supposées équivalentes à la charge des plus lourds trains.

Cependant, en disposant nez à nez deux locomotives, type 7001 du Midi, et en les faisant suivre d'autres locomotives, MM. Hauser et Cunq ont trouvé pour un pont à simple voie les charges uniformes équivalentes suivantes.

Portée	2m,6	4m,7	6m,7	8m,7	10	15	20	30	40	50	60
Charges	13250	11230	10420	9050	8270	6450	6170	5560	5460	5310	5260

Ces ingénieurs ont calculé aussi, pour le train ainsi composé, l'effort tranchant F_o ou réaction de l'appui et la charge uniforme correspondante.

PORTÉE	5	6	7	8	9	10	12	15	20	25
F_o maximun	17000	18500	20000	20600	21100	22500	25000	27300	34000	40800
Charge unif. équiv.	6800	6200	5700	5200	4700	4500	4200	3600	3400	3380

Ponts de voies de terre. — Nous nous bornons encore à ne citer de la circulaire ministérielle que ce qui a rapport aux surcharges. On comptera suivant les localités sur les poids suivants, comprenant véhicule et chargement :

Voiture à 2 roues, 5 à 7 chevaux : maximum 11,000 kg., minimum 6,000 kg.
— à 4 — 8 à 10 — : — 16,000 — 8,000 —

On en déduira pour une file de voitures les charges maximum suivant l'attelage. Pour les trottoirs, on compte sur 300 kg. par mètre carré. Enfin, pour les ponts de piétons, on compte sur 350 à 400 kg. par mètre carré.

NOTE V

VENT. — CONTREVENTEMENTS

Ponts. — Règles du Board of Trade. — Dans les ponts, les pièces qui entretoisent les poutres principales sont calculées pour résister à un vent violent, dirigé perpendiculairement à l'axe du pont, d'où leur nom de *contreventements*. La pression du vent varie beaucoup suivant les contrées, mais pour les viaducs de chemins de fer, on adopte aujourd'hui les règles posées par la commission anglaise, nommée à cet effet, en 1880, par le *Board, of Trade*, après l'accident du pont de Dundée (Ecosse), sur la Tay :

1° Il faut admettre dans le calcul des ponts et des viaducs de chemins de fer une pression maximum de vent de 273 kg. par mètre carré ;

2° Si le pont ou le viaduc est formé de poutres pleines, dont la hauteur est égale ou supérieure à celle des trains qui franchissent le pont, on supposera la pression de 273 kg. par mètre carré appliquée sur toute la surface verticale de l'une des poutres seulement, mais si la hauteur du train surpasse celle des poutres, on devra supposer la pression de 273 kg. appliquée à toute la surface verticale depuis le bas des poutres jusqu'au haut du train à son passage sur le pont ;

3° Si les poutres sont à treillis, on calculera la pression sur la poutre exposée au vent, en lui appliquant :

a. La pression de 273 kg., comme si la poutre était pleine, depuis le niveau des rails jusqu'au haut du train ;

b. Une pression de 273 kg. par chaque mètre carré de la surface verticale réelle des poutres au-dessous du niveau des rails ou dépassant le haut du train.

4° La pression sur la poutre non exposée au vent se calculera en supposant que le vent exerce sur la portion de la surface de cette poutre, inférieure au niveau des rails ou dépassant le haut du train, une pression par mètre carré :

a. De 137 kg., si la surface des vides ne dépasse pas les 2/3 de la surface totale, comprise dans l'élévation de la poutre ;

b. De 205 kg., si la surface des vides est comprise entre les 2/3 et les 3/4 de l'aire de la poutre ;

c. De 273 kg., si la surface des vides dépasse les 3/4 de l'aire de la poutre.

5° La pression du vent contre les arches et les piles des ouvrages d'art devra être calculée, autant que possible, d'après les règles précédentes.

6° Afin d'assurer aux ponts et viaducs un coefficient de sécurité suffisant contre les effets du vent, il faudra donner à ces ouvrages une solidité assez grande pour supporter une pression de vent *quadruple* de celle qui est prévue par les règles précédentes ; toutefois, dans le cas où la tendance du vent à renverser les ouvrages est combattue par la pesanteur, un coefficient de sécurité égale à *deux* suffira.

Observations. — Les chiffres des pressions ci-dessus sont ceux qui résultent des mesures anglaises, mais il est bien évident qu'ils n'ont rien de bien absolu, et pour la simplicité des calculs, on prendra 270 kg. au lieu de 273, etc. C'est aussi ce chiffre de 270 kg. que Winkler donne comme maximum.

A ces règles il convient de joindre la considération suivante, formulée par Winkler et qui a été appliquée aux arcs du Douro et de Garabit :

Considérant que sous un vent de 270 kg., les trains ne peuvent circuler, puisque les wagons fermés sont renversés par un vent de 150 à 200 kg., il convient de n'appliquer la pression de 270 kg. que pour un pont non surchargé; tandis que dans le cas de surcharge, il suffit de ne considérer qu'un vent de 170 à 150 kg. Le chiffre de 170 kg. est celui indiqué par Winkler, celui de 150 kg. a été appliqué au Douro et à Garabit.

Contrevents horizontaux. — Le calcul des barres de contreventement et d'entretoisement des poutres de ponts droites ou en arc ne se fait que pour des ouvrages très importants et encore n'a-t-il pour but que de déterminer *à posteriori* le coefficient de travail. Pour des constructions ordinaires, on donne à ces barres des dimensions toujours supérieures à celles qu'indiquerait le calcul, dimensions indiquées par la pratique ou la comparaison de constructions existantes.

Supposons qu'on ait calculé la pression du vent pour chaque panneau et d'après les règles précédentes, on en déduirait facilement la courbe des moments fléchissants et celle des efforts tranchants horizontaux. De la valeur de ces moments on en déduirait la tension due au vent dans les tables des poutres du pont, par la relation $R = \mu \frac{c}{I}$, I étant le moment d'inertie des deux poutres par rapport à l'axe vertical de la section. Mais c'est de la valeur des efforts tranchants F que l'on déduira la section des barres de contreventement; on suppose à cet effet que ce contreventement est composé comme une poutre Pratt (fig. 188), de barres perpendiculaires aux poutres et d'une seule diagonale tendue, la tension des premières est F, et celle des diagonales est $U = F \frac{1}{\cos \alpha}$. Puis, comme le vent peut agir dans le sens opposé, on établit une contrediagonale semblable. Si le contreventement est double, les efforts dans les barres sont réduits de moitié.

Entretoisement vertical. — Cet entretoisement, simple ou multiple, a pour but d'assurer le parallélisme des poutres de pont. La verticalité du plan de flexion, même sous un chargement uniforme et, par suite, aussi contre le vent et contre une charge non symétrique, soit fig. 222, deux poutres *ab*, *cd* entretoisées haut et bas et soumises à l'action du vent, les semelles inférieures *b* et *d* reposant sur les appuis, ne peuvent se déplacer horizontalement, mais les semelles supérieures *ac*, soumises à un effet égal à la moitié de l'effort tranchant total, étant libres, peuvent en se déplaçant horizontalement, déformer le rectangle *abcd*, les diagonales transversales ont pour but d'empêcher cette déformation. Si donc, on représente par *oe* la moitié de l'effort du vent sur un panneau, l'une des barres supportera une traction *of* et l'autre une compression *og*, mais le vent pouvant agir en sens opposé, on donnera à ces diagonales la même section.

Soit maintenant (fig. 222) un pont à trois poutres et deux voies, dont une seule est chargée d'un poids 2P par panneau, les diagonales ont pour effet de faire participer la troisième poutre à la flexion.

Fig. 222.

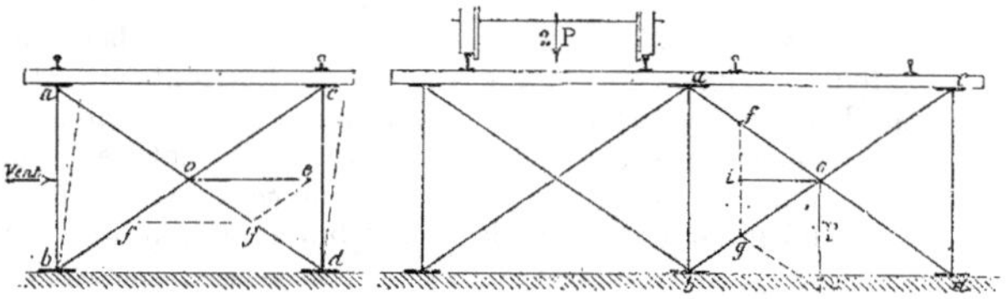

Si donc on fait $oe = P$, on aura of pour la traction des diagonales s'élevant à gauche, et og pour la compression des diagonales s'élevant à droite, oi est la traction sur ac ou la compression sur bd. Mais, si la charge est sur l'autre voie, les tensions des diagonales seront inverses, donc, encore, ces diagonales seront égales entre elles.

Dans les fermes de charpentes, le cas le plus défavorable est celui où le vent agit parallèlement au plan des fermes, on considère alors qu'un seul côté de la ferme est surchargé, et on en conclut les efforts qui en résultent dans la ferme.

Pour résister à l'effet du vent agissant perpendiculairement au plan des fermes, quand il n'y a pas de mur pignon suffisant on est conduit à entretoiser les fermes et surtout les deux travées extrêmes du bâtiment.

Fermes de Charpentes. — Nous avons vu comment on tient compte de la pression du vent agissant parallèlement au plan des fermes. Pour résister à l'effort du vent agissant perpendiculairement au plan des fermes, quand il n'y a pas de mur pignon, on doit toujours établir un contreventement entre les fermes et aussi entre les parois latérales, si les fermes sont sur colonnes au lieu d'être sur mur.

Les fermes en arc, c'est-à-dire constituées d'une seule pièce avec le pilier et dont nous avons établi les conditions de résistance dans le plan vertical seulement, ayant leur centre de gravité au-dessus du plan passant par les appuis, sont, par rapport au plan horizontal, dans un état d'équilibre d'autant plus difficile à réaliser pratiquement et partant d'autant plus instable, que la largeur horizontale des appuis est plus réduite, et alors sans attendre l'action du vent le contreventement formé d'entretoises et de diagonales devient d'autant plus obligatoire.

Les fermes ou arcs articulés à la clef sont, par ce fait même, plus susceptibles que les arcs continus, de se déformer sous l'action de la poussée, pour peu que cette poussée ne se trouve pas dans le plan des charges.

Deux faits récents sont venus, après plusieurs autres que nous pourrions citer, établir une fois de plus l'importance d'un contreventement complet qui, bien que ne pouvant pas être calculé, puisqu'il résulte de l'imperfection inhérente à toute œuvre humaine, n'en constitue pas moins une condition indispensable à l'équilibre.

Les arcs de 110 mètres (pl. XXII) reposant sur des tourillons de 1^{m},20 de longueur, soit 1/90 de la portée, assujettis aux fondations, et entretoisés normalement mais sans diagonales ont subi après leur montage, fait avec toute la précision désirable, un déplacement à la clef de 0^{m}, 25 environ.

Les fermes de 50 mètres (pl. XXVIII), dont les sabots porte-tourillon non fixés au sol sont réunis par un boulon unique qui supporte toute la poussée horizontale, ne présentent donc à cette poussée qu'une surface égale à la largeur de la tête du boulon; aussi une ferme seule n'eut jamais pu se tenir en équilibre horizontalement. On monta donc simultanément deux fermes et on comptait sans doute que la raideur des assemblages des pannes-entretoises rivées aux fermes et le frottement des sabots sur la fondation, suffiraient à maintenir l'équilibre. Mais dès que cet ensemble fut dégagé de l'échafaudage, il se produisit à la clef un déplacement horizontal, qui ne fut arrêté que par l'échafaudage.

FIN

TABLE DES MATIÈRES

PREMIÈRE PARTIE

CHAPITRE Ier

CHAPITRE II

CHAPITRE III

TROISIÈME PARTIE

CHAPITRE XI

CHAPITRE XII

ANGERS, IMPRIMERIE BURDIN ET Cie, 4, RUE GARNIER

www.ingramcontent.com/pod-product-compliance
Lightning Source LLC
Chambersburg PA
CBHW061113220326
41599CB00024B/4031
* 9 7 8 2 0 1 9 5 5 5 1 6 0 *